VSTO Development Intermediate Tutorial

VSTO
开发中级教程

刘永富◎著
Liu Yongfu

清华大学出版社
北京

内 容 简 介

本书由资深软件开发专家根据自己十余年 VBA 开发经验编写而成，深入阐释 VSTO 开发。全书内容体系完善，知识点高阶，案例丰富，让读者身临其境体会 VSTO 编程策略和魅力。

全书共 20 章，全面介绍 VSTO 开发的环境要求和配置、VSTO 项目的概念和实现方法，主要内容包括 Visual Studio 的安装和使用、VB.NET 语言基础和进阶技术、VSTO 外接程序项目的开发、使用功能区可视化设计器以及 Ribbon XML 进行 customUI 设计、自定义任务窗格、文档自定义项的开发、Excel-DNA 开发自定义公式和加载项等核心技术。

本书内容由浅入深、难易结合，兼顾不同基础和水平的读者。采用 VB.NET 语言作为 VSTO 的开发语言，特别适合于具有 VBA、VB6 编程基础的人员学习和研究。由于 C# 和 VB.NET 同属 .NET 语言，因此本书也适合使用 C# 进行 VSTO 开发的人员参考学习。

另外，本书使用的案例内容丰富、重点突出，所处理的对象是 Windows 用户经常遇到的问题，因此普适性非常强，从事其他编程语言的开发人员亦可将本书作为参考书。

本书封面贴有清华大学出版社防伪标签，无标签者不得销售。
版权所有，侵权必究。侵权举报电话：010-62782989 13701121933

图书在版编目 (CIP) 数据

VSTO 开发中级教程 / 刘永富著. —北京：清华大学出版社，2020.1
ISBN 978-7-302-53776-2

Ⅰ. ①V… Ⅱ. ①刘… Ⅲ. ①BASIC 语言—程序设计—教材 Ⅳ. ①TP312.8

中国版本图书馆 CIP 数据核字（2019）第 199969 号

责任编辑：秦 健 薛 阳
封面设计：李召霞
责任校对：徐俊伟
责任印制：沈 露

出版发行：清华大学出版社
网 址：http://www.tup.com.cn, http://www.wqbook.com
地 址：北京清华大学学研大厦 A 座　　邮 编：100084
社 总 机：010-62770175　　邮 购：010-62786544
投稿与读者服务：010-62776969, c-service@tup.tsinghua.edu.cn
质量反馈：010-62772015, zhiliang@tup.tsinghua.edu.cn

印 装 者：清华大学印刷厂
经　销：全国新华书店
开 本：186mm×240mm　　印 张：34.75　　字 数：780 千字
版 次：2020 年 1 月第 1 版　　印 次：2020 年 1 月第 1 次印刷
印 数：1～2500
定 价：99.00 元

产品编号：081458-01

前言

VB.NET 是由微软公司的 .NET 框架实现的面向对象的计算机编程语言，因此它可以完全访问 .NET 框架中的所有库。

微软公司推出的 VSTO 开发技术允许开发人员使用 VB.NET、C# 创建 Office 解决方案，可以使用 VB.NET 开发面向 Office 的 COM 加载项，也可以在 Excel 工作表、Word 文档中加入 VB.NET 控件。

对于 VB.NET，很多人都会有一个疑问：VB.NET 语言和哪一门语言最相似？事实确实如此，这是一个很难回答的问题。

众所周知，VBA 与 VB6 的语法几乎是完全相同的，唯一不同的是，Office VBA 默认已添加 Office 组件的引用，可以直接访问 Office 对象模型。VB6 是一门通用可视化编程语言，也可以访问 Office 对象。

VB.NET 语言是 VB 系列语言的最高、最新版本，实现很多功能都比 VB6 简单、快速。例如生成一个新的 GUID、计算 MD5 值，VB.NET 只需要一行代码。VB.NET 保留了 VB6 中的关键字和程序结构。例如仍然使用 Dim 声明变量，使用 MsgBox 弹出一个对话框，使用 Sub 和 End Sub 构成一个过程。

如果从命名空间和对象的角度比较，VB.NET 和 C# 更为相似，例如 VB.NET 的一个类中包含一个过程和一个函数。

```
Imports System.Windows.Forms
Public Class Form1
    Private Sub MyProc()
        MessageBox.Show(MyAge(New DateTime(1981, 7, 15)))
    End Sub
    Public Function MyAge(BirthDay As DateTime) As Integer
        Return Year(Today) - Year(BirthDay)
    End Function
End Class
```

对应的C#版本为：

```csharp
using System.Windows.Forms;
public class Form1
{
    private void MyProc()
    {
        MessageBox.Show(MyAge(new DateTime(1981, 7, 15)));
    }
    public int MyAge(DateTime BirthDay)
    {
        return DateTime.Year(DateTime.Today) - DateTime.Year(BirthDay);
    }
}
```

两种语言的主要差别有两处：一是写法顺序，C#语言的类型名称不仅写在变量的前面，而且不使用As关键字；二是C#一律使用大括号作为类、函数的起始和结束标记，而不使用End关键字。

因此，无论原来是从事VBA/VB6开发的人员，还是从事C#开发的人员，只要找准规律就可以快速切换到VB.NET编程。

xll加载项是一种外接二进制插件，可以通过Excel的加载项对话框加载，并且在工作表公式中使用xll加载项中的自定义函数。xll加载项具有速度快、安全性高、无须安装部署等优势，还可以为自定义函数提供参数说明、智能提示。但这类插件通常用C语言或C++语言开发，难度非常大，对开发者的要求很高。

Excel-DNA技术可以使用.NET语言开发xll加载项，在Visual Studio中创建类库项目，添加若干引用即可生成xll加载项。Excel-DNA项目可以像VSTO项目一样，加入customUI和自定义任务窗格等其他元素，如果就Excel这一组件而言，Excel-DNA与VSTO相比毫不逊色。

本书首先让读者熟悉Visual Studio集成开发环境，掌握VB.NET桌面应用程序的开发流程，然后讲述VSTO开发Office外接程序、文档自定义项，最后讲述Excel-DNA开发xll加载项。

本书内容和组织结构

本书分为八部分，共20章。

第1章和第2章介绍Office开发的方法和路线、VB.NET语言概述、VSTO开发环境的选择、Visual Studio 2017的安装和维护、编程开发环境的使用技巧等。

第3~5章介绍VB.NET语言基础、控制台应用程序的创建和调试、窗体的创建和显示、控件的常用属性、方法和事件等。

第6章和第7章介绍VB.NET编程中比较高级的技术，包括GDI+绘图技术、键值对、正则表达式、文件读写、操作注册表和进程等技术。

第 8 章介绍 VB.NET 应用程序项目中引用 Office 组件、以 COM 的形式读写 Office 对象的方法。该章是从纯粹的 VB.NET 程序向 VSTO 项目的过渡。

第 9～14 章介绍使用 Visual Studio 创建 VSTO 外接程序（COM 加载项）的各个过程。涉及 VSTO 开发环境和运行环境的配置要求、VSTO 项目中的引用和命名空间、customUI、自定义任务窗格、COM 加载项和注册表、VSTO 外接程序项目的打包和发布等核心技术。

第 15 章介绍 Office 文档项目的开发方法，包括文档操作窗格的创建和显示、文档中添加宿主控件的方法等。

第 16 章介绍使用 Visual Studio 2008 面向 Office 2003 的 VSTO 开发，包括外接程序、文档项目的开发方法。

第 17～19 章介绍 Excel-DNA 的开发技术，包括 xll 格式加载项的加载方式、xll 加载项的打包、使用 Visual Studio 创建 Excel-DNA 项目、自定义函数的开发、Excel-DNA 项目中的 customUI 和任务窗格等核心内容，这部分采用 VB.NET 和 C# 两种语言进行开发与讲解。

第 20 章内容包括 VB.NET、VBA、C# 的语言差异，VBA 代码改写为 C# 的方法和技巧。

建议学习方法

本书第 2～4 章讲述 VB.NET 这门编程语言的基本用法和技能，第 8～15 章讲述 VSTO 项目开发的各个方面，属于必修内容，学完这些内容，读者就能够开发出完整的 Office 工具和插件。

对于需要进一步提高开发水平、拓宽开发范围的读者，可以继续学习本书其余章节。

本书的读者对象

- 高等院校的教师、学生、科研人员。
- 从事 .NET 语言开发的相关人员。
- 从事 VBA 开发、VSTO 开发的职场人士。

本书开发环境

编写本书时使用的开发环境为：Windows 7（32 位）+ Microsoft Office 2013 + Visual Studio 2017 Professional。

配套资源

本书配套资源包括：

❏ 书中涉及的所有项目实例源代码。
❏ 编程过程中用到的工具、软件。
扫描二维码可获取以上资源。

项目实例的说明

本书涉及的百余个项目实例源程序，均以解决方案为单位放在单独的文件夹中，如图 0-1 所示。

图 0-1　存放项目实例源程序的文件夹

在 Visual Studio 中打开每个文件夹中的扩展名为 .sln 的解决方案文件即可看到项目。

致谢

在本书的编写过程中，除了刘永富之外，参与编写的人员还有刘行、曹文丽、戴海东、刘秀兰等。另外，在本书的编写过程中难免会有疏漏之处，欢迎读者通过清华大学出版社网站 www.tup.com.cn 与我们联系，帮助我们改正提高。

在本书的出版过程中，得到了清华大学出版社编辑秦健的大力支持和配合，在此表示衷心感谢。另外，本书的所有编审、发行人员为本书的出版和发行付出了辛勤劳动，在此一并致谢。

作　者

目录

第 1 章　VSTO 开发综述 ············ 1
1.1　Office 开发方式的选择 ················ 1
1.1.1　VBA ··· 2
1.1.2　VB6 ··· 2
1.1.3　VSTO ·· 2
1.1.4　用户自定义函数的开发 ············· 3
1.2　VB.NET 语言概述 ························ 4
1.2.1　VB.NET 和 VB6 的关系 ············ 4
1.2.2　VB.NET 和 VB6 程序结构的差别·· 4
1.3　Office 界面方案的选择 ················ 5
1.3.1　customUI 设计 ··························· 6
1.3.2　工具栏设计 ································ 6
1.3.3　任务窗格设计 ···························· 7
1.4　VSTO 开发环境的选择 ················ 8
1.5　小结 ·· 8

第 2 章　Visual Studio 的安装和使用 ························· 9
2.1　Visual Studio 2017 的安装 ············ 9
2.1.1　安装引导程序的下载 ················· 9
2.1.2　系统需求和安装环境确认 ······· 11
2.1.3　Visual Studio 2007 Professional 的安装 ··· 11
2.1.4　Visual Studio 的启动 ··············· 15
2.1.5　Visual Studio 的修复和卸载 ···· 15
2.2　项目管理 ······································ 16
2.2.1　创建 VSTO 项目 ······················ 17
2.2.2　项目模板 ··································· 18
2.2.3　创建时保存新项目 ··················· 19
2.2.4　与项目有关的快捷键 ·············· 20
2.3　Visual Studio 的选项设置 ············ 20
2.3.1　更改默认开发语言 ··················· 21
2.3.2　更改 Visual Studio 界面语言 ···· 22
2.3.3　更改代码风格 ··························· 23
2.4　代码编写技巧 ······························ 24
2.4.1　代码的自动完成 ······················· 24
2.4.2　智能提示 ··································· 24
2.4.3　查看定义 ··································· 24
2.4.4　变量的重命名 ··························· 25
2.4.5　查找和替换 ······························· 26
2.5　最常用的对话框 ·························· 27
2.6　小结 ·· 27

第 3 章　VB.NET 语言基础 ········ 29
3.1　VB.NET 程序的编译和运行 ······· 30
3.1.1　使用 vbc.exe 编译程序 ············ 30

3.1.2　第一个 VB.NET 程序……………31
　　3.1.3　使用 Visual Studio 进行
　　　　　VB.NET 编程……………………32
3.2　VB.NET 语法基础………………………34
　　3.2.1　变量、常量和赋值………………35
　　3.2.2　字符和字符串……………………36
　　3.2.3　日期时间类型……………………36
　　3.2.4　整数类型…………………………40
　　3.2.5　布尔和逻辑运算…………………41
　　3.2.6　新增赋值运算符…………………43
　　3.2.7　信息输入和结果输出……………43
　　3.2.8　输入和输出对话框………………45
3.3　类型的判断和转换………………………49
　　3.3.1　编译选项设置……………………49
　　3.3.2　判断数据、变量的类型…………50
　　3.3.3　类型转换…………………………51
3.4　String.Format 方法………………………52
　　3.4.1　对号入座…………………………52
　　3.4.2　格式化数字………………………53
　　3.4.3　格式化日期和时间………………55
3.5　ToString 方法……………………………56
3.6　数组………………………………………56
　　3.6.1　一维数组…………………………57
　　3.6.2　数组的排序和倒序………………60
　　3.6.3　数组的去重………………………60
　　3.6.4　数组统计…………………………61
　　3.6.5　两个数组的集合运算……………61
　　3.6.6　一维数组与字符串相互转换……62
　　3.6.7　二维数组…………………………63
　　3.6.8　数组维数的判断…………………63
3.7　条件选择…………………………………64
　　3.7.1　If...Else 结构………………………64
　　3.7.2　Select...Case 结构…………………65
3.8　循环结构…………………………………66
　　3.8.1　Do...Loop 循环……………………66
　　3.8.2　While 循环…………………………67
　　3.8.3　For 循环……………………………67
　　3.8.4　For...Each 循环……………………68
3.9　匿名用法…………………………………69
　　3.9.1　匿名类……………………………69
　　3.9.2　匿名过程…………………………70
　　3.9.3　匿名函数…………………………71
3.10　List 泛型类………………………………71
　　3.10.1　泛型类与数组的转换……………72
　　3.10.2　数组的过滤………………………72
　　3.10.3　泛型类的过滤……………………73
3.11　异常处理…………………………………73
　　3.11.1　异常原因分析……………………74
　　3.11.2　异常分类处理……………………74
3.12　项目组织…………………………………76
　　3.12.1　项目中添加文件…………………76
　　3.12.2　调用 Module 中的内容…………77
　　3.12.3　类的创建和使用…………………78
3.13　项目的引用管理…………………………79
　　3.13.1　外部引用的添加和移除…………79
　　3.13.2　使用 Imports 指令………………81
3.14　小结………………………………………82

第 4 章　VB.NET 窗体应用程序··83

4.1　窗体………………………………………83
　　4.1.1　窗体的创建和显示………………83
　　4.1.2　窗体的添加………………………85
　　4.1.3　自动创建窗体……………………87
　　4.1.4　窗体的隐藏和卸载………………88
4.2　控件的属性………………………………89
　　4.2.1　常规属性设置……………………89
　　4.2.2　改变控件的位置和大小…………91
　　4.2.3　通过 Anchor 属性设置控件
　　　　　基准点…………………………92

4.2.4 通过 Dock 属性设置控件的
扩展 ·················· 93
4.2.5 使用 Splitter 控件手动调整控件
分布 ·················· 94
4.3 控件的事件 ···················· 95
4.3.1 使用 WithEvents 为控件添加
事件 ·················· 95
4.3.2 使用 AddHandler 和
RemoveHandler 添加和移除事件 ··· 97
4.3.3 按键事件 ················ 100
4.3.4 窗体的 KeyPreview 属性 ········ 101
4.3.5 鼠标单击事件 ············· 102
4.3.6 调用事件过程 ············· 103
4.4 专业窗体设计 ················· 104
4.4.1 主菜单的设计 ············· 104
4.4.2 打开和保存对话框 ·········· 105
4.4.3 创建右键快捷菜单 ·········· 107
4.4.4 创建工具栏 ··············· 109
4.4.5 创建状态栏 ··············· 110
4.5 自动添加和删除控件 ·········· 111
4.5.1 自动添加控件 ············· 111
4.5.2 自动删除控件 ············· 112
4.5.3 自动添加控件数组 ·········· 112
4.6 小结 ························· 114

第 5 章 VB.NET 控件技术 ······ 115

5.1 文本编辑类控件 ··············· 115
5.1.1 TextBox ················· 115
5.1.2 RichTextBox ············· 116
5.1.3 MaskedTextBox ··········· 117
5.2 标签类控件 ··················· 118
5.2.1 Label ··················· 119
5.2.2 LinkLabel ··············· 119
5.3 选择类控件 ··················· 120

5.3.1 CheckBox ··············· 120
5.3.2 RadioButton ············· 121
5.4 列表条目类控件 ··············· 121
5.4.1 ComboBox ··············· 121
5.4.2 ListBox ················· 122
5.4.3 CheckedListBox ·········· 124
5.5 数值调节类控件 ··············· 125
5.5.1 HScrollBar 和 VScrollBar ··· 125
5.5.2 TrackBar ················ 126
5.5.3 NumericUpDown ········· 126
5.5.4 DomainUpDown ·········· 127
5.6 状态提示类控件 ··············· 128
5.6.1 NotifyIcon ··············· 128
5.6.2 ProgressBar ············· 128
5.6.3 ToolTip ················· 129
5.7 图片类控件 ··················· 130
5.7.1 PictureBox ··············· 130
5.7.2 ImageList ··············· 130
5.8 日期时间类控件 ··············· 132
5.8.1 DateTimePicker ·········· 132
5.8.2 Timer ·················· 133
5.8.3 Stopwatch 对象 ··········· 134
5.9 其他控件 ····················· 135
5.9.1 WebBrowser ············· 135
5.9.2 WindowsMediaPlayer ····· 136
5.9.3 PropertyGrid ············ 137
5.9.4 FileSystemWatcher ······· 139
5.10 表格控件 DataGridView ······· 141
5.10.1 显示 Access 数据库中的查询
结果 ················· 141
5.10.2 显示 DataTable 对象中的数据 ··· 143
5.10.3 处理选中的行 ············ 144
5.10.4 导出 DataGridView 数据到
Excel ················ 145

5.11 列表控件 ListView ················· 146
　5.11.1 显示 ADODB 查询 Access 的
　　　　结果 ······················· 148
　5.11.2 处理选中的行 ············· 149
　5.11.3 导出 ListView 数据到 Excel ··· 150
5.12 树状控件 TreeView ············· 151
　5.12.1 节点的添加和移除 ········· 152
　5.12.2 处理选中的节点 ··········· 154
　5.12.3 节点的遍历 ··············· 154
5.13 选项卡控件 TabControl ········· 155
　5.13.1 编辑选项卡 ··············· 155
　5.13.2 处理选中的选项卡 ········· 156
　5.13.3 显示和隐藏选项卡 ········· 157
　5.13.4 动态增删选项卡 ··········· 158
　5.13.5 遍历选项卡 ··············· 158
5.14 图表控件 Chart ················· 159
　5.14.1 图表的数据源 ············· 160
　5.14.2 图表的标题 ··············· 164
　5.14.3 图表的图例 ··············· 165
　5.14.4 数据系列 ················· 166
　5.14.5 图表区域 ················· 167
5.15 小结 ··························· 169

第 6 章　VB.NET GDI+ 编程基础 ··············· 170

6.1 图形对象 ······················· 170
　6.1.1 绘图方法 ··················· 171
　6.1.2 坐标系 ····················· 171
6.2 结构数组 ······················· 172
　6.2.1 画笔 ······················· 172
　6.2.2 画刷 ······················· 173
　6.2.3 点和点数组 ················· 173
　6.2.4 矩形框和矩形框数组 ········· 173
6.3 绘图实例分析 ··················· 174

　6.3.1 直线、多义线、多边形的
　　　　绘制 ······················· 174
　6.3.2 矩形的绘制 ················· 175
　6.3.3 椭圆、弧线、扇形的绘制 ····· 176
　6.3.4 实心填充图形的绘制 ········· 177
　6.3.5 文字的绘制 ················· 178
　6.3.6 利用 Paint 事件自动重绘 ····· 179
6.4 坐标系变换 ····················· 180
　6.4.1 坐标系平移 ················· 180
　6.4.2 坐标系旋转 ················· 181
　6.4.3 坐标系缩放 ················· 181
6.5 小结 ··························· 182

第 7 章　VB.NET 进阶技术 ······· 183

7.1 使用 StringBuilder ··············· 183
　7.1.1 追加字符串 ················· 184
　7.1.2 插入、移除和替换操作 ······· 185
7.2 使用字典 ······················· 186
　7.2.1 利用字典去除重复项 ········· 186
　7.2.2 利用字典实现查询功能 ······· 187
　7.2.3 字典的遍历 ················· 188
7.3 使用哈希表 ····················· 189
　7.3.1 添加和移除键值对 ··········· 189
　7.3.2 遍历键值对 ················· 190
7.4 使用正则表达式 ················· 190
　7.4.1 验证 ······················· 191
　7.4.2 查找 ······················· 192
　7.4.3 替换 ······················· 193
　7.4.4 分隔 ······················· 194
　7.4.5 正则表达式选项 ············· 194
　7.4.6 直接使用正则表达式 ········· 195
　7.4.7 分组 ······················· 196
7.5 目录和文件操作 ················· 197
　7.5.1 使用 DriveInfo 获取磁盘驱动器
　　　　信息 ······················· 198

7.5.2 使用 Directory.GetDirectories 获取子文件夹 ………………… 199
7.5.3 使用 Directory.GetFiles 获取文件夹下所有文件 …………… 200
7.5.4 使用 DirectoryInfo 获取文件夹信息 ……………………… 200
7.5.5 使用 FileInfo 获取文件信息 …… 200
7.5.6 使用 Path 进行路径操作 ……… 201
7.5.7 Directory 类的方法 …………… 201
7.5.8 File 类的方法 ………………… 202
7.6 文本文件的读写 ………………… 202
7.6.1 读取文件内容 ………………… 202
7.6.2 写入和追加内容到文本文件 …… 204
7.6.3 使用 StreamWriter 和 StreamReader 读写文本文件 …… 204
7.7 MD5 加密 ………………………… 205
7.7.1 字符串的 MD5 加密 …………… 206
7.7.2 文件的 MD5 计算 ……………… 206
7.8 GUID 的生成 …………………… 207
7.9 XML 文件的读写 ………………… 208
7.9.1 使用 XMLWriter 创建 XML 文件 ……………………… 209
7.9.2 使用 XMLReader 读取 XML 内容 ……………………… 211
7.9.3 使用 XML DOM 创建 XML … 211
7.9.4 使用 XML DOM 读取 XML 文件 ……………………… 213
7.10 使用 API 函数 …………………… 213
7.10.1 API 函数的声明 ……………… 214
7.10.2 API 结构类型的声明 ………… 214
7.10.3 API 常量的声明 ……………… 215
7.10.4 句柄、类名和标题 …………… 215
7.10.5 修改窗口和控件的文字 ……… 216
7.11 发送邮件 ………………………… 218

7.11.1 启用邮箱的 SMTP 服务 ……… 218
7.11.2 使用 CDO …………………… 219
7.11.3 使用 Net.Mail ………………… 221
7.12 读写注册表 ……………………… 223
7.12.1 认识注册表的结构 …………… 223
7.12.2 RegistryKey 对象 …………… 224
7.12.3 打开子项 ……………………… 225
7.12.4 获取所有键值信息 …………… 227
7.12.5 获取所有子项 ………………… 227
7.12.6 创建子项 ……………………… 229
7.12.7 修改和删除键值 ……………… 229
7.12.8 删除子项 ……………………… 230
7.13 操作进程 ………………………… 230
7.13.1 创建进程 ……………………… 231
7.13.2 查看进程 ……………………… 232
7.13.3 结束进程 ……………………… 233
7.13.4 进程退出事件 ………………… 234
7.14 类库项目的创建和调用 ………… 234
7.14.1 被 VB.NET 程序调用的类库项目 ……………………… 235
7.14.2 被 VBA 程序调用的类库项目 ……………………… 239
7.15 小结 ……………………………… 243

第 8 章 VB.NET 操作 Office 对象 …………………………… 244

8.1 操作 Excel 应用程序对象 ……… 244
 8.1.1 获取正在运行的 Excel ………… 245
 8.1.2 创建 Excel 应用程序对象 …… 246
 8.1.3 调用 Excel 工作表函数 ……… 247
 8.1.4 调用 VBA 中的过程和函数 …… 247
 8.1.5 使用单元格选择对话框 ……… 248
8.2 操作 Excel 工作簿 ……………… 248
 8.2.1 工作簿的新建和保存 ………… 248

8.2.2 工作簿的打开和关闭 ………… 249
8.3 操作 Excel 工作表 …………………… 249
　8.3.1 工作表的插入和删除 ………… 249
　8.3.2 工作表的移动和复制 ………… 250
8.4 操作 Excel 单元格 …………………… 250
　8.4.1 单元格的遍历 ………………… 250
　8.4.2 单元格接收一维数组 ………… 251
　8.4.3 单元格接收二维数组 ………… 251
　8.4.4 数组接收单元格 ……………… 252
8.5 处理 Excel 中的事件 ………………… 253
　8.5.1 使用 WithEvents 创建
　　　　Excel 事件 ……………………… 253
　8.5.2 使用 AddHandler 和
　　　　RemoveHandler 处理 Excel 事件 ‥ 254
8.6 操作其他 Office 对象 ………………… 257
　8.6.1 自定义 Office 工具栏 ………… 257
　8.6.2 文件选择对话框 ……………… 259
　8.6.3 操作 VBE ……………………… 261
8.7 ADO.NET 操作 Access 数据库 ……… 263
　8.7.1 连接数据库 …………………… 264
　8.7.2 增加记录 ……………………… 265
　8.7.3 删除记录 ……………………… 267
　8.7.4 更新记录 ……………………… 267
　8.7.5 返回标量的 Select 查询 ……… 267
　8.7.6 遍历结果记录集 ……………… 267
　8.7.7 生成 DataTable 对象 ………… 268
　8.7.8 断开数据库 …………………… 269
8.8 小结 ……………………………………… 270

第 9 章　VSTO 外接程序 ………… 271

9.1 VSTO 外接程序与 COM 加载项 …… 271
9.2 开发环境配置 ………………………… 272
9.3 Office 主互操作程序集 ……………… 273
　9.3.1 PIA 的副本 …………………… 273
　9.3.2 添加其他 Office 组件的引用 … 275
9.4 创建 VSTO 外接程序项目 …………… 276
9.5 外接程序项目的调试 ………………… 279
9.6 Visual Studio 2010 Tools for Office
　　Runtime ………………………………… 282
9.7 VSTO 外接程序项目中的引用和
　　命名空间 ………………………………… 283
　9.7.1 Excel 对象类型 ……………… 283
　9.7.2 自定义 Office 界面方面的
　　　　命名空间 ……………………… 286
　9.7.3 Excel 的 VSTO 对象类型 …… 287
　9.7.4 Office 对象类型 ……………… 288
9.8 COM 加载项与注册表的关系 ……… 289
9.9 访问宿主应用程序的对象 …………… 291
　9.9.1 调用 VBA 中的过程和函数 … 292
　9.9.2 自动断开 COM 加载项 ……… 292
9.10 VBA 调用 VSTO 中的过程和
　　 函数 …………………………………… 292
9.11 外接程序项目允许包含的内容 …… 294
9.12 小结 …………………………………… 294

第 10 章　使用功能区可视化
　　　　　　设计器 ……………………… 295

10.1 可视化设计器的基本用法 ………… 295
　10.1.1 在内置选项卡中定制 ……… 296
　10.1.2 自定义新选项卡 …………… 300
　10.1.3 Group 中加入
　　　　 DialogBoxLauncher …………… 302
10.2 可视化设计器的文件构成 ………… 303
　10.2.1 查看可视化设计器源文件 … 304
　10.2.2 限制控件标题的自动换行 … 305
　10.2.3 可视化设计器的事件文件 … 306
10.3 可视化设计器对象模型 …………… 306
　10.3.1 OfficeMenu …………………… 307

10.3.2 功能区控件 ………………… 309
10.3.3 Button ………………………… 309
10.3.4 通用属性 ……………………… 310
10.3.5 EditBox ………………………… 310
10.3.6 CheckBox 和 ToggleButton …… 311
10.3.7 ComboBox 和 DropDown ……… 312
10.3.8 Gallery ………………………… 314
10.3.9 Menu、SplitButton 和
Separator ……………………… 316
10.4 CreateRibbonExtensibilityObject
函数 …………………………………… 317
10.4.1 选择性加载指定的可视化
设计器 ………………………… 318
10.4.2 使用代码自动添加和移除
功能区控件 …………………… 319
10.5 操作运行时的可视化设计器 ……… 323
10.5.1 利用 IRibbonUI 对象激活
选项卡 ………………………… 323
10.5.2 遍历和读写功能区控件 ……… 323
10.6 修改可视化设计器的默认模板 …… 324
10.6.1 内置选项卡改为自定义
选项卡 ………………………… 325
10.6.2 移除默认的 Group1 …………… 326
10.7 小结 ………………………………… 326

第 11 章 使用 XML 实现 customUI …………………… 327

11.1 Ribbon XML 概述 ………………… 327
11.1.1 可以定制的场所 ……………… 328
11.1.2 使用方式 ……………………… 328
11.2 VSTO 项目中实现 Ribbon XML … 329
11.2.1 创建 Ribbon 类 ……………… 329
11.2.2 重写 CreateRibbonExtensibility
-Object 函数 …………………… 330

11.3 GetCustomUI 函数 ………………… 330
11.3.1 RibbonID 参数 ……………… 331
11.3.2 回调函数 ……………………… 333
11.3.3 IRibbonUI 对象 ……………… 334
11.3.4 Ribbon XML 代码的返回
方式 …………………………… 335
11.4 Ribbon XML 设计实例分步讲解 … 336
11.4.1 使用类创建 Ribbon 接口 …… 336
11.4.2 回调函数的查询 ……………… 340
11.4.3 使用 Visual Studio 的
XML 编辑器 …………………… 341
11.4.4 使用外部 XML 文件 ………… 344
11.4.5 动态生成 XML 代码 ………… 346
11.5 其他控件和回调处理 ……………… 348
11.5.1 处理以 on 开头的回调函数 … 348
11.5.2 处理以 get 开头的回调函数 … 351
11.6 使用自定义图标 …………………… 354
11.6.1 loadImage-image …………… 354
11.6.2 getImage ……………………… 358
11.7 小结 ………………………………… 363

第 12 章 自定义任务窗格 ……… 364

12.1 创建任务窗格 ……………………… 364
12.2 处理任务窗格的可见性 …………… 367
12.3 处理任务窗格的停靠位置 ………… 368
12.4 任务窗格操作 Office 对象 ………… 369
12.5 使用任务窗格的事件 ……………… 370
12.5.1 任务窗格的可见性同步
customUI 控件 ………………… 370
12.5.2 通过任务窗格的停靠位置改变
控件布局 ……………………… 373
12.6 处理新窗口的任务窗格 …………… 375
12.7 任务窗格中加入 WPF 用户控件 … 379
12.8 小结 ………………………………… 384

第 13 章　VSTO 开发项目实战·· 385

13.1　Excel 外接程序开发：数组公式的
　　　自动扩展·················· 386
13.2　Word 外接程序开发：表格内容
　　　自动汇总工具·············· 389
13.3　PowerPoint 外接程序开发：
　　　幻灯片导出为图片·········· 391
13.4　Outlook 外接程序开发：来信自动
　　　执行任务·················· 395
13.5　小结························ 398

第 14 章　VSTO 外接程序的打包
　　　　　与发布··············· 399

14.1　简单发布···················· 399
　　14.1.1　从部署文件中获取安装信息··· 400
　　14.1.2　写入注册信息··············· 401
　　14.1.3　删除注册信息··············· 401
　　14.1.4　使用 VBA 实现自动安装和
　　　　　 卸载 Office 外接程序········· 401
14.2　使用 Inno Setup 制作安装包······ 404
　　14.2.1　iss 脚本文件的构成············ 404
　　14.2.2　制作 iss 脚本文件············· 405
　　14.2.3　产品的安装和卸载············ 407
　　14.2.4　使用 iss 模板文件············ 408
14.3　小结························ 409

第 15 章　开发 Office 文档········ 410

15.1　创建 Excel 工作簿项目·········· 410
15.2　使用 Office 事件··············· 412
15.3　添加 customUI················ 414
15.4　使用文档操作窗格·············· 416
15.5　NamedRange 宿主控件········· 419
15.6　ListObject 宿主控件··········· 423
15.7　运行时动态增删宿主控件········ 428

15.8　VSTO 外接程序向工作表增删
　　　控件······················ 431
15.9　Office 文档的发布············· 433
15.10　创建 Word 文档项目··········· 433
15.11　文档上添加宿主控件··········· 436
15.12　小结························ 439

第 16 章　Office 2003 的 VSTO
　　　　　开发·················· 440

16.1　开发环境配置·················· 440
　　16.1.1　Office 2003 的安装············ 440
　　16.1.2　Visual Studio 2008 的安装····· 441
　　16.1.3　安装 Office 2003 补丁········· 443
16.2　Office 2003 外接程序············ 444
16.3　Office 2003 文档自定义项········ 446
　　16.3.1　Excel 2003 工作簿的开发······ 446
　　16.3.2　Word 2003 文档的开发········ 450
16.4　小结························ 452

第 17 章　Excel-DNA 开发
　　　　　入门·················· 453

17.1　Excel-DNA 入门概述············ 453
　　17.1.1　Excel-DNA 开发的意义和
　　　　　 优势······················ 453
　　17.1.2　Excel-DNA 与 VSTO 的比较··· 454
　　17.1.3　认识 Excel-DNA 开发包······· 454
　　17.1.4　Excel-DNA 的加载方式········ 455
17.2　.NET 程序的编译··············· 456
　　17.2.1　编译生成 .exe 可执行文件····· 458
　　17.2.2　编译生成 .dll 动态链接库····· 459
17.3　使用记事本创建 Excel-DNA 项目·· 459
　　17.3.1　dna 文件的部署············· 460
　　17.3.2　dll 文件的生成············· 460
　　17.3.3　xll 文件的拷贝············· 461

17.3.4　功能测试 ································ 461
17.4　Excel-DNA 项目的打包 ············ 463
17.5　小结 ·· 464

第 18 章　Excel-DNA 函数设计 ························ 465

18.1　自定义函数的属性修饰 ············ 465
　18.1.1　更改函数的属性 ················ 465
　18.1.2　更改函数参数属性 ············ 466
18.2　函数的参数类型 ························ 468
　18.2.1　工作表的一行或者一列作为参数 ································ 469
　18.2.2　工作表的矩形区域作为参数 ································ 470
18.3　函数的返回值类型 ···················· 471
　18.3.1　返回一维数组 ···················· 471
　18.3.2　返回二维数组 ···················· 472
18.4　小结 ·· 473

第 19 章　使用 Visual Studio 进行 Excel-DNA 开发 ········ 474

19.1　创建 Excel-DNA 类库项目 ······· 475
　19.1.1　添加 ExcelDna.Integration 引用 ································ 475
　19.1.2　修改函数代码 ···················· 477
　19.1.3　添加 dna 文件 ···················· 477
　19.1.4　生成 dll 文件 ····················· 479
19.2　Excel VBA 中调用 Excel-DNA 加载项中的函数和过程 ········ 481
19.3　Excel-DNA 项目的启动和卸载事件 ································ 482
19.4　自定义函数和参数的智能感知设计 ································ 484
　19.4.1　独立加载 ExcelDna.IntelliSense.xll ········ 485
　19.4.2　引用并打包 ExcelDna.IntelliSense.dll ········ 486
19.5　Excel-DNA 项目的调试 ············ 490
19.6　Excel-DNA 中使用 customUI ··· 493
　19.6.1　考虑 Excel 版本 ··············· 498
　19.6.2　使用自定义图标 ··············· 500
19.7　Excel-DNA 中使用任务窗格 ······· 503
19.8　Excel-DNA 中使用 Excel 事件 ··· 506
19.9　Excel-DNA 中使用 Office 工具栏 ··· 510
19.10　使用 NuGet 程序包管理器快速创建 Excel-DNA 项目 ············ 515
　19.10.1　工作表标签右键菜单设计 ··· 517
　19.10.2　排序功能设计 ··············· 520
19.11　小结 ·· 523

第 20 章　语言差异和转换技巧 ························ 524

20.1　VB.NET 与 VBA 的语言差异 ······· 524
　20.1.1　My 对象 ···························· 524
　20.1.2　Continue 和自身赋值语句 ······ 526
　20.1.3　字符串是对象 ···················· 526
　20.1.4　不能使用默认属性 ············ 526
　20.1.5　调用过程、函数、对象的方法必须使用圆括号 ············ 527
　20.1.6　窗体和控件的变化 ············ 527
　20.1.7　颜色的设置和获取 ············ 527
20.2　VB.NET 与 C# 的语言差异 ······· 529
　20.2.1　程序结构 ···························· 529
　20.2.2　命名空间的导入方式 ········ 530
　20.2.3　数据类型关键字 ··············· 530
　20.2.4　变量、常量的声明方式 ······ 530
　20.2.5　过程、函数的声明和调用方式 ································ 530

20.2.6	类型转换方式 …………… 531	20.2.14	异常处理 …………… 533
20.2.7	比较运算符 …………… 531	20.2.15	事件的动态增加和移除 …… 534
20.2.8	逻辑运算符 …………… 531	20.3	VBA 代码如何转换为 C#…… 534
20.2.9	字符串连接 …………… 531	20.3.1	补全 VBA 代码 …………… 534
20.2.10	条件选择结构 …………… 532	20.3.2	VBA 改写 C# 的注意点 …… 535
20.2.11	循环结构 …………… 532	20.3.3	Excel VBA 转 C#…………… 537
20.2.12	数组的声明和元素的访问 …… 533	20.3.4	Outlook VBA 转 C#………… 538
20.2.13	特殊字符串常量的表达 …… 533	20.4	小结 …………… 539

第 1 章

VSTO 开发综述

微软 Office 是当今世界使用最为普遍的办公套件，除了具备一般的手工文档操作以外，还提供了让其他语言编程访问的接口。通过 Office 的开发，可以实现手工操作难以办到、甚至无法实现的功能和结果。

通过编程语言操作和控制 Office 的方法均可称为"Office 开发"，Office 开发的方式非常多，本章简单介绍通过 VBA、VB6、VSTO 实现 Office 开发的实现途径和优缺点，大致了解自定义 Office 界面的常用方案。

本章要点：

❑ VBA、VB6、VB.NET 的联系和区别。
❑ VB.NET 语言的概念。
❑ 自定义 Office 界面的方式。

1.1 Office 开发方式的选择

Office 开发，是以微软 Office 软件为开发对象，以提升办公效率、提高 Office 软件性能为目标的编程开发方向。

Office 开发方式大致分为 VBA、VB6、VSTO 这三个体系，如图 1-1 所示。

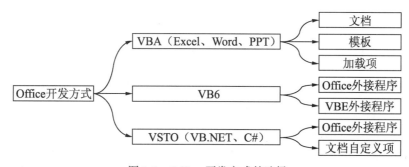

图 1-1 Office 开发方式的选择

开发人员可以根据开发需求、自身条件来选择合适的开发方式。

1.1.1 VBA

VBA 语言是寄生在微软办公组件应用程序中的一门编程语言，Office 的大部分常用组件都支持 VBA 编程，每个组件的 VBA 都有完善的对象模型。

Excel、PowerPoint、Word 这三个常用组件都以文档文件为单位，都有文档和模板的概念。其中，包含宏代码的文档可以另存为模板或者加载项。常用 Office 组件的文档、模板、加载项的扩展名如表 1-1 所示。

表 1-1 常用 Office 组件文档、模板、加载项的扩展名

Office 组件	文档扩展名	模板扩展名	加载项扩展名
Excel	xls、xlsm	xlt、xltm	xla、xlam
PowerPoint	ppt、pptm	pot、potm	ppa、ppam
Word	doc、docm	dot、dotm	dot、dotm

加载项与文档、模板的主要区别是，加载项的作用范围是整个应用程序，而文档和模板的作用范围仍然是文档级别。

但由于 VBA 工程很容易被破解，安全性差、不利于发布，因此利用第三方编程语言的封装技术和外接程序开发应运而生。

1.1.2 VB6

Visual Basic 6.0 是一门可视化编程语言，编程开发环境与 VBA 的编辑器十分类似，因此已经掌握 VBA 的开发人员可以迅速理解和掌握 VB6 的用法。

利用 VB6 可以进行 Windows 桌面应用程序、动态链接库、封装自定义函数、创建用户控件、Office 外接程序、VBE 外接程序等项目的开发。

但由于 VB6 的最佳工作环境是 Windows XP。Windows 系统的升级和 Office 版本的提高导致与 VB6 的兼容性变差。

特别是使用 VB6 开发的外接程序不能用于 64 位 Office，这大大限制了 VB6 开发 Office 的能力范围。

1.1.3 VSTO

VSTO 的全称是 Visual Studio Tools for Office，是一套用于创建自定义 Office 应用程序的 Visual Studio 工具包。可以使用 Visual Basic .NET 或者 Visual C# 扩展 Office 应用程序。

使用 VSTO 技术可以开发 Excel、PowerPoint、Word、InfoPath 和 Outlook 等组件的外接程序，也可以开发 Word、Excel 的文档自定义项。严格地讲，VSTO 开发的项目类型只包括

上述两种类型（外接程序、文档自定义项），但也可以把凡是通过 Visual Studio 访问 Office 对象的项目都归为 VSTO 的范畴，例如窗体应用程序、Excel-DNA 项目等。

1.1.4 用户自定义函数的开发

Excel 中有很多内置的函数，例如微软定义好的 SUM、COUNT、LEFT 都可以直接使用。Excel 还允许在公式中使用自定义函数（User Defined Function），所谓自定义函数就是用户根据计算的需要，自行定义的一类函数。

例如，给定任意三角形的三个边长，如果在 Excel 单元格中使用公式计算三角形的面积，公式很长、不直观而且不易维护。

如果把著名的海伦公式编制成自定义函数，在单元格中只需要输入"=HailunGongshi(7,8,9)"，就可以算出三角形的面积，如图 1-2 所示。

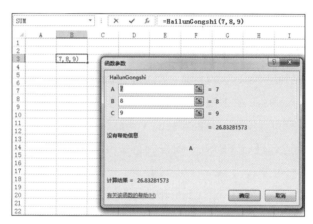

图 1-2　公式中使用自定义函数

至于面积是如何算出的，具体的逻辑不需要呈现给用户看。

自定义函数的开发，也有很多方式。

Excel VBA 中，可以在标准模块中创建自定义函数，从而能够在工作表中识别和使用。

利用 VB6 通过创建类库项目可以把自定义函数封装为 dll 文件，在 Excel 的加载项对话框中单击"自动化"按钮，在自动化服务器对话框中找到相应的类名如图 1-3 所示。就可以把该函数用于工作表的公式中。

Excel-DNA 是更强大的自定义函数开发方式，这种方式允许开发人员使用 VB.NET、C# 等作为开发语言，并且可以打包为一个单独的扩展名为 xll 格式的加载项文件。使用 Excel-DNA 技术，可以为自定义函数及其参数设置诸多属性，给用户提供人性化的帮助信息，在输入函数或参数的过程中提供智能感知。Excel-DNA 具有开发简单、便捷、运行速度快、安全性高等优势，是其他开发方式无法比拟的。

本书采用 VB.NET 和 C# 两种语言讲解 Excel-DNA 的开发技术。

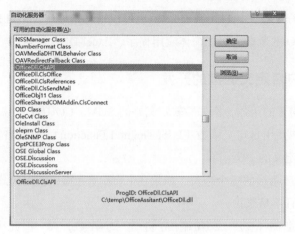

图 1-3　自动化服务器列表

1.2　VB.NET 语言概述

VB.NET 的全称是 Visual Basic .NET，是一门基于微软 .NET Framework 之上的面向对象的编程语言。可以看作是 Visual Basic 在 .NET Framework 平台上的升级版本，增强了面向对象的支持。

VB.NET 语言不需要单独安装，只要安装了 Visual Studio 就可以进行 VB.NET 编程开发。

Visual Studio 是最适合进行 VB.NET 编程的集成开发环境，可以创建 Windows 应用程序、类库、VSTO 等项目类型。

VB.NET 开发的产品需要在 .NET Framework 平台上才能执行，一般的 Windows 7、Windows 10 系统都自带 .NET Framework 平台。

■ 1.2.1　VB.NET 和 VB6 的关系

不能简单认为 VB.NET 是 VB6 的新版本。VB.NET 是一种完全面向对象的语言，构建于 .NET Framework 之上。

VB.NET 和 VB6 同属 Basic 系列语言，又同为微软所开发，语法上有一定的相似。

微软为使 VB6 开发者更容易转到 VB.NET，兼容一些 VB6 函数和库的用法，但是比 .NET 语言中自带的可替换的函数和库的效率差，所以我们应该尽量使用 VB.NET 的新方法。

■ 1.2.2　VB.NET 和 VB6 程序结构的差别

在 VB6 中，模块和类是单独的文件，模块文件的扩展名是 .bas，类文件扩展名是 .cls，同一个模块文件中的所有过程、函数、变量都属于这个模块。例如一个名为"Module1.bas"的文件中包含了多个过程，如图 1-4 所示。

在 VB.NET 中，代码文件的扩展名一律为 .vb，同一个代码文件中可以包含多个 Module

或 Class。例如项目中有一个名为 CodeFile1.vb 的代码文件，该文件中导入指令：

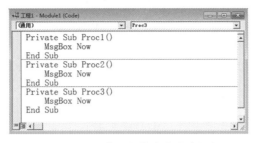

图 1-4　VB6 代码文件中的内容组织

```
Imports System.IO
```

然后在代码文件中创建了一个模块 Module1，该模块中包含 Proc1、Proc2 两个过程。在同一个代码文件中创建了一个类 Class1，该类中也包含两个过程，如图 1-5 所示。

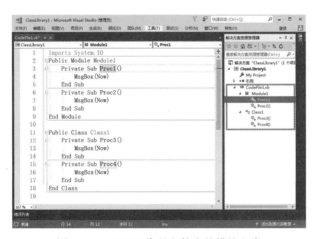

图 1-5　VB.NET 代码文件中的模块和类

只要在同一个代码文件中，就可以共享文件顶部的声明、指令。

VB.NET 与 VBA 语法方面的差异，请参考第 20.1 节。

1.3　Office 界面方案的选择

Office 开发过程中，用户自定义界面起到终端用户与代码交互的桥梁作用，根据项目类型的种类，可以考虑使用的自定义界面方案如表 1-2 所示。

表 1-2　各种项目类型可以使用的 Office 自定义界面

大分类	小分类	适用项目	适用 Office 版本
基于 .NET 语言的窗体和控件	自定义任务窗格	Office 外接程序项目 Excel-DNA 项目	Office 2007 及其以上
	文档操作窗格	Office 文档自定义项	所有版本

续表

大分类	小分类	适用项目	适用 Office 版本
customUI	自定义功能区等	Office 外接程序项目 Office 文档自定义项 Excel-DNA 项目	Office 2007 及其以上
Commandbar	自定义工具栏和控件	Office 外接程序项目 Office 文档自定义项 Excel-DNA 项目	所有版本
	自定义右键菜单		所有版本

1.3.1 customUI 设计

从 Office 2007 以上，微软允许开发人员使用 XML 代码进行 Office 界面的自定义，使用 VBA 开发的 Excel、Word、PowerPoint 文档（4 位扩展名的），可以把 XML 代码压入到文档之中，当文档处于打开状态时自定义界面呈现，关闭文档时自定义界面消失。典型的 customUI 设计的结果如图 1-6 所示。

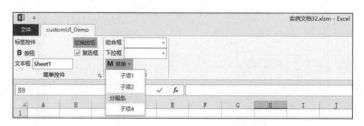

图 1-6　customUI 设计结果

使用 VB6 或者 VSTO 开发的 Office 外接程序中，必须通过 Office.IRibbonExtensibility 这个接口把 customUI 接入到外接程序项目中。当外接程序加载时，Office 中呈现自定义界面，卸载外接程序，customUI 自动消失。

1.3.2 工具栏设计

工具栏（Commandbar）是一种典型的 Office 的对象，从对象类型的来源看，它属于 Office 对象库中的一个类型。但是从管理的层面看，工具栏属于 Office 组件中的成员，例如 Excel 中的工具栏，属于 Excel.Application 管辖；如果是 PowerPoint VBA 编程环境中的工具栏，则归 PowerPoint.Application.VBE 管辖。

一个应用程序的所有工具栏（内置的以及自定义的）构成一个 Commandbar 集合，每个工具栏中还可以有多个控件，这些控件不同于窗体上的控件，特指 Office 的工具栏控件（CommandbarControl）。

工具栏的自定义设计可用于 Office 的任何版本，但由于 Office 2007 以上弱化了工具栏的外观，所以 Office 2007 以上，自定义工具栏、菜单栏和自定义控件一律显示在"加载项"选项卡中，如图 1-7 所示。

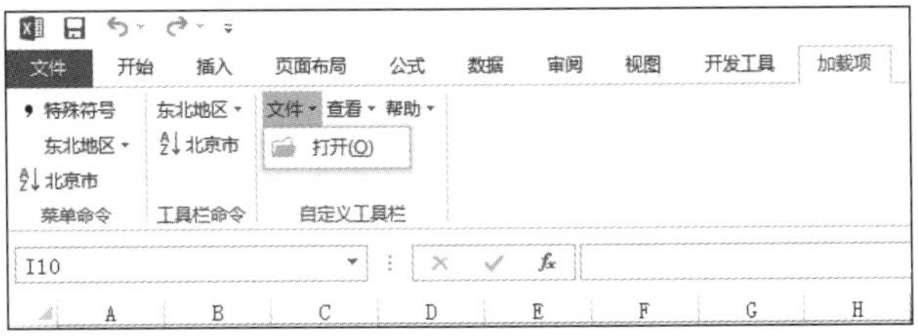

图 1-7　高级 Excel 版本中的自定义工具栏外观

由于自定义工具栏设计是对 Office 程序的一种改动，所以当外接程序卸载时，并不会撤销这种改动，也就是外接程序已经卸载了，自定义工具栏还在。除非在外接程序卸载前清理掉这些用户自定义的部分。

1.3.3　任务窗格设计

自定义任务窗格（CustomTaskPane），可以理解为是嵌入在 Office 窗口中的一个窗体。任务窗格可以停靠在宿主程序窗口的上下左右四个位置，也可以浮动在窗口的上面，还可以用鼠标改变任务窗格的宽度和高度，显示和隐藏任务窗格。

任务窗格区别于一般的窗体最大的好处是，与 Office 窗口融为一体，不是一个孤立的窗体，不会遮挡和覆盖用户操作的文档区域。

一个典型的任务窗格结果如图 1-8 所示。

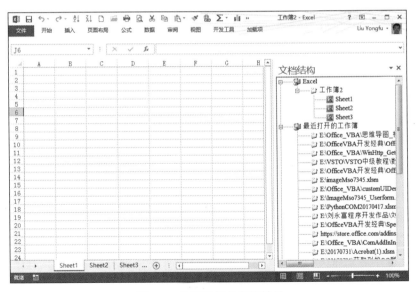

图 1-8　自定义任务窗格结果

使用 VB6 创建的 Office 外接程序项目中如果要为 Office 添加任务窗格，必须先创建一个 ocx 格式的用户控件，然后通过 Office.ICustomTaskPaneConsumer 这个接口把 ocx 转变为任务窗格。

使用 VSTO 创建的 Office 外接程序项目中，命名空间 Microsoft.Office.Tools 下的 CustomTaskPanes 集合对象代表外接程序的所有任务窗格，使用 Add 方法可以添加一个任务窗格，任务窗格的内容基于一个用户控件。

以上简单介绍了 Office 开发过程中常用界面的基本概念。

1.4 VSTO 开发环境的选择

Windows 主要的操作系统有 Windows XP、Windows 7、Windows 10 等，Office 的主要版本有 Office 2003/2007/2010/2013/2016 等，Visual Studio 的主要版本有 Visual Studio 2008/2010/2012/2015/2017 等。

因此，进行 VSTO 的可能性搭配非常多，但有一个共性，那就是低级版本与低级版本配对，高级版本与高级版本配对。根据笔者开发经验，建议的环境搭配如表 1-3 所示。

表 1-3 VSTO 开发建议的环境配置

操作系统	Visual Studio 版本	Office 版本	项目类型
Windows XP	Visual Studio 2005	Office 2003	文档
Windows XP	Visual Studio 2008	Office 2003/2007	外接程序、文档
Windows XP	Visual Studio 2010	Office 2010	外接程序、文档
Windows 7	Visual Studio 2012	Office 2010	外接程序、文档
Windows 7 SP1	Visual Studio 2017	Office 2013	外接程序、文档
Windows 10	Visual Studio 2017	Office 2013/2016	外接程序、文档

本书所用的开发环境是 Windows 7 SP1 +Visual Studio 2017 Professional + Office 2013。

1.5 小结

本章介绍了 Office 开发的方式，VBA 是安装 Office 时自带的编程语言，与 VB6 具有相同的语法格式，VBA 代码只能保存于 Office 文档之中，无法保护开发成果，因此不适合开发大型、专业的商业化软件。VB6 是一门可视化编程语言，可以通过 COM 的方式开发面向 Office 的自定义函数、COM 加载项等，但由于系统、Office 版本的升级，造成 VB6 开发受限。VB.NET 可以看作是 Visual Basic 在 .NET Framework 平台上的升级版本，增强了对面向对象的支持。

VSTO 是微软公司推出的利用 .NET 语言开发 Office 的一种项目类型，开发人员可以基于 Visual Studio 的项目模板快速构建一个 VSTO 项目，VSTO 项目中允许使用 customUI、自定义任务窗格、文档操作窗格等界面元素，也可以在工作表上使用 VB.NET 控件，宿主控件等。

第 2 章

Visual Studio 的安装和使用

Microsoft Visual Studio（简称 VS）是微软公司的开发工具包系列产品，它包括了整个软件生命周期中所需要的大部分工具，如 UML 工具、代码管控工具、集成开发环境（IDE）等。

Visual Studio 是目前最流行的 Windows 平台应用程序的集成开发环境。最新版本为 Visual Studio 2017，基于 .NET Framework 4.5.2。

本章要点：

❏ Visual Studio 2017 的安装过程。
❏ 项目的创建和保存。
❏ Visual Studio 的个性化设置。
❏ Visual Studio 的新特性。

2.1　Visual Studio 2017 的安装

Visual Studio 2017 是微软于 2017 年 3 月 8 日正式推出的新版本，是迄今为止最具生产力的 Visual Studio 版本，整合了 .NET Core、Azure 应用程序、微服务、Docker 容器等所有内容。

Visual Studio 2017 的安装过程包括：

（1）安装引导程序下载。
（2）启动 Visual Studio Installer。
（3）选择必要的组件。
（4）继续安装。

■ 2.1.1　安装引导程序的下载

在浏览器中打开如下 url：

https://visualstudio.microsoft.com/zh-hans/downloads/

进入微软的 Visual Studio 下载页面，如图 2-1 所示。

图 2-1　下载安装引导程序

可以下载使用社区版、专业版、企业版中的任何一个，单击"免费下载"按钮，即可把对应的安装引导程序（大约 1MB）下载到本地磁盘。

也可以进入 Visual Studio IDE（集成开发环境）的下载页面：

https://visualstudio.microsoft.com/zh-hans/vs/

选择 Windows，然后依次单击"下载 Visual Studio"→ Professional 2017，同样可以把安装引导程序下载到本地磁盘，如图 2-2 所示。

图 2-2　下载安装引导程序

2.1.2 系统需求和安装环境确认

Visual Studio 2017 最好安装在 Windows 10 系统中。

如果是 Windows 7 系统,则需要先安装 Service Pack 1,才能安装上 Visual Studio 2017。可以通过查看计算机属性,确认是否已经有 Service Pack1,如图 2-3 所示。

图 2-3 安装了 SP1 补丁的 Windows 7 系统

如果没有,从微软官方网站下载并安装该系统补丁。

其他需求:

❏ 良好的网络条件。

❏ 以管理员身份安装 Visual Studio。

❏ .NET Framework 4.6.1 以上版本。

如果 .NET Framework 不满足安装条件,安装过程会弹出"Visual Studio 需要安装 .NET Framework 4.6 或更高版本"提示框,如图 2-4 所示。

图 2-4 安装过程中要求安装 .NET Framework

2.1.3 Visual Studio 2007 Professional 的安装

双击 Visual Studio 2017 专业版的安装引导程序 vs_Professional.exe 的图标,启动安装向导,如图 2-5 所示。

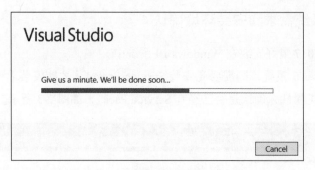

图 2-5　准备安装 Visual Studio 2017

稍等片刻，进入 Visual Studio Installer（安装器）窗口，该窗口分为"工作负载""单个组件""语言包""安装位置"共 4 个选项卡。

在"工作负载"选项卡中，勾选".NET 桌面开发"，如图 2-6 所示。

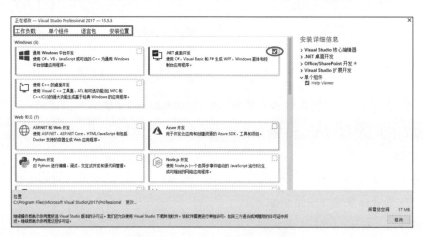

图 2-6　勾选 ".NET 桌面开发"

拖动滚动条，找到"Office/SharePoint 开发"，并且勾选，如图 2-7 所示。

图 2-7　勾选 "Office/SharePoint 开发"

也可以切换到"单个组件"选项卡，对需要安装的组件进行选择，如图 2-8 所示。

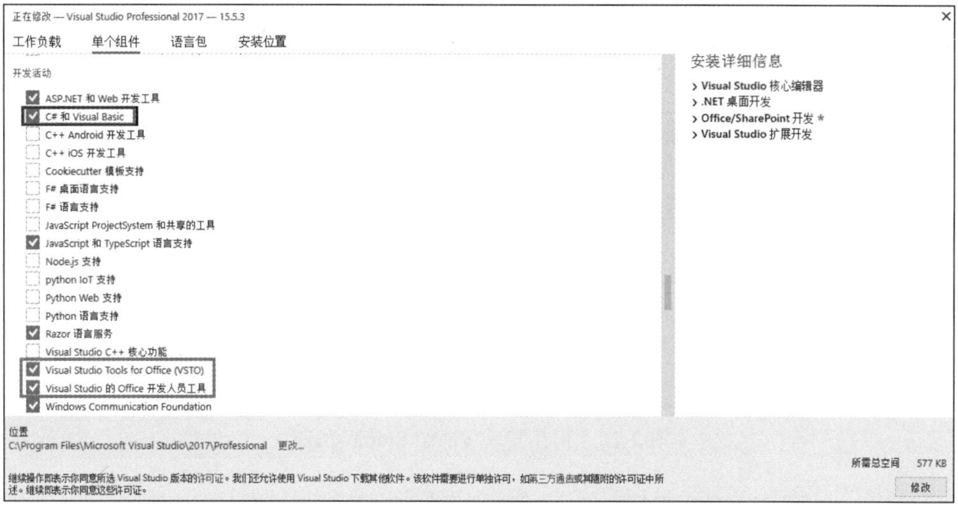

图 2-8 "单个组件"选项卡

如果 Visual Studio 的界面语言需要显示为中文以外的其他语言，需要切换到"语言包"选项卡，勾选其他国家语言，如图 2-9 所示。

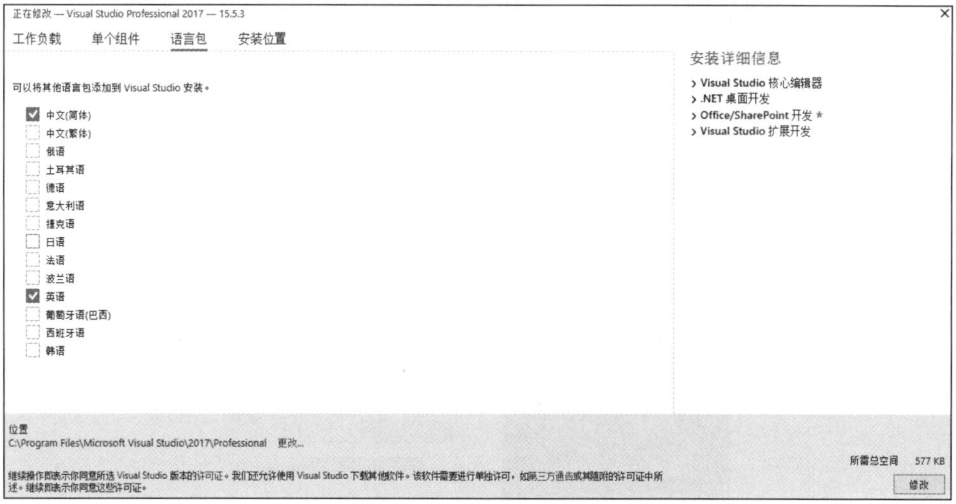

图 2-9 选择安装语言包

单击右下角的"修改"按钮，正式进入安装，如图 2-10 所示。

安装结束后，首次启动 Visual Studio 2007，选择默认的开发语言是 Visual Basic（后期可以更改）。然后单击右下角的 Start Visual Studio，进入 Visual Studio 集成开发环境，如图 2-11 所示。

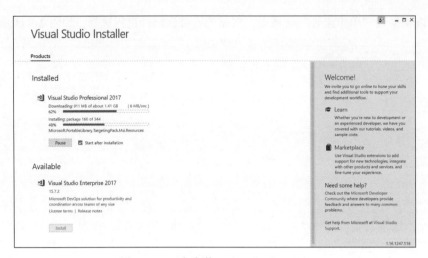

图 2-10　正在安装 Visual Studio 2017

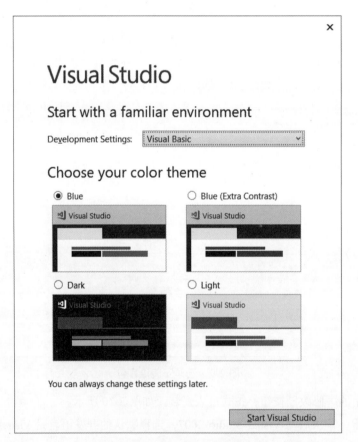

图 2-11　选择默认开发语言

进入 Visual Studio 编程环境，选择菜单"帮助""关于 Visual Studio"，弹出"关于"对话框，从中可以查看版本信息和已安装的组件，如图 2-12 所示。

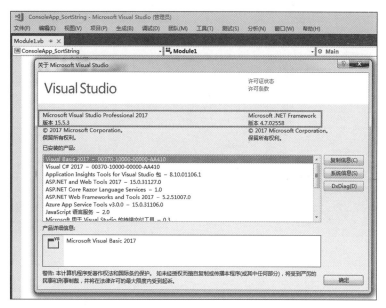

图 2-12　查看 Visual Studio 的版本和已安装产品

2.1.4　Visual Studio 的启动

安装 Visual Studio 以后，会在系统的"开始"菜单创建 Visual Studio 的程序文件夹，从而在"开始"菜单中可以找到一个名为 devenv.exe 的快捷方式，单击这个快捷方式，就可以快速启动 Visual Studio 2017。

这个快捷方式指向的原始文件是：

C:\Program Files\Microsoft Visual Studio\2017\Professional\Common7\IDE\devenv.exe

可以从磁盘中找到上述文件。

2.1.5　Visual Studio 的修复和卸载

Visual Studio 在使用过程中，可能遇到增删组件、功能修复、卸载等需求，这些均可通过 Visual Studio Installer 窗口进行。打开该窗口的方法有如下几种：

方法一：从磁盘中找到如下文件并双击：

C:\Program Files\Microsoft Visual Studio\Installer\vs_installershell.exe

方法二：在 Visual Studio 编程开发环境的新建项目窗口中单击"打开 Visual Studio 安装程序"，如图 2-13 所示。

方法三：在 Visual Studio 的主菜单中，单击"工具"→"获取工具和功能"命令。

以上三种方法均可启动 Visual Studio Installer。在该窗口中选择"更多"菜单中的命令，即可对 Visual Studio 进行修复、卸载等操作，如图 2-14 所示。

图 2-13　打开 Visual Studio 安装程序

图 2-14　Visual Studio 的维护操作

2.2　项目管理

　　Visual Studio 中的程序组织结构以项目为单位，因此编程的第一步就是要学会创建项目。

　　启动 Visual Studio 2017，选择菜单"文件"→"新建"→"项目"，或者直接按下快捷键 Ctrl+Shift+N，弹出"新建项目"对话框，如图 2-15 所示。

　　在"新建项目"对话框中，依次展开节点 Visual Basic →" Windows 经典桌面"，在右侧的项目类型中可以选择 Windows 窗体应用程序、控制台应用程序、类库等项目类型。在对话框的下部设置项目名称和保存位置，在对话框的上部设置该项目的 .NET Framework 版本，如图 2-16 所示。

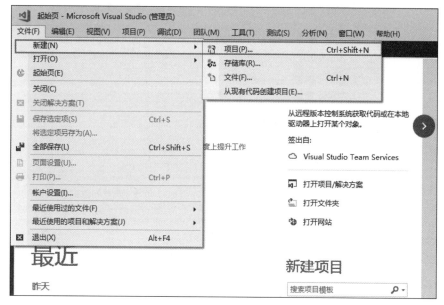

图 2-15 "新建项目"的菜单命令

图 2-16 "新建项目"对话框

设置好各项后,单击右下角的"确定"按钮,即可进入项目的开发界面。

2.2.1 创建 VSTO 项目

在"新建项目"对话框中,左侧面板的树状结构中依次选择"已安装"→Visual Basic→Office Sharepoint→"VSTO 外接程序"命令,右侧列出可以创建 Excel、Word 文档和模板项目,也可以创建大多数常见组件的外接程序项目,如图 2-17 所示。

图 2-17　VSTO 项目类型

2.2.2　项目模板

在 Visual Studio 中无论创建哪一个类型的项目，都会自动产生默认的文件、引用、代码，这是因为 Visual Studio 创建的每一个项目都是基于项目模板。

Visual Studio 的安装路径通常位于：

C:\Program Files\Microsoft Visual Studio\2017\Professional\Common7\IDE\

在该路径下可以继续找到如下子文件夹：

ProjectTemplates\VisualBasic\Windows\2052

从而可以看到 Windows 桌面应用的模板项目，也就是说，每次创建这些项目类型时，都基于这些模板，如图 2-18 所示。

图 2-18　Windows 桌面应用的模板

根据需要，开发人员也可以自行修改模板中的内容，但是不推荐。

然后从 Visual Studio 安装文件夹继续找到如下路径：

ItemTemplates\VisualBasic\Office\2052

这里是有关功能区设计器、操作窗格、Outlook 窗体区域方面的项目模板，如图 2-19 所示。

图 2-19　功能区可视化设计器、文档操作窗格的模板

对于 VSTO 中的外接程序项目、文档自定义项目的模板位于：
ProjectTemplates\VisualBasic\Office\Addins\2052

例如，VSTOPowerPoint15AddInV4 这个文件夹根据字面意思是 PowerPoint 2013 的外接程序项目，如图 2-20 所示。

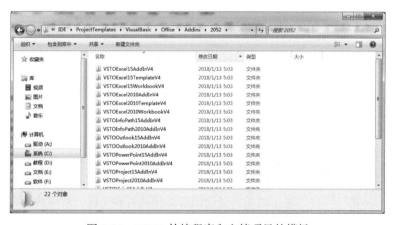

图 2-20　VSTO 外接程序和文档项目的模板

2.2.3　创建时保存新项目

有些时候，"新建项目"对话框中只能设置项目名称，无法设置项目的保存位置，如图 2-21 所示。

可以选择"工具"→"选项"命令，打开 Visual Studio 的选项对话框。在左侧面板找到"项目和解决方案"→"常规"命令，在右侧勾选"创建时保存新项目"复选框，即可解决，如图 2-22 所示。

图 2-21　对话框中找不到保存位置

图 2-22　勾选"创建时保存新项目"复选框

2.2.4　与项目有关的快捷键

Visual Studio 的"文件"菜单的很多命令用来操作项目和文件，常用快捷键有：
- 新建项目：Ctrl+Shift+N。
- 打开项目：Ctrl+O。
- 保存项目：Ctrl+Shift+S。
- 保存当前文件：Ctrl+S。

2.3　Visual Studio 的选项设置

　　Visual Studio 可以自定义字体、颜色、菜单、工具栏、窗口位置和键盘快捷键，也可以创建模板、使用外部工具和管理扩展。大多数都要通过"选项"对话框进行设置。

2.3.1 更改默认开发语言

Visual Studio 首次安装完成时,会提示选择主题颜色、默认的编程语言,如果默认为 C#,那么新建项目对话框中 VB.NET 将出现在"其他语言"节点中。

下面讲述如何在 Visual Studio 使用过程中,更改默认编程语言的方法。

选择 Visual Studio 的菜单"工具"→"导入和导出设置"命令,弹出"导入和导出设置向导"对话框,选择"重置所有设置",如图 2-23 所示。

图 2-23　重置所有设置

单击"下一步"按钮,选择"否,仅重置设置,从而覆盖我的当前设置"如图 2-24 所示。

图 2-24　选择"否,仅重置设置,从而覆盖我的当前设置"

单击"下一步"按钮,选择 Visual Basic。最后单击"完成"按钮关闭对话框,如图 2-25 所示。

图 2-25 选择 Visual Basic

以后新建项目时,默认是 VB.NET 语言,而 C# 等被归类到其他语言。

2.3.2 更改 Visual Studio 界面语言

对于中文 Windows 系统,Visual Studio 默认的界面语言是中文简体,如果要显示为其他国家语言,需要经过如下两个设定环节:

(1)从 Visual Studio Installer 中勾选语言包。

(2)在 Visual Studio 选项对话框中更改语言。

在"选项"对话框中,依次选择"环境"→"区域设置"命令,在右侧下拉框中选择 English,如图 2-26 所示。

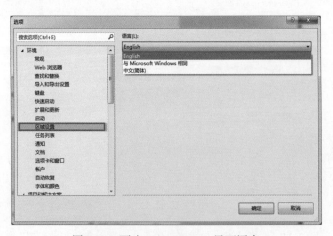

图 2-26 更改 Visual Studio 界面语言

下次启动 Visual Studio，显示为英文界面，如图 2-27 所示。

图 2-27　英文界面的 Visual Studio

注意：修改了显示语言，还会影响到项目模板的选择使用，例如更改为英文，创建项目时基于名称为 1033 文件夹下的模板。恢复为中文界面，则基于名称为 2052 文件夹中的模板。

2.3.3　更改代码风格

通过"选项"对话框，可以更改代码编写环境的风格，例如可以更改文本编辑器的字体颜色、背景色、字体样式等，如图 2-28 所示。

图 2-28　更改代码编辑器样式

2.4 代码编写技巧

Visual Studio 的代码编辑的功能也非常强大，掌握一定的代码编写技巧可以提高开发速度和准确度。

2.4.1 代码的自动完成

.NET 语言的代码一般比较长，单词也很长。在书写代码的过程中，光标附近会自动弹出成员列表，可以配合上下方向键快速选中某个成员。

当输入变量或单词的一部分按下 Tab 键可以自动补全代码。例如输入 Rich 按下 Tab 键，会自动补全为 RichTextBox，如图 2-29 所示。

图 2-29 代码的自动完成

2.4.2 智能提示

将鼠标移动到对象名称、方法、关键字上方，自动弹出相关术语的功能和参数说明提示，如图 2-30 所示。

图 2-30 语法智能提示

2.4.3 查看定义

编程过程中，我们经常会遇到一些过程、函数所需的参数非常多的情况，如果不理解参数含义和类型，可以通过"转到定义"打开元数据视图。

例如在 VSTO 中实现新建工作簿，鼠标在 Add 附近右击，在右键菜单中选择"速览定义",会弹出一个子窗口,显示该方法的功能和参数,如图 2-31 所示。

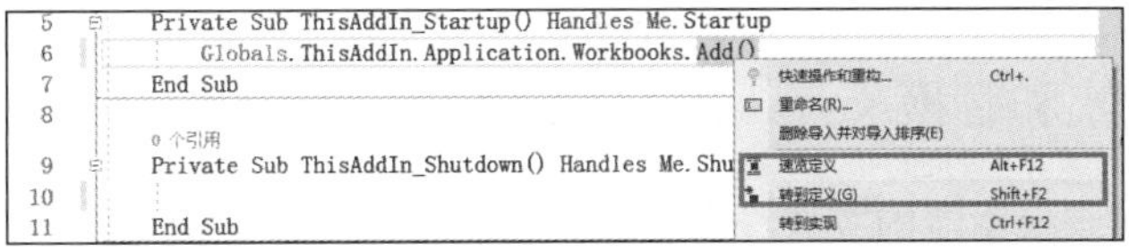

图 2-31 查看 Add 方法的定义

如果选择"转到定义"则会在新的一个代码窗口出现包含该方法的元数据视图,可以清晰地看到 Add 方法的摘要:用于创建一个新工作簿,新工作簿会成为活动工作簿,返回一个 Workbook 对象。并且该方法还可以传递一个可选参数 Template,如图 2-32 所示。

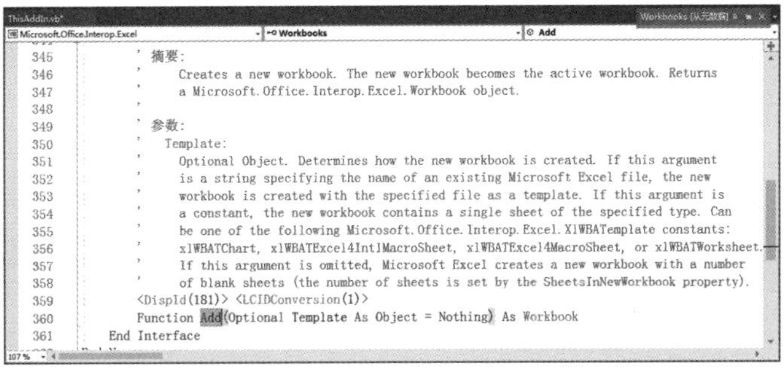

图 2-32 Add 方法的详细说明

编程过程中,查看定义非常有助于理解代码的含义。

2.4.4 变量的重命名

编程过程中,代码中的过程名、函数名、变量名称可能需要重新命名,除了使用一般的查找替换功能以外,还可以使用更加智能的变量重命名方法。

假设要把代码中的变量 Tab1 都替换为 TabOne,先选中 Tab1 声明的地方,然后在右键菜单中选择"重命名",右上角弹出一个悬浮窗口,根据需要可以勾选"包括字符串""预览更改"等选项,然后直接在首个 Tab1 出现的位置修改为新名称 TabOne,然后单击悬浮窗的"应用"按钮,即可实现批量重命名,如图 2-33 所示。

图 2-33 变量的批量重命名

注意：使用重命名功能，可能会自动保存代码文件。

■ 2.4.5 查找和替换

Visual Studio 代码编辑器的查找、替换功能也非常方便，在代码区域按下快捷键 Ctrl+H，会在右上角弹出"查找和替换"悬浮窗口。该窗口不仅支持常规的查找替换功能，还支持正则表达式查找，例如要把代码文件中所有以 R 开头的英文单词全部替换为 NewWords，查找对话框可以输入一个正则表达式 \bR[A-Za-z]+，如图 2-34 所示。

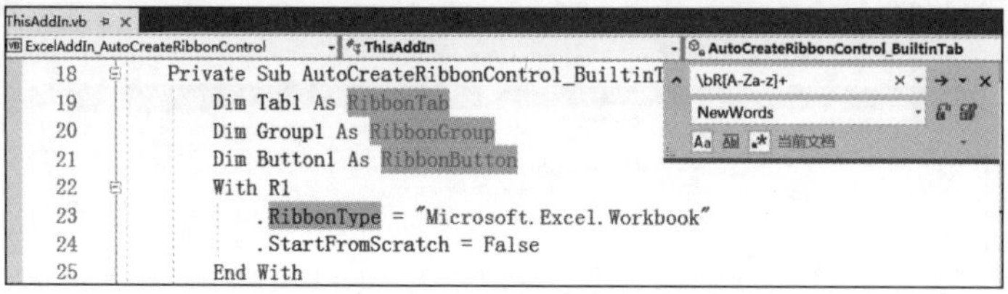

图 2-34　支持正则表达式的查找和替换对话框

需要注意这个悬浮窗下面有四个按钮，分别是区分大小写、全字匹配、正则表达式、搜索范围。

悬浮窗右侧有两个按钮，分别是替换、全部替换。

此外，还可以选择 Visual Studio 的菜单"编辑"→"查找和替换"→"文件中替换"命令，打开更详细的查找替换窗格，如图 2-35 所示。

图 2-35　更详细的查找和替换窗格

一般情况下，VB.NET 代码中的各个过程、函数体之间会保留空白行，如果想删除所有空白行，就可以在勾选"正则表达式"的前提下，输入关键词：^\s*\n，然后替换为空字符即可。

2.5 最常用的对话框

在 Visual Studio 中进行编程开发，使用最频繁的 5 个对话框是：
- "新建项目"对话框：用于创建项目。
- "添加新项"对话框：向当前项目添加新的文件。
- "添加引用"对话框：向当前项目添加新的引用。
- "项目属性"对话框：当前项目的属性的查看设置。
- "选择工具箱项"对话框：向控件工具箱中添加新的控件。

"新建项目"对话框的打开方法：选择 Visual Studio 的菜单"文件"→"新建项目"命令。

"添加新项""添加引用""项目属性"这三个对话框，均可单击 Visual Studio 的菜单"项目"下面的命令打开，如图 2-36 所示。

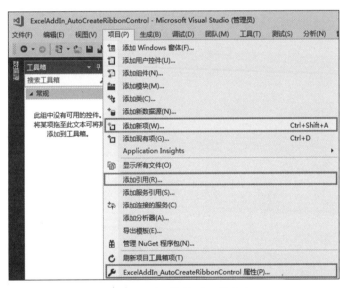

图 2-36　项目菜单下面的命令

"选择工具箱项"对话框，功能是向控件工具箱中添加不常用的控件。单击 Visual Studio 的菜单"工具"→"选择工具箱项"命令，可以打开"选择工具箱项"对话框。

2.6 小结

Visual Studio 2017 是到写作本书时最具生产力的 Visual Studio 版本，安装时需要先下载安装引导程序，打开安装引导程序会启动 Visual Studio Installer。Visual Studio 中组件的增删、项目类型的变更、功能的修复等操作都在 Visual Studio Installer 窗口中进行。

在 Visual Studio 中可以创建的常用项目类型有：

❑ 控制台应用程序。

❑ Windows 窗体应用程序。

❑ 类库（.NET Framework）。

❑ VSTO 项目。

其中，控制台应用程序和窗体应用程序都会生成可以独立运行的可执行应用程序。类库通常生成动态链接库以便于让其他程序调用。VSTO 外接程序项目会生成 Office 外接程序，通过 Office 的 COM 加载项装载使用。

代码编写过程中，Visual Studio 具有语法智能提示、单词自动补全的功能，而且可以"转到定义"去查看完整的语法说明。

第3章 VB.NET 语言基础

VB.NET 是由微软的 .NET 框架实现的。因此，它可以访问 .NET 框架中的所有库。使 VB.NET 成为一个广泛使用的专业语言，主要有以下原因：

- 现代、通用。
- 面向对象。
- 面向组件。
- 易于学习。
- 结构化语言。
- 生成高效的程序。
- 可以在各种计算机平台上编译。
- .NET 框架的一部分。

与所有其他 .NET 语言一样，VB.NET 完全支持面向对象的概念。

本章讲述 VB.NET 语言基础，很多内容与 VBA、VB6 非常相似甚至相同，因此需要理解和掌握 VB.NET 语言的独特之处。

本章要点：

- 变量的声明和赋值的方法。
- 类型转换的方法。
- 数组的使用。
- 条件选择。
- 循环结构。
- 错误处理。
- Module 和 Class 的区别。
- 项目的引用管理。

3.1 VB.NET 程序的编译和运行

VB.NET 程序需要经过编译（Compile），根据源代码文件，在路径下生成执行文件方可运行。

程序的编译工作，可以在 cmd 命令提示符窗口中手动编译生成，也可以使用 Visual Studio 中的菜单命令来执行。

下面介绍通过 cmd 命令窗口中编译 VB.NET 程序的方法。

3.1.1 使用 vbc.exe 编译程序

vbc.exe 文件是 Windows 系统中 .NET 语言框架中用于编译 VB.NET 程序的一个文件，一般要把它的所在路径设置为系统环境变量中。

在计算机的资源管理器窗口中，切换到 .NET Framework 4.0 的目录：C:\Windows\Microsoft.NET\Framework\v4.0.30319，可以看到里面有 csc.exe 和 vbc.exe 文件，如图 3-1 所示。

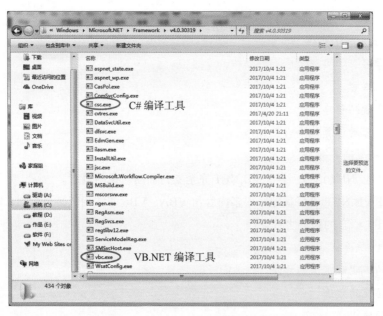

图 3-1　VB.NET 和 C# 编译工具

在系统的高级设置窗口中，打开环境变量设置窗口，如图 3-2 所示。

编辑"系统变量"中的 Path，在原有变量值的尾部追加如下内容：

```
; C:\Windows\Microsoft.NET\Framework\v4.0.30319
```

注意：路径前面需要加一个半角分号隔开，如图 3-3 所示。

图 3-2 编辑环境变量

图 3-3 Path 中追加路径

设置好环境变量后，就可以在 cmd 窗口中输入 vbc.exe 或 vbc 来编译 VB.NET 程序了。
在 cmd 窗口中输入命令：vbc /? 后按回车键，可以看到编译选项，如图 3-4 所示。

图 3-4 vb.NET 编译选项

VB.NET 程序可以编译成可执行文件（exe）、动态链接库（dll）等，语法格式为：

```
vbc /target:编译类型 /out:生成路径 源文件
```

其中，/target 部分如果不指定，则生成的是控制台应用程序，扩展名为 exe。
/out 部分不指定，则默认生成到源文件所在路径。

■ 3.1.2 第一个 VB.NET 程序

创建一个文本文件，里面写入 VB.NET 语言的代码，保存为 E:\VSTO\VSTO 中级教程

\VB.NET\FirstVBProgram.txt，如图 3-5 所示。

启动 cmd 命令提示符窗口，输入 cd /d E:\VSTO\VSTO 中级教程 \ VB.NET 后按回车键，把当前路径切换到文本文件所在的路径。

然后输入 vbc.exe /target:exe /out:"E:\VSTO\VSTO 中级教程\VB.NET\FirstVBProgram.exe"FirstVBProgram.txt。按回车键启动编译，如图 3-6 所示。

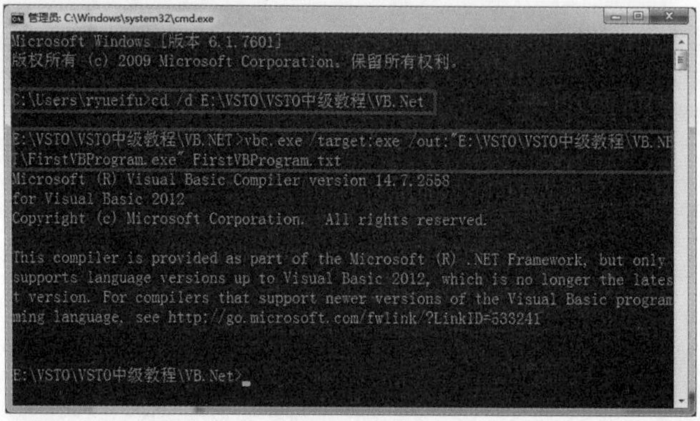

图 3-5　记事本中写入 VB.NET 代码

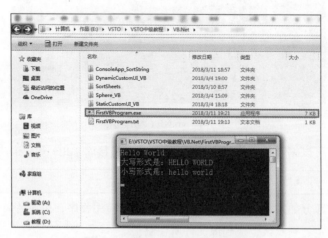

图 3-6　cmd 窗口中编译 VB.NET 程序

以上编译命令可以更简短：vbc FirstVBProgram.txt 。

编译完成后，在路径中多了一个可执行文件，双击 FirstVBProgram.exe，提示输入内容，任意输入一个单词，打印出对应的大小写形式，如图 3-7 所示。

图 3-7　编译生成的可执行文件

3.1.3　使用 Visual Studio 进行 VB.NET 编程

Visual Studio 是目前最流行的 Windows 平台应用程序的集成开发环境。最新版本为

Visual Studio 2017，基于 .NET Framework 4.5.2。

下面在 Visual Studio 中创建一个最简单的 VB.NET 语言的控制台应用程序。

项目实例 1　ConsoleApp_SortString 控制台应用程序

启动 Visual Studio，单击菜单"文件"→"新建"→"项目"命令，弹出"新建项目"对话框，如图 3-8 所示。

图 3-8　创建控制台应用项目

"新建项目"对话框中，在左侧选择"其他语言"→ Visual Basic 命令，右侧选中"控制台应用（.NET Framework）"，在名称中输入 ConsoleApp_SortString，位置选择一个容易记住的路径即可。单击"确定"按钮，创建新项目并自动打开代码视图。

Visual Studio 编程环境主要包括主菜单、代码区、解决方案资源管理器（包括引用管理）、属性窗口等，如图 3-9 所示。

图 3-9　Visual Studio 编程环境

控制台应用程序的入口是 Sub Main 过程，在该过程中，输入对姓名排序的代码段，然后单击菜单"生成"→"生成解决方案"命令。

在项目的 Debug 路径下，可以看到编译后的 exe 文件，如图 3-10 所示。

图 3-10　使用 Visual Studio 生成的可执行文件

双击该可执行程序，弹出一个黑色窗口，任意输入 4 个单词，会给出升序后的排序结果，如图 3-11 所示。

此外，Visual Studio 中还可以单击菜单"调试"→"开始执行（不调试）"命令，对项目进行编译和执行操作，如图 3-12 所示。

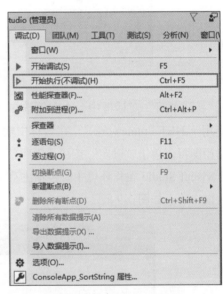

图 3-11　控制台应用程序的执行结果　　　　图 3-12　编译并执行程序

接下来要讲述的 VB.NET 语法基础，就以 Visual Studio 为编程环境、控制台程序中进行输入和输出。

3.2　VB.NET 语法基础

VB.NET 的语法来源于 Visual Basic，因此在关键字等各方面看起来非常类似 VB6/VBA，然而毕竟是一门基于 .NET 框架的语言，在风格和编程思维上非常接近于 C#。

本节以具体的实例编程来说明 VB.NET 语言与其他语言的相同和不同之处。

3.2.1 变量、常量和赋值

项目实例 2 ConsoleApp_LanguageBasic VB.NET 语法基础

创建一个名为 ConsoleApp_LanguageBasic 的控制台应用程序，计算指定半径的圆的面积。

```
Module Module1
    Public Const pi As Single = Math.PI
    Sub Main()
        Call 计算圆的面积()
    End Sub
    Sub 计算圆的面积()
        Dim radius As Single = 1.2
        Dim area = pi * radius ^ 2
        Console.WriteLine("半径是{0}，面积是{1}。", radius, area)
    End Sub
End Module
```

代码分析：VB.NET 程序的模块文件扩展名为 .vb，模块文件中可以有一个以上的 Module 结构，Module 类似于 VBA 中的标准模块。

本例中，模块 Module1 下面包括一个 Main 过程，该过程是程序的入口。Main 过程调用了同模块中的另一个计算面积的过程。

其中，pi 是一个模块级的常量。

VB.NET 语言中，变量在声明时可以在后面写上 = 立即赋值或计算。例如 Dim area = pi * radius ^ 2 这一句，声明的同时就计算了面积。这一点和 VBA 不一样，和 C# 一样。

Console.WriteLine("半径是{0}，面积是{1}。", radius, area) 这句，{0} 是一个占位符，输出结果时，此处显示的是后面首个参数的结果值，{1} 是下一个结果值。

运行上述程序，计算结果如图 3-13 所示。

图 3-13 计算结果

3.2.2 字符和字符串

VB.NET 有一种 Char 的数据类型，这和 VBA 不同。

下面的程序，打印字符 C 的 ASCII 码值，并输出两个字符串连接的结果。

```
Sub 字符和字符串()
    Dim c1 As Char = "C"
    Dim s1 As String = "Hello"
    Console.WriteLine("C的ASCII值是: " & Asc(c1))
    s1 &= " VB.NET"
    Console.WriteLine(s1)
End Sub
```

代码分析：VB.NET 中，支持自加（+=）、自减、自连（&=）这些运算符，s1 &= " VB.NET" 这一句代码，等价于 s1 = s1 & "VB.NET"。

运行上述程序，打印结果如图 3-14 所示。

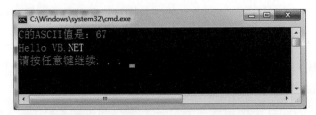

图 3-14　字符和字符串相关程序的结果

字符串比较方面，VB.NET 仍然保留了 VBA 中 Like 的用法，还可以使用 StartsWith、EndsWith、Contains 快速判断字符串 A 中是否以字符串 B 开头、结束和包含。

```
Private Sub 比较字符串()
    Dim FileName As String
    FileName = "D:\MyFolder\Data2018.csv"
    Debug.WriteLine(FileName Like "*####.csv")            ' 验证是否符合模式
    Debug.WriteLine(FileName.StartsWith(value:="E:\"))    ' 是否以 E:\ 开头
    Debug.WriteLine(FileName.EndsWith(value:="CSV"))      ' 是否以 CSV 结束
    Debug.WriteLine(FileName.Contains(value:="2018"))     ' 是否包含 2018
End Sub
```

以上程序的运行结果依次是：True、False、False、True。

3.2.3 日期时间类型

VB.NET 的 System 命名空间中的 DateTime 数据结构是用来处理日期和时间的。

本节讲述与日期时间有关的如下部分内容：

❑ 日期时间变量的声明和赋值。

❑ 日期时间的输出格式。

❑ 返回日期时间的分量。

- 日期的增加和减少。
- 计算两个日期的差。
- TimeSpan 的加减。
- 闰年的判断。

DateTime 数据类型的成员中，有一些以 To 开头的属性，用于把日期时间输出为指定的格式。下面的程序，演示了 4 种常用的日期时间输出格式。

```
Sub 日期的输出格式()
    Dim dt As DateTime
    dt = New Date(year:=2008, month:=8, day:=8, hour:=9, minute:=25, second:=7)
    Debug.WriteLine("长日期格式：" & dt.ToLongDateString)
    Debug.WriteLine("短日期格式：" & dt.ToShortDateString)
    Debug.WriteLine("长时间格式：" & dt.ToLongTimeString)
    Debug.WriteLine("短时间格式：" & dt.ToShortTimeString)
    Console.ReadKey()
End Sub
```

以上程序创建了一个日期：2008/8/8 9:25:07，然后输出为 4 种不同格式的字符串，结果如下。

```
长日期格式：2008年8月8日
短日期格式：2008/8/8
长时间格式：9:25:07
短时间格式：9:25
```

编程过程中，经常需要从一个日期时间数据中提取年、月、日等分量，VBA 中使用 Year(日期) 这样的语法格式，VB.NET 的语法为：日期.Year。

下面的程序，提取一个日期时间数据的年、月、日、时、分、秒各部分。

```
Sub 日期的分量()
    Dim dt As DateTime
    dt = New Date(year:=2008, month:=8, day:=8, hour:=9, minute:=25, second:=7)
    Debug.WriteLine("年份：" & dt.Year)
    Debug.WriteLine("月份：" & dt.Month)
    Debug.WriteLine("所在月的第几天：" & dt.Day)
    Debug.WriteLine("时：" & dt.Hour)
    Debug.WriteLine("分：" & dt.Minute)
    Debug.WriteLine("秒：" & dt.Second)
    Debug.WriteLine("所在星期的第几天：" & dt.DayOfWeek)
    Debug.WriteLine("所在年份的第几天：" & dt.DayOfYear)
    Console.ReadKey()
End Sub
```

代码分析：DayOfWeek 返回星期，DayOfYear 返回日期在所在年份中的第几天。运行上述程序，结果如下。

```
年份：2008
月份：8
所在月的第几天：8
时：9
分：25
秒：7
所在星期的第几天：5
所在年份的第几天：221
```

日期时间数据的运算，主要有以下两种：

❑ 在一个日期上面，增加或减少一个时间段，形成另一个日期。

❑ 两个日期的差值，具体为相差年数、日数等。

在一个日期的基础上加上若干时间，最简单的方式是使用 AddYears 之类的方法进行加减，例如 dt.AddDays(-1) 返回 dt 的前一天，dt.AddYears(3) 返回 dt 的后 3 年。

```
Sub 日期的增加和减少()
    Dim dt As DateTime
    dt = DateTime.Now
    Debug.WriteLine("现在时刻：" & dt.ToString("yyyy/MM/dd HH:mm:ss"))
    Debug.WriteLine("昨天是：" & dt.AddDays(-1).ToString)
    Debug.WriteLine("三年后是：" & dt.AddYears(3))
    Debug.WriteLine("前15秒是：" & dt.AddSeconds(-15))
    Console.ReadKey()
End Sub
```

运行上述程序，结果如下。

```
现在时刻：2018/08/04 20:50:38
昨天是：2018/8/3 20:50:38
三年后是：2021/8/4 20:50:38
前15秒是：2018/8/4 20:50:23
```

VB.NET 的 System 命名空间的 TimeSpan 数据结构，用来表示时间长度，由天数、小时数、分钟数、秒数这 4 部分构成。例如：

```
New TimeSpan(days:=3, hours:=6, minutes:=30, seconds:=5)
```

表示 3 天 +6 小时 +30 分 +5 秒的一个时间长度。

```
Sub 日期的增加和减少_TimeSpan()
    Dim dt As DateTime
    dt = DateTime.Now
    Dim sp As TimeSpan
    sp = New TimeSpan(days:=3, hours:=6, minutes:=30, seconds:=5)
    Debug.WriteLine("现在时刻：" & dt.ToString("yyyy/MM/dd HH:mm:ss"))
    Debug.WriteLine("加上 TimeSpan 是：" & dt.Add(value:=sp).ToString)
    Debug.WriteLine("减去 TimeSpan 是：" & dt.Subtract(value:=sp).ToString)
    Console.ReadKey()
End Sub
```

代码分析：程序中在计算了现在时刻的基础上，加上时间长度和减去时间长度的结果，返回的结果是一个日期时间数据。

运行上述程序，结果如下。

```
现在时刻：2018/08/04 21:07:36
加上 TimeSpan 是：2018/8/8 3:37:41
减去 TimeSpan 是：2018/8/1 14:37:31
```

两个日期相减，结果是一个 TimeSpan 对象，从 TimeSpan 对象中可以提取出具体的天数、小时数等。

```
Sub 两个日期的差()
    Dim myBirthDay As DateTime, yourBirthDay As DateTime
    myBirthDay = New Date(year:=1981, month:=7, day:=15, hour:=20, minute:=26, second:=58)
    yourBirthDay = New Date(year:=1992, month:=4, day:=16, hour:=9, minute:=36, second:=6)
    Dim sp As TimeSpan
    sp = yourBirthDay - myBirthDay
    Debug.WriteLine(" 两日期之差： " & sp.Duration.ToString)
    Debug.WriteLine(" 提取 Days 部分： " & sp.Days)
    Debug.WriteLine(" 提取 Hours 部分： " & sp.Hours)
    Debug.WriteLine(" 相差总小时数： " & sp.TotalHours)
    Console.ReadKey()
End Sub
```

程序中的 sp 是两个日期相减的结果。从 sp 中可以提取出天数、小时数、分数、秒数，也可以提取出总小时数、总分数、总秒数。

运行上述程序，运行结果如下。

```
两日期之差：3927.13:09:08
提取 Days 部分：3927
提取 Hours 部分：13
相差总小时数：94261.1522222222
```

两个 TimeSpan 数据类型可以进行加减，运算的结果仍然是一个 TimeSpan。

```
Sub TimeSpan 的加减()
    Dim sp1 As TimeSpan = New TimeSpan(days:=3, hours:=6, minutes:=30, seconds:=5)
    Dim sp2 As TimeSpan = New TimeSpan(days:=2, hours:=8, minutes:=20, seconds:=25)
    Debug.WriteLine(" 两者之和： " & (sp1 + sp2).ToString)
    Debug.WriteLine(" 两者之差： " & (sp1 - sp2).ToString)
    Console.ReadKey()
End Sub
```

程序中计算了两个时间段的相加和相减，结果如下。

```
两者之和：5.14:50:30
两者之差：22:09:40
```

VB.NET 的日期常量仍然可以像 VBA 语法一样用两个 # 括起来。

下面的程序使用 DateDiff 计算了两个人的岁数差。

```
Sub 使用 DateDiff 计算两个日期的差 ()
    Dim MyBirthDay As Date = #1981/8/4#
    Dim YourBirthDay As Date = New Date(1984, 3, 25)
    Dim temp As Integer = DateDiff(DateInterval.Year, MyBirthDay, YourBirthDay)
    Debug.WriteLine(" 我比你大 {0} 岁。", temp)
    Console.ReadKey()
End Sub
```

代码分析：DateDiff 中的参数 DateInterval.Year 指明了要计算两个日期相差的年数。

运行上述程序，结果如下。

```
我比你大 3 岁。
```

VB.NET 中提供了直接判断是否为闰年的 IsLeapYear 函数。

下面的程序在循环结构中列出每一年是否为闰年。

```
Sub 闰年的判断 ()
    For y As Integer = 2000 To 2040 Step 1
        Debug.WriteLine("{0} 年：{1}", y, DateTime.IsLeapYear(y))
    Next y
    Console.ReadKey()
End Sub
```

运行上述程序，一部分输出结果如下。

```
2000 年：True
2001 年：False
2002 年：False
2003 年：False
2004 年：True
2005 年：False
2006 年：False
2007 年：False
2008 年：True
```

3.2.4 整数类型

VB.NET 中用于声明整数的类型有 Short、Integer、Long，但是 VB.NET 中的 Short 的数值范围相当于 VBA 中的 Integer 类型、VB.NET 中的 Integer 的范围相当于 VBA 中的 Long。因此，VB6/VBA 中用到的 API 函数如果要用在 VB.NET 中，函数的参数或返回值中，遇到 Long 要替换为 Integer。

下面的程序分别计算 30000 的平方和四次方。

```
Sub 整数类型 ()
    Dim a As Short = 30000
```

```
        Dim b As Integer = a ^ 2
        Dim c As Long = b ^ 2
        Console.WriteLine(b)
        Console.WriteLine(c)
End Sub
```

运行上述程序，Integer 类型的 b 输出为 9 亿，Long 类型的 c 输出为 810000000000000000，如图 3-15 所示。

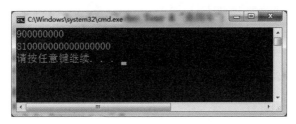

图 3-15 整数类型相关程序的结果

■ 3.2.5 布尔和逻辑运算

VB.NET 中的布尔和逻辑运算，与 VBA 保持一致，And、Or、Not 的用法也没有变化。下面的程序演示了 VB.NET 中的布尔和逻辑运算。

```
Sub 逻辑和布尔运算()
    Dim a As Boolean = True
    Dim b As Boolean = False
    Dim c As Boolean
    c = a Or b
    Console.WriteLine(c)
    c = a And b
    Console.WriteLine(c)
    c = Not a
    Console.WriteLine(c)
    Console.ReadKey()
End Sub
```

运行上述过程，打印结果依次是 True、False、False。

另外，VB.NET 还新增了一些逻辑运算符，例如 IsNot、AndAlso、OrElse。其中 AndAlso 的功能类似于 And。

但是 AndAlso 和 OrElse 是短路求值（惰性求值），例如计算表达式 A AndAlso B 的时候如果 A 是 False，那么就不会继续计算 B 了。

同理，计算表达式 A OrElse B 的时候如果 A 的结果是 True，那么也不去计算 B 了，直接返回 True。

下面的实例，假设有优秀教师（条件为年龄小于 30 岁，并且是女性）、优秀班主任（条件为年龄小于 30 岁，或者是女性）两个岗位。My 和 Your 两个人分别应聘以上两个岗位，代码如下。

```vb
Sub 新增逻辑运算符()
    Dim MyAge As Integer = 35
    Dim MySex As String = "女"
    If JudgeAge(MyAge) AndAlso JudgeSex(MySex) Then
        Console.WriteLine(" 我符合申请优秀教师资格！")
    Else
        Console.WriteLine(" 我不能申请优秀教师！")
    End If
    Console.ReadKey()
    Dim YourAge As Integer = 28
    Dim YourSex As String = "男"
    If JudgeAge(YourAge) OrElse JudgeSex(YourSex) Then
        Console.WriteLine(" 你符合申请优秀班主任资格！")
    Else
        Console.WriteLine(" 你不能申请优秀班主任！")
    End If
    Console.ReadKey()
End Sub
Function JudgeAge(age As Integer) As Boolean
    If age <= 30 Then
        Return True
    Else
        Return False
    End If
End Function
Function JudgeSex(gender As String) As Boolean
    If gender = "女" Then
        Return True
    Else
        Return False
    End If
End Function
End Module
```

代码分析：If JudgeAge(MyAge) AndAlso JudgeSex(MySex) Then 这一句，在评估 My 的年龄时，她已经不符合条件了，那么就没必要去评估性别了，因此不会调用到 JudgeSex 函数，如果把中间的 AndAlso 改为 And，两个评估函数都能调用到。

可以单击 Visual Studio 的菜单"调试"→"逐语句"或者按快捷键 F11（不是 F8），逐行调试，可以感受到 AndAlso 与 And 的不同。

运行上述程序，结果如图 3-16 所示。

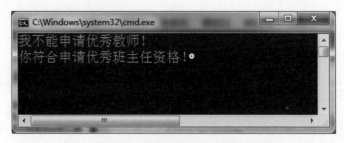

图 3-16 使用 AndAlso 运算符

3.2.6 新增赋值运算符

VB.NET 还可以使用 +=、-=、&= 这些运算符为变量赋值。

例如 x+=y，表示在 x 的基础加上 y，结果赋给 x，相当于 x=x+y。类似地，x &= "Hello" 等价于 x = x & "Hello"。

下面的程序演示了新增赋值运算符的用法。

```
Sub 新增赋值运算符()
    Dim i As Integer = 20
    i /= 5
    Dim s As String = "Office"
    s &= s & s '等价于 s=s & s & s
    Console.WriteLine(i)
    Console.WriteLine(s)
    Console.ReadKey()
End Sub
```

代码分析：i /=5，相当于 i =i /5，结果为 4。

运行上述程序，结果如图 3-17 所示。

图 3-17　新增赋值运算符

3.2.7 信息输入和结果输出

在控制台应用程序中，可以使用 Console.ReadKey、Console.Read、Console.ReadLine 在程序运行期间接收用户输入到命令提示符窗口中的信息；使用 Console.Write、Console.WriteLine 在命令提示符中输出信息或计算结果。

❑ Console.ReadKey()：监听键盘事件，可以理解为按任意键执行。

❑ Console.Read()：读取键盘输入的第一个字符，返回 ASCII 值。按回车键退出。

❑ Console.ReadLine()：读取所有字符，返回字符串。按回车键退出。

❑ Console.Write()：控制台输出，不换行。

❑ Console.WriteLine()：控制台输出，换行。

下面的程序使用 Console.Read 接收用户输入的一个字符，返回的是一个整数，所以赋给整型变量 C。

```
Sub 接收字符()
    Dim C As Integer
    Console.Write("请输入1个字符：")
    C = Console.Read()
    Console.WriteLine("ASCII值是：{0}，字符是：{1}", C, Chr(C))
End Sub
```

代码分析：VB.NET 和 VBA 中的 ASC、Chr 函数功能一样，Chr 用来把整数转换成对应的 ASCII 字符。

运行上述程序，用户输入了大写字母 C 并且按回车键，命令提示符窗口计算出该字符的 ASCII 值，如图 3-18 所示。

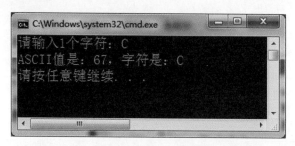

图 3-18　控制台应用程序中的输入和输出

使用 Console.ReadLine 接收一个字符串，用户连续按键时，直到按下回车键，把输入的字符串赋给变量。

```
Sub 接收字符串()
    Dim S As String
    Console.WriteLine("请输入你的姓名：")
    S = Console.ReadLine()
    Console.WriteLine("你输入的姓名是：" & S.ToUpper())
End Sub
```

代码分析：上述程序启动后，输入 Yongfu Liu，按下回车键，输出结果是其对应的大写形式，如图 3-19 所示。

图 3-19　Console.ReadLine 用法

使用 Console.ReadKey 可以接收用户的按键并判断用户按下的键盘上的键。

下面的程序如果用户按下的是 F2 或者 Home 键，输出按键的信息；如果按的是其他按键，则输出"你按下了其他键"。

```
Sub 接收按键()
    Dim K As ConsoleKey
    Console.Write(" 请按键: ")
    K = Console.ReadKey().Key
    If K = ConsoleKey.F2 Then
        Console.WriteLine(" 你按下了 " & K.ToString())
    ElseIf K = ConsoleKey.Home Then
        Console.WriteLine(" 你按下了 " & K.ToString())
    Else
        Console.WriteLine(" 你按下了其他键 ")
    End If
    Console.ReadKey()
End Sub
```

运行上述程序，当按下 F2 键，结果如图 3-20 所示。

图 3-20 Console.ReadKey 识别用户按键

3.2.8 输入和输出对话框

VB.NET 中的 InputBox 和 VBA 中的是一样的，功能是弹出一个对话框，让用户输入内容。输入的内容以字符串类型赋给变量。

InputBox 的 3 个参数含义如下。

❑ Prompt：提示语。

❑ Title：对话框的标题。

❑ DefaultResponse：默认值。

下面的程序，让用户依次输入两个数字，然后分别计算两个数字连接的结果、相加的结果。

```
Sub 输入对话框()
    Dim i As String, j As String
    i = InputBox(Prompt:=" 输入一个数: ", Title:=" 被加数 ", DefaultResponse:=2.1)
    j = InputBox(Prompt:=" 再输入一个数字: ", Title:=" 加数 ", DefaultResponse:=3.5)
    Console.WriteLine(i + j)
    Console.WriteLine(CDbl(i) + CDbl(j))
End Sub
```

代码分析：VB.NET 中的 + 运算符，当其两侧都是数值型时则是数字相加，否则是字符串连接，与 & 功能相同。

运行上述程序，弹出一个输入对话框，默认值是 2.1，用户可以根据需要修改这个数字，如图 3-21 所示。

下一个对话框，依然使用默认值 3.5。

程序运行的结果如图 3-22 所示。

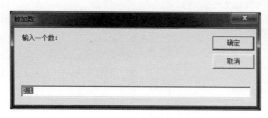
图 3-21 InputBox 接收用户输入

图 3-22 字符串的连接、数字相加计算结果

InputBox 输入对话框，正常情况下用户输入信息后单击"确定"按钮，把输入的内容赋给变量。但有些时候，用户单击的是"取消"按钮或者直接单击了对话框右上角的 ×，这种情况会把空字符串赋给变量。

VB.NET 中输出结果的对话框，既可以使用与 VBA 一样的 MsgBox，也可以使用 System.Windows.Forms 命名空间中的 MessageBox。

输出对话框的作用一般有两个，一是把计算的结果以对话框的形式弹出，另一个作用是在对话框上提供多个可选按钮，根据用户选择的按钮进而进行不同的操作。

下面的程序，计算当天的数字格式的星期、星期名称，并使用 MsgBox 输出结果。

```
Sub 输出对话框()
    Dim dt As Date = Today
    Dim wd As Integer
    Dim wn As String
    wd = Weekday(Today, DayOfWeek:=FirstDayOfWeek.Monday)
    wn = WeekdayName(Weekday:=wd, Abbreviate:=False, FirstDayOfWeekValue:=FirstDayOfWeek.Monday)
    MsgBox("今天是: " & dt & vbNewLine & "数字星期是: " & wd & vbNewLine & "星期名称是: " & wn)
End Sub
```

代码分析：Today 是内置常量，表示当天日期。

WeekDay 函数可以算出指定日期的数字格式星期，可以设定把星期几作为一周的开始。

WeekDayName 则是把数字转换成了字符串，例如 3 →星期三，7 →星期日。

运行上述过程，输出对话框计算出了当天的星期信息，如图 3-23 所示。

如果要设计样式丰富的输出对话框，需要了解 Msgbox 的参数。

❑ Prompt：对话框的提示语，必选参数。
❑ Title：对话框的标题，可选参数。
❑ Buttons：定制对话框的按钮、图标、默认按钮。

如果把 Msgbox 赋给一个 MsgBoxResult 类型的变量，则可以判断出用户单击的是哪一个按钮。

下面的程序，设定了 MsgBox 的提示语、标题，设置显示"确定""取消"两个按钮，并且第 2 个按钮（取消）是默认按钮，也就是对话框一出现，"取消"按钮具有单击焦点。

图 3-23　对话框中返回当天的星期信息

代码中的 MsgBoxStyle.Question 则表示对话框中出现一个问号图标。

```
Sub 返回结果的输出对话框()
    Dim callback As MsgBoxResult
    callback = MsgBox(Prompt:=" 确定要退出程序吗？ ", Buttons:=MsgBoxStyle.OkCancel + MsgBoxStyle.Question + MsgBoxStyle.DefaultButton2, Title:=" 多功能提示对话框 ")
    If callback = MsgBoxResult.Ok Then
        Console.WriteLine(" 执行退出！ ")
    Else
        Console.WriteLine(" 你单击了取消按钮。")
    End If
    Console.ReadKey()
End Sub
```

运行上述过程，弹出一个询问对话框，如图 3-24 所示。

图 3-24　处理有返回值的 MsgBox

当单击了"取消"按钮，命令提示符窗口中打印："你单击了取消按钮。"。

VB.NET 中使用 MessageBox，需要为项目添加 System.Windows.Forms 的外部引用，对于窗体应用程序项目类型，项目默认已经添加了该引用。控制台应用程序的情况，需要手工添加该引用，如图 3-25 所示。

图 3-25 添加 System.Windows.Forms 引用

添加引用后，在模块顶部导入 Imports System.Windows.Forms，就可以在程序中使用 MessageBox.Show 来显示对话框了。

MessageBox.Show 方法提供了非常多的可选参数，常用的如下。

❑ text：对话框显示的内容。

❑ caption：对话框的标题。

❑ buttons：对话框中的按钮。

❑ icon：对话框的图标。

❑ defaultButton：对话框的默认按钮。

下面的程序，使用 MessageBox.Show 方法显示一个对话框，该对话框有"确定"和"取消"两个按钮，并且默认选中"取消"按钮。

项目实例 3　ConsoleApp_MessageBox 输出对话框

```
Imports System.Windows.Forms
Module Module1
    Sub 定制MessageBox风格()
        MessageBox.Show(text:="输出结果", caption:="标题内容", buttons:=MessageBoxButtons.OKCancel, icon:=MessageBoxIcon.Information, defaultButton:=MessageBoxDefaultButton.Button2)
    End Sub
End Module
```

运行上述程序，弹出对话框如图 3-26 所示。

此外，MessageBox 执行后会返回一个 DialogResult，这个结果和用户所单击的按钮是有关系的，例如用户单击了"确定"按钮，那么这个返回值就是 DialogResult.Yes。

下面的程序，弹出一个带有 3 个按钮的对话框，用户单击不同的按钮有不同的响应。

图 3-26 使用 MessageBox

```
    Sub 使用对话框的返回值()
        Dim callback As DialogResult
        callback = MessageBox.Show(text:=" 是否保存更改？", caption:=" 询问 ", buttons:=
MessageBoxButtons.YesNoCancel)
        Select Case callback
            Case DialogResult.Yes
                '执行 " 是 " 的操作
            Case DialogResult.No
                '执行 " 否 " 的操作
            Case DialogResult.Cancel
                '执行 " 取消 " 的操作
        End Select
    End Sub
```

运行上述程序，弹出"是否保存更改"的询问对话框，如图 3-27 所示。

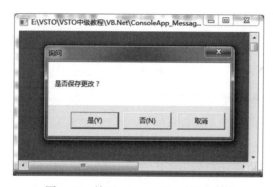

图 3-27　处理 MessageBox 的返回值

3.3　类型的判断和转换

代码中经常遇到不同的或者相似的数据之间进行运算，这会涉及类型的判断和转换。

3.3.1　编译选项设置

在 VB.NET 中可以通过设置 Option Strict 来决定是否需要类型转换。在项目的属性对话框中，切换到"编译"选项卡，如图 3-28 所示。可以设置以下编译选项：

❏ Option explicit 为 on 时，要求项目中的变量必须声明；为 off 时，可以不声明。

❏ Option strict 为 on 时，要求项目中不同数据类型之间必须进行类型转换。

❏ Option compare 为 binary 时，字母比较方式为二进制方式，也就是区分大小写，此时 "A" 与 "a" 不相等；Option compare 为 text 时，比较方式为文本比较，此时 "Excel" 与 "excel" 比较大小时是相等的。

❏ Option infer 为 on 时，启用变量类型推理；为 off 时，关闭类型推理。这个功能主要用于未声明类型的变量被赋值后如何决定这个变量的类型。

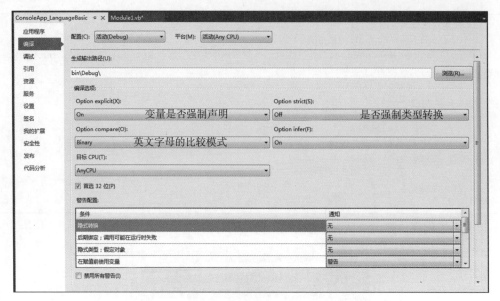

图 3-28　VB.NET 项目编译选项

例如：Dim V = 3 / 7，变量 V 的类型并未声明，当 Option infer 为 on 时，会根据等号后面表达式的结果来推断 V 的类型（Double）。

如果 Option infer 设置为 off，则关闭推断功能，V 的类型是 Object。

以上 4 个选项，既可以在项目的属性中设置，也可以为项目中单独的文件设置，如果在文件顶部设置了这些编译选项，则优先遵守文件顶部的设置，如图 3-29 所示。

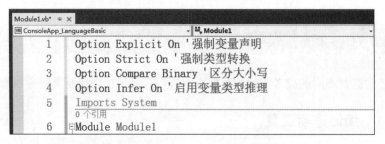

图 3-29　VB.NET 文件的编译选项

3.3.2　判断数据、变量的类型

VB.NET 语言判断数据或变量的类型，有如下 4 种方法：

❑ TypeOf Object Is 类型，返回布尔值。

❑ VarType(Object)，返回枚举值。

❑ Object.GetType()，返回类型。

❑ TypeName(Object)，返回类型字符串。

下面的代码用以上 4 种方法判断变体型变量的类型。

```
Sub 判断数据类型()
    Dim V As Object = 3 / 7
    Dim b1 As Boolean = TypeOf V Is Integer
    Dim b2 As Boolean = VarType(V) = VariantType.Integer
    Dim TP As Type = V.GetType()
    Dim s As String = TypeName(V)
    Console.WriteLine(b1)
    Console.WriteLine(b2)
    Console.WriteLine(TP.FullName)
    Console.WriteLine(s)
    Console.ReadKey()
End Sub
```

代码分析：b1、b2 都是判断 V 是否为 Integer 类型。TP 则是返回 V 的类型，s 返回 V 的类型字符串。

运行上述过程，运行结果如图 3-30 所示。

从这个结果可以看出，变量 V 的类型是 Double，不是 Integer。

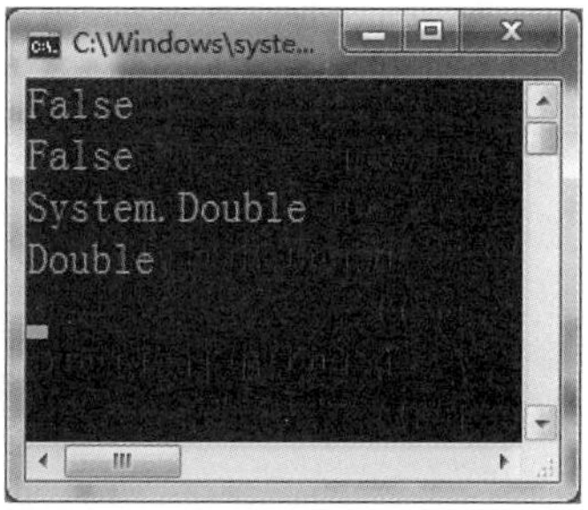

3.3.3 类型转换

VB.NET 中的类型转换分为显式转换和隐式转换。

图 3-30 数据类型的判断

所谓显式转换，是采用转换函数把参与运算的数据进行转换后，再与其他数据进行计算。例如：Dim v As String = CStr(2013)，把整数 2013 显式转换为字符串后再赋给字符串变量 v。

隐式转换，程序会把相似的数据按默认的方式自动转换，例如：Dim v As String = 2013，即使把非字符串类型的数据赋给字符串变量，在不设置为强制转换的前提下，这个语句是可以正常运行的。

如果设置为强制类型转换（Option strict on），则需要使用显式转换方式，否则不能通过编译，如图 3-31 所示。

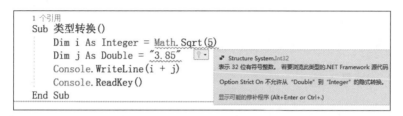

图 3-31 启用了强制变量声明

在 VB.NET 中，类型转换的方法有以下几种：

❑ 以 C 开头的转换函数，例如 CBool、CInt。这些和 VBA 中的一样。

❑ 以 Convert.To 开头的，例如 Convert.ToBoolean。

❑ 使用 CType、TryCast 转换。

下面的代码，用多种方式把一个 Double 类型的数据转换后，赋给 Integer 变量。

```
Sub 类型转换()
    Dim e As Double = 2.71828
    Dim i As Integer = Int(e)
    Dim j As Integer = CInt(e)
    Dim k As Integer = System.Convert.ToInt32(e)
    Dim c As Integer = CType(e, Integer)
    Console.WriteLine("i:{0},j:{1},k:{2},c:{3}", i, j, k, c)
    Console.ReadKey()
End Sub
```

代码分析：Int 会略去小数点后的部分，而不是四舍五入。运行上述过程，4 个变量的结果如图 3-32 所示。

图 3-32　数据类型转换的结果

其中，CType 非常实用，处理对象变量的类型转换很有用，以后会用到。

3.4　String.Format 方法

Format 方法将对象的值转换为基于指定格式的字符串，并将其插入到另一个字符串。其完整语法为：

```
String.Format(源字符串, 表达式 0, 表达式 1, 表达式 2, .. 表达式 n)
```

该方法返回一个字符串。

其中，在源字符串中，可以使用大括号 {i}，来引用对应序号的表达式。

■ 3.4.1　对号入座

利用 Format 方法提供的对号入座功能，让字符串的连接操作更简单。先看下面的一行 VBA 代码：

```
"内蒙古自治区，首府为 " & "呼和浩特" & "，成立于 " & #1947/4/23# & "，总面积 " & 118.3 & " 万平方公里"
```

可以看出需要多次用到 & 运算符，比较费时，而且可读性不强。

VB.NET 语言则可以使用 Format 方法，在源字符串的基础上插入其他表达式。

```
Sub 对号入座()
    Dim s1 As String = String.Format("内蒙古自治区，首府为{0}，成立于{1}，总面积{2}万平方公里", "呼和浩特", #1947/4/23#, 118.3)
    Console.WriteLine(s1)
    Dim s2 As String = String.Format("内蒙古自治区，首府为{2}，成立于{0}，总面积{1}万平方公里", #1947/4/23#, 118.3, "呼和浩特")
    Console.WriteLine(s2)
End Sub
```

代码分析：大括号所引用的表达式，取决于 Format 方法后面各个表达式的排列顺序。对于字符串 s2 中的 Format 方法，{2} 引用的是"呼和浩特"，以此类推。

运行上述程序，命令提示符窗口的输出完全相同的两行文字如图 3-33 所示。

图 3-33　对号入座生成新字符串

3.4.2　格式化数字

Format 方法的大括号中，还可以在表达式序号后面加上冒号与格式限定符。例如 {0:N3} 表示把表达式 0 保留 3 位小数插入到源字符串中。

下面的程序，同一个数字输出为不同小数位数。

```
Sub 不同小数位数()
    Dim p As Double = Math.PI
    Dim s As String = String.Format("不同小数位数：{0:N1}/{0:N2}/{0:N3}/{0:N4}/{0:N5}", p)
    Console.WriteLine(s)
End Sub
```

运行上述程序，打印出圆周率保留 1 至 5 位小数的结果，如图 3-34 所示。

图 3-34　不同小数位数

用于格式化数字的常用说明符如表 3-1 所示。

表 3-1　格式化数字的常用说明符

格式说明符	名称	说明
C 或 c	货币	数字转换为表示货币金额的字符串
D 或 d	十进制数	只有整型支持此格式
E 或 e	科学记数法	数字转换为 "–d.ddd…E+ddd" 的格式
N 或 n	一般数字	数字转换为 "–d,ddd,ddd.ddd…" 形式的字符串,其中 "–" 表示负数符号(如果需要),"d" 表示数字 (0～9),"," 表示数字组之间的千位分隔符,"." 表示小数点符号
X 或 x	十六进制数	数字转换为十六进制数字的字符串

下面的实例演示各种格式说明符所产生的结果。

```
Sub 数字输出格式()
    Debug.WriteLine(String.Format("货币形式：{0:C}，三位小数：{1:C3}", 2018, 56.7896))
    Debug.WriteLine(String.Format("科学记数法：{0:E}，两位小数：{1:E2}", 2018, 0.02468))
    Debug.WriteLine(String.Format("一般数字：{0:N}，三位小数：{1:N3}", 201800, 56.2345))
    Debug.WriteLine(String.Format("十六进制：{0:X}，十六进制：{1:X}", 255, 2748))
    Console.ReadKey()
End Sub
```

为了便于查看结果,该程序使用 Debug.WriteLine 输出,在调试模式下输出窗口的结果为:

```
货币形式：¥2,018.00，三位小数：¥56.790
科学记数法：2.018000E+003，两位小数：2.47E-002
一般数字：201,800.00，三位小数：56.235
十六进制：FF，十六进制：ABC
```

除了使用以上格式说明符外,还可以使用自定义格式,例如 0 可以表示前导零,# 表示一个数字。

下面的程序,表达式 0 输出为 6 位,不足 6 位就用 0 补齐。表达式 1 保留 3 位小数。

```
Sub 自定义数字格式()
    Debug.WriteLine(String.Format("保证6位：{0:000000}，3位小数：{1:0.###}", 2018, 66.6666))
    Console.ReadKey()
End Sub
```

调试运行上述程序,结果如下。

```
保证6位：002018，3位小数：66.667
```

3.4.3 格式化日期和时间

用于格式化日期和时间的常用标准格式说明符如表 3-2 所示。

表 3-2 格式化日期和时间的标准格式说明符

格式说明符	功能描述	格式说明符	功能描述
d	短日期模式	D	长日期模式
f	完整日期/时间模式（短时间）	F	完整日期/时间模式（长时间）
g	常规日期/时间模式（短时间）	G	常规日期/时间模式（长时间）
M 或 m	月日模式	Y 或 y	年月模式
t	短时间模式	T	长时间模式

下面的程序演示了上述格式说明符所对应的结果。

```
Sub 日期时间输出格式()
    Dim dt As DateTime
    dt = #2018/2/8 08:06:09#
    Debug.WriteLine(String.Format("短日期：{0:d}，长日期：{0:D}", dt))
    Debug.WriteLine(String.Format("完整日期短时间：{0:f}，完整日期长时间：{0:F}", dt))
    Debug.WriteLine(String.Format("常规日期短时间：{0:g}，常规日期长时间：{0:G}", dt))
    Debug.WriteLine(String.Format("短时间模式：{0:t}，长时间模式：{0:T}", dt))
    Debug.WriteLine(String.Format("月日模式：{0:M}，年月模式：{0:Y}", dt))
    Console.ReadKey()
End Sub
```

调试运行上述程序，输出结果如下。

```
短日期：2018/2/8，长日期：2018年2月8日
完整日期短时间：2018年2月8日 8:06，完整日期长时间：2018年2月8日 8:06:09
常规日期短时间：2018/2/8 8:06，常规日期长时间：2018/2/8 8:06:09
短时间模式：8:06，长时间模式：8:06:09
月日模式：2月8日，年月模式：2018年2月
```

很多情况下，使用固定的格式说明符不能满足需求。

可以使用自定义日期时间格式，任意一个日期在使用前导零的情况下都是 8 位数字，任意一个时间在使用前导零的情况下都是 6 位数字，例如 20180208 080609。

如果要输出前导零，使用 yyyy 表示年，MM 表示月，dd 表示日。使用 HH 表示时，mm 表示分，ss 表示秒。

不输出前导零，使用 yy 表示年，M 表示月，d 表示日。使用 H 表示时，m 表示分，s 表示秒。

下面的程序演示了自定义日期时间格式的用法。

```
Sub 自定义日期时间格式()
    Dim dt As DateTime
    dt = #2018/2/8 08:06:09#
```

```
            Debug.WriteLine(String.Format("8位日期：{0:yyyyMMdd}，6位时间：{0:HHmmss}", dt))
            Debug.WriteLine(String.Format(" 简单日期：{0:yy年M月d日}，简单时间：{0:H:m:s}", dt))
            Console.ReadKey()
        End Sub
```

运行上述程序，输出结果如下。

```
8位日期：20180208，6位时间：080609
简单日期：18年2月8日，简单时间：8:6:9
```

3.5 ToString 方法

VB.NET 中的很多对象、数据都可以用 ToString 转换为字符串。

如果 ToString() 括号内没有任何参数，功能相当于 VBA 的 CStr 函数。

ToString() 的括号中也可以使用标准的格式说明符或自定义格式，从而将源数据转换为指定格式的字符串。

下面的程序演示了各种数据输出为指定格式的字符串。

```
Sub 使用ToString()
    Debug.WriteLine(2345.6789.ToString("C3"))
    Debug.WriteLine(2345.6789.ToString("E2"))
    Debug.WriteLine(0.0378.ToString("N2"))
    Debug.WriteLine(3.14159.ToString("000.###"))
    Debug.WriteLine(" 现在日期：" & Now.ToString("yyyy-MM-dd"))
    Debug.WriteLine(" 现在时间：" & Now.ToString("HH:mm:ss"))
    Console.ReadKey()
End Sub
```

调试运行上述程序，输出结果如下。

```
¥2,345.679
2.35E+003
0.04
003.142
现在日期：2018-08-04
现在时间：11:17:16
```

ToString 方法中用到的格式说明符写法和 String.Format 方法的一样。不同的是 ToString 方法没有对号入座功能，一次只能把一个数据转换为字符串。

3.6 数组

数组是用来存储数据的集合。

一般的变量，一个变量只能存储一个数值。使用数组，声明一个变量，就可以存储多个数据。例如，声明一个名称为 Students 的数组，通过访问下标索引就可以读写具体的一个学生姓名，如图 3-35 所示。

Students(0)	Students(1)	Students(2)	Students(3)
张三	李四	王五	赵六

图 3-35　数组示意图

数组中的每一个个体称为"元素"，例如 Students(2) 可以作为一般变量使用。

数组也有类型，数组的类型决定了元素允许的类型。假设声明了类型为 Integer 的数组，那么该数组的每个元素相当于每个 Integer 变量，只能接收 Integer 数据的赋值，如果把数组声明为 Object，每个元素可以是不同类型的。

根据维数的不同，数组还可以分为一维数组、二维数组、多维数组等。

3.6.1　一维数组

VB.NET 中，一维数组的声明格式为：

```
Public|Private|Dim 数组名称 (下界) As 类型
```

例如，Dim Arr(3) As String 表示声明了一个字符串数组 Arr，下界是 3，这说明在程序中可以访问 Arr(0)、Arr(1)、Arr(2)、Arr(3) 这 4 个元素，数组的下界（LBound）是 0，上界（UBound）是 3。与 VBA 中数组不同的是 VB.NET 的数组一律是 0 基的，也就是下界必须是 0。

数组在声明的时候如果指定了上界，那么以后不能更改上界；如果声明的时候未指定上界，则可以在后期使用 Redim 语句来重新定义数组中元素的个数，这就是所谓的动态数组。

数组的赋值，有以下 4 种方式：

❑ 声明时初始化；
❑ 逐个元素赋值；
❑ 数组整体赋值；
❑ 把其他数组整体赋值给数组。

下面的过程，用到了 A、B、C 这 3 个一维数组。分别采用了不同的数组赋值方式。

```
Sub 一维数组()
    Dim A(3) As String                                       '指定了上界
    Dim B() As Integer = New Integer() {2017, 2018, 2019, 2020}    '声明时立即初始化
    Dim i As Integer
    i = 10
    Dim C(i / 5) As Boolean                                  '由其他表达式的结果决定数组的上界
    C(0) = False : C(1) = True                               '逐一赋值
    A = New String() {"Excel", "Word", "Access", "Outlook"}  '整体赋值
    Console.WriteLine("数组A的上界是{0}，长度是{1}", UBound(A), A.Length)
    Console.WriteLine("数组B的上界是{0}，长度是{1}", UBound(B), B.Length)
    Console.WriteLine("数组C的上界是{0}，长度是{1}", UBound(C), C.Length)
    Console.ReadKey()
End Sub
```

代码分析：对于 A 数组，声明时指定了数组的类型和上界，但没有初始化，各个元素默

认都是空字符串。

对于 B 数组，声明时使用 New 关键字初始化数组，数组的上界、长度依赖于后面大括号中元素的个数。

对于 C 数组，声明时其上界依赖于由 i 计算出的表达式。然而在 VBA 中不允许这样规定数组的上界。

C 数组采用了逐个元素单独赋值的方式。

运行上述程序，命令提示符中打印每个数组的上界和长度，可以看出 VB.NET 中的一维数组的 UBound 总比 Length 少 1，因为是 0 基的，如图 3-36 所示。

图 3-36　打印数组的上界

如果要在程序运行过程中查看变量、数组的值，可以在某行代码处设置断点，然后在 Visual Studio 的局部变量窗口（相当于 VBA 中的本地窗口）、即时窗口（相当于 VBA 中的立即窗口）中查看变量和表达式的值，如图 3-37 所示。

图 3-37　逐行调试程序

如果局部变量窗口、即时窗口处于关闭或隐藏状态，按快捷键 F5 进入程序调试模式，然后选择菜单"调试"→"窗口"→"局部变量"，如图 3-38 所示。

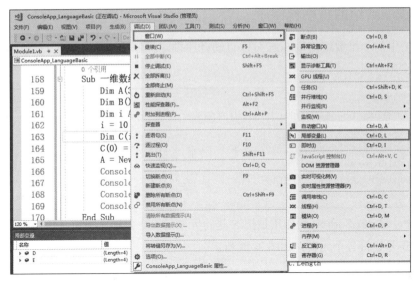

图 3-38　显示局部变量窗口、即时窗口

此外，两个数组之间还可以克隆，例如 B=A，数组 B 就是数组 A 的克隆，这两个数组指向同一块内存区域。

下面的程序，数组 A 赋值后，整体克隆给 B，B 的每个元素都和 A 相同，当 A 中的元素发生变化时，B 也随之变化。

```
Sub 数组克隆()
    Dim A(2) As Object
    A = New Object() {True, "VB.NET", 3.14}
    Dim B() As Object
    B = A '数组克隆
    A(1) = "C#"
    Console.WriteLine(A Is B)
    Console.WriteLine(" 数组 B 的元素依次是：{0},{1},{2}", B(0), B(1), B(2))
End Sub
```

运行上述程序，命令提示符中的打印结果如图 3-39 所示。

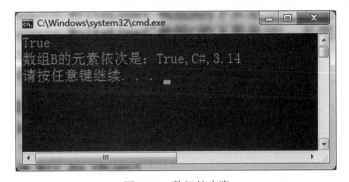

图 3-39　数组的克隆

3.6.2 数组的排序和倒序

VB.NET 中的一维数组使用 Sort 可以自动升序排序，如果对原数组进行降序排列，需要先升序，再倒序排列。

```
Sub 数组的排序()
    Dim N() As Double = New Double() {3.2, 2.5, 8.4, 7.5, 10.2, 3.8}
    Array.Sort(N)
    Console.WriteLine("升序排列: " & String.Join(",", N))
    Array.Reverse(N)
    Console.WriteLine("降序排列: " & String.Join(",", N))
End Sub
```

代码分析：Array.Sort(N) 的作用是把 N 进行元素的升序排序，为了一次性输出所有元素，使用 Join 以逗号连接各个元素，如图 3-40 所示。

图 3-40　数组的排序和倒序

3.6.3 数组的去重

数组的 Distinct 方法将数组中不重复的元素集合返回一个可迭代对象。

下面的程序将给定的城市名称列表去重后打印。

```
Sub 数组的去重()
    Dim City() As String = {"北京", "天津", "上海", "深圳", "上海", "重庆", "天津", "广州"}
    Dim I As IEnumerable(Of String) = City.Distinct()
    Dim Unique() As String = I.ToArray()
    For Each item In Unique
        Console.WriteLine(item)
    Next item
    Console.ReadKey()
End Sub
```

代码分析：ToArray 用于将可迭代对象转换为数组。

运行上述程序，命令提示符窗口中打印不重复的城市名称，如图 3-41 所示。

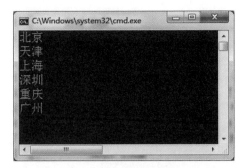

图 3-41　数组的去重

3.6.4　数组统计

使用 Sum、Average、Max、Min、Count 可以对数值型数组进行统计。

```
Sub 数组统计()
    Dim Score(3) As Integer
    Score = New Integer() {88, 65, 90, 74}
    Console.WriteLine(" 总分：{0}, 平均分：{1}, 最大值：{2}, 最小值：{3}, 计数：{4}", Score.Sum, Score.Average, Score.Max, Score.Min, Score.Count)
End Sub
```

运行上述程序，命令提示符中输出数组的统计信息，如图 3-42 所示。

图 3-42　数值型数组的统计

3.6.5　两个数组的集合运算

数组的 Intersect、Union、Except 分别用于计算两个数组的交集、并集、差集。下面的程序，两个数组的交集赋给字符串数组 Array3，为了方便输出，使用 Join 把数组连接为字符串。

```
Sub 数组的交集并集和差集()
    Dim Array1() As String = {"A", "B", "C", "D", "E"}
    Dim Array2() As String = {"A", "C", "E", "H"}
    Dim Array3() As String = Array1.Intersect(second:=Array2.AsEnumerable).ToArray
    Dim Array4() As String = Array1.Union(second:=Array2.AsEnumerable).ToArray
    Dim Array5() As String = Array1.Except(second:=Array2.AsEnumerable).ToArray
    Console.WriteLine(" 交集：" & String.Join(separator:="-", values:=Array3.ToArray))
    Console.WriteLine(" 并集：" & String.Join(separator:="-", values:=Array4.ToArray))
```

```
        Console.WriteLine(" 差集: " & String.Join(separator:="-", values:=Array5.ToArray))
        Console.ReadKey()
End Sub
```

运行以上程序,命令提示符窗口的打印结果如图 3-43 所示。

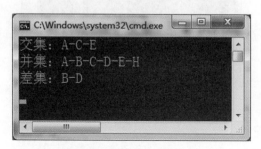

图 3-43　两个数组的集合运算

3.6.6　一维数组与字符串相互转换

如果字符串中具有相同的字符,使用 Split 可以把字符串分割成多个部分,形成字符串数组。

反过来,字符串数组也可以用指定的字符串作为连接符号连接成为一个字符串。

下面的程序,首先以逗号作为分隔符把字符串分离为数组,然后再把该数组用加号作为连接符连接为字符串。

```
Sub 一维数组与字符串相互转换()
    Dim s As String = "Excel,PPT,Word,Outlook,"
    Dim arr() As String
    arr = s.Split(",")
    Dim t As String
    t = Join(arr, "+")
    Console.WriteLine(t)
    Console.ReadKey()
End Sub
```

代码分析:注意字符串 s 的最后一个字符是逗号,因此被分离为数组后,最后一个数组元素是空字符串。

用加号把数组各个元素连接起来后的结果如图 3-44 所示。

图 3-44　数组和字符串的相互转换

3.6.7 二维数组

二维数组可以理解为是由多行、多列形成的方阵,假设一个数组的名称是 Matrix,那么 Matrix(0,0) 表示的是图中的字母 U,Matrix(1,2) 表示 Z,如图 3-45 所示。

	第0列	第1列	第2列
第0行	U	V	W
第1行	X	Y	Z

图 3-45 二维数组示意图

二维数组具有行向和列向两个维度,两个维度的下界都是 0,行向维度(第 1 维度)的下界使用 UBound(Matrix,1) 来获得,列向维度(第 2 维度)的下界使用 UBound(Matrix,2) 来获得。

二维数组在声明时也可以立即初始化。

```
Sub 二维数组 ()
    Dim Matrix(,) As String = New String(,) {{"U", "V", "W"}, {"X", "Y", "Z"}}
    Console.WriteLine(Matrix(0, 0) & Matrix(1, 1))
    Console.WriteLine(" 第 1 维的下界是 {0},上界是 {1}", LBound(Matrix, 1), UBound(Matrix, 1))
    Console.WriteLine(" 第 2 维的下界是 {0},上界是 {1}", LBound(Matrix, 2), UBound(Matrix, 2))
End Sub
```

代码分析:Matrix(0,0) 表示访问二维数组 0 行 0 列的元素,因此是 U。

运行上述程序,命令提示符窗口中的结果如图 3-46 所示。

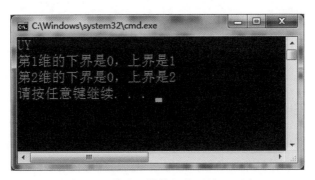

图 3-46 读取二维数组的下界、上界

3.6.8 数组维数的判断

VB.NET 中数组的 rank 属性返回数组的维数,利用 IsArray 可以判断一个对象是不是数组,如果不是数组,则不具有 rank 属性。

下面的程序,判断三个对象是不是数组,然后打印数组 b 和 c 的维数。

```
Sub 数组的维数判断 ()
    Dim a As Object = 100
    Dim b As Object = {100}
    Dim c As Object = {{100}}
    Console.WriteLine(IsArray(a) & vbTab & IsArray(b) & vbTab & IsArray(c))
    Console.WriteLine("b 的维数: " & b.rank)
    Console.WriteLine("c 的维数: " & c.rank)
    Console.ReadKey()
End Sub
```

运行上述程序,可以看出 b 是一维数组,c 是二维数组,如图 3-47 所示。

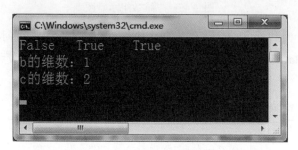

图 3-47　数组维数的判断

注意:VB.NET 中声明数组时,还可以把小括号放在类型名称后边,例如:

声明一个整型数组:Dim Array1 As Integer() = {1, 2}

声明一个二维数组:Dim Array2 As Integer(,) = {{3, 4}, {5, 6}}

3.7　条件选择

VB.NET 语言中的条件选择的语法格式与 VBA 语法是一样的,主要有 If...Else 结构、Select...Case 结构。

3.7.1　If...Else 结构

三角形的形状判断,可以根据最长边的平方与两短边的平方和比较,如果最长边的平方大于两短边的平方和,则是钝角三角形;恰好相等则是直角三角形;其他情况是锐角三角形。

```
Sub IfElse 结构 ()
    Console.WriteLine(" 请从小到大依次输入三角形的边长,输入每个边长后按 Enter 键。")
    Dim a As Integer = CInt(Console.ReadLine())
    Dim b As Integer = CInt(Console.ReadLine())
    Dim c As Integer = CInt(Console.ReadLine())
    Dim result As String
    If a * a + b * b < c * c Then
        result = " 钝角三角形 "
    ElseIf a * a + b * b = c * c Then
```

```
            result = "直角三角形"
        Else
            result = "锐角三角形"
        End If
        Console.WriteLine(result)
        Console.ReadKey()
End Sub
```

运行上述过程,命令提示符窗口中提示输入三个边长,然后打印出三角形形状的判断结果,如图 3-48 所示。

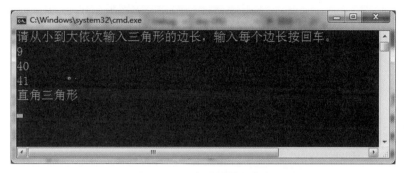

图 3-48　三角形形状的判断

上述程序运行正确的前提是,最长边一定要最后输入,否则结果不对。另外,还要考虑是否可以围成三角形。

3.7.2　Select...Case 结构

Select...Case 结构通常用于三分支以上的多分支场合。

下面的程序,当用户输入三个边长时,首先判断两个短边之和,是否大于最长边,如果大于则可以围成三角形,否则不能围成三角形,退出计算。

```
Sub SelectCase结构()
    Console.WriteLine("请从小到大依次输入三角形的边长,输入每个边长后按 Enter 键。")
    Dim a As Integer = CInt(Console.ReadLine())
    Dim b As Integer = CInt(Console.ReadLine())
    Dim c As Integer = CInt(Console.ReadLine())
    Dim result As String
    If a + b <= c Then
        Console.WriteLine("不能围成三角形!")
        Exit Sub
    End If
    Select Case a * a + b * b - c * c
        Case Is < 0
            result = "钝角三角形"
        Case Is = 0
            result = "直角三角形"
        Case Else
```

```
            result = "锐角三角形"
        End Select
        Console.WriteLine(result)
        Console.ReadKey()
    End Sub
```

代码分析：Select Case 后面的表达式有三种结果：小于 0、等于 0 和大于 0，分别对应三角形的三种形状。

运行上述程序，输入三边长，显示出相应的计算结果，如图 3-49 所示。

图 3-49　多分支结构

3.8　循环结构

VB.NET 中的循环结构种类与 VBA 的相同，但是增加了一些新增的控制语句，例如 Exit While 可以退出 While 循环，Continue 语句可以继续下一轮循环等。

3.8.1　Do...Loop 循环

Do 循环与 VBA 一样，根据程序设计需要，可以选用以下 5 种方式之一：

❑ Do...Loop；

❑ Do While...Loop；

❑ Do Until...Loop；

❑ Do...Loop While；

❑ Do...Loop Until。

下面的程序，在命令提示符中打印 1～10 这些数字，但是遇到 3 的倍数跳过。

```
Sub DoLoop循环()
    Dim i As Integer = 0
    Do Until i = 10
        i += 1
        If i Mod 3 = 0 Then Continue Do
        Console.Write(i & vbTab)
```

```
        Loop
        Console.ReadKey()
End Sub
```

代码分析：Continue 是 VBA 语法中没有的语句，在 VB.NET 的各种循环结构中，都可以使用 Continue 语句提前进入下一轮循环。

运行上述程序，命令提示符窗口中的打印结果如图 3-50 所示。

图 3-50 循环结构中使用 Continue 语句

3.8.2 While 循环

While...End While 循环结构（VBA 中是 While...Wend）与 Do While...Loop 循环结构非常相近。

下面的程序，计算数组中大于 0 的元素之和，中间遇到负数的情形直接退出循环。

```
Sub While循环()
    Dim i As Integer = 0
    Dim Total As Integer = 0
    Dim arr() As Integer = New Integer() {3, 1, 4, -5, 7, 2}
    While i <= arr.Count
        If arr(i) < 0 Then
            Exit While
        Else
            Total += arr(i)
        End If
        i += 1
    End While
    Console.WriteLine(Total)
    Console.ReadKey()
End Sub
```

代码分析：循环结构中的 i+=1 非常重要，不能漏写，否则会造成死循环。

运行上述程序，变量 Total 的最终结果是 8。

3.8.3 For 循环

For 循环结构，可以在一个整数范围内进行遍历，和 VBA 中的 For 循环基本一样。不过，VB.NET 中可以在 For 循环结构中声明循环变量的类型，还可以在循环结构中使用 Continue For 和 Exit For 语句进行流程控制。

下面的过程演示了子字符串的提取方法，并且演示了用 For 循环遍历字符串中每个字符的过程。

```
Sub For 循环()
    Dim s As String = "VB.NET"
    Dim u As String = Left(s, 2)
    Dim v As String = Right(s, 2)
    Dim w As String = Mid(s, 1, 3)
    Dim x As String = s.Substring(1, 3)
    Console.WriteLine(u)
    Console.WriteLine(v)
    Console.WriteLine(w)
    Console.WriteLine(x)
    Console.WriteLine("以下倒序遍历每个字符：")
    For i As Integer = Len(s) - 1 To 0 Step -1
        Console.WriteLine(s.Substring(i, 1))
    Next i
    Console.ReadKey()
End Sub
```

代码分析：VB.NET 依然保留了 VBA 中 Left、Right 和 Mid 这三个函数的功能，同时新增了一个 SubString，与 Mid 不同的是，SubString 是从 0 开始的，例如 "VB.NET".SubString(0,2) 可以提取到 "VB"。

本例中，变量 w 提取字符串中从第 1 个开始连续 3 个字符；本例 x 提取从第 2 个开始连续 3 个字符。

运行上述过程，打印结果如图 3-51 所示。

图 3-51　For 循环遍历字符串

3.8.4　For...Each 循环

遍历数组或集合对象时，除了可以用 For 循环遍历下标或索引外，还可以使用 For...Each 循环结构更方便地遍历成员。

下面的程序，第 1 个 For 循环用来遍历字符串中的每个字符，打印每个字符及其对应的

ASCII 码值。

第 2 个 For 循环遍历字符串数组中每个元素,打印元素的倒序形式。

```
Sub ForEach 循环()
    Dim s As String = "VB.NET"
    For Each c As Char In s
        Console.WriteLine("字符: {0}------ASCII 码: {1}", c, Asc(c))
    Next c
    Console.WriteLine("以下输出每个单词的倒序形式: ")
    Dim arr(4) As String
    arr = New String() {"Excel", "Word", "PowerPoint", "Access", "Outlook"}
    For Each component As String In arr
        Console.WriteLine(StrReverse(component))
    Next component
End Sub
```

运行上述过程,打印结果如图 3-52 所示。

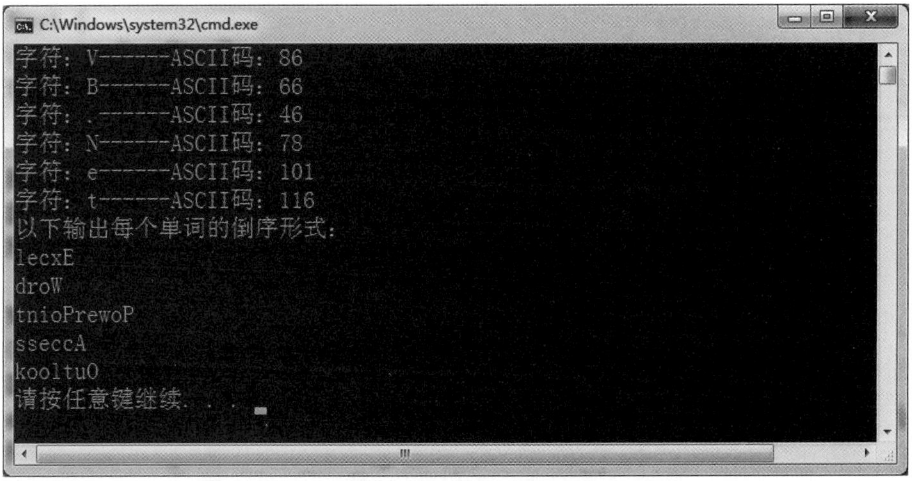

图 3-52　使用 For...Each 循环

3.9　匿名用法

所谓匿名(anonymous),就是不起名字的对象。VB.NET 中常用的匿名用法有匿名类、匿名过程和匿名函数。

■ 3.9.1　匿名类

正常情况下,使用 New 关键字创建一个类的实例,前提是这个类有一个明确的名称。

下面的程序,未定义类的情况下,直接先声明一个实例 SGYY,在实例后面使用了匿名类,大括号内指明了这个 Class 的若干属性。

```
Sub 匿名类()
    Dim SGYY = New With {.name = "三国演义", .price = 16, .author = "罗贯中", .publishdate = #2016/10/1#}
    Dim Info As String = "书名：" & SGYY.name & " 作者：" & SGYY.author
    MsgBox(Info)
End Sub
```

运行上述程序，对话框显示内容如图 3-53 所示。

图 3-53　使用匿名类

3.9.2　匿名过程

正常情况下，VB.NET 中的过程都有明确、唯一的过程名称，在其他地方使用 Call 关键字可以调用过程。

匿名过程，则可以省去过程名称。匿名过程可以看作定义在过程中的过程。

下面的程序，在"匿名过程"这个过程内部定义了一个匿名过程，赋给 proc1。由于匿名过程不返回值，所以 proc1 声明为 Action(Of Integer, String)。关键字 Of 后面要写上该匿名过程各个参数的类型。

```
Sub 匿名过程()
    Dim proc1 As Action(Of Integer, String) = Sub(x As Integer, y As String) MsgBox(y & vbNewLine & x)
    Call proc1(2018, "万事如意")
End Sub
```

代码分析：上述代码中，注意等号右侧分为两部分，一部分是匿名过程的参数列表，另一部分是该过程的具体内容。

运行上述程序，对话框显示内容如图 3-54 所示。

对于逻辑比较简单的匿名过程，写在一行即可，如果计算比较复杂的匿名过程，也可以写成多行，使用 End Sub 予以结束。

下面的程序，定义一个匿名过程，用于重复多次连接同一个字符串。

图 3-54　使用匿名过程

```
Sub 多行匿名过程()
    Dim proc1 As Action(Of Integer, String) = Sub(x As Integer, y As String)
                                                  Dim i As Integer
                                                  Dim s As String
                                                  For i = 1 To x
                                                      s &= y
                                                  Next i
                                                  MsgBox(s)
                                              End Sub
    Call proc1(3, "万事如意！")
End Sub
```

运行上述程序，对话框显示内容如图 3-55 所示。

■ 3.9.3 匿名函数

匿名函数是有返回值的，例如定义一个计算三科成绩平均分的匿名函数 Average，由于三门课成绩的类型均为 Integer，其平均值的类型是 Double，所以要把匿名函数声明为：

图 3-55 多行代码的匿名过程

```
Dim Average As Func(Of Integer, Integer, Integer, Double)
```

具体的程序代码如下。

```
Sub 匿名函数()
    Dim Average As Func(Of Integer, Integer, Integer,
Double) = Function(语文 As Integer, 数学 As Integer, 英语
As Integer) (语文 + 数学 + 英语) / 3.0
    MsgBox(Average(84, 73, 91))
End Sub
```

图 3-56 使用匿名函数

运行上述程序，对话框显示内容如图 3-56 所示。

匿名函数还可以用在数组的 Where 方法和 List 泛型类的 Find 等方法中，起到筛选和过滤条件的作用。

3.10 List 泛型类

List 泛型类位于命名空间 System.Collections.Generic 之下，表示可通过索引访问的对象的强类型列表。提供用于对列表进行搜索、排序和操作的方法。

List 泛型类的常用属性和方法如下。

- Capacity：容量。
- Count：元素个数。
- Add：增加元素。
- Insert：指定位置插入元素。
- Contains：是否包含某元素。
- Remove：移除元素。
- Clear：清空所有元素。

List 泛型类与数组、字典均有相似之处。

List 泛型类既可以使用 Add 方法从头创建，也可以使用现成的数组直接转换而成。

下面的程序，从头创建一个字符串类型的泛型类。

```
Sub List 泛型类()
    Dim Country As New List(Of String)
    Country.Add(item:="China")
    Country.Add("Russia")
    Country.Add("Brazil")
    Country.Remove(item:="Russia")
    Country.Insert(index:=1, item:="South Africa")
    Country.Add("India")
    Debug.WriteLine(Country.Contains("brazil"))         '是否包含brazil？
    Debug.WriteLine(Country.Count)                      '泛型类的元素总数
End Sub
```

代码分析：Country.Insert(index:=1, item:="South Africa") 表示把 South Africa 插入到第 1 个位置。

调试运行上述程序，在局部变量窗口可以看到该 List 泛型类最终有 4 个元素，如图 3-57 所示。

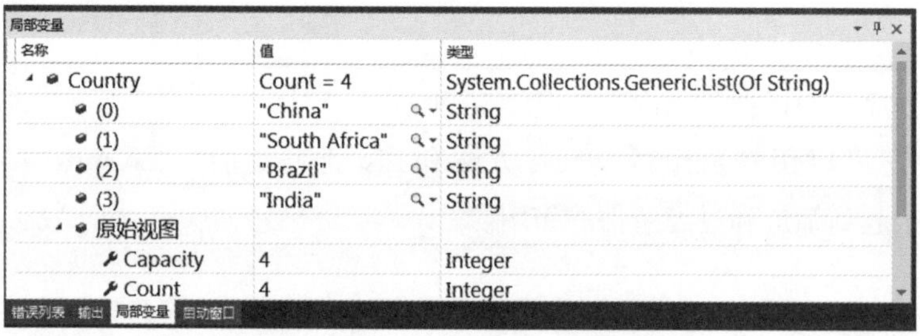

图 3-57　查看 List 泛型类元素的情况

3.10.1　泛型类与数组的转换

数组使用 ToList 可以转换为对应的泛型类，泛型类使用 ToArray 可以转换为对应类型的数组。

下面的程序，首先声明一个 Integer 类型的数组，其次把该数组转换为泛型类赋给 ListGrades，然后将泛型类转换为另一个数组 Arr，最后打印数组 Grades 的总和与数组 Arr 的总和是否相等。

```
Sub 泛型类与数组的转换()
    Dim Grades As Integer() = New Integer(5) {65, 70, 75, 80, 85, 90}
    Dim ListGrades As List(Of Integer) = Grades.ToList
    Dim Arr As Integer() = ListGrades.ToArray
    Debug.WriteLine(ListGrades.Sum = Arr.Sum)
End Sub
```

运行上述程序，打印结果为 True。

3.10.2　数组的过滤

数组可以使用 Where 方法借助匿名函数进行筛选，符合筛选条件的各个元素形成新的数组或 List 泛型类，如果最后加的是 ToArray 则返回相应类型的数组。

下面的程序，把大于 60 小于 70 的分数筛选出来，形成数组赋给变量 Middle。

```
Sub 数组的过滤()
    Dim Grades As Integer() = {86, 66, 73, 92, 59, 50, 73, 70, 81, 61, 68, 71, 93}
    Dim Middle As Integer() = Grades.Where(predicate:=Function(x As Integer) x >= 60 And x < 70).ToArray
    MsgBox(Middle.Sum)
End Sub
```

运行上述程序，计算出 Grades 中大于 60 并且小于 70 的分数之和，对话框显示为 195。

■ 3.10.3 泛型类的过滤

泛型类可以使用 FindAll 借助匿名函数进行筛选，筛选的结果既可以转换为列表，也可以转换为泛型类。

使用 Find 则查找到首个符合筛选条件的元素。

下面的程序，筛选出所有奇数赋给 Odds，查找到首个奇数赋给变量 first。

```
Sub 泛型类的过滤()
    Dim Numbers As List(Of Integer) = {8, 13, 26, 11, 7, 6}.ToList
    Dim Odds As List(Of Integer) = Numbers.FindAll(match:=Function(n As Integer) n Mod 2 = 1).ToList
    Dim first As Integer = Numbers.Find(match:=Function(n As Integer) n Mod 2 = 1)
    MsgBox(Odds.Sum)
    MsgBox(first)
End Sub
```

运行上述程序，Odds 的总和为 31，first 的值为 13。

3.11 异常处理

VB.NET 仍然保留了 On Error Resume Next、On Error GoTo Label 这些错误处理的方式，但增加了结构化异常处理策略。

在 VB.NET 结构中的异常处理分为 3 个语句块。

❏ Try 负责错误代码的捕获。

❏ Catch 进行错误的处理。

❏ Finally 负责错误处理后释放对象、清理资源等工作。

程序中不进行异常处理的情况下如果代码没有出错，则看不到什么影响。一旦出现异常，将会导致程序的异常退出。因此，在可以预见的情况下，进行异常处理是必要的。

VB.NET 语言中的 Try...Catch 语法结构中，Try 部分和 Catch 部分是必需有的，Finally、Throw 关键字，则可以根据实际需求选择使用。

一般情况下，把可能出现异常的代码段置于 Try 语句块中，Catch 部分用于捕获将会出现的异常，允许同时使用多个 Catch 部分。

Catch 语句中可以声明一个异常变量 ex，当 ex 的类型声明为 System.Exception 时，可以捕获各种类型的异常。捕获到异常后，在 Catch 语句块中对异常进行处理，最简单的就是以对话框的形式弹出异常信息。

异常对象的 ToString 方法以字符串的形式返回异常的所有信息（包括异常的类型、异常的描述、异常的来源等），异常对象的 Message 属性只返回异常的描述。

■ 3.11.1 异常原因分析

下面的实例程序尝试为数组中的元素赋值。

```
Sub 通用异常处理()
    Try
        Dim s(3) As String
        s(4) = "test"
    Catch ex As System.Exception
        MsgBox(Prompt:=ex.ToString, Title:="错误信息", Buttons:=MsgBoxStyle.Critical)
    End Try
End Sub
```

运行上述程序，弹出一个对话框，显示具体的异常信息，如图 3-58 所示。

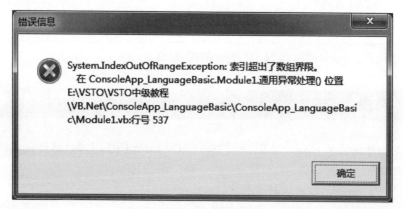

图 3-58　返回异常信息

异常原因分析：

由于数组的最大索引不能超过 3，因此出现了"索引超出了数组界限"的异常。此外，从异常信息中还可以看到该异常的类型为：System.IndexOutOfRangeException。

■ 3.11.2 异常分类处理

在 .NET 框架中，异常由类表示。.NET Framework 中的异常类主要直接或间接从 System.

Exception 类派生。常见的异常类型及其描述如表 3-3 所示。

表 3-3 常见的异常类型

异常类	描述
System.IO.IOException	处理输入输出错误
System.IndexOutOfRangeException	数组索引超出范围
System.ArrayTypeMismatchException	处理类型与数组类型不匹配
System.NullReferenceException	引用空对象引起的错误
System.DivideByZeroException	被零除产生的错误
System.InvalidCastException	类型转换错误
System.OutOfMemoryException	内存不足产生的错误
System.StackOverflowException	堆栈溢出产生的错误

编程过程中,一个程序中的异常原因往往不止一个,可以在 Try 结构中使用多个 Catch 语句块进行分支处理,有点类似于 Select...Case 结构。

以下实例程序,Try 语句块中包含 3 个操作:声明一个 XML 文档对象并装载 XML 代码、为数组的元素赋值、读取文本文件的全部内容。对每个操作可能产生的异常都定义了相应的 Catch 语句块。

```
Sub 异常分类处理()
    Try
        Dim Doc As Xml.XmlDocument
        Doc.LoadXml("<China></China>")
        Dim s(3) As String
        s(4) = "test"
        Dim content As String
        content = System.IO.File.ReadAllText("C:\config.txt")
    Catch ex As System.IndexOutOfRangeException
        MsgBox(ex.Message & "下标越界了!")
    Catch ex As System.NullReferenceException
        MsgBox(ex.Message & "对象为空!")
    Catch ex As System.IO.FileNotFoundException
        MsgBox(ex.Message & "文件不存在!")
    End Try
End Sub
```

代码分析:Doc 是一个 XML 文档对象,但是并未使用 New 关键字创建新实例,直接为其装载 XML 代码,就会导致"对象为空"的异常,会被 Catch ex As System.NullReferenceException 这个语句块所捕获。

运行上述程序,弹出一个对话框,如图 3-59 所示。

如果把上述程序中的 Dim Doc As Xml.XmlDocument 写作 Dim Doc As New Xml.XmlDocument,则 XML 文档这个操作是没有错的,Try 语句块中的代码会继续向下执行,执行到数组元素赋值的部分出现异常,如图 3-60 所示。

图 3-59　对象为空的异常

图 3-60　数组索引越界

3.12　项目组织

开发大型的 VB.NET 项目，往往包括很多功能，需要用到很多的变量、常量、过程和函数等。

如果把所有的内容都放在同一个文件中，则不便于管理和调用，因此有必要了解 VB.NET 编程的项目组织和管理方式。

VB.NET 项目主要由模块（Module）和类（Class）两种方式构成，无论是哪一种方式，具体代码文件的扩展名均为 .vb。

Module 类似于 VBA 中的标准模块，主要用于存储公共的内容，以便于让其他代码访问这些内容。

Class 类似于 VBA 中的类模块，主要是定义类对象，如果在其他地方要用到该类，必须使用 New 关键字创建实例。

Module 和 Class 中，都可以容纳变量、常量、过程、函数等内容，这些内容如果声明为 Public（公有），则可以让其他代码使用这些内容；反之声明为 Private（私有），只能在该内容所在环境中访问它。

3.12.1　项目中添加文件

为解决方案增加一个新的项目，可以在解决方案资源管理器中项目的右键菜单中选择"添加新项"，在弹出的"添加新项"对话框中既可以添加模块，也可以添加类，如图 3-61 所示。

其实，不论添加的是哪一种，在项目路径下都会产生一个新的 .vb 文件，如果选择的是添加模块，那么该文件中自动产生：

```
Module Module2

End Module
```

如果选择的是添加类，该文件中自动产生：

```
Class Module2

End Class
```

实际上,一个 .vb 文件中可以包含多个 Module 或 Class,很多情况下不需要添加新文件,在现有文件的末尾处新增 Module 或 Class 结构即可。

图 3-61　为解决方案添加模块

■ 3.12.2　调用 Module 中的内容

与 VBA 语法一样,VB.NET 中调用同一个 Module 中的内容,直接访问即可;如果调用其他 Module 中的内容,则需要在内容前面加上 Module 的名称。

项目实例 4　ConsoleApp_Module 调用模块中的内容

创建一个名为 ConsoleApp_Module 的控制台应用程序,默认有一个 Module1,该模块中包含一个 Main 启动过程。

接下来,在 Module1.vb 文件的末尾处增加一个新的 Module Geometry,用来书写关于圆的有关计算。

```
Module Module1
    Sub Main()
        Dim result1 As Double = Geometry.Area(3)
        Dim result2 As Double = Geometry.Circumference(5)
        MsgBox("半径为 3 的圆,面积是: " & result1)
        MsgBox("半径为 5 的圆,周长是: " & result2)
        Call Geometry.ShowTime()
    End Sub
    Sub ShowTime()
        MsgBox(Now)
    End Sub
End Module
```

```
'可以增加新的 Module
Module Geometry
    Public Const pi As Double = 3.14159
    Private e As Double
    Public Sub ShowTime()
        MsgBox(Today)
    End Sub
    Public Function Area(radius As Double)
        Area = pi * radius ^ 2
    End Function
    Public Function Circumference(radius As Double)
        Return 2 * pi * radius
    End Function
End Module
```

代码分析：以上两个 Module 处于同一个 .vb 文件中，但是 Sub Main 是整个程序的启动入口，该过程调用了 Geometry 中的面积和周长函数。

注意 Circumference 这个 Function，使用了 Return 语句返回函数的结果。

3.12.3 类的创建和使用

Class 中也可以包含变量、常量、过程和函数等内容。

下面的程序，添加一个名为 Person 的 Class，在该 Class 中添加一些变量和函数，然后在 Main 过程中创建类的新实例，设置该实例的有关属性，打印该实例的信息。

项目实例 5　ConsoleApp_Class 类的创建和使用

```
Module Module1
    Sub Main()
        Dim ZS As New Person
        Dim Age As Integer
        With ZS
            .name = "张三"
            .birthday = #1992/4/16#
            Age = .GetAge
            Console.WriteLine("姓名：{0}, 年龄：{1}, 国籍：{2}", .name, Age, Person.nationality)
        End With
    End Sub
End Module
Class Person
    Public Shared nationality As String = "中国"
    Public name As String, birthday As Date
    Public Function GetAge() As Integer
        Return Year(Today) - Year(birthday)
    End Function
End Class
```

代码分析：Main 过程中的 ZS 是由 Person 类实例化的一个实例，那么 ZS 对象的成员取决于 Person 类的定义。需要注意的是，Person 类中的 nationality 前面有个 Shared 关键字，那么在其他位置访问该变量时，不需要创建实例，使用 Person.nationality 即可。

运行上述程序，打印结果如图 3-62 所示。

图 3-62　使用类

3.13　项目的引用管理

与 VBA 编程类似，VB.NET 也可以调用外部对象，从而丰富和增强程序的功能。使用外部对象之前，要向项目中添加对象的引用，对于已经添加进去的、不需要的引用还可以从项目中移除。

■ 3.13.1　外部引用的添加和移除

例如，VB.NET 项目中添加 Microsoft XML v6.0 的引用，可以实现 HTTP 请求的提交、网页源代码的获取、XML 文档的解析等功能。

项目实例 6　ConsoleApp_Reference 外部引用的添加和移除

创建一个名为 ConsoleApp_Reference 的控制台应用程序，右击"解决方案资源管理器"中的"引用"节点，在弹出的右键菜单中选择"添加引用"，如图 3-63 所示。

图 3-63　添加引用

在弹出的"引用管理器"对话框中,选择 COM → "类型库",勾选 Microsoft XML v6.0,然后单击对话框右下角的"确定"按钮,如图 3-64 所示。

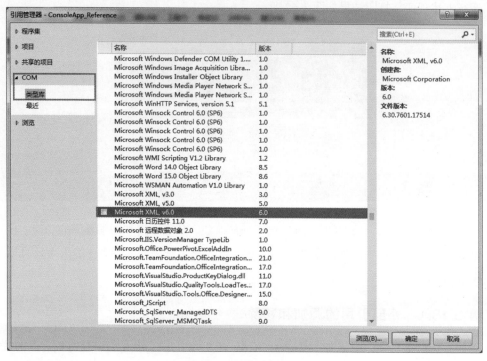

图 3-64　添加外部引用

此时,可以看到引用列表中多了一个 MSXML2,如果不再需要该引用,右击该引用,在弹出菜单中选择"移除",如图 3-65 所示。

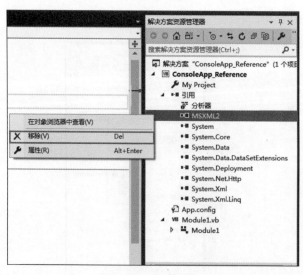

图 3-65　移除引用

3.13.2 使用 Imports 指令

在项目中添加了 MSXML2 这个外部引用，在代码中就可以通过这个命名空间来访问其下面的成员。

下面程序的功能是，命令提示符窗口中让用户输入一个网址，按 Enter 键后，返回网页的源代码。

```
Module Module1
    Sub Main()
        Dim X As New MSXML2.XMLHTTP
        Console.WriteLine(" 请输入一个网址: ")
        Dim url As String = Console.ReadLine()
        With X
            .open("GET", url, False)
            .send()
            MsgBox(.responseText)
        End With
    End Sub
End Module
```

运行上述程序，首先出现命令提示符，提示输入网址，如图 3-66 所示。

图 3-66　输入一个网址

输入网址后按 Enter 键，弹出的对话框显示的是该网页的源代码，如图 3-67 所示。

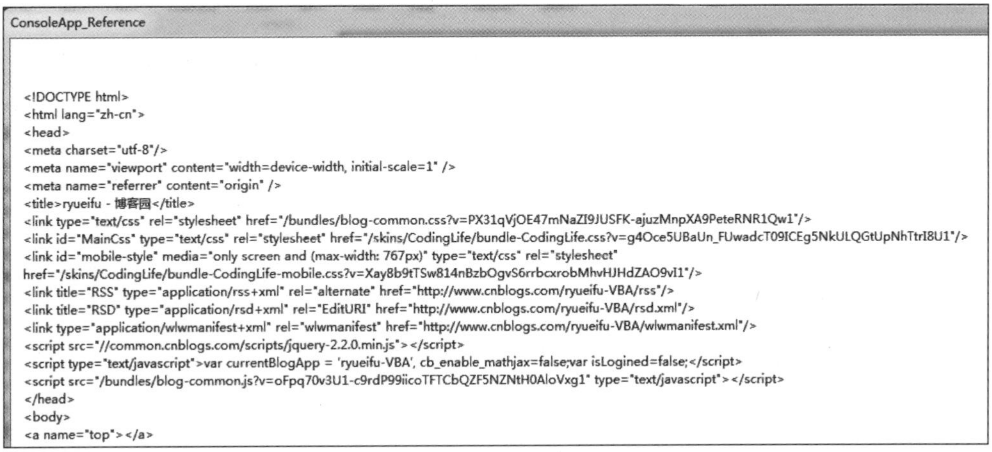

图 3-67　查询网页源代码

在实际编程过程中,往往需要在代码中多次使用很长的一个命名空间,为了缩短代码的长度,可以在文件顶部使用 Imports 导入命名空间。Imports 指令要置于 Module 或 Class 之上,但是要置于编译选项(Option 开头的那些)之下。

导入命名空间后,在代码中就可以直接使用其成员。

例如在文件顶部使用 Imports MSXML2,那么在代码中就可以使用 Dim X As New XMLHTTP 来创建一个新对象,具体代码如下。

```
Imports MSXML2
Module Module1
    Sub Main()
        Dim X As New XMLHTTP
        Console.WriteLine("请输入一个网址:")
        Dim url As String = Console.ReadLine()
        With X
            .open("GET", url, False)
            .send()
            MsgBox(.responseText)
        End With
    End Sub
End Module
```

此外,还可以用别名表达一个命名空间,例如使用 Imports MXL = MSXML2,代码中使用 Dim X As New MXL.XMLHTTP 创建一个新对象。其中 MXL 是 MSXML2 的别名。

3.14 小结

本章介绍了 VB.NET 语言的概念和语法基础,基本程序单元是 Sub 或 Function,一个 Module 或 Class 中可以定义多个过程或函数。

在 Module、Class 中声明的变量、常量、过程、函数,使用 Public 或 Private 关键字。

在过程或函数中声明的变量、常量,使用 Dim 关键字。

在 Visual Studio 中按下快捷键 F5 调试运行程序,按 F9 键切换断点,按 F11 键单步执行。

第 4 章

VB.NET 窗体应用程序

窗体和控件，是 VB.NET 编程可视化中的重要部分，窗体与控件也是用户与程序交互的界面。因此窗体和控件的设计非常重要。

本章要点：
- 窗体的创建和显示。
- 使用代码修改控件的大小和位置。
- 理解 Anchor 和 Dock 属性。
- 运行期间添加和移除控件。
- 运行期间增加和删除控件的事件。

4.1 窗体

VB.NET 的各种类型的项目，都可以加入窗体，窗体也是一种类对象，既可以事先为项目添加一个窗体，在属性窗口对窗体进行必要的修改，然后用 New 关键字创建一个新实例，也可以完全使用代码创建一个默认的空白窗体。

4.1.1 窗体的创建和显示

在 VB.NET 的项目类型中，其中窗体应用程序这种项目类型中默认有一个 Form1，该窗体是整个程序启动的入口。

项目实例 7 WindowsApp_ShowForm 窗体的创建和显示

在 Visual Studio 的"新建项目"对话框中，选择"Windows 窗体应用（.NET Framework）"，输入项目名称和路径，单击"确定"按钮即可创建一个窗体应用程序，如图 4-1 所示。

图 4-1　创建 Windows 窗体应用程序

与窗体应用程序开发有关的重要视图有：控件工具箱、窗体设计视图、代码视图、属性窗口等，如图 4-2 所示。

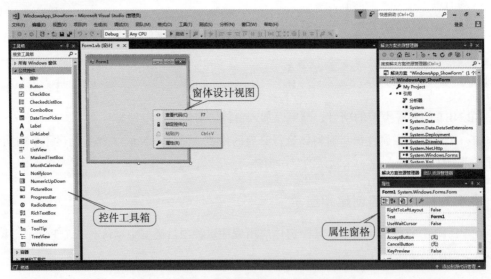

图 4-2　窗体应用程序项目涉及的窗格、视图

其中，控件工具箱用于把需要的控件拖放到窗体上，窗体设计视图用于对控件进行布局和设计，属性窗口用于对窗体和控件进行属性以及事件过程的设计。

此外，还需要注意到窗体应用程序中，默认添加了 System.Drawing 和 System.Windows.Forms 这两个引用。

单击 Visual Studio 开发环境的菜单"调试"→"开始执行（不调试）"，或者按下快捷键 Ctrl+F5，屏幕上出现一个窗体，如图 4-3 所示。

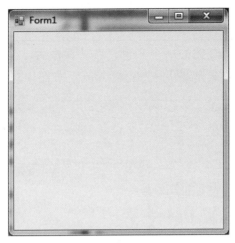

图 4-3　窗体的运行

4.1.2　窗体的添加

很多情况下，需要为项目添加更多窗体以满足程序设计的需求。在项目节点的右键菜单中选择"添加"，在"添加新项"对话框中选择"Windows 窗体"，单击"添加"按钮即可添加一个新的窗体 Form2，如图 4-4 所示。

图 4-4　添加新的窗体

然后在主窗体 Form1 上放入若干按钮控件，按钮 Button1 的 Click 事件代码如下。

```
Private Sub Button1_Click_1(sender As Object, e As EventArgs) Handles Button1.Click
    Dim FM2 As Form2
    FM2 = New Form2
    FM2.Show()
End Sub
```

代码分析：FM2 是 Form2 类的一个实例，启动程序后，单击 Form1 上的"正常显示 Form2"按钮，会以非模态方式弹出另一个窗体 Form2，如图 4-5 所示。

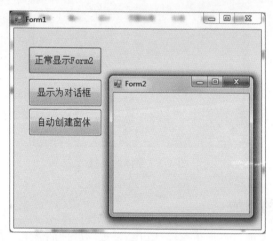

图 4-5　显示另一个窗体

以 Show 方法显示出来的窗体，与原先的窗体是相对独立的，它们可以分别最小化、关闭，以及在不同的窗体内切换操作都互不影响。

但是 Show 方法中还可以添加一个 owner 参数，用来为即将显示的窗体指定一个父窗体。

如果改成：FM2.Show(owner:=Me)，当父窗体 Form1 最小化时，FM2 会随之最小化，当 Form1 关闭时，FM2 会随之自动关闭。

窗体还可以使用 ShowDialog 方法显示为模态窗体。Form1 上的按钮 Button2 的 Click 事件代码如下。

```
Private Sub Button2_Click(sender As Object, e As EventArgs) Handles Button2.Click
    Dim FM2 As Form2
    FM2 = New Form2
    With FM2
        .FormBorderStyle = FormBorderStyle.FixedDialog
                                            '窗体边框样式为固定对话框
        .MaximizeBox = False                '隐藏最大化、最小化
        .MinimizeBox = False
        .StartPosition = FormStartPosition.CenterParent
                                            '初始启动位置处于父窗口的中央
        .ShowDialog()                       '模态方式显示
    End With
End Sub
```

Form1 启动之后，单击"显示为对话框"按钮，Form2 显示在 Form1 的中央，此时焦点无法切换到 Form1 上。关闭 Form2 才能返回到 Form1 中继续操作，如图 4-6 所示。

图 4-6 显示为模态窗体

4.1.3 自动创建窗体

前面讲述的是在设计期间预先为项目添加窗体，然后创建新实例并显示。下面讲述完全使用代码创建一个窗体。

下面的程序，在 Form1 上放置一个按钮控件 Button3，在按钮的 Click 事件中书写用于创建并显示新窗体的代码。

```
Private Sub Button3_Click(sender As Object, e As EventArgs) Handles Button3.Click
    Dim MyForm As Form
    MyForm = New Form
    With MyForm
        .Text = "新建窗体"                                '规定窗体的标题文字
        .StartPosition = FormStartPosition.Manual        '默认启动位置为手动
        .BackColor = System.Drawing.Color.Yellow         '窗体背景颜色为黄色
        .Location = New Point(x:=500, y:=300)            '窗体在屏幕中的位置
        .Size = New Point(x:=200, y:=250)                '窗体的宽度和高度
    End With
    MyForm.Show()
End Sub
```

代码分析：MyForm 是一个默认窗体类的实例，在 With 结构中对 MyForm 进行属性设定。VB.NET 中窗体和控件属性的设计与 VBA 的 UserForm 相比有很多不同，例如用 Text 属性代替了 VBA 中的 Caption 属性，使用 Location 来决定对象的位置，使用 Size 决定对象的大小。

启动该程序后，首先显示 Form1，用户单击上面的"自动创建窗体"按钮，会弹出一个新建窗体，如图 4-7 所示。

图 4-7 运行期间创建并显示窗体

思考一下 New Form2 和 New Form 的区别。New Form2 是基于预先添加、设计的窗体的一个新实例。而 New Form 是基于 VB.NET 最原始的窗体,无须预先添加。

4.1.4 窗体的隐藏和卸载

隐藏一个窗体,既可以更改其 Visible 属性为 False,也可以调用窗体的 Hide 方法。

关闭窗体使用 Close 方法,卸载窗体使用 Dispose 方法。

终止整个应用程序,使用 Application.Exit。

项目实例 8 WindowsApp_HiddenForm 窗体的隐藏和卸载

创建一个名为 WindowsApp_HiddenForm 的窗体应用程序,在默认窗体 Form1 上面放置 6 个 Button。

Form1.vb 的完整代码如下。

```
Public Class Form1
    Private FM2 As Form
    Private Sub Button1_Click(sender As Object, e As EventArgs) Handles Button1.Click
        '创建窗体
        FM2 = New Form()
    End Sub
    Private Sub Button2_Click(sender As Object, e As EventArgs) Handles Button2.Click
        '显示窗体
        FM2.Show()
    End Sub
    Private Sub Button3_Click(sender As Object, e As EventArgs) Handles Button3.Click
        '隐藏窗体
        FM2.Hide()
        'FM2.Visible = False
    End Sub
    Private Sub Button4_Click(sender As Object, e As EventArgs) Handles Button4.Click
```

```
            '卸载窗体
            FM2.Dispose()
        End Sub
        Private Sub Button5_Click(sender As Object, e As EventArgs) Handles Button5.Click
            '关闭窗体
            FM2.Close()
        End Sub
        Private Sub Button6_Click(sender As Object, e As EventArgs) Handles Button6.Click
            '结束程序
            Application.Exit()
        End Sub
End Class
```

代码分析：上述程序中，Form1 是主窗体，窗体 FM2 的创建、销毁都通过单击 Form1 上的各个按钮来实现。

对象变量 FM2 必须用 New 关键字创建一个窗体的新实例，才能显示窗体。

启动 Form1，依次单击各个按钮，可以看到窗体 FM2 的变化情况如图 4-8 所示。

图 4-8　窗体的隐藏和卸载

4.2　控件的属性

控件属性的设定，可以在窗体设计期间，在属性窗格中进行设定。VB.NET 的属性窗格，既可以设置属性，也可以设置事件，因此鼠标单击到"闪电"按钮左侧的按钮，才显示属性，如图 4-9 所示。

当然，也可以在窗体运行期间动态修改控件的属性。

4.2.1　常规属性设置

控件的常规属性（位置和大小、背景色和前景色、字体风格等）可以在属性窗格中手工设定，读者自行尝试。下面的

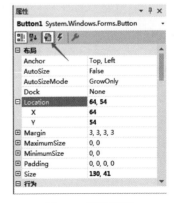

图 4-9　属性窗格

程序在窗体的 Load 事件中，自动创建一个文本框控件，设置有关属性后，把该控件添加到 Form1 之上。

项目实例 9　WindowsApp_SetProperty 设置控件属性

创建一个名为 WindowsApp_SetProperty 的窗体应用程序，窗体的 Load 事件代码如下。

```
Public Class Form1
    Private Sub Form1_Load(sender As Object, e As EventArgs) Handles MyBase.Load
        Dim TB As New TextBox
        With TB
            .Multiline = True                                        '设置多行模式
            .Text = "VB.NET 编程很有趣！" & vbNewLine & Now            '写入文本
            .Location = New Point(x:=30, y:=50)                      '指定位置
            .Size = New Point(x:=300, y:=200)                        '指定大小
            .Font = New Font(familyName:=" 华文新魏 ", emSize:=16, style:=FontStyle.Italic + FontStyle.Strikeout)                                          '设置字体风格
            .BackColor = System.Drawing.Color.LightCyan              '文本框的背景色
            .ForeColor = Color.Blue                                  '文本框的字体颜色
            .SelectionStart = 0                                      '光标选择位置在文本起始处
            .SelectionLength = 6                                     '选中前 6 个字符
            Me.Controls.Add(TB)                                      '控件加入到窗体
        End With
    End Sub
End Class
```

代码分析：TB 是一个 TextBox 类的实例，最后一句 Me.Controls.Add(TB) 表示把 TB 添加到窗体上。

启动上述窗体应用程序，会看到窗体上出现一个有内容的文本框。并且鼠标自动选中了文本框中前 6 个字符，如图 4-10 所示。

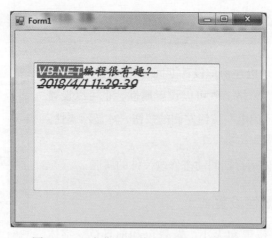

图 4-10　运行期间用代码设置控件的属性

4.2.2 改变控件的位置和大小

VB.NET 窗体中，控件的位置、大小的单位是像素（px）。通过修改控件的 Location 来设置控件的位置（控件的左上角在窗体中的坐标），通过修改控件的 Size 来设置控件的大小（控件的宽度和高度）。

项目实例 10　WindowsApp_SetBounds 设置和获取控件的位置和大小

创建一个名为 WindowsApp_SetBounds 的窗体应用程序，窗体上放置一个 TextBox 控件并设置其 MultiLine 属性为 True（多行模式下可以改变其高度）。然后放置 3 个 Button 控件并设置 Text 属性。

为了让多个按钮控件大小一致并且对齐，在 Visual Studio 中显示出"布局"工具栏，在窗体设计视图中框选所有按钮控件，单击"布局"工具栏中的命令，可以快速对齐控件并统一大小，如图 4-11 所示。

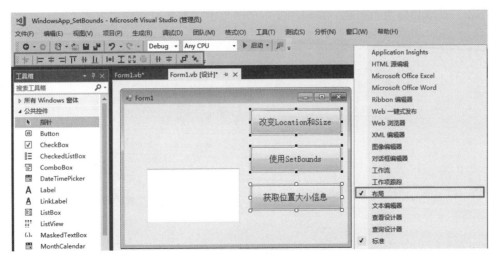

图 4-11　批量设置控件的位置和大小

第一个按钮的作用是改变 TextBox 控件的 Location 和 Size 分别设置控件的位置和大小。

第二个按钮的作用是用 SetBounds 方法改变控件的位置大小。

第三个按钮的作用是返回控件的位置、大小信息。

代码文件 Form1.vb 中的代码如下。

```
Public Class Form1
    Private Sub Button1_Click(sender As Object, e As EventArgs) Handles Button1.Click
        With Me.TextBox1
            .Location = New Point(x:=20, y:=20)
            .Size = New Point(x:=200, y:=200)
        End With
    End Sub
```

```
        Private Sub Button2_Click(sender As Object, e As EventArgs) Handles Button2.Click
            Me.TextBox1.SetBounds(x:=20, y:=20, width:=200, height:=200)
        End Sub

        Private Sub Button3_Click(sender As Object, e As EventArgs) Handles Button3.Click
            Me.TextBox1.Text = "文本框的左上角坐标是: " & Me.TextBox1.Location.X & "," & Me.TextBox1.Location.Y & vbNewLine
            Me.TextBox1.AppendText("文本框的宽度是: " & Me.TextBox1.Size.Width & vbNewLine)
            Me.TextBox1.AppendText("文本框的高度是: " & Me.TextBox1.Size.Height & vbNewLine)
        End Sub
    End Class
```

启动窗体，单击前两个按钮，结果是一样的，都能把文本框控件移动到指定的位置，并修改为正方形形状。

单击"获取位置大小信息"按钮，文本框中显示文本框目前的位置和大小，如图4-12所示。

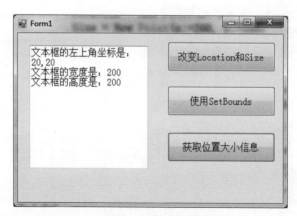

图4-12　设置和获取控件的位置和大小

4.2.3　通过Anchor属性设置控件基准点

窗体在运行期间，用户可以改变窗体在屏幕上的位置，也可以改变窗口的大小。那么当用户改变了窗体大小后，窗体上的各个控件的位置和大小会发生变化吗？这需要了解VB.NET控件的Anchor和Dock属性设置。

假设窗体Form1上放置了一个按钮Button1，在Button1的周围就会产生4个间隙，Anchor属性就是用来锁定/解锁这些间隙的，如图4-13所示。

选中控件后，在属性窗口中展开Anchor属性，会看到Top、Bottom、Left、Right共4个锁定选项，这些选项相对独立、互不排斥，如图4-14所示。

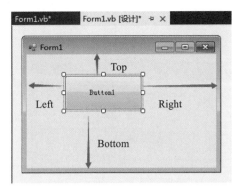

图 4-13　Anchor 属性示意图

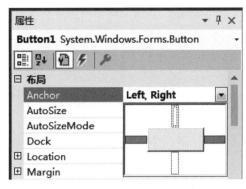

图 4-14　Anchor 属性的设定

一般来说，控件的默认 Anchor 属性是 Top、Left，这意味着当窗体尺寸变更时，控件的顶部间隙与左侧间隙被锁定、不发生变化，从而使控件一直保持在窗体的左上角。

如果把 Anchor 属性设置为 Left+Right，那么控件和窗体的左侧间隙、右侧间隙处于锁定，当窗体的宽度发生变更时，控件的宽度也随之变化，因为左右两侧的间距被固定。

也可以在窗体运行期间变更控件的 Anchor 属性。例如在窗体的 Load 事件中写入：

```
Me.Button1.Anchor = AnchorStyles.Top + AnchorStyles.Bottom
```

就把 Button1 的 Anchor 设置为顶部和底部了。此时，当窗体高度发生变化时，Button1 的高度随之调整。

4.2.4　通过 Dock 属性设置控件的扩展

使用 Dock 属性，可以让控件自动伸缩，以达到填充控件到窗体边界的空隙。Dock 属性可以选择以下 6 个选项之一：

- Top：顶部扩展。
- Bottom：底部扩展。
- Left：左侧扩展。
- Right：右侧扩展。
- Fill：四周扩展。
- None：不扩展。

设置属性的 Dock 属性时，在 Dock 属性右侧的 6 个选项中单击任意一个即可设置完成，这 6 个选项是互斥的，也就是说只能选择一个，如图 4-15 所示。

假设在 Form1 上放置一个 RichTextbox 控件，两个 Button 控件。设置 RichTextbox1 控件的 Dock 为 Top，设置 Button1 的 Dock 为 Left、设置 Button2 的 Dock 为 Fill。

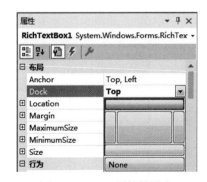

图 4-15　Dock 属性的设定

启动窗体后，当用鼠标更改窗体的大小时，会看到各个控件是紧挨着的，无任何空隙，如图 4-16 和图 4-17 所示。

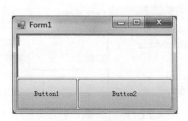

图 4-16　窗体的原始尺寸

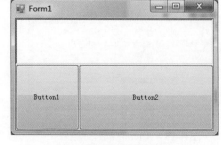

图 4-17　窗体被拉伸后

也可以在窗体运行期间动态更改控件的 Dock 属性，如果在窗体的 Load 事件中加入：

```
Me.Button2.Dock = DockStyle.None
```

窗体启动后，鼠标改变窗体大小时，可以看到 Button2 保持原有大小，不会自动填充空隙，如图 4-18 所示。

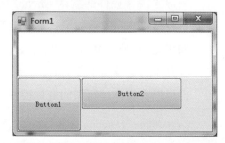

图 4-18　Dock 属性设置为 None 的结果

4.2.5　使用 Splitter 控件手动调整控件分布

在窗体应用程序开发过程中，经常需要对上下两个控件或者左右两个控件进行宽度分布调整，在控件之间插入 Splitter 控件可以实现这一功能。

在窗体 Form1 上放入一个富文本框控件 RichTextbox1，设置其 Dock 属性为 Top。然后在控件工具箱的搜索框中输入 Splitter 搜索该控件，找到后拖入窗体 Form1 中 RichTextBox1 控件之下，并且设置 Splitter1 的 Dock 属性也为 Top，如图 4-19 所示。

然后在下面继续加入另一个富文本框控件 RichTextbox2，设置其 Dock 属性为 Fill。

启动窗体后，用户可以用鼠标移动两个文本框之间的分隔条，从而重新分布两个文本框的高度比例，如图 4-20 所示。

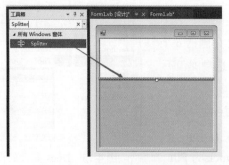

图 4-19　控件之间加入 Splitter

图 4-20　使用 Splitter 作为控件分隔条

4.3 控件的事件

VB.NET 中控件的事件，可以通过以下 3 种方式实现：

- 窗体设计期间在属性窗口中设定事件。
- 使用 WithEvents 声明对象变量。
- 使用 AddHandler 和 RemoveHandler 动态添加和移除事件。

以上 3 种方式，都可以把控件的行为与一个事件过程进行绑定，所谓控件的行为，例如按钮的单击、文本框的内容改变、窗体的尺寸变更等都是行为。

事件过程的语法格式为：

```
Public|Private Sub 控件名称_ 事件名称(sender As Object, e As EventArgs)
```

其中，sender 参数表示的是事件发生的本身对象，e 是与事件有关的信息。

在窗体设计期间（窗体运行之前），可以先选中控件，然后在属性窗口中切换到事件视图，可以看到有大量可用的事件列表，如图 4-21 所示。

只要用鼠标选择其中一个事件名称，并且双击，就会自动创建控件的事件代码。

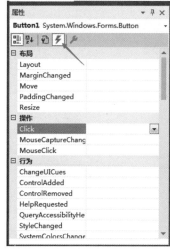

图 4-21 事件列表

4.3.1 使用 WithEvents 为控件添加事件

使用 WithEvents 关键字可以声明一个带有事件过程的对象变量，然后在代码中把实际的控件赋给这个对象变量，控件就具有事件过程了。

下面的实例，为文本框控件创建 KeyDown 事件过程，当用户在文本框中按下快捷键 Ctrl+D，自动清空文本框的内容。

项目实例 11　WindowsApp_Events 为控件添加事件

创建一个名为 WindowsApp_Event 的窗体应用程序，在窗体 Form1 上添加一个 TextBox 控件和两个 Button 控件。

在 Form1 的代码中声明：

Private WithEvents Txt As TextBox

然后在顶部组合框中选择 Txt，右侧事件组合框中选择 KeyDown，自动产生 Txt 的 KeyDown 事件代码，如图 4-22 所示。

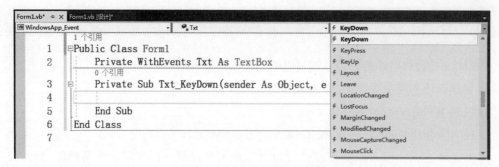

图 4-22 创建控件的事件过程

然后为按钮 Button1 和 Button2 书写单击事件过程，Form1 的完整代码如下。

```
Public Class Form1
    Private WithEvents Txt As TextBox
    Private Sub Txt_KeyDown(sender As Object, e As KeyEventArgs) Handles Txt.KeyDown
        If e.Control And e.KeyCode = Keys.D Then
            Txt.Text = ""
        End If
    End Sub

    Private Sub Button1_Click(sender As Object, e As EventArgs) Handles Button1.Click
        Txt = Me.TextBox1
    End Sub

    Private Sub Button2_Click(sender As Object, e As EventArgs) Handles Button2.Click
        Txt = Nothing
    End Sub
End Class
```

代码分析：Txt 只是一个带有事件过程的对象变量，并非窗体上实际存在的控件，当执行了 Txt=Me.TextBox1 这句代码后，TextBox1 就具有了 KeyDown 事件。

e.Control And e.KeyCode = Keys.D 这个表达式用来判断用户是否按下了 Ctrl+D。

启动窗体后，在文本框中按下快捷键 Ctrl+D，没有任何反应。但是单击按钮"设置事件"后，在文本框中按下快捷键，会看到清空了文本框内容，如图 4-23 所示。

图 4-23 设置和取消事件

4.3.2 使用 AddHandler 和 RemoveHandler 添加和移除事件

使用 WithEvents 声明对象变量，设置了事件过程以后，不能取消事件。在 VB.NET 语言中可以使用 AddHandler 和 RemoveHandler 动态添加和移除事件。

控件的事件过程的格式为：

```
Private Sub 控件_事件名称(sender As Object, e As EventArgs)
```

在其他代码中为某控件与上述事件关联的方法是：

```
AddHandler 控件.事件名称, AddressOf 控件_事件名称
```

移除控件与事件过程的关联的方法是：

```
RemoveHandler 控件.事件名称, AddressOf 控件_事件名称
```

下面的程序演示当用户在文本框中编辑内容时，在标签控件中动态返回文本框内容长度。

项目实例 12   WindowsApp_AddHandler 添加和移除事件

创建一个名为 WindowsApp_AddHandler 的窗体应用程序，窗体 Form1 上放置一个文本框控件 TextBox1、一个标签控件 Label1、两个按钮控件 Button1 和 Button2。

选中 TextBox1 后，在属性窗口中切换到事件，找到 TextChanged 并且双击，自动产生文本改变事件。

```
Private Sub TextBox1_TextChanged(sender As Object, e As EventArgs) Handles TextBox1.TextChanged
     Me.Label1.Text = "录入的字数：" & CType(sender, TextBox).TextLength
End Sub
```

此时如果启动窗体，在文本框中编辑时，会把当前文本长度自动返回到标签控件中。为了在窗体启动后不启用事件，事先删掉 Handles TextBox1.TextChanged。

然后为两个按钮书写 Click 事件代码，Form1 中的完整代码为：

```
Public Class Form1
    Private Sub TextBox1_TextChanged(sender As Object, e As EventArgs) Handles TextBox1.TextChanged
        Me.Label1.Text = "录入的字数：" & CType(sender, TextBox).TextLength
    End Sub

    Private Sub Button1_Click(sender As Object, e As EventArgs) Handles Button1.Click
        AddHandler Me.TextBox1.TextChanged, AddressOf TextBox1_TextChanged
    End Sub

    Private Sub Button2_Click(sender As Object, e As EventArgs) Handles Button2.Click
        RemoveHandler Me.TextBox1.TextChanged, AddressOf TextBox1_TextChanged
    End Sub
End Class
```

再次启动窗体，文本框中修改内容时，Label1 的内容不随之变化。当单击一下"添加事件"按钮，再次编辑文本框内容，Label1 会实时显示文本长度，如图 4-24 所示。

再单击一下"移除事件"按钮，继续编辑文本框内容，Label1 中的内容不再随之变化。

上面的实例，利用了窗体设计期间双击控件自动产生事件过程。

图 4-24　添加和移除事件

下面介绍利用 Visual Studio 的快速重构功能自动创建事件过程代码。

项目实例 13　WindowsApp_EventAutoComplete 自动创建事件

创建一个名为 WindowsApp_EventAutoComplete 的窗体应用程序，在窗体设计视图放置一个文本框 TextBox1、一个复选框 CheckBox1，如图 4-25 所示。

程序的功能是，当复选框处于勾选状态时，在文本框中编辑内容并且按下 Enter 键时，弹出一个对话框，对话框中显示文本框中的文字。

当复选框取消勾选时，在文本框中按下 Enter 键，没有任何反应。

实现上述功能在于动态增加和删除 TextBox1 的 KeyDown 事件。

因此，可以在复选框的勾选事件过程中书写如下代码：

图 4-25　窗体的设计视图

```
Public Class Form1
    Private Sub CheckBox1_CheckedChanged(sender As Object, e As EventArgs) Handles CheckBox1.CheckedChanged
        If CheckBox1.Checked Then
            AddHandler TextBox1.KeyDown, AddressOf TextBox1_KeyDown
        End If
    End Sub
End Class
```

代码分析：实际上，AddressOf 关键字后面的过程名称可以任意指定。为了方便理解，此处使用 TextBox1_KeyDown 作为事件过程的名称。

那么 TextBox1_KeyDown 过程该如何书写呢？简单地写成 Private Sub TextBox1_KeyDown() 是不可以的。

Visual Studio 提供了一个"快速操作和重构"的功能，可以自动生成 AddHandler 所需的事件过程代码。

在 AddressOf 后面的 TextBox1_KeyDown 上右击，在弹出菜单中选择"快速操作和重构"命令，如图 4-26 所示。

图 4-26 快速操作和重构

单击"生成方法"，自动产生事件过程代码，如图 4-27 所示。

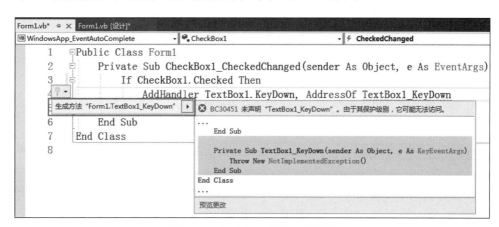

图 4-27 自动产生事件过程代码

本实例的完整代码如下。

```
Public Class Form1
    Private Sub CheckBox1_CheckedChanged(sender As Object, e As EventArgs) Handles CheckBox1.CheckedChanged
        If CheckBox1.Checked Then
            AddHandler TextBox1.KeyDown, AddressOf TextBox1_KeyDown
        Else
            RemoveHandler TextBox1.KeyDown, AddressOf TextBox1_KeyDown
        End If
    End Sub
```

```
    Private Sub TextBox1_KeyDown(sender As Object, e As KeyEventArgs)
        If e.KeyCode = Keys.Return Then
            MsgBox(TextBox1.Text, vbInformation)
        End If
    End Sub
End Class
```

代码分析：e.KeyCode = Keys.Return 用来判断用户的按键是否为 Enter 键。

启动程序，在文本框中输入一些内容，勾选"启用文本框的 KeyDown 事件"复选框，在文本框中按下 Enter 键，弹出一个输出对话框，如图 4-28 所示。

图 4-28　启用文本框的事件

如果去掉勾选，再次按下 Enter 键，不弹出对话框。

4.3.3　按键事件

鼠标和键盘是用户和窗体界面交互的最重要方式和手段，因此按键事件和鼠标单击事件在编程过程中非常重要。

利用窗体、控件的按键事件，可以实现快捷键的功能，例如只要按下快捷键 Ctrl+W 就关闭窗体。

与按键有关的事件有 KeyDown、KeyUp、KeyPress。其中 KeyDown 事件表示控件取得焦点的情况下键盘按下时发生，KeyUp 是键盘弹起时发生。这两个事件过程中的参数 e 返回的是按键的信息，e.Control、e.Shift、e.Alt 分别返回以上三个键是否被一起按下。

项目实例 14　WindowsApp_KeyboardEvent KeyDown 和 KeyUp 事件

创建一个名为 WindowsApp_KeyboardEvent 的窗体应用程序，在窗体设计视图放置一个文本框 TextBox1、一个富文本框 RichTextbox1，富文本框用于显示按键返回的文字信息。

然后为文本框 TextBox1 创建如下的 KeyDown 和 KeyUp 事件。

```
    Private Sub TextBox1_KeyDown(sender As Object, e As KeyEventArgs) Handles TextBox1.KeyDown
        Me.RichTextBox1.Text = "Control是否被按下？ " & e.Control & vbNewLine
        Me.RichTextBox1.AppendText("Shift是否被按下？ " & e.Shift & vbNewLine)
        Me.RichTextBox1.AppendText("Alt是否被按下？ " & e.Alt & vbNewLine)
```

```
        Me.RichTextBox1.AppendText("按下的键是: " & e.KeyCode.ToString & ",对应的键码是:
" & e.KeyValue)
    End Sub

    Private Sub TextBox1_KeyUp(sender As Object, e As KeyEventArgs) Handles TextBox1.KeyUp
        Me.RichTextBox1.Text = "按键弹起"
    End Sub
```

启动窗体，当 TextBox1 控件是活动控件时，按下快捷键 Ctrl+Shift+F4，富文本框中显示当前的按键信息，松开上述按键时，富文本框显示"按键弹起"，如图 4-29 所示。

KeyPress 事件可以捕获输入的字符，例如文本框中输入的数字、大小写字母等都可以通过 KeyPress 事件获取到。

```
Private Sub TextBox1_KeyPress(sender As Object, e As KeyPressEventArgs) Handles TextBox1.KeyPress
    Me.RichTextBox1.Text = e.KeyChar
End Sub
```

启动窗体，在 TextBox1 中输入任何一个文字，在下面的 RichTextBox 中都会同步显示该字符，如图 4-30 所示。

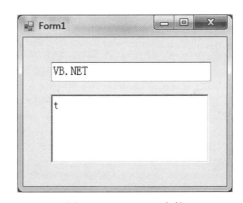

图 4-29　KeyDown 和 KeyUp 事件　　　　图 4-30　KeyPress 事件

4.3.4　窗体的 KeyPreview 属性

窗体的 KeyPreview 属性默认为 False，表示窗体不接收任何按键事件。当该属性设置为 True 时，在活动控件中按下按键并触发 KeyDown、KeyUp、KeyPress 事件之前，会优先触发窗体的事件。

例如，在其他控件设置了 KeyDown 事件的同时，也设置了窗体的 KeyDown 事件。

```
Private Sub Form1_KeyDown(sender As Object, e As KeyEventArgs) Handles Me.KeyDown
    MsgBox(Now)
End Sub
```

当触发其他控件事件之前，会先弹出一个对话框，显示当前时间。

KeyPreview 设置为 True，多用于设置一些全局的快捷键，例如不论现在活动控件是哪一个，按下 Ctrl+O 组合键总会弹出打开对话框。

4.3.5 鼠标单击事件

窗体以及很多控件都有 Click 事件，Click 是一个笼统的事件，无论在对象上单击的是哪一个键，甚至双击，都会触发 Click 事件。

使用 MouseDown 事件可以区分单击的是哪一个键，还可以知道单击的是哪一个部位。MouseMove 事件是当鼠标在控件上方移动时触发，参数 e 也可以返回鼠标所在的坐标值。

项目实例 15　WindowsApp_MouseEvent KeyDown 和 KeyUp 事件

创建一个名为 WindowsApp_MouseEvent 的窗体应用程序，在窗体设计视图放置一个按钮 Button1。

然后为按钮控件创建 MouseDown 和 MouseMove 事件。

```
Private Sub Button1_MouseDown(sender As Object, e As MouseEventArgs) Handles Button1.MouseDown
    Select Case e.Button
        Case MouseButtons.Left
            MessageBox.Show(" 左键 ")
        Case MouseButtons.Right
            MessageBox.Show(" 右键 ")
        Case MouseButtons.Middle
            MessageBox.Show(" 中键 ")
        Case Else
            MessageBox.Show(" 其他 ")
    End Select
End Sub
Private Sub Button1_MouseMove(sender As Object, e As MouseEventArgs) Handles Button1.MouseMove
    Me.Button1.Text = e.X & "," & e.Y
End Sub
```

启动窗体，当鼠标在按钮上方移动时，按钮的文字显示鼠标所在位置，注意这个坐标的基准是按钮的左上角，而不是窗体的左上角。也就是说，当鼠标移动到按钮的左上角时，坐标为 (0,0)。

当在按钮上单击，对话框中显示"左键"，如图 4-31 所示。

图 4-31　MouseDown 和 MouseMove 事件

4.3.6 调用事件过程

一般的过程、函数，只要合理传递参数，就可以被其他地方的代码调用。但是控件的事件过程、参数有些特殊，调用的难度相对比较大。

本节以上一节讲过的按钮的 MouseDown 事件为例，说明事件过程的构成和调用方法。

按钮控件的 MouseDown 事件的完整声明为：

```
Private Sub Button1_MouseDown(sender As Object, e As MouseEventArgs) Handles Button1.MouseDown
```

其中括号内的参数 sender 表示按钮自身对象，参数 e 是单击按钮时的额外辅助信息对象，不同的事件名称，参数 e 的类型也不同。例如要了解 MouseEventArgs 的定义，鼠标选中该单词右击，在右键菜单中选择"转到定义"或"速览定义"，就可以看到该事件的 MouseEventArgs 由 button、clicks、x、y、delta 这 5 个参数构成，如图 4-32 所示。

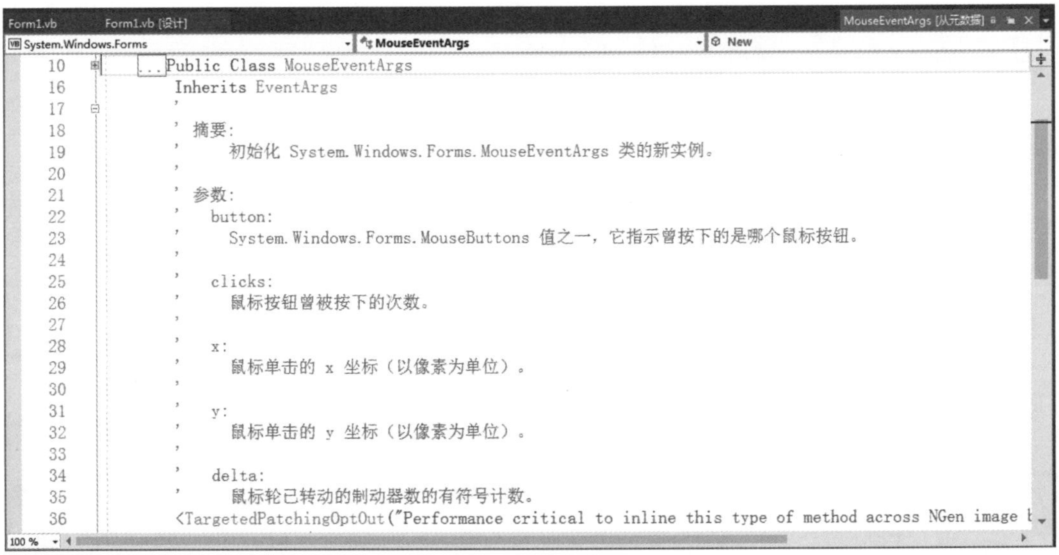

图 4-32 MouseEventArgs 的参数说明

调用事件过程时，需要为参数 sender 和 e 传递实参。具体调用方式如下。

```
Call Button1_MouseDown(sender:=Me.Button1, e:=New MouseEventArgs(button:=MouseButtons.Right, clicks:=1, x:=10, y:=10, delta:=0))
```

执行以上代码，虽然没有直接用鼠标单击 Button1，但相当于使用鼠标右击了 Button1，并且右击在 Button1 的 (10,10) 这个位置。

4.4 专业窗体设计

一个专业的 VB.NET 窗体应用程序，应该有完善的与用户交互的菜单系统、工具栏、状态栏等元素。

本节以开发一个文本编辑器为例，分别讲述窗体中如何使用菜单、工具栏、状态栏、右键菜单、打开和保存对话框等实用技术。

项目实例 16　WindowsApp_Notepad 专业窗体设计

创建一个名为 WindowsApp_Notepad 的窗体应用程序，在窗体 Form1 上放入一个 RichTextbox 控件，并设置其 Dock 属性为 Fill，使其自动填充到整个窗体区域。

4.4.1 主菜单的设计

本实例需要创建一个"文件"主菜单，下面包含"打开""保存""退出"共 3 个子菜单项。

在控件工具箱中，找到"菜单工具栏"选项卡，把 MenuStrip 控件添加到窗体中，在窗体设计视图中编辑每个菜单项。

用鼠标选中"打开"这个菜单项，然后在属性窗口中设置其快捷键为 Ctrl+O，"保存"菜单项的快捷键为 Ctrl+S，"退出"菜单项的快捷键为 Alt+F4，如图 4-33 所示。

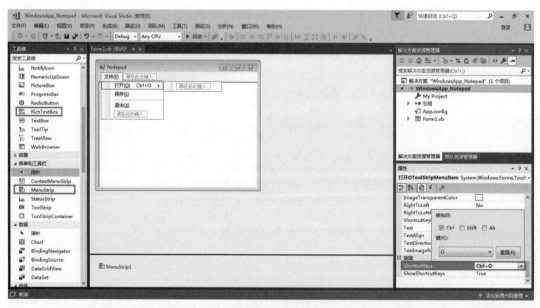

图 4-33　为窗体添加菜单

启动窗体测试，可以看到主菜单下包含 3 个子菜单项，如图 4-34 所示。

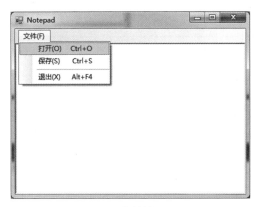

图 4-34 菜单结果展示

但是每个子菜单项还没有具体的功能,需要为这些子菜单项设置 Click 事件。

关闭窗体,在窗体设计视图中,选中并且双击"打开"子菜单项,自动跳转到该菜单项的单击事件过程中。

4.4.2 打开和保存对话框

本实例的"打开"用来打开磁盘下的一个文本文件,因此需要添加一个文件选择的对话框。在控件工具箱中找到"对话框"选项卡,把其中的 OpenFileDialog 和 SaveFileDialog 控件拖放到窗体下面黑线之下,如图 4-35 所示。

图 4-35 加入打开文件、保存文件对话框

然后编辑"打开"菜单项和"保存"菜单项的单击事件过程:

```vb
    Private Sub 打开OToolStripMenuItem_Click(sender As Object, e As EventArgs) Handles 打开OToolStripMenuItem.Click
        With Me.OpenFileDialog1
            .Multiselect = False '不允许选择多个文件
            .Filter = " 文本文件 |*.txt"
            If .ShowDialog = DialogResult.OK Then
                Me.RichTextBox1.LoadFile(path:= .FileName, fileType:=RichTextBoxStreamType.PlainText)
            Else
                MsgBox(" 没有选中任何文件! ")
            End If
        End With
    End Sub

     Private Sub 保存SToolStripMenuItem_Click(sender As Object, e As EventArgs) Handles 保存SToolStripMenuItem.Click
        With Me.SaveFileDialog1
            .Filter = " 文本文件 |*.txt"
            If .ShowDialog = DialogResult.OK Then
                Me.RichTextBox1.SaveFile(path:= .FileName, fileType:=RichTextBoxStreamType.PlainText)
            Else
                MsgBox(" 没有选中任何文件! ")
            End If
        End With
    End Sub
```

代码分析:为了判断用户是否选中了一个文件,并且单击了"确定"按钮,需要判断 .ShowDialog = DialogResult.OK 是否成立。

启动窗体后,单击窗体的菜单"文件"→"打开"或者按下快捷键 Ctrl+O,弹出一个选择文件对话框,如图 4-36 所示。

图 4-36 选择文件对话框

选择一个文件并打开，文本文件的内容被装载到 RichTextbox 控件中，如图 4-37 所示。

同理，在 RichTextbox 控件中编辑内容，单击窗体的菜单"文件"→"保存"，即可完成内容保存到文件。

"退出"子菜单项的功能是关闭窗体，该菜单项的 Click 事件为：

```
Private Sub 退出XToolStripMenuItem_Click
(sender As Object, e As EventArgs) Handles 退
出XToolStripMenuItem.Click
    Me.Dispose()
End Sub
```

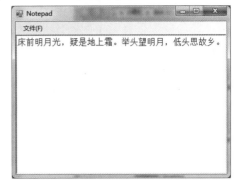

图 4-37　控件中显示打开文件的内容

为了能够改变 RichTextbox 控件中的字体风格和字体颜色，需要为 RichTextbox 控件设计右键快捷菜单。

4.4.3　创建右键快捷菜单

从控件工具箱的"菜单和工具栏"把 ContextMenuStrip 控件拖放到窗体设计视图，再从控件工具箱的"对话框"把 FontDialog 和 ColorDialog 控件拖放到窗体设计视图，如图 4-38 所示。

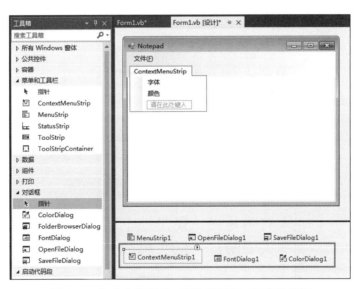

图 4-38　加入右键菜单、字体对话框、颜色对话框

编辑 ContextMenuStrip，添加"字体"和"颜色"两个子菜单项。

为了能在 RichTextbox 这个富文本框中右击，弹出快捷菜单，需要在 RichTextbox 控件的属性窗格中设置其 ContextMenuStrip 为 ContextMenuStrip1，如图 4-39 所示。

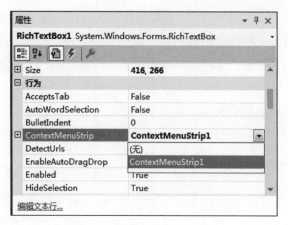

图 4-39 设置控件的右键菜单

接下来编写右键菜单中的"字体"菜单项的 Click 事件、"颜色"菜单项的 Click 事件。

```
    Private Sub 字体FToolStripMenuItem_Click(sender As Object, e As EventArgs) Handles 字体FToolStripMenuItem.Click
        With Me.FontDialog1
            If .ShowDialog = DialogResult.OK Then
                Me.RichTextBox1.Font = .Font
            End If
        End With
    End Sub

    Private Sub 颜色ToolStripMenuItem_Click(sender As Object, e As EventArgs) Handles 颜色ToolStripMenuItem.Click
        With Me.ColorDialog1
            If .ShowDialog = DialogResult.OK Then
                Me.RichTextBox1.ForeColor = .Color
            End If
        End With
    End Sub
```

启动窗体后，在 Richtextbox 控件的文本区域右击，弹出快捷菜单，如图 4-40 所示。

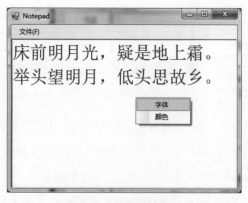

图 4-40 弹出右键菜单

单击"字体"菜单项,弹出"字体"选择对话框,如图 4-41 所示。

设置好字体的各项,单击"确定"按钮,如图 4-42 所示。

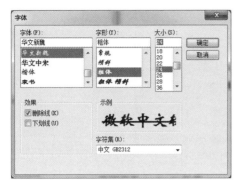

图 4-41 "字体"对话框

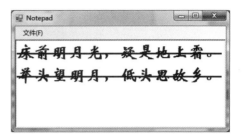

图 4-42 更改字体风格

工具栏是一种一直显示在窗体上的工具条,很多情况下比菜单系统更便于使用。

4.4.4 创建工具栏

下面创建一个工具栏,把"打开"和"保存"功能放在上面。

从控件工具箱把 ToolStrip 控件拖放到窗体设计视图中,然后右击 ToolStrip 控件,选择 DisplayStyle → Text,让这个按钮只显示标题,不显示图标,如图 4-43 所示。

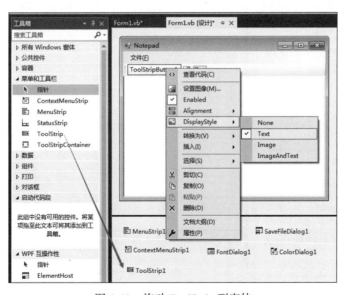

图 4-43 拖动 ToolStrip 到窗体

再在属性窗口中更改其 Text 属性为"打开"。

设置好每个按钮的属性和事件过程后,启动窗体,RichTextbox 控件上方出现一个工具栏,如图 4-44 所示。

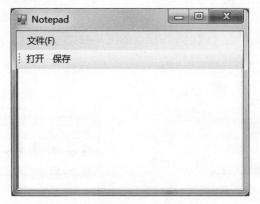

图 4-44　窗体上的工具栏设计

■ 4.4.5　创建状态栏

状态栏用于显示用户操作的状态等信息。本实例中利用 RichTextBox 控件的 SelectChanged 事件，当用户在 RichTextBox 控件中选中不同的文本时，在状态栏中同步显示选中文本的起始位置及其长度。

从控件工具箱中把 StatusStrip 控件拖放到窗体设计视图，编辑窗体左下角的状态栏面板，如图 4-45 所示。

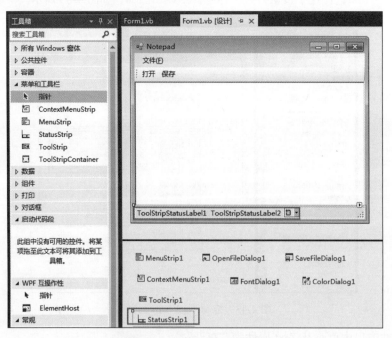

图 4-45　窗体上加入状态栏

为 RichTextbox 控件添加 SelectChanged 事件过程：

```
Private Sub RichTextBox1_SelectionChanged(sender As Object, e As EventArgs)
Handles RichTextBox1.SelectionChanged
    With Me.ToolStripStatusLabel1
        .Text = "位置: " & Me.RichTextBox1.SelectionStart
    End With
    With Me.ToolStripStatusLabel2
        .Text = "长度: " & Me.RichTextBox1.SelectionLength
    End With
End Sub
```

启动窗体，当用户在 RichTextbox 控件中选择一部分文字，状态栏会立即显示鼠标所选位置和所选文本长度，如图 4-46 所示。

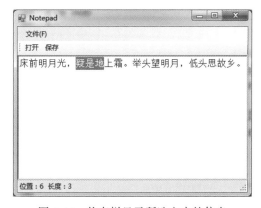

图 4-46　状态栏显示所选文本的信息

4.5　自动添加和删除控件

在窗体的运行期间，可以自动增加新的控件，也可以删除已存在的控件。有的程序需要在窗体上放置很多个类型相同的控件，如果在窗体设计期间手工添加控件非常烦琐，因此有必要学习如何在运行期间动态添加控件并赋予事件的知识。

窗体上的控件，使用 Me.Controls 这个集合对象来表达，Me 这个关键字就是窗体本身，每一个控件用 Control 来表达。

向窗体上添加一个新控件的语法是：Me.Controls.Add(NewControl)。此外，还可以一次性添加控件数组到窗体上，语法是：Me.Controls.AddRange(ControlArray)。

4.5.1　自动添加控件

项目实例 17　WindowsApp_AddControl 自动添加控件

创建一个名为 WindowsApp_AddControl 的窗体应用程序，设计期间不要放置任何控件。在 Form1 的 Load 事件中书写增加按钮控件的代码，完整代码为：

```
Public Class Form1
    Dim bt As Button
    Private Sub Form1_Load(sender As Object, e As EventArgs) Handles MyBase.Load
        bt = New Button
        With bt
            .Text = "Test"
            .Name = "NewButton1"
            .Location = New Point(x:=30, y:=30)
            AddHandler bt.Click, AddressOf bt_Click
            Me.Controls.Add(bt)
        End With
    End Sub
    Private Sub bt_Click(sender As Object, e As EventArgs)
        MsgBox(sender.text)
    End Sub
End Class
```

代码分析：通过代码添加控件时，也可以为控件设置名称（Name）属性，新控件的 Name 不能和已有控件的名称冲突。

启动窗体，看到窗体上出现一个按钮，单击该按钮，对话框中显示"Test"，如图 4-47 所示。

图 4-47 运行期间动态添加按钮

■ 4.5.2 自动删除控件

删除控件的语法是：
Me.Controls.Remove(控件)

例 如，Me.Controls.Remove(bt) 或 者 Me.Controls.Remove(Me.Controls("NewButton1")) 均可把控件从窗体上删除，其中 NewButton1 是控件 bt 的名称。

■ 4.5.3 自动添加控件数组

可以使用 AddRange 向窗体上添加多个同类型的控件，下面制作一个整齐排列的拨号盘。拨号盘由 4 行 3 列，共 12 个按键组成，因此在放置控件时应特别注意每个控件的位置。

项目实例 18 WindowsApp_AddControls 自动添加控件数组

创建一个名为 WindowsApp_AddControls 的窗体应用程序，设计期间在窗体上放置两个按钮 Button1 和 Button2，分别用于创建和移除拨号盘。然后再放置一个文本框 TextBox1，用于接收用户单击拨号盘产生的号码。

窗体 Form1 中的完整代码为：

```
Public Class Form1
    Private Const Numbers As String = "123456789*0#"
    Dim arr(0 To 11) As Button
    Private Sub Button1_Click(sender As Object, e As EventArgs) Handles Button1.Click
        For i As Integer = 0 To 11
            arr(i) = New Button
            With arr(i)
                .Text = Numbers.Substring(i, 1)
                .Name = "Button_" & i
                .Font = New Font("宋体", 24, FontStyle.Bold)
                .Size = New Point(x:=50, y:=50)
                .Location = New Point(x:=50 * (i Mod 3), y:=50 * (i \ 3))
                AddHandler .Click, AddressOf Dial
            End With
        Next i
        Me.Controls.AddRange(arr)
    End Sub
    Private Sub Dial(sender As Object, e As EventArgs)
        Me.TextBox1.AppendText(CType(sender, Button).Text)
    End Sub

    Private Sub Button2_Click(sender As Object, e As EventArgs) Handles Button2.Click
        For i As Integer = 0 To 11
            Me.Controls.Remove(arr(i))
        Next i
    End Sub
End Class
```

上述代码包括 3 个过程，Button1_Click 用于批量添加 12 个按钮，Dial 是 12 个新按钮的公共单击事件过程，Button2_Click 用于循环移除 12 个按钮。

启动窗体，单击"添加拨号盘"按钮，左侧出现拨号盘，任意单击拨号盘中的按钮，下方文本框内容随之变化，如图 4-48 所示。

图 4-48 批量添加控件和移除控件

4.6 小结

窗体是所有控件的容器，窗体和控件都具有大量的属性、方法、事件，Visual Studio 的属性窗口可以用来查看和设置对象的属性，同时也可以设置对象的事件。

控件的 Anchor 属性决定当窗体大小发生改变时，控件与窗体相对位置的变化方式。

控件的 Dock 属性决定当窗体大小发生改变时，控件大小的变化方式。

添加 Splitter 控件，窗体运行期间可以手动调整分隔线，从而改变两个控件的大小比例。

使用 WithEvents 关键字声明的对象变量，可以在设计期间设定事件过程，运行期间不能添加和移除事件。

使用 AddHandler、RemoveHandler 为支持事件的对象设置和移除事件。可借助 Visual Studio 的"快速操作和重构"自动产生事件回调过程。

第 5 章

VB.NET 控件技术

VB.NET 窗体上可以使用的控件种类非常多，不同类型的控件之间既有共通之处，也有控件自身的个性和特点。

大部分控件的功能是用来呈现或存储程序中的数据，本章按照控件的复杂程度、功能的划分，分类讲解比较常用的控件。

一般的控件，在设计期间和运行期间会占据窗体上的一个区域，因此控件都具有位置和大小这些常规属性。

但有一部分控件，运行期间不占据窗体，需要的时候才弹出来。例如右键菜单、文件打开和保存对话框、计时器等，这些可以认为是"隐形控件"。

本章要点：

- 掌握 RichTextbox、CheckBox、ListBox、Timer 这几个使用频率最高的控件的用法。
- 了解 ListView、Treeview 控件添加条目的方法。

5.1 文本编辑类控件

这类控件主要包括 TextBox 和 RichTextBox。

TextBox 适用于输入用户名、密码等单行信息，RichTextBox 适用于装载 rtf 格式的富文本内容。

5.1.1 TextBox

文本框控件默认是单行模式，即使内容是多行的也显示为单行。MultiLine 属性设置为 True 即可成为多行文本框。

- 为文本框设置文本的属性有：Text、AppendText，分别用来设置文本、追加文本。
- 文本框的 Lines 属性允许把一个数组的内容一次性赋给文本框。

- 文本框中所选文字部分有关的属性有：SelectionStart、SelectionLength。
- 文本框内容发生修改触发的事件是 TextChanged 事件。

下面的程序，把一个数组的内容直接赋给文本框，并且自动选中第 2 个字符位置，连续选中 4 个字符。

```
Private Sub Button1_Click(sender As Object, e As EventArgs) Handles Button1.Click
    Dim poetry As String() = New String(3) {"春雨惊春清谷天 ", "夏满芒夏暑相连 ", "秋处露秋寒霜降 ", "冬雪雪冬小大寒"}
    With Me.TextBox1
        .Multiline = True
        .Size = New Point(x:=200, y:=100)
        .Lines = poetry
        .SelectionStart = 2
        .SelectionLength = 4
        .Focus()
    End With
End Sub
```

启动窗体，单击按钮，文本框中自动输入了内容，并且自动选中一部分文字，如图 5-1 所示。

图 5-1　自动设置文本框

5.1.2　RichTextBox

RichTextBox 是富文本框控件，与 TextBox 最大的不同是，该控件可以像 Word 文档一样保存文字的格式、图片等对象。TextBox 控件的所有文字的格式（字体名称、大小等）都是统一的，而 RichTextBox 则可以对部分文字进行格式设定。

前面所述的 TextBox 控件具有的属性、事件，RichTextBox 都具备。

RichText 控件对所选部分进行格式设定的常用属性如下。

- SelectionFont：所选部分的字体。
- SelectionColor：所选部分的颜色。
- SelectionBackColor：所选部分的背景色。

此外，RichTextBox 控件还可以使用 LoadFile 方法载入文本文件或 rtf 文档的内容，也可以把控件中的内容使用 SaveFile 方法保存到文件中。

下面的程序自动选中一部分文字，并设置所选部分的格式。

```
Private Sub Button1_Click(sender As Object, e As EventArgs) Handles Button1.Click
    With Me.RichTextBox1
        .Text = "春雨惊春清谷天"
        .SelectionStart = 2
        .SelectionLength = 3
        MsgBox("所选文字是: " & .SelectedText)
        .SelectionBackColor = Color.Yellow
        .SelectionFont = New Font("微软雅黑", 20, FontStyle.Italic Or FontStyle.Bold)
        .SelectionColor = Color.Blue
        .Focus()
    End With
End Sub
```

启动窗体，单击按钮，RichTextBox 控件中自动选中 3 个字，如图 5-2 所示。

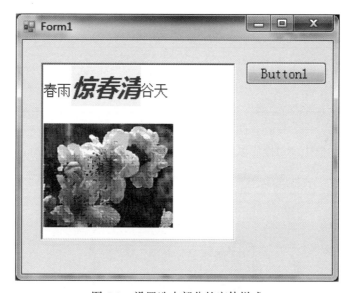

图 5-2　设置选中部分的字体样式

也可以在 RichTextBox 控件中编辑图片等非文字对象。

5.1.3　MaskedTextBox

MaskedTextBox 是掩码文本框控件，需要事先设置 Mask 属性，从而让用户按照掩码规定的格式进行输入。

在该控件的属性窗口中，找到 Mask 属性，弹出"输入掩码"的设置对话框，如图 5-3 所示。

图 5-3 掩码设置

例如，设置为 18 位身份证号码的掩码：

```
Private Sub Button1_Click(sender As Object, e As EventArgs) Handles Button1.Click
    MsgBox(" 掩码是： " & Me.MaskedTextBox1.Mask & vbNewLine & " 文本是： " & Me.MaskedTextBox1.Text)
End Sub
```

启动窗体，输入一部分号码，尚未输入的部分显示为下画线。

单击按钮，对话框中弹出掩码以及文本框中目前的文本，如图 5-4 所示。

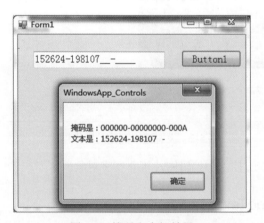

图 5-4 掩码文本框结果

5.2 标签类控件

标签类控件有 Label、LinkLabel。LinkLabel 控件用于在窗体上显示超链接。

5.2.1　Label

Label 是最常用的标签控件，AutoSize 属性默认为 True，也就是控件的大小会自动适应文本的长度。默认不显示边框线，并且文本默认对齐到控件的左上角。

为了便于说明，窗体上放置一个 Label 控件，设置其 AutoSize 属性为 False，也就是无论容纳多少文字，控件的大小不会自动改变。

```
Private Sub Button1_Click(sender As Object, e As EventArgs) Handles Button1.Click
    With Me.Label1
        .BorderStyle = BorderStyle.FixedSingle
        .TextAlign = ContentAlignment.MiddleCenter
        .Text = "VSTO 开发" & vbNewLine & " 中级教程 "
    End With
End Sub
```

启动窗体，单击按钮控件，标签控件自动显示为具有边框线，而且文本在水平、垂直方向都居中，如图 5-5 所示。

图 5-5　设置标签控件的对齐方式

5.2.2　LinkLabel

LinkLabel 控件的功能和外观类似于网页中的超链接。

下面的程序，单击按钮会自动设置 LinkLabel 控件的显示文本，以及超链接的网址。

```
Private Sub Button1_Click(sender As Object, e As EventArgs) Handles Button1.Click
    With Me.LinkLabel1
        .Text = " 刘永富的博客园 "
        .Links.Item(0).LinkData = "https://www.cnblogs.com/ryueifu-VBA"
    End With
End Sub
```

为了实现单击 LinkLabel 就用默认浏览器打开网页，还需要设置该控件的 LinkClicked 事件。

```
Private Sub LinkLabel1_LinkClicked(sender As Object, e As LinkLabelLinkClickedEventArgs) Handles LinkLabel1.LinkClicked
    System.Diagnostics.Process.Start(e.Link.LinkData.ToString)
End Sub
```

代码分析：System.Diagnostics.Process.Start 类似于 VBA 中的 Shell，可以启动指定的应用程序，例如 System.Diagnostics.Process.Start(fileName:="Notepad.exe", arguments:="E:\VSTO\ 日志 .txt") 可以自动启动记事本打开一个文件。

启动窗体，单击按钮，LinkLabel 控件的外观如图 5-6 所示。

然后单击 LinkLabel 标签，在默认浏览器中自动打开博客园的页面。

图 5-6　窗体上的超链接

5.3　选择类控件

选择类控件有 CheckBox、RadioButton。

■ 5.3.1　CheckBox

复选框控件有两个属性来获取、设置控件的勾选状态。

❑ Checked：是否勾选，True 或 False 两种情形。

❑ CheckState：勾选状态，有勾选、非勾选、中间状态 3 种情形。

复选框控件的重要事件如下。

❑ CheckedChanged：被勾选、取消勾选时发生。

❑ CheckStateChanged：勾选状态发生变化时发生。

窗体上放置 3 个 CheckBox 控件，单击按钮自动勾选、取消勾选复选框。

```
Private Sub Button1_Click(sender As Object, e As EventArgs) Handles Button1.Click
    Me.CheckBox1.Checked = True     '等价于 Me.CheckBox1.CheckState = CheckState.
                                     Checked
    Me.CheckBox2.Checked = False    '等价于 Me.CheckBox2.CheckState = CheckState.
                                     Unchecked
    Me.CheckBox3.CheckState = CheckState.Indeterminate
End Sub
```

启动窗体，单击按钮，各个复选框的外观如图 5-7 所示。

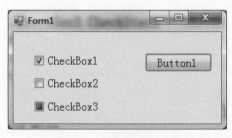

图 5-7　自动设置复选框

手工不能把复选框设置为中间状态。

5.3.2 RadioButton

RadioButton 是单选按钮，在多个同类控件中只能有一个处于选中状态。由于各个单选按钮存在的互斥性，同一个窗体上需要多组单选按钮的情形下，就需要使用不同的 GroupBox 控件来分隔。GroupBox 是框架控件，用来容纳其他控件，便于统一管理。

RadioButton 控件的 Checked 属性用来读写控件的选中状态，当单选按钮发生选中状态的变化时触发 CheckedChanged 事件。

窗体上放置两个 GroupBox 控件，然后放置一些 RadioButton，通过单击按钮自动勾选单选按钮。

```
Private Sub Button1_Click(sender As Object, e As EventArgs) Handles Button1.Click
    Me.RadioButton2.Checked = True
    Me.RadioButton5.Checked = True
End Sub
```

启动窗体，单击按钮，第 2 个和第 5 个单选按钮被自动勾选，如图 5-8 所示。

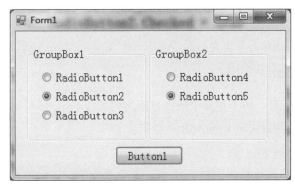

图 5-8 自动单击单选按钮

5.4 列表条目类控件

列表条目类控件有 ComboBox、ListBox、CheckedListBox。

5.4.1 ComboBox

ComboBox 是组合框控件，为组合框添加条目的方法如下。
- Items.Add：添加一个条目。
- Items.AddRange：批量添加数组中的各个元素。
- DataSource：把数组等集合对象作为组合框的数据源。

- Items.Clear：清空组合框中所有条目。

组合框控件不仅可以单击下拉框选择条目，该控件还兼具 TextBox 控件的功能，可以直接输入新的内容。

下面的程序，向组合框中添加 3 个条目，然后设置 Text 属性。

```
Private Sub ComboBox()
    With Me.ComboBox1
        .Items.Clear()
        .Items.AddRange({"Excel", "PowerPoint", "Word"})
        .Text = "Outlook"
        MsgBox("条目总数 " & .Items.Count)
        .Focus()
    End With
End Sub
```

启动窗体，组合框中的文本是"Outlook"，但是这个并不是一个条目，如图 5-9 所示。

组合框控件的 SelectedIndex 属性表示所选条目的索引，例如 ComboBox1.SelectedIndex = 2，表示自动选中第 3 个条目。条目被选中时触发 SelectedIndexChanged 事件。

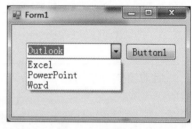

图 5-9　组合框控件

■ 5.4.2　ListBox

ListBox 是列表框控件，用于把多个条目显示为列表。

为列表框添加条目的方式与 ComBoBox 相同。

列表框的重要属性如下。

- MultiColumn：该属性默认值为 False，如果设置为 True，则是多列显示。
- SelectionMode：选择模式，默认是单选模式。
- SelectedIndex：选中的条目索引，当没有任何条目被选中时，该属性为 –1。
- SelectedItems：多选模式下被选中的所有条目。
- GetSelected：返回指定索引的条目是否被选中。
- Text：当前选中条目的文本。

列表框的重要事件如下。

SelectedIndexChanged：当列表框选中条目时触发。

下面的程序，自动向列表框控件中添加若干条目，然后自动选中某一条目。

```
Private Sub Button1_Click(sender As Object, e As EventArgs) Handles Button1.Click
    With Me.ListBox1
        .Items.Clear()
        .Items.Add("星期一")
```

```
            .Items.Add("星期二")
            .Items.Add("星期三")
            .Items.AddRange({"星期四", "星期五", "星期六", "星期日"})
            .SelectionMode = SelectionMode.One          '单选模式
            .SelectedIndex = 3                          '选中第3条目
            .Focus()
        End With
    End Sub
```

代码分析：列表框控件默认样式是单选模式、单列模式。当选中新的条目，之前选中的会自动取消选中。

启动窗体，单击按钮，列表框的第 4 个条目处于选中状态（最上面条目的索引是 0），如图 5-10 所示。

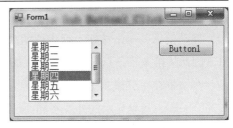

图 5-10　列表框控件

把 ListBox 控件的 SelectionMode 设置为 MultiExtended 时，为多选模式，可以按 Ctrl 键或 Shift 键选择多个条目，如果要了解被选中的有哪些条目，可以遍历列表框的所有条目，然后把 GetSelected 返回 True 的条目单独列出。

```
    Private Sub 多选模式()
        With Me.ListBox1
            .Items.Clear()
            .Items.AddRange({"星期一", "星期二", "星期三", "星期四", "星期五", "星期六", "星期日"})
            .SelectionMode = SelectionMode.MultiExtended    '多选模式
            .SetSelected(index:=2, value:=True)             '第 2 条处于选中
            .SetSelected(index:=3, value:=False)            '第 3 条处于未选中
            .SetSelected(index:=4, value:=True)             '第 4 条处于选中
            For i = 0 To .Items.Count - 1
                If .GetSelected(index:=i) Then
                    MsgBox(.Items.Item(i))
                End If
            Next i
            .Focus()
        End With
    End Sub
```

启动窗体，单击按钮，列表框自动选中"星期三""星期五"，然后对话框中显示所选条目的文本，如图 5-11 所示。

列表框的 MultiColumn 属性设置为 True 时，为多列模式。单列模式时，条目太多时列表框自动显示垂直滚动条。多列模式时，条目太多时会自动甩到右侧的列中。ColumnWidth 可以设置列宽。

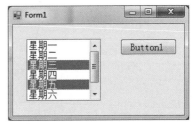

图 5-11　多选模式的列表框

下面的程序，列表框设置为多列模式。

```
Private Sub 多列模式()
    With Me.ListBox1
        .MultiColumn = True
        .ColumnWidth = 80
        .DataSource = {"January", "February", "March", "April", "May", "June", "July", "August", "September", "October", "November", "December"}
    End With
End Sub
```

启动窗体，单击按钮，列表框的高度只能显示 7 个条目，因此从第 8 个条目显示在右侧，如图 5-12 所示。

列表框在多列模式下，其属性、方法、事件与单列模式完全一样，只是显示的外观不同而已。

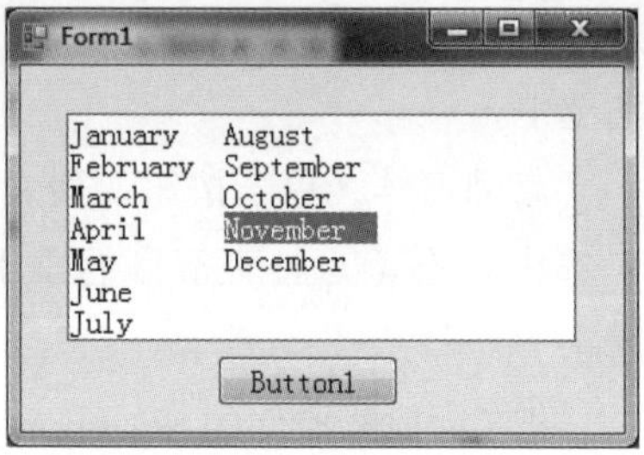

图 5-12 多列模式的列表框

5.4.3 CheckedListBox

CheckedListBox 控件是带有复选框的列表框控件，因此必须理解勾选（Check）和选择（Select）这两种行为。勾选是指单击条目左侧的方框，而选择是指单击条目。

该控件的对象成员与 CheckBox 控件、ListBox 控件均有共同之处。

风格样式方面的重要属性有 MultiColumn、SelectionMode 等，但是 CheckedListBox 不支持多重选择。

为 CheckedListBox 控件添加条目的方法和 ComBoBox、ListBox 一样。

由于 CheckedListBox 控件只能选择一个条目，所以 SelectedIndex 属性用来获取、设置所选条目的索引。

CheckedListBox 控件可以勾选多个条目，使用 GetItemChecked 判断指定条目是否被勾选，GetItemCheckState 返回条目的勾选状态。

CheckedListBox 控件的常用事件如下。

❑ ItemCheck：勾选 / 取消勾选时触发。

❑ SelectedIndexChanged：选择条目时触发。

下面的程序为 CheckedListBox 控件自动添加条目，然后设置为多列模式。

```
Private Sub CheckedListBox()
    With Me.CheckedListBox1
        .Items.Clear()
        .Items.AddRange({"语文", "数学", "英语", "政治", "历史", "物理", "化学", "地理", "生物", "体育"})
        .MultiColumn = True                              '多列模式
        .ColumnWidth = 60
        .SetSelected(index:=2, value:=True)              '选择第 2 个条目
```

```
            .SetItemChecked(index:=3, value:=True)    '勾选第 3 个条目
            .SetItemChecked(index:=5, value:=True)    '勾选第 5 个条目
            .SetItemCheckState(index:=7, value:=CheckState.Indeterminate)
                                            '设置第 7 个条目的勾选状态为中间状态
        End With
End Sub
```

启动窗体，单击按钮，会看到英语被选中，政治、物理被勾选，地理处于中间状态，如图 5-13 所示。

当控件中有多个条目被勾选时如何遍历勾选了的条目呢？可以遍历复选列表框的所有条目，然后利用 GetItemCheckState(i) 来判断第 i 个条目的勾选状态。

图 5-13　CheckedListBox 控件

```
For i As Integer = 0 To .Items.Count - 1
    If .GetItemCheckState(index:=i) = CheckState.Checked Then
        MsgBox(.Items.Item(i))
    End If
Next i
```

运行上述程序，对话框依次弹出"政治"和"物理"。

5.5　数值调节类控件

数值调节类控件有滚动条、微调按钮等。

5.5.1　HScrollBar 和 VScrollBar

HScrollBar、VScrollBar 是水平、垂直滚动条控件。

该控件的 Minimum、Maximum 属性获取和设置控件的最小值和最大值，Value 属性获取和设置滚动条的数值。

滚动条控件的数值发生变化时，触发 ValueChanged 事件。

窗体上分别放置一个水平、垂直滚动条控件，运行下面的程序自动设置。

```
Private Sub HScrollBar()
    With Me.HScrollBar1
        .Minimum = 60
        .Maximum = 100
        .Value = 85
    End With
    With Me.VScrollBar1
        .Minimum = 60
        .Maximum = 100
        .Value = 65
    End With
End Sub
```

启动窗体，单击按钮，自动更改滚动条的数值，如图 5-14 所示。

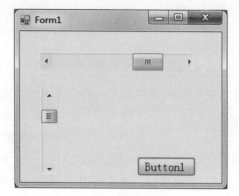

图 5-14　滚动条控件

5.5.2　TrackBar

TrackBar 是滑块控件，有点像天平上的砝码。

其属性和事件与滚动条控件大同小异。

TickStyle 属性可以设置刻度的位置，默认在滑块的下方显示刻度。

下面的程序，自动设置滑块控件。

```
Private Sub TrackBar()
    With Me.TrackBar1
        .Minimum = 60
        .Maximum = 100
        .Value = 85
    End With
End Sub
```

启动窗体，单击按钮，滑块控件的结果如图 5-15 所示。

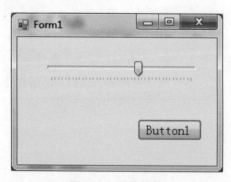

图 5-15　滑块控件

5.5.3　NumericUpDown

NumericUpDown 控件是数值调节器。

该控件默认的最小值、最大值、步长都是整数,而且该控件默认只显示整数部分。
下面的程序,使用数值调节器控件进行小数的调节。

```
Private Sub NumericUpDown()
    With Me.NumericUpDown1
        .DecimalPlaces = 2          ' 显示两位小数
        .Minimum = 1.3              ' 最小值
        .Maximum = 9.7              ' 最大值
        .Increment = 0.3            ' 每次单击的增量
        .Value = 5.6                ' 当前值
    End With
End Sub
```

运行上述程序,数值调节器中显示 5.60,当单击向上箭头,自动增加为 5.90,如图 5-16 所示。

图 5-16　数值调节器

5.5.4　DomainUpDown

DomainUpDown 控件的功能与 ComboBox 组合框控件是一样的,只是选择条目时不是下拉,而是像 NumericUpDown 一样单击上下箭头。

选择条目时触发 SelectedIndexChanged 事件。

```
Private Sub DomainUpDown()
    With Me.DomainUpDown1
        .Items.Clear()
        .Items.AddRange({"Excel", "PowerPoint", "Word"})
        .Text = "Outlook"
        .Focus()
    End With
End Sub
```

启动窗体,单击按钮,自动向 DomainUpDown 控件中添加条目,如图 5-17 所示。

图 5-17　组合框形式的数值调节器

5.6 状态提示类控件

状态提示类控件有 NotifyIcon、ProgressBar、ToolTip 等。

5.6.1 NotifyIcon

NotifyIcon 控件用来在任务栏显示通知信息。

向窗体上添加 NotifyIcon 控件，在窗体上并不会看到该控件。

要在通知栏显示气球信息，必须为该控件设置 Icon，然后使用 ShowBalloonTipIcon 方法显示信息。

```
Private Sub NotifyIcon()
    With Me.NotifyIcon1
        .Icon = Icon.ExtractAssociatedIcon(filePath:="E:\Winsock\QQ.ico")
        .ShowBalloonTip(timeout:=2, tipTitle:=" 友情提示 ", tipText:="试用已结束，请及时续费。", tipIcon:=ToolTipIcon.Info)
    End With
End Sub
```

运行上述程序，在屏幕右下角的通知栏弹出通知信息，如图 5-18 所示。

图 5-18 通知栏信息

5.6.2 ProgressBar

ProgressBar 是进度条控件，与 HScrollBar 类似，但是进度条控件的数值只能由程序代码改变，不能让用户拖动改变。

ProgressBar 控件的 Step 属性用来规定步进一次对进度条数值改变的程度，一般和 PerformStep 方法配合使用。

Increment 方法也是用来修改进度条数值的，不过该方法接收一个参数，用来指定修改的程度，该方法与 Step 属性的大小无关。

例如下面的程序，设置进度条的步长是 −5，那么执行一次 PerformStep 就会从现有数值基础上减去 5。

```
Private Sub ProgressBar()
    With Me.ProgressBar1
        .Minimum = 60
        .Maximum = 100
```

```
            .Step = -5
            .Value = 85
        End With
End Sub
```

下面的程序，每单击一次按钮，进度条都会减少 5。

```
Private Sub Button2_Click(sender As Object, e As EventArgs) Handles Button2.Click
    With Me.ProgressBar1
        .PerformStep()
    End With
End Sub
```

启动窗体，先单击"进度条设置"按钮，然后再单击"步进一次"按钮，会看到进度条的变化，如图 5-19 所示。

假设运行代码 Me.ProgressBar1.Increment(15)，进度条的数值会增加 15。

图 5-19　进度条控件

5.6.3　ToolTip

ToolTip 用来为指定控件提供提示语。向窗体上添加 ToopTip，该控件并不会出现在窗体上。

运行下面的程序，为窗体上的文本框 TextBox1 设置提示语。

```
Private Sub ToolTip()
    With Me.ToolTip1
        .ShowAlways = True
        .ToolTipIcon = ToolTipIcon.Info
        .ToolTipTitle = "重要提示"
        .IsBalloon = False
        .Show(text:="双击此文本框，可以快速输入当前时间。", window:=Me.TextBox1)
    End With
End Sub
```

启动窗体，单击"提示语设置"按钮，文本框附近出现提示信息，如图 5-20 所示。

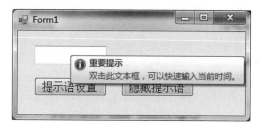

图 5-20　控件的提示信息

隐藏提示语的代码是：Me.ToolTip1.Hide(win:=Me.TextBox1)。

5.7 图片类控件

图片类控件有 PictureBox、ImageList 等。

■ 5.7.1 PictureBox

PictureBox 是图片框控件，可以显示位图、图标、图元文件、增强型图元文件、JPEG 或 GIF 文件。

由于图片框控件自身的大小，与图片文件的大小一般情况下不一致，因此 PictureBox 的 SizeMode 属性用来设定显示方式。

当 SizeMode 设置为 AutoSize 时，图片文件的宽度和高度决定图片框控件的大小，图片很大，图片框自动调节自身大小以容纳图片。

当 SizeMode 设置为 StretchImage 时，图片框大小固定不变，而是将图片进行拉伸，使得图片能完全地显示在图片框控件中。

下面的程序，图片框的 SizeMode 为 AutoSize，自动装载计算机中的一个 bmp 图片。

```
Private Sub PictureBox()
    With Me.PictureBox1
        .BorderStyle = BorderStyle.FixedSingle
        .SizeMode = PictureBoxSizeMode.AutoSize
        '.SizeMode = PictureBoxSizeMode.StretchImage
        .Image = Image.FromFile(filename:="E:\Chess\piece\bitmaps\horse.bmp")
    End With
End Sub
```

启动窗体，单击按钮，图片框控件中显示一个外部文件图片，如图 5-21 所示。

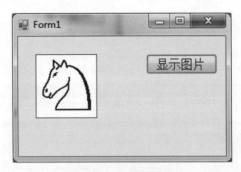

图 5-21　图片框控件

当外部文件被重命名或者删除以后，图片框不能正常显示图片。

■ 5.7.2 ImageList

ImageList 可以看作是由多个图片构成的数组。可以把计算机中多个图片添加到该控件中，以便于在程序的其他地方调用。

ImageList 控件添加到窗体后，并不会显示在窗体上。

ImageList 控件通常与 ListView、Treeview 等需要图标的其他控件配合使用，也可以为 PictureBox 控件、窗体等支持背景图片的对象提供图片。

ImageList 控件的重要属性是 ImageSize 类型数组，默认值是 16,16，如图 5-22 所示。

该属性值设置得越大，图片显示越大，但是最大值可以设置为 256,256。

下面的实例程序，在窗体上放置一个 ImageList 控件、两个 Button 控件。第一个按钮的作用是为 ImageList 控件添加若干图片，第二个按钮的作用是从 ImageList 控件中随机取出一张图片作为窗体的背景。

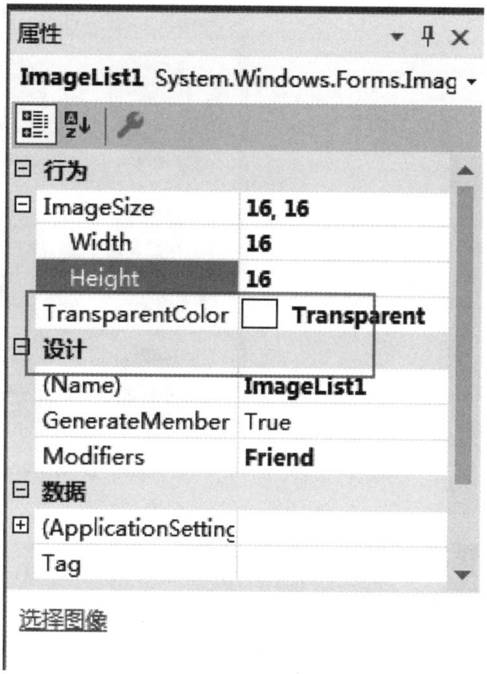

图 5-22 ImageList 控件的属性设置

```
Private Sub Button1_Click_1(sender As Object, e As EventArgs) Handles Button1.Click
    With Me.ImageList1
        .Images.Clear()
        .ImageSize = New Size(width:=128, height:=128)
        .Images.Add(Image.FromFile("E:\Picture\Fruit\苹果.jpg"))
        .Images.Add(Image.FromFile("E:\Picture\Fruit\香蕉.jpg"))
        .Images.Add(Image.FromFile("E:\Picture\Fruit\西瓜.jpg"))
    End With
End Sub
Private Sub Button2_Click(sender As Object, e As EventArgs) Handles Button2.Click
Randomize()
Dim ImageIndex As Integer
ImageIndex = Math.Round(Rnd() * (Me.ImageList1.Images.Count - 1), 0)
With Me
    .BackgroundImageLayout = ImageLayout.Tile
    .BackgroundImage = .ImageList1.Images.Item(ImageIndex)
End With
End Sub
```

代码分析：窗体的 BackgroundImageLayout 属性设置为 ImageLayout.Tile 是为了平铺图片，代码中的 ImageIndex 是由随机数经过取整得到的。

启动窗体，单击"装载图片"，然后单击"随机背景"，窗体的背景图片发生更换，如图 5-23 所示。

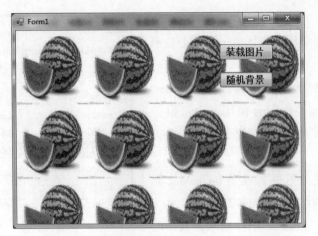

图 5-23 使用 ImageList 控件中的图片作为背景

5.8 日期时间类控件

日期时间类控件有 DataTimePicker、MonthCalendar、Timer 等。

5.8.1 DateTimePicker

DateTimePicker 控件提供一个日历,用户可以从该控件中选择日期和时间。

该控件的 Format 属性用来设置日历的格式,常用取值如下。

❑ Long、Short:显示日期。

❑ Time:显示时间。

❑ Custom:自定义格式,需要配合 CustomFormat 属性使用。

此外,该控件的 ShowUpDown 属性设置为 True,不显示日历,只在控件右侧显示上下增减箭头。

该控件的 Value 表示用户选择了的日期时间。

下面的程序,设置 DateTimePicker 控件的格式为日期、时间全部显示。

```
Private Sub DateTimePicker()
    Dim SelectedDate As DateTime
    With Me.DateTimePicker1
        .Format = DateTimePickerFormat.Custom
        .CustomFormat = "yyyy-MM-dd HH:mm:ss"
        '.ShowCheckBox = True              '显示复选框
        '.ShowUpDown = True                '显示增减箭头
        SelectedDate = .Value
    End With
    MsgBox(SelectedDate.ToLongDateString)
End Sub
```

启动窗体，单击按钮，然后从日历控件中选择日期、时间，如图 5-24 所示。

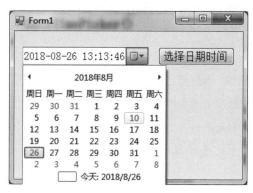

图 5-24　日历控件

5.8.2　Timer

Timer 是计时器控件，功能是隔一段时间就自动调用其 Tick 事件过程。

Timer 控件最重要的属性是 Enabled，该属性默认值是 False，当该属性为 True 时，自动循环不断地执行 Tick 事件过程，直至 Enabled 恢复为 False 为止。Interval 属性决定了执行 Tick 事件的间隔，单位是毫秒。

窗体上插入 Timer 控件，该控件并不会出现在窗体上。在使用该控件时，需要设置其 Enabled 属性和 Interval 属性，从而激活计时器。

```
Private Sub Button1_Click(sender As Object, e As EventArgs) Handles Button1.Click
    With Me.Timer1
        .Interval = 1000                '隔一秒执行一次 Tick 事件
        .Enabled = True
    End With
    Me.ListBox1.Items.Clear()
End Sub
```

计时器被激活，会立即响应 Tick 事件过程。

```
Private Sub Timer1_Tick(sender As Object, e As EventArgs) Handles Timer1.Tick
    Me.ListBox1.Items.Add(Now.ToLongTimeString)
End Sub
```

窗体上放置一个 Timer 控件、一个 ListBox 控件、一个 Button 控件。

窗体启动后，单击按钮，每隔一秒自动把当前时间添加到列表框中，如图 5-25 所示。

如果把 Timer 控件的 Enabled 属性设置为 False，就会自动停止运行 Tick 事件过程。

图 5-25　计时器控件

另外，使用 Timer.Start 方法，也可以自动设置 Enabled 为 True，并启动计时器事件。使用 Timer.Stop 方法，自动设置 Enabled 为 False，停止计时器。

5.8.3 Stopwatch 对象

Stopwatch 不是一种控件，而是位于 System.Diagnostics 命名空间之下的一种对象，可以计算两个时间点经过的时间长度，起到计时器的作用。

Stopwatch 对象的主要方法如下。

❑ Start：开始或继续计时，不重置初始时间。

❑ Stop：停止计时。

❑ Reset：重置为零，并且停止计时。

❑ Restart：重置为零，并且开始计时。

Stopwatch 对象的主要属性如下。

❑ Elapsed：计时器从开始到停止经历的时间，返回一个 TimeSpan 对象。

❑ ElapsedMilliseconds：计时器从开始到停止经历的时间，单位是毫秒。

❑ IsRunning：计时器是否在运行，返回布尔值。

下面的程序，演示了从 Winrar 压缩软件的官方网站下载文件到本地，使用计时器来测量下载用时。

项目实例 19　WindowsApp_Stopwatch 使用计时器

创建一个名为 WindowsApp_Stopwatch 的窗体应用程序，放置一个 Button 控件，窗体模块的代码如下。

```
Imports System.Diagnostics
Public Class Form1
    Private Watch1 As Stopwatch
    Private Sub Button1_Click(sender As Object, e As EventArgs) Handles Button1.Click
        Watch1 = New Stopwatch()
        With Watch1
            .Start()
            Debug.WriteLine(" 运行状态: " & .IsRunning)
            My.Computer.NETwork.DownloadFile(address:="https://www.rarlab.com/rar/wrar561sc.exe", destinationFileName:="C:\temp\Winrar5.61SC.exe")
            Debug.WriteLine(" 下载完毕。")
            .Stop()
            Debug.WriteLine(" 运行状态: " & .IsRunning)
            Debug.WriteLine(" 总共用时 (毫秒): " & .ElapsedMilliseconds)
        End With
    End Sub
End Class
```

代码分析：My.Computer.NETwork.DownloadFile 可以方便地用于下载网页上的文件到本地，在使用该方法前启动计时，下载过程中窗体程序会进入阻塞状态，下载完毕后自动停止计时器。

运行上述程序，立即窗口的打印结果如下。

```
运行状态: True
下载完毕。
运行状态: False
总共用时（毫秒）: 11834
```

5.9 其他控件

WebBrowser 控件用来显示网页内容，WindowsMediaPlayer 控件用来播放计算机中的音乐，PropertyGrid 控件用来显示和设置其他控件的属性。

5.9.1 WebBrowser

WebBrowser 控件用于在窗体中显示网页，其 Navigate 方法接收一个网址的 url。

窗体上放置一个 TextBox、一个 Button、一个 WebBrowser 控件。

单击按钮，浏览器控件自动打开文本框中指定的网址。

```
Private Sub Button1_Click(sender As Object, e As EventArgs) Handles Button1.Click
    With Me.WebBrowser1
        .ScriptErrorsSuppressed = True          '禁止弹出脚本错误对话框
        .Navigate(Me.TextBox1.Text)
    End With
End Sub
```

启动窗体，在文本框中输入网址，单击"转到"按钮，浏览器控件中显示网页，如图 5-26 所示。

图 5-26　网页浏览器控件

WebBrowser 控件还有很多属性、方法和事件，此处只给出最基本用法。

5.9.2 WindowsMediaPlayer

窗体上除了可以添加常用的控件以外，还可以使用其他高级的 ActiveX 控件，这些控件往往在控件工具箱中找不到。

本节的实例演示如何向窗体中添加 WindowsMediaPlayer 控件。

项目实例 20　WindowsApp_WindowsMediaPlayer 使用其他 ActiveX 控件

创建一个名为 WindowsApp_WindowsMediaPlayer 的窗体应用程序，在控件工具箱中右击，在右键菜单中选择"选择项"，如图 5-27 所示。

在弹出的"选择工具箱项"对话框中，切换至"COM 组件"选项卡，勾选 Windows Media Player，如图 5-28 所示。

图 5-27　查找更多控件

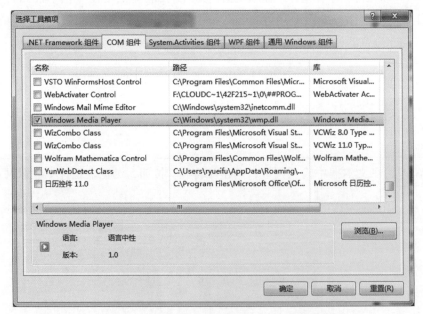

图 5-28　勾选 Windows Media Player 控件

单击对话框右下角的"确定"按钮，可以在控件工具箱下边找到该控件。

从控件工具箱把 Windows Media Player 控件拖放到窗体中，并且设置该控件的 Dock 属性为 Fill，如图 5-29 所示。

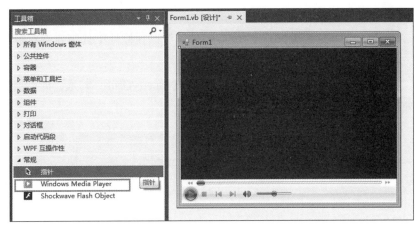

图 5-29　向窗体添加控件

然后设置窗体 Form1 的 Load 事件，实现启动窗体就自动播放计算机中的一个视频文件。

```
Private Sub Form1_Load(sender As Object, e As EventArgs) Handles Me.Load
    With Me.AxWindowsMediaPlayer1
        .URL = "E:\行宝宝\最浪漫的事－苏妙玲.mp4"
    End With
End Sub
```

启动窗体，出现一个播放视频的画面，如图 5-30 所示。

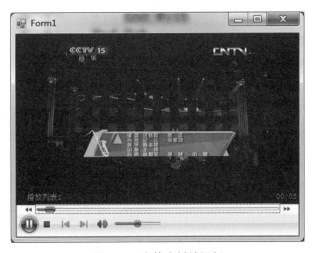

图 5-30　窗体中播放视频

5.9.3 PropertyGrid

一般情况下，窗体以及控件的属性，只能在窗体设计期间通过属性窗口进行修改设定，或者在窗体的运行期间通过程序代码访问属性。

使用 PropertyGrid 控件，可以实现把属性窗口嵌入到窗体中，即使在窗体运行期间仍然可以手工修改属性窗口。

在控件工具箱中如果找不到 PropertyGrid 控件，可以在控件工具箱列表右击，在右键菜单中选择"选择项"，弹出"选择工具箱项"对话框。

切换到".NET Framework 组件"选项卡，找到 PropertyGrid 并勾选，即可把该控件加入到控件工具箱中，如图 5-31 所示。

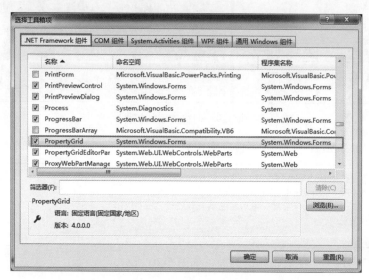

图 5-31 添加 PropertyGrid 控件到工具箱

PropertyGrid 控件可以为窗体上的其他控件提供属性设置，PropertyGrid 控件的 SelectedObject 属性需要指定一个控件。PropertySort 属性可以设置为按类别排序还是按字母排序。

窗体处于运行状态时，手工修改 PropertyGrid 中的属性值，就可以实时更改控件的属性，但是反过来如果控件的属性被修改，PropertyGrid 中相应的属性不会自动改变，需要调用 Refresh 方法刷新。

项目实例 21　WindowsApp_PropertyGrid 属性窗格控件

创建一个名为 WindowsApp_PropertyGrid 的窗体应用程序，窗体上放置一个 TextBox 控件、两个 Button 控件、一个 PropertyGrid 控件。

Button1 控件的功能是让 PropertyGrid 控件显示 TextBox1 的属性表。

```
Private Sub Button1_Click(sender As Object, e As EventArgs) Handles Button1.Click
    With Me.PropertyGrid1
        .Dock = DockStyle.Right                          '靠右停靠
        .SelectedObject = Me.TextBox1                    '显示 TextBox1 的属性
        .PropertySort = PropertySort.Categorized         '按类别排序
    End With
End Sub
```

Button2 控件的功能是让 PropertyGrid 属性表同步 TextBox1 的属性。

```
Private Sub Button2_Click(sender As Object, e As EventArgs) Handles Button2.Click
    Me.PropertyGrid1.Refresh()
End Sub
```

启动窗体，单击"初始设置"按钮，属性表中显示文本框的属性。在文本框中手工输入一些内容，然后单击"刷新"按钮，属性表中自动更新，如图 5-32 所示。

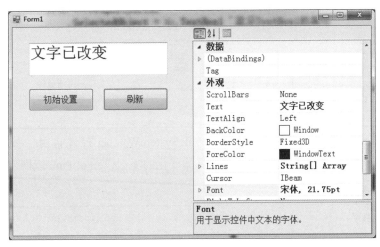

图 5-32　运行期间的属性窗口

■ 5.9.4　FileSystemWatcher

FileSystemWatcher 是一个用于实时监控文件系统变化的控件。

为该控件设置好监视路径，然后启动监视。被监视的文件夹中的文件或路径发生了改变，就会通知窗体应用程序。

向窗体中添加 FileSystemWatcher 控件的方法是，在控件工具箱中展开"组件"，就可以找到该控件，然后拖放到窗体中即可，如图 5-33 所示。

下面的实例程序，演示了启动监视后，文件一发生改变就向窗体上的 RichTextbox 控件中添加日志。

项目实例 22　WindowsApp_FileSystemWatcher 文件监视

创建一个名为 WindowsApp_FileSystemWatcher 的窗体应用程序，窗体上放置一个 FileSystemWatcher 控件、一个 TextBox 控件、一个 Button 控件、一个 RichTextbox 控件。

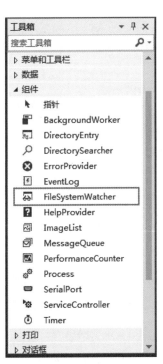

图 5-33　FileSystemWatcher 控件

Button 控件的单击事件,用于设置 FileSystemWatcher 控件的监视路径、文件类型等属性,并且设置当文本文件发生修改、创建、删除、重命名等变化时,均触发 File_Changed 事件。

```vb
Private Sub Button1_Click(sender As Object, e As EventArgs) Handles Button1.Click
    With Me.FileSystemWatcher1
        .Path = Me.TextBox1.Text                        '设置监视路径
        .Filter = "*.txt"                               '监视的文件类型
        .IncludeSubdirectories = False                  '是否监视子文件夹
        AddHandler .Changed, AddressOf File_Changed
        AddHandler .Created, AddressOf File_Changed
        AddHandler .Deleted, AddressOf File_Changed
        AddHandler .Renamed, AddressOf File_Changed
        .EnableRaisingEvents = True                     '启动监视
    End With
End Sub
```

File_Changed 事件中的参数 sender 表示 FileSystemWatcher 控件自身,参数 e 有很多属性,其中 e.ChangeType 用来区分被监视文件具体变化的类型,e.FullPath 返回发生改变的文件的完整路径。

```vb
Private Sub File_Changed(sender As Object, e As FileSystemEventArgs)
    Select Case e.ChangeType
        Case WatcherChangeTypes.Changed
            Me.RichTextBox1.AppendText(Now & vbTab & e.FullPath & "被修改。" & vbNewLine)
        Case WatcherChangeTypes.Created
            Me.RichTextBox1.AppendText(Now & vbTab & e.FullPath & "被创建。" & vbNewLine)
        Case WatcherChangeTypes.Deleted
            Me.RichTextBox1.AppendText(Now & vbTab & e.FullPath & "被删除。" & vbNewLine)
        Case WatcherChangeTypes.Renamed
            Me.RichTextBox1.AppendText(Now & vbTab & e.FullPath & "被改名。" & vbNewLine)
    End Select
End Sub
```

启动窗体,在 TextBox 控件中输入需要监视的文件夹路径,然后单击"启动文件监视"按钮。

只要监视路径下的文本文件发生改变,窗体上的 RichTextbox 控件就会自动增加修改记录,如图 5-34 所示。

对于像控制台应用程序这种无窗体的项目类型,也可以使用文件监视功能,只要在代码中进行如下声明,就可以创建一个文件监视对象:

```vb
Dim Watcher1 As New System.IO.FileSystemWatcher
```

之后,对象 Watcher1 就可以当作一个 FileSystemWatcher 控件来使用。

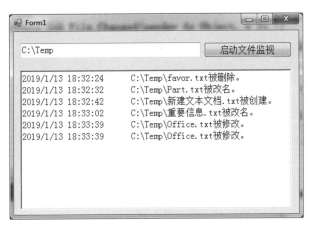

图 5-34　文件监视

5.10　表格控件 DataGridView

DataGridView 是一个以表格的形式显示和编辑数据的控件，其数据来源可以是基于数据库中的 SQL 查询的结果，也可以直接显示 DataTable 对象中的数据。

DataGridView 不仅可以显示数据，而且能像 Excel 表格一样直接编辑单元格。

5.10.1　显示 Access 数据库中的查询结果

.NET 框架提供了以下两种类型的数据库连接类。

❑ SqlConnection：用于连接到 Microsoft SQL Server。

❑ OleDbConnection：设计用于连接到各种数据库如 Microsoft Access 和 Oracle。

下面介绍使用 OleDbConnection 连接和查询 Access 数据库的方法。

项目实例 23　WindowsApp_DataGridView_Access　DataGridView 显示 Access 数据

创建一个名为 WindowsApp_DataGridView_Access 的窗体应用程序，窗体上放置一个 DataGridView 控件、两个 Button 控件。并且，在项目的 Debug 文件夹中事先准备一个 ChinaProvince.accdb 的数据库，该数据库有一个名为 Detail 的表。

程序的功能是，单击第一个按钮，自动从 Access 数据库中查询前 15 条记录并显示于 DataGridView 控件中。

在 DataGridView 控件中可以手工编辑单元格的数据、删除现有行、增加新行等操作，修改完毕后，单击第二个按钮可以把修改后的数据更新到数据库中。

```
Imports System.Data.OleDb
Public Class Form1
    Private ODDA As OleDbDataAdapter
```

```
        Private DS As DataSet

    Private Sub Button1_Click(sender As Object, e As EventArgs) Handles Button1.Click
        Dim ConnectionString As String = "Provider=Microsoft.ACE.
OLEDB.12.0;Data Source=ChinaProvince.accdb"
        Dim SQL As String = "Select Top 15 * From Detail "
        ODDA = New OleDbDataAdapter(SQL, ConnectionString)
        DS = New DataSet
        ODDA.Fill(DS)
        DataGridView1.RowsDefaultCellStyle.WrapMode = DataGridViewTriState.True
        DataGridView1.DataSource = DS.Tables(0)
    End Sub

    Private Sub Button2_Click(sender As Object, e As EventArgs) Handles Button2.
Click
        Dim Builder As OleDbCommandBuilder
        Builder = New OleDbCommandBuilder(ODDA)
        ODDA.Update(DS)                        '数据表必须有主键方可执行成功
    End Sub
End Class
```

代码分析：如果被连接的数据库是 Access 2003 的 mdb 格式数据库，需要把连接字符串中的 12.0 改成 4.0。

第二个按钮的单击事件，用于把表格控件中的数据更新到数据库中，该功能的前提是，数据表中需要有一个设定了主键的字段，如果没有主键，更新会出错。

启动窗体，单击"显示查询结果"按钮，控件中显示数据库中的信息，如图 5-35 所示。

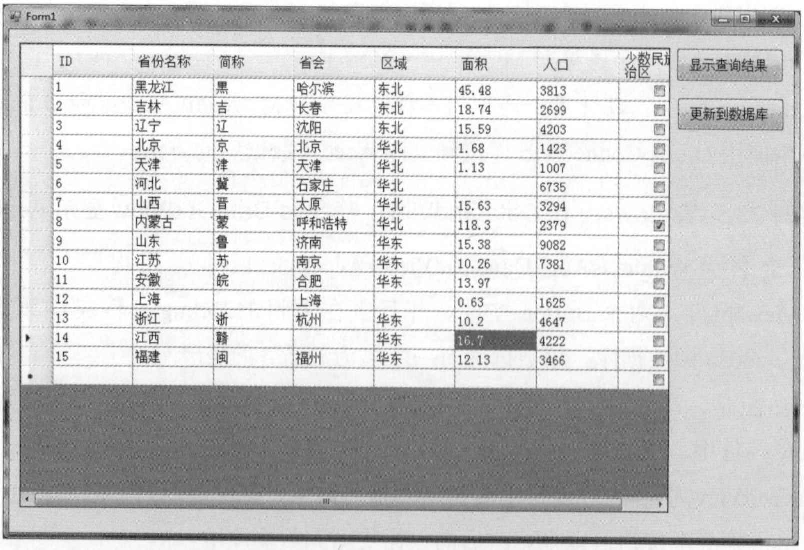

图 5-35　DataGridView 控件中显示数据库查询结果

在表格控件中编辑若干条目，然后单击"更新到数据库"按钮，编辑的结果被保存到数据库中。

■ 5.10.2 显示 DataTable 对象中的数据

DataTable 是一个保存在内存中的虚拟数据表,可以独立创建和使用,最常见的情况是作为 DataSet 的成员使用。

首先使用 New 关键字创建新的 DataTable 对象。其次为 DataTable 添加若干列。每列必须指定名称和数据类型。最后依次添加若干数据行,从而形成一个完整的 DataTable。

DataSet 对象可以容纳多个 DataTable,因此新建一个 DataSet 对象,使用 DataSet.Tables. Add 方法把 DataTable 添加进来,便于使用。

项目实例 24 WindowsApp_DataGridView_DataTable 使用 DataTable

创建一个名为 WindowsApp_DataGridView_DataTable 的窗体应用程序,窗体上放置一个 DataGridView 控件、一个 Button 控件、一个 RichTextBox 控件。

程序的功能是,单击按钮,自动创建 DataTable 对象并填充数据,然后显示于 DataGridView 控件中。

当鼠标选择某一行,或者某一个单元格,RichTextBox 控件中显示当前所选行、所选单元格的信息。

```
Private Sub Button1_Click(sender As Object, e As EventArgs) Handles Button1.Click
    Dim DS As New DataSet
    Dim DT As DataTable
    Dim DR As DataRow
    DT = New DataTable("Staff")
    With DT
        .Columns.Add(columnName:="name", type:=Type.GetType("System.String"))
        .Columns.Add(columnName:="birth", type:=Type.GetType("System.DateTime"))
        .Columns.Add(columnName:="salary", type:=Type.GetType("System.Int32"))
        DR = .NewRow
        DR("name") = "张三" : DR("birth") = #1984/7/8# : DR("salary") = 5600
        .Rows.Add(DR)
        DR = .NewRow
        DR("name") = "李四" : DR("salary") = 5300
        .Rows.Add(DR)
        DR = .NewRow
        DR("name") = "王五" : DR("birth") = #1987/4/2#
        .Rows.Add(DR)
        DR = .NewRow
        DR("name") = "赵六" : DR("birth") = #1994/7/8# : DR("salary") = 4600
        .Rows.Add(DR)
    End With
    DS.Tables.Add(DT)
    With DataGridView1
        .MultiSelect = False
        .DataSource = DS.Tables("Staff")
    End With
End Sub
```

代码分析：上述程序创建一个名称为 Staff 的 Table，然后添加 3 个字段，字段类型分别为字符串、日期时间、整数。然后添加 4 个员工的信息，Table 创建完毕后添加到 DataSet 中并作为 DataGridView 的数据源。

启动窗体，单击"显示 DataTable 数据"按钮，如图 5-36 所示。

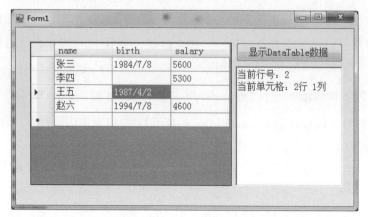

图 5-36　DataGridView 控件中显示 DataTable 对象中的数据

5.10.3　处理选中的行

DataGridView 控件可以选中整行，也可以选中某个单元格。当 MultiSelect 设置为 False 时只能选中单行，否则可以选中多行。

当某行被选中时，CurrentRow 对象就是所选行，其 Index 属性就是所选行的行号。当单元格被选中时，CurrentCell 对象是选中的单元格，其 RowIndex 和 ColumnIndex 分别返回该单元格的行号和列号。

DataGridView 控件有众多的事件，当选中的行、单元格发生变化时，触发 SelectionChanged 事件。

```
Private Sub DataGridView1_SelectionChanged(sender As Object, e As EventArgs) Handles DataGridView1.SelectionChanged
    RichTextBox1.Text = ""
    With DataGridView1
        RichTextBox1.AppendText("当前行号: " & .CurrentRow.Index & vbNewLine)
        RichTextBox1.AppendText("当前单元格: " & .CurrentCell.RowIndex & "行 " & .CurrentCell.ColumnIndex & "列")
    End With
End Sub
```

当选中"1987/4/2"这个单元格时，RichTextBox 控件中显示为 2 行 1 列。因为最左上角的单元格是 0 行 0 列。

5.10.4 导出 DataGridView 数据到 Excel

把 DataGridView 控件中的数据导出到 Excel，需要了解 DataGridViewRow、DataGridViewColumn、DataGridViewCell 这 3 个对象，分别表示 DataGridView 控件的行、列、单元格。

首先把 DataGridView 控件的表头（标题行）发送到 Excel 的第一行，然后遍历 DataGridView 控件的每一行（内层遍历每行中的每个单元格），依次发送到 Excel 单元格中。

与 Excel 的交互，需要为项目添加"Microsoft Excel 15.0 Object Library"这个外部引用，然后在代码文件顶部加入如下指令：

```
Imports Excel = Microsoft.Office.Interop.Excel
```

导出到 Excel 的按钮事件代码如下。

```
Private Sub Button2_Click(sender As Object, e As EventArgs) Handles Button2.Click
    Dim ExcelApp As Excel.Application
    Dim wbk As Excel.Workbook
    Dim wst As excel.Worksheet
    Dim r As Integer, c As Integer
    Dim row As DataGridViewRow, col As DataGridViewColumn, cel As DataGridViewCell
    ExcelApp = GetObject(, "excel.Application")
    wbk = ExcelApp.Workbooks.Add()
    wst = excelapp.ActiveSheet
    With DataGridView1
        r = 1
        c = 1
        For Each col In .Columns
            wst.Cells(r, c).value = col.Name
            c += 1
        Next col
        r = 2
        For Each row In .Rows
            c = 1
            For Each cel In row.Cells
                If cel.Value Is DBNull.Value Then
                    wst.Cells(r, c).value = "Null"
                Else
                    wst.Cells(r, c).value = cel.Value
                End If
                c += 1
            Next cel
            r += 1
        Next row
    End With
End Sub
```

代码分析：当 DataGridView 控件的某个单元格是空值时，不要直接访问 DataGridViewCell.Value，提前用 Is DBNull.Value 来判断是否为空单元格。

启动窗体，单击"导出到 Excel"，程序会自动创建工作簿，把 DataGridView 控件的数据发送到活动工作表中，如图 5-37 所示。

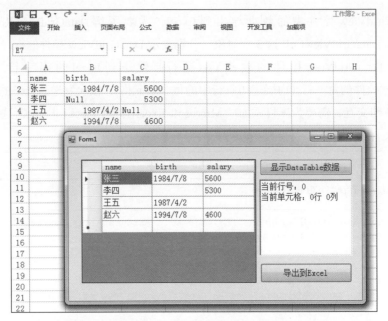

图 5-37　DataGridView 控件中的数据导出到 Excel

5.11　列表控件 ListView

ListView 是一个以多种视图方式显示数据的控件。

当 View 属性设置为 Details 时，呈现为表格形式，ListView 主要由列标（ColumnHeader）和行（ListViewItem）构成。

向 ListView 控件填充数据的流程为：

（1）清空列标、清空行。

（2）添加各个列标。

（3）添加行，并且添加该行有关的子项（SubItems）。

下面程序的作用是把若干省份的信息装载到 ListView 控件中。

项目实例 25　WindowsApp_ListView　ListView 控件的使用

创建一个名为 WindowsApp_ListView 的窗体应用程序，窗体上放一个 ListView 和一个 Button 控件，按钮的单击事件代码如下。

```
Private Sub Button1_Click(sender As Object, e As EventArgs) Handles Button1.Click
    Dim Column As ColumnHeader
    Dim Row As ListViewItem
    Dim Cell As ListViewItem.ListViewSubItem
```

```
        With ListView1
            .View = View.Details
            .GridLines = True
            .FullRowSelect = True
            .Columns.Clear()
            .Items.Clear()
            Column = .Columns.Add(text:=" 省份 ")
            Column = .Columns.Add(text:=" 简称 ")
            Column = .Columns.Add(text:=" 省会 ")
            ' 第一行
            Row = .Items.Add(text:=" 黑龙江 ")
            Cell = Row.SubItems.Add(text:=" 黑 ")
            Cell = Row.SubItems.Add(text:=" 哈尔滨 ")
            ' 第二行
            Row = .Items.Add(text:=" 吉林 ")
            Cell = Row.SubItems.Add(text:=" 吉 ")
            ' 第三行
            Row = .Items.Add(text:=" 辽宁 ")
            Cell = Row.SubItems.Add(text:=" 辽 ")
            Cell = Row.SubItems.Add(text:=" 沈阳 ")
            ' 第四行
            Row = .Items.Add(text:=" 河北 ")
            Cell = Row.SubItems.Add(text:=" 冀 ")
            Cell = Row.SubItems.Add(text:=" 石家庄 ")
            ' 获取有关信息
            MsgBox(" 列数: " & .Columns.Count & ",   行数: " & .Items.Count)
        End With
    End Sub
```

代码分析：首先为控件添加省份、简称、省会 3 个列标，然后添加第一行：黑龙江，再完善这行后面的每一列。

启动窗体，单击"装载数据"按钮，表格呈现数据，并且获取到总行数和总列数，如图 5-38 所示。

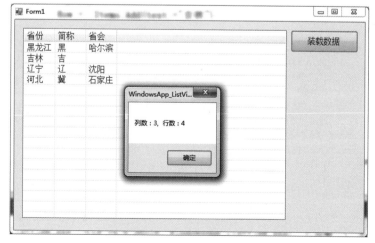

图 5-38 ListView 控件中显示数据

5.11.1 显示 ADODB 查询 Access 的结果

ListView 控件虽然不是面向数据库的控件,但也可以显示来自于数据库或 Excel 的数据。

假设项目的 Debug 文件夹下有一个名为 ChinaProvince.accdb 的 Access 数据库,并且包含一个名为 Detail 的数据表。

然后为项目添加 Microsoft ActiveX Data Objects 6.1 Library 这个外部引用。在模块顶部导入:Imports ADODB。

按钮的单击事件过程如下。

```vb
Private Sub Button2_Click(sender As Object, e As EventArgs) Handles Button2.Click
    Dim cnn As New Connection
    Dim rs As New Recordset
    Dim cns As String
    Dim sql As String
    Dim fd As Field
    Dim Column As ColumnHeader
    Dim Row As ListViewItem
    cns = "Provider=Microsoft.ACE.OLEDB.12.0;Data Source=ChinaProvince.accdb;Persist Security Info=False;"
    sql = "Select * From Detail "
    cnn.ConnectionString = cns
    cnn.Open()
    rs.Open(Source:=sql, ActiveConnection:=cnn, CursorType:=CursorTypeEnum.adOpenKeyset, LockType:=LockTypeEnum.adLockOptimistic)
    With Me.ListView1
        .View = View.Details
        .GridLines = True
        .FullRowSelect = True
        .Columns.Clear()
        .Items.Clear()
        For Each fd In rs.Fields
            Column = .Columns.Add(text:=fd.Name)
            Column.TextAlign = HorizontalAlignment.Right
        Next fd
        Do Until rs.EOF
            For Each fd In rs.Fields
                If fd.Name = "ID" Then
                    Row = .Items.Add(text:=fd.Value.ToString)
                Else
                    Row.SubItems.Add(text:=fd.Value.ToString)
                End If
            Next fd
            rs.MoveNext()
        Loop
        rs.Close()
        cnn.Close()
    End With
End Sub
```

代码分析：ListView 在添加行时，需要首先添加第一列，后面的很多列都是通过 SubItems.Add 添加的。所以在遍历结果记录集的字段时，当字段名称为 ID 时就是首列，其他字段均为子项方式添加。

如果数据库中有个别单元格为空值，使用 fd.Value.ToString 转换为字符串从而避免出错。

启动窗体，单击"获取 Access"按钮，ListView 控件中呈现出 SQL 查询结果记录集的数据，如图 5-39 所示。

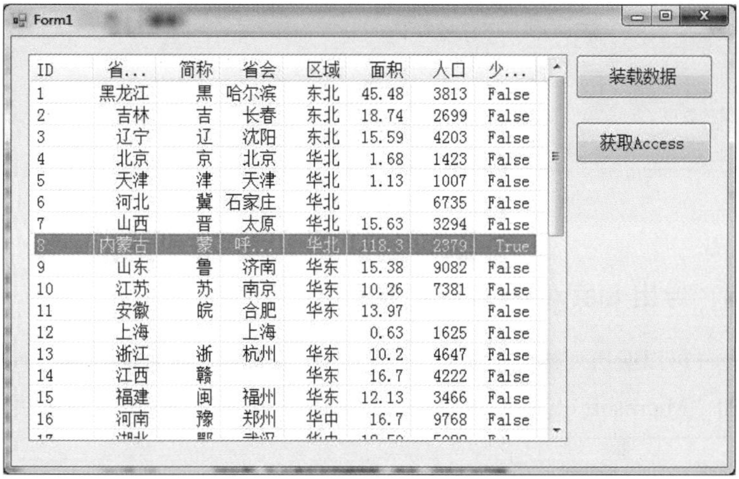

图 5-39 ListView 控件显示 Access 数据库中的数据

■ 5.11.2 处理选中的行

ListView 控件的 FullRowSelect 属性设置为 True 时，只能整行选中，不能选中个别单元格。MultiSelect 属性设置为 True 时，可以用鼠标配合 Ctrl 键和 Shift 键选中多行条目，选中多行条目时用 ListView1.SelectedItems 对象来表示，ListView1.SelectedItems.Count 就是选中的行数。

当选中的条目发生变化时触发 ListView 控件的 ItemSelectionChanged 事件，该事件过程的参数 e 表示选中的行。

在窗体上放置一个 RichTextbox 控件，用于显示所选条目信息。

```
Private Sub ListView1_ItemSelectionChanged(sender As Object, e As ListViewItemS
electionChangedEventArgs) Handles ListView1.ItemSelectionChanged
    RichTextBox1.Text = ""
    RichTextBox1.AppendText("所选行号：" & e.Item.Index & vbNewLine)
    RichTextBox1.AppendText("首列内容：" & e.Item.Text & vbNewLine)
    RichTextBox1.AppendText("第 3 列内容：" & e.Item.SubItems(3).Text & vbNewLine)
End Sub
```

当用鼠标选择 ListView 控件的任意一行，文本框显示该条目的有关信息，如图 5-40 所示。

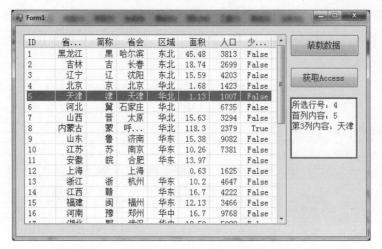

图 5-40　获取所选行的信息

■ 5.11.3　导出 ListView 数据到 Excel

ListView 控件可以遍历列标、记录行、子项，所以也能准确地导出到 Excel 单元格中。

为项目添加"Microsoft Excel 15.0 Object Library"外部引用，并且在模块顶部导入：

```
Imports Excel = Microsoft.Office.Interop.Excel
```

如果 ListView 控件中的数据比较多，可以先把数据导出到数组，然后把数组一次性赋给 Excel 单元格。

下面的代码，一维数组 Headers 用于存储 ListView 控件各个列标的名称，二维数组 Records 用于存储 ListView 控件所有记录行的数据。

```
Private Sub Button3_Click(sender As Object, e As EventArgs) Handles Button3.Click
    Dim ExcelApp As Excel.Application
    Dim wst As Excel.Worksheet
    Dim Headers(0 To ListView1.Columns.Count - 1)
    Dim Records(0 To ListView1.Items.Count - 1, 0 To ListView1.Columns.Count - 1)
    Dim r As Integer, c As Integer
    ExcelApp = GetObject(, "Excel.Application")
    wst = ExcelApp.ActiveSheet
    wst.UsedRange.ClearContents()
    With ListView1
        For c = 0 To .Columns.Count - 1
            Headers(c) = .Columns(c).Text
        Next c
        For r = 0 To .Items.Count - 1
            Records(r, 0) = .Items(r).Text
            For c = 1 To .Columns.Count - 1
                Records(r, c) = .Items(r).SubItems(c).Text
            Next c
        Next r
```

```
        End With
        wst.Range("A1").Resize(1, ListView1.Columns.Count).Value = Headers
         wst.Range("A2").Resize(ListView1.Items.Count, ListView1.Columns.Count).
Value = Records
    End Sub
```

代码分析：数组 Headers 接收 ListView 控件的各个列标，把该一维数组赋给单元格 A1 开始的一行。

数组 Records 接收 ListView 控件的所有记录，把该数组直接放到单元格 A2 开始的矩形区域中。

导出结果如图 5-41 所示。

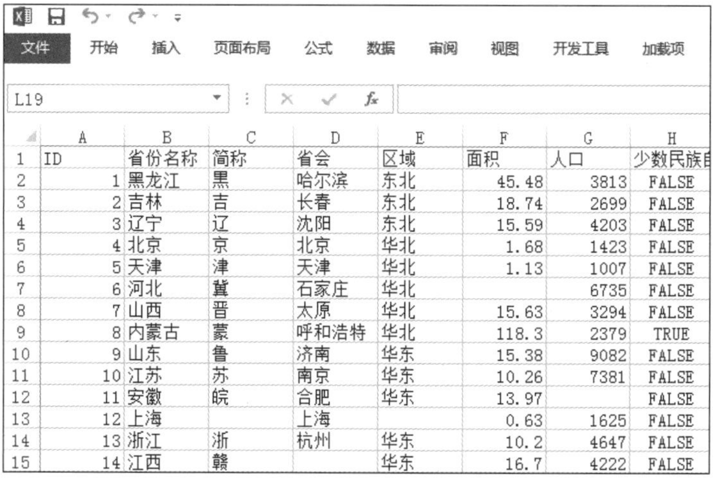

	A	B	C	D	E	F	G	H
1	ID	省份名称	简称	省会	区域	面积	人口	少数民族自
2	1	黑龙江	黑	哈尔滨	东北	45.48	3813	FALSE
3	2	吉林	吉	长春	东北	18.74	2699	FALSE
4	3	辽宁	辽	沈阳	东北	15.59	4203	FALSE
5	4	北京	京	北京	华北	1.68	1423	FALSE
6	5	天津	津	天津	华北	1.13	1007	FALSE
7	6	河北	冀	石家庄	华北		6735	FALSE
8	7	山西	晋	太原	华北	15.63	3294	FALSE
9	8	内蒙古	蒙	呼和浩特	华北	118.3	2379	TRUE
10	9	山东	鲁	济南	华东	15.38	9082	FALSE
11	10	江苏	苏	南京	华东	10.26	7381	FALSE
12	11	安徽	皖	合肥	华东	13.97		FALSE
13	12	上海		上海		0.63	1625	FALSE
14	13	浙江	浙	杭州	华东	10.2	4647	FALSE
15	14	江西	赣		华东	16.7	4222	FALSE

图 5-41　ListView 控件中的数据导出到 Excel

5.12　树状控件 TreeView

TreeView 控件适合展示树状结构的数据，例如显示文件夹中的文件名称、XML 文件的内容等。

VB.NET 中的 TreeView 控件，根节点就是 TreeView 控件自身，任何一个节点下面可以增加新的节点（TreeNode）。

节点对象的主要属性如下。

- Text：节点的标题文本。
- Tag：节点的隐藏属性（可选）。
- Name：节点的名称（可选）。
- FullPath：节点的完全路径。
- Level：节点的级别。

- Index：返回节点在当前层中的所处位置。
- IsSelected：是否被选中。
- ForeColor：节点的字体颜色。
- BackColor：节点的背景颜色。

节点对象的常用方法如下。

- Remove：移除自身。
- EnsureVisible：保证节点可见。
- Expand：展开节点。
- ExpandAll：展开当前节点及其所有子孙节点。
- Collapse：合并节点。

节点的关系节点如下。

- Parent：父节点。
- FirstNode：同层第一个节点。
- PreviousNode：同层上个节点。
- NextNode：同层下个节点。
- LastNode：同层最末节点。
- Nodes：直属子节点。

此外，TreeView 控件的 SelectedNode 用于获取或设置控件中选中的节点。

5.12.1 节点的添加和移除

Treeview 控件自身就是根节点，所以首先从 TreeView 对象添加节点。

例如，下面的程序，首先为 Treeview 控件添加一个子节点"中国"，然后为"中国"节点添加 2 个子节点。

```
Dim tn As TreeNode
TreeView1.Nodes.Clear()
tn = TreeView1.Nodes.Add(text:=" 中国 ")
tn = TreeView1.Nodes(0).Nodes.Add(text:=" 内蒙古 ")
tn = TreeView1.Nodes(0).Nodes.Add(text:=" 甘肃 ")
TreeView1.ExpandAll()
```

上述代码产生的结果如图 5-42 所示。

然而，当需要添加的节点很多，而且节点嵌套层数很深时，上面的方法就不方便了。可以考虑使用控件数组，例如声明一个 Node(0 To 2)，那么 Node(i) 可以表示第 i 层的所有节点。

项目实例 26　WindowsApp_TreeView Treeview 控

图 5-42　TreeView 控件中添加节点

件添加节点

创建一个名为 WindowsApp_Treeview 的窗体应用程序，下面的程序自动向 Treeview 控件中添加 3 层节点。

```
Private Sub Button1_Click(sender As Object, e As EventArgs) Handles Button1.Click
    Dim Node(2) As TreeNode
    Node(0) = TreeView1.Nodes.Add(text:=" 中国 ")
    Node(0).Tag = "ZhongGuo"
    Node(1) = Node(0).Nodes.Add(text:=" 山东 ")
    Node(1).Tag = "ShanDong"
    Node(2) = Node(1).Nodes.Add(text:=" 青岛 ")
    Node(2).Tag = "QingDao"
    Node(2) = Node(1).Nodes.Add(text:=" 烟台 ")
    Node(2).Tag = "YanTai"
    Node(1) = Node(0).Nodes.Add(text:=" 河北 ")
    Node(1).Tag = "HeBei"
    Node(2) = Node(1).Nodes.Add(text:=" 张家口 ")
    Node(2).Tag = "ZhangJiaKou"
    Node(2) = Node(1).Nodes.Add(text:=" 唐山 ")
    Node(2).Tag = "TangShan"
    Node(2) = Node(1).Nodes.Add(text:=" 邯郸 ")
    Node(2).Tag = "Handan"
    TreeView1.ExpandAll()
End Sub
```

代码分析：程序中使用 Node(0) 表示"中国"这个 0 级节点，Node(1) 表示"山东"或"河北"这些 1 级节点，以此类推。

启动窗体，单击"装载数据"按钮，窗体结果如图 5-43 所示。

添加节点的相反操作是节点的移除，节点的移除方式有以下 3 种。

- tn.Nodes.Remove(tn.Nodes(1))：移除 tn 的第 1 个子节点。
- tn.Nodes.RemoveAt(0)：移除 tn 的第 0 个子节点。
- tn.Remove：把 tn 及其所有子孙节点都移除。

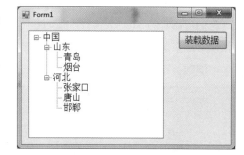

图 5-43　批量添加节点

下面的程序，首先定位到 tn 是"河北"的那个节点，然后依次移除"唐山""张家口"这两个子节点。

```
Private Sub Button2_Click(sender As Object, e As EventArgs) Handles Button2.Click
    Dim tn As TreeNode
    tn = TreeView1.Nodes(0).Nodes(1)
    tn.Nodes.Remove(tn.Nodes(1))
    tn.Nodes.RemoveAt(0)
End Sub
```

5.12.2 处理选中的节点

给 SelectedNode 赋值即可实现自动选中节点,例如 Treeview.SelectedNode = Treeview.Nodes(0) 就可以让第 1 个子节点处于选中状态。

当一个节点被选中时,触发 TreeView 控件的 AfterSelect 事件如果是用鼠标单击选中节点,则还触发 NodeMouseClick 事件。以上两个事件过程的参数 e 就是指的被选中节点。最好不要同时使用以上两个事件。

下面是 TreeView 控件的 AfterSelect 事件,当选中一个节点,文本框中自动显示所选节点的文本。

```
Private Sub TreeView1_AfterSelect(sender As Object, e As TreeViewEventArgs) Handles TreeView1.AfterSelect
    RichTextBox1.Text = "选中的节点是:" & e.Node.Text
End Sub
```

代码分析:使用键盘、鼠标,或者使用代码选中一个节点,都会触发上述事件,其中 e.Node 返回一个 TreeNode 对象,也就是被选中的那个节点。

当选中任意一个节点,文本框中显示该节点的信息,如图 5-44 所示。

图 5-44 显示所选节点的信息

5.12.3 节点的遍历

VB.NET 的 Treeview 控件,使用 For...Each 遍历 Nodes 只能遍历到一个节点下面直属的子节点。

例如,下面的程序遍历"山东"下面的所有子节点。

```
Private Sub Button3_Click(sender As Object, e As EventArgs) Handles Button3.Click
    Dim tn As TreeNode
    For Each tn In TreeView1.Nodes(0).Nodes(0).Nodes
        Debug.WriteLine(tn.Text)
    Next tn
End Sub
```

运行上述程序,输出窗口中依次打印:青岛和烟台。

然而,TreeView 控件中的节点往往是多层嵌套的,而且层数不固定,因此使用简单的 For...Each 循环不能遍历到所有节点。

下面编写一个递归遍历节点的过程 Recur:

```
Private Sub Recur(ByVal Parent As TreeNode)
    Dim tn As TreeNode
    For Each tn In Parent.Nodes
        Debug.WriteLine(tn.FullPath)
```

```
        If tn.Nodes.Count > 0 Then Recur(tn)
    Next tn
End Sub
```

代码分析：上述过程中，Parent 是一个节点，tn 是 Parent 的每一个子节点，如果发现 tn 还有子节点，那么用 tn 取代 Parent 进行递归调用。

在窗体上放置一个"递归遍历"的按钮控件，其 Click 事件代码如下。

```
Private Sub Button4_Click(sender As Object, e As EventArgs) Handles Button4.Click
    Recur(TreeView1.Nodes(0))
End Sub
```

启动窗体，装载数据到 Treeview 控件后，单击"递归遍历"按钮，在 Visual Studio 的输出窗口中打印出每个节点的完全路径，如图 5-45 所示。

图 5-45　递归遍历 Treeview 控件中的所有节点

5.13　选项卡控件 TabControl

TabControl 起到分组、多页的作用，用户单击不同的选项卡呈现不同的控件，从而节省了控件的使用空间。

5.13.1　编辑选项卡

TabControl 控件由多个选项卡组成，在 VB.NET 语言中，选项卡是一种 TabPage 对象。选项卡既可以在窗体设计期间手工设置，也可以在运行期间动态设置。

项目实例 27　WindowsApp_TabControl 手工设置 TabControl 控件

创建一个名为 WindowsApp_TabControl 的窗体应用程序，在窗体上放置一个 TabControl

控件,选中 TabControl 控件,在属性窗口中单击"TabPages(集合)",打开 TabPages 集合编辑器,如图 5-46 所示。

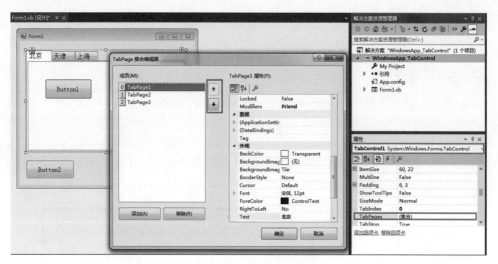

图 5-46 编辑 TabControl 的选项卡

依次把 TabPage1、TabPage2、TabPage3 的 Text 属性设置为北京、天津和上海。然后在北京那页放置一个 Button1,在 TabControl 控件之外的窗体上放置 Button2。

启动窗体,只有激活北京这个选项卡,才能看见 Button1,单击另外两个选项卡,看到的是其他的控件,这就是 TabControl 的作用,如图 5-47 所示。

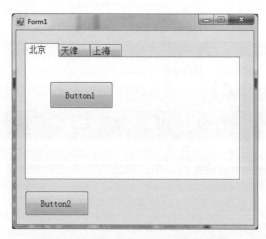

图 5-47 激活选项卡显示相应的控件

■ 5.13.2 处理选中的选项卡

TabControl 控件的 SelectedIndex 属性用于获取和设置处于选中的选项卡的索引值。例如 TabControl1.SelectedIndex = TabControl1.TabPages.Count – 1 或者 TabControl1.SelectedIndex =

TabControl1.TabCount – 1 都可以自动选中最右侧的选项卡。

此外，还可以使用 SelectTab 方法选中一个选项卡，例如：TabControl1.SelectTab(index:=0) 可以自动选中最左边的选项卡。

TabControl 控件的 SelectedTab 对象表示处于选中的那个选项卡是一个 TabPage 对象，例如：TabControl1.SelectedTab.Text = " 深圳 " 可以把活动选项卡的文字进行改动。

用户对 TabControl 控件最常用的操作是激活另一个选项卡，既可以使用鼠标单击选项卡，也可以按左右方向键来完成选项卡的激活。

TabControl 控件的 Click 事件只识别通过鼠标单击发生的激活，而 Selected 事件则识别各种方式引起的选项卡激活。

```
Private Sub TabControl1_Selected(sender As Object, e As TabControlEventArgs) Handles TabControl1.Selected
    MsgBox(" 活动选项卡的序号：" & TabControl1.SelectedIndex & vbNewLine &
        " 活动选项卡的标题：" & e.TabPage.Text)
End Sub
```

代码分析：Selected 事件中的参数 e 就是指活动选项卡。

启动窗体，单击或者使用左右方向键激活最右侧的选项卡，对话框中弹出序号和文本，如图 5-48 所示。

图 5-48　选项卡的选中事件

■ 5.13.3　显示和隐藏选项卡

改变选项卡 TabPage 的 Parent 就可以隐藏和显示选项卡。例如：

```
TabControl1.SelectedTab.Parent = Nothing
```

把活动选项卡隐藏。

显示一个选项卡的方法是：

```
TabControl1.TabPages(1).Parent = TabControl1
```

5.13.4 动态增删选项卡

窗体在运行期间，可以动态增加和删除选项卡。

下面的程序，在已有的 3 个选项卡的基础上，又增加 1 个新的选项卡"重庆"，并且在该选项卡上放入一个 TextBox 控件。

```
Private Sub Button2_Click(sender As Object, e As EventArgs) Handles Button2.Click
    Dim page4 As TabPage
    TabControl1.TabPages.Add(text:=" 重庆 ")
    page4 = TabControl1.TabPages(TabControl1.TabCount - 1)
    Dim text1 As TextBox
    text1 = New TextBox()
    With text1
        .Name = "TextBox1"
        .Text = " 四川料理 "
        .Size = New Point(x:=100, y:=50)
        .Location = New Point(x:=20, y:=20)
    End With
    page4.Controls.Add(value:=text1)
    TabControl1.SelectedTab = page4
End Sub
```

启动窗体，可以看到 3 个选项卡。单击"增加选项卡"按钮，右侧出现"重庆"选项卡，如图 5-49 所示。

移除选项卡非常简单：

TabControl1.TabPages.Remove (TabControl1.TabPages(1)) 可以把第 1 个选项卡（天津）移除。

TabControl1.TabPages.RemoveAt(0) 可以把第 0 个选项卡移除。

图 5-49　运行期间增加和移除选项卡

5.13.5 遍历选项卡

TabControl 控件的每个选项卡是一个 TabPage 对象，所以可以方便地获取各个选项卡的信息。

下面的程序，打印每个选项卡的名称、标题文字、控件个数。

```
Private Sub Button4_Click(sender As Object, e As EventArgs) Handles Button4.Click
    For Each tp As TabPage In TabControl1.TabPages
        Debug.WriteLine(tp.Name & vbTab & tp.Text & vbTab & tp.Controls.Count)
    Next tp
End Sub
```

启动窗体，在输出窗口打印每个选项卡的信息，如图 5-50 所示。

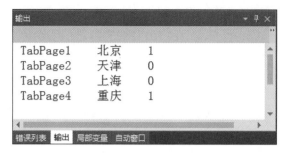

图 5-50　遍历每个选项卡及其包含的控件个数

5.14　图表控件 Chart

Chart 控件用来把数据以图表的形式显示在窗体或用户控件上，如果在控件工具箱中找不到该控件，在控件工具箱列表的右键菜单中选中"选择项"，在"选择工具箱项"对话框中勾选命名空间是"System.Windows.Forms.DataVisualization.Charting"的 Chart 控件，即可把 Chart 控件加入到控件工具箱中，如图 5-51 所示。

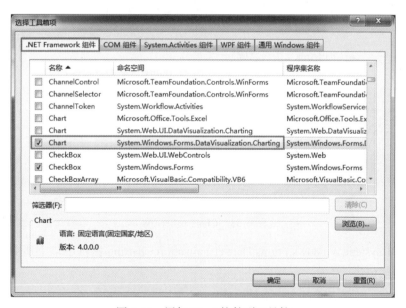

图 5-51　添加 Chart 控件到工具箱

Chart 控件的使用技巧主要包括两个方面，一是如何把程序中的数据显示在图表中；二是对图表的外观进行修饰，一个图表涵盖的界面元素非常多，每个元素的名称、场所如图 5-52 所示。

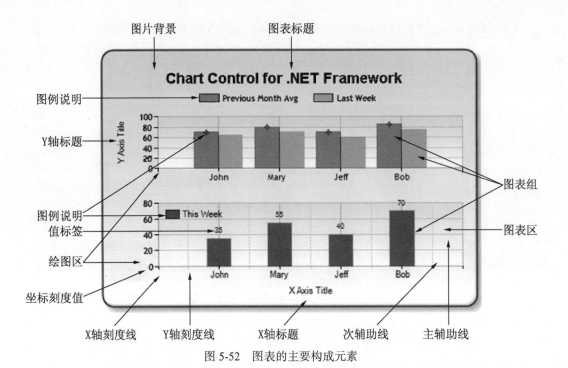

图 5-52　图表的主要构成元素

从对象模型的角度来看，Chart 控件各个元素的包含关系如图 5-53 所示。

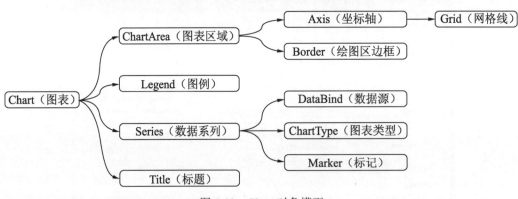

图 5-53　Chart 对象模型

命名空间 System.Windows.Forms.DataVisualization.Charting 提供了以上所有元素的对象类型名称、枚举值。

本节首先举一个最简单的图表范例，然后讲解图表的主要元素的设定方法。

5.14.1　图表的数据源

使用 Chart 控件可以绘制出柱形图、条形图、折线图、饼图等，一个图表可以包含一个以上的数据系列，每个数据系列可以单独设定图表类型、数据来源。

数据来源可以是数组、DataTable 对象、离散数据点。具体语法如下。

- Series1.Points.DataBindXY(x, y)：数据系列 Series1 绑定到数组对，x 和 y 分别是横轴、纵轴的两个数组。
- Chart1.DataSource = DataTable：设定图表 Chart1 的数据源为 DataTable 对象，之后使用 Series1.XValueMember、Series1.YValueMembers 让数据系列与 DataTable 中的某列进行关联。
- Series1.Points.AddXY("语文", 90)：添加数据点，数据系列 Series1 增加一个数据点。

下面通过具体实例讲解各种数据来源的设定。

项目实例 28　WindowsApp_Chart 图表控件

创建一个名为 WindowsApp_Chart 的窗体应用程序，在窗体上放置一个 Chart 控件，该控件预设了一个 ChartArea、一个 Series、一个 Legend，只需要为 Chart 控件设置数据源就可以快速显示一幅图表，如图 5-54 所示。

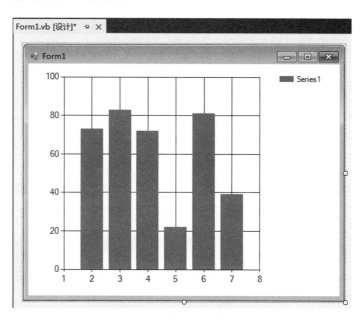

图 5-54　默认的 Chart 控件

但从程序设计的角度，首先把预设的一切全部清除，然后使用代码逐一添加，更有助于理解该控件。

以下程序，在窗体的加载事件中清除所有的图表区域、图例、数据系列。当单击窗体上的按钮控件时，自动绘制数学函数 $f(x)|x^2-20|$ 的图像，实现原理是数组 x 包含 -10 到 10 共 21 个数字作为横坐标轴，对应的函数值作为纵坐标轴。

```
Imports System.Windows.Forms.DataVisualization.Charting
Public Class Form1
```

```vb
        Private Sub Form1_Load(sender As Object, e As EventArgs) Handles MyBase.Load
            With Me.Chart1
                .ChartAreas.Clear()                 '清除所有图表区域
                .Legends.Clear()                    '清除所有图例
                .Titles.Clear()                     '清除所有标题
                .Series.Clear()                     '清除所有数据系列
            End With
        End Sub

        Private Sub Button1_Click(sender As Object, e As EventArgs) Handles Button1.Click
            Dim x(0 To 20) As Double
            Dim y(0 To 20) As Double
            Dim i As Integer
            Dim S1 As Series
            Dim CA As ChartArea
            For i = 0 To 20
                x(i) = i - 10                       'x轴用的数组
                y(i) = Math.Abs((x(i) ^ 2 - 20))    'f(x) = |x^2-20|
            Next i
            With Me.Chart1
                CA = New ChartArea()
                .ChartAreas.Add(CA)                 '添加一个图表区域
                S1 = .Series.Add(name:="S1")        '添加一个数据系列
                S1.Points.DataBindXY(x, y)          '数据系列绑定到数组
                S1.ChartType = SeriesChartType.Line '规定图表系列的图表类型为折线图
                S1.BorderWidth = 5                  '折线宽度
            End With
        End Sub
    End Class
```

启动窗体,单击窗体上的"数组作为数据源"按钮,图表控件显示函数图像如图 5-55 所示。

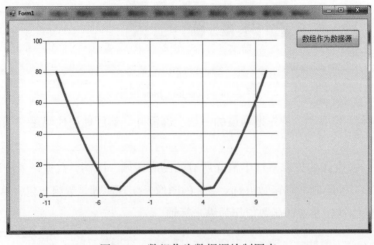

图 5-55 数组作为数据源绘制图表

对于数据比较多的情况，还可以使用 DataTable 对象作为图表控件的数据源。假设有一个学生成绩表，如表 5-1 所示。

表 5-1 范例成绩表

姓名	语文	数学	总分
张三	89	95	184
李四	62	70	132

为了比较两个学生的成绩情况，需要以姓名为横坐标轴，语文、数学、总分为 3 个系列，绘制一个柱形图。

代码如下。

```
Private Sub Button2_Click(sender As Object, e As EventArgs) Handles Button2.Click
    Dim Score As New DataTable
    Dim S1 As Series, S2 As Series, S3 As Series
    Dim CA As ChartArea
    Score.Columns.Add(columnName:="姓名", type:=Type.GetType("System.String"))
    Score.Columns.Add(columnName:="语文", type:=Type.GetType("System.Int32"))
    Score.Columns.Add(columnName:="数学", type:=Type.GetType("System.Int32"))
    Score.Columns.Add(columnName:="总分", type:=Type.GetType("System.Int32"), expression:="语文+数学")
    Dim Student1 As DataRow
    Student1 = Score.NewRow
    Student1.ItemArray = {"张三", 89, 95}
    Score.Rows.Add(Student1)
    Dim Student2 As DataRow
    Student2 = Score.NewRow
    Student2.ItemArray = {"李四", 62, 70}
    Score.Rows.Add(Student2)
    With Me.Chart1
        .DataSource = Score                          'Chart 控件的数据源是 DataTable
        CA = New ChartArea()
        .ChartAreas.Add(CA)                          '添加一个图表区域
        S1 = .Series.Add(name:="语文")               '添加一个数据系列：语文
        S1.YValueMembers = "语文"
        S1.ChartType = SeriesChartType.Column        '规定图表系列的图表类型为柱形图
        S2 = .Series.Add(name:="数学")               '添加一个数据系列：数学
        S2.YValueMembers = "数学"
        S2.ChartType = SeriesChartType.Column        '规定图表系列的图表类型为柱形图
        S3 = .Series.Add(name:="总分")               '添加一个数据系列：总分
        S3.YValueMembers = "总分"
        S3.ChartType = SeriesChartType.Column        '规定图表系列的图表类型为柱形图
    End With
End Sub
```

启动窗体，单击"DataTable 作为数据源"按钮，图表控件中显示两个学生的成绩对比，如图 5-56 所示。

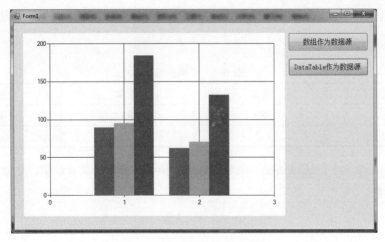

图 5-56　DataTable 作为数据源

下面介绍标题、图例等说明性元素的设定方法。

5.14.2　图表的标题

使用 Title 对象表达图表的标题，Title 对象可以设定 Text、Font、Border 方面的属性。下面的程序以离散点为数据源，绘制圆环图。

```
Private Sub Button3_Click(sender As Object, e As EventArgs) Handles Button3.Click
    Dim S1 As Series
    Dim CA As ChartArea
    Dim T As Title
    With Me.Chart1
        CA = New ChartArea()
        .ChartAreas.Add(CA)                    '添加一个图表区域
        S1 = .Series.Add(name:="S1")           '添加一个数据系列
        S1.Points.AddXY("第一季度", 30)         '添加数据对
        S1.Points.AddXY("第二季度", 40)
        S1.Points.AddXY("第三季度", 20)
        S1.Points.AddXY("第四季度", 10)
        S1.ChartType = SeriesChartType.Doughnut '圆环图。 Pie 为饼图
        T = New Title
        T.Text = "2018年销售额(万元)"
        T.Font = New Font("宋体", 16, FontStyle.Italic)
        T.BorderDashStyle = ChartDashStyle.Dash
        T.BorderColor = Color.Black
        T.BorderWidth = 3
        .Titles.Add(T)
    End With
End Sub
```

启动窗体，单击"图表的标题"按钮，图表控件呈现一个圆环图，图表上方有一个标题，如图 5-57 所示。

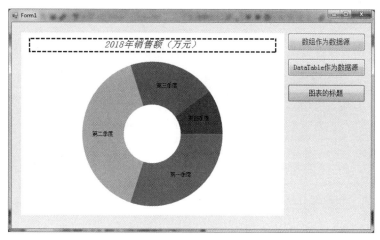

图 5-57　设置图表的标题

■ 5.14.3　图表的图例

使用 Legend 对象表达图表的图例，Legend 对象具有 ForeColor、BackColor 等属性。下面的程序绘制了不同月份的水电费的折线图。

```
Private Sub Button4_Click(sender As Object, e As EventArgs) Handles Button4.Click
    Dim Water As Series, Electricity As Series
    Dim X() As String = {"1月", "4月", "7月", "10月"}
    Dim Y1() As Integer = {31, 35, 65, 58}
    Dim Y2() As Integer = {60, 58, 90, 45}
    Dim CA As ChartArea
    Dim L As Legend
    With Me.Chart1
        CA = New ChartArea()
        .ChartAreas.Add(CA)                              '添加一个图表区域
        Water = .Series.Add(name:=" 水费 ")               '添加一个数据系列
        Water.Points.DataBindXY(X, Y1)                   '数据系列绑定到数组
        Water.ChartType = SeriesChartType.Line           '规定图表系列的图表类型为折线图
        Water.BorderWidth = 5                            '折线宽度
        Electricity = .Series.Add(name:=" 电费 ")         '添加一个数据系列
        Electricity.Points.DataBindXY(X, Y2)             '数据系列绑定到数组
        Electricity.ChartType = SeriesChartType.Line     '规定图表系列的图表类型为折线图
        Electricity.BorderWidth = 3                      '折线宽度
        L = New Legend
        L.Font = New Font(" 华文行楷 ", 20, FontStyle.Bold)     '图例的字体
        L.ForeColor = Color.Blue                         '图例的字体颜色
        L.BackColor = Color.White
        L.BorderDashStyle = ChartDashStyle.Solid         '图例的边框线为实线
```

```
            L.BorderColor = Color.Black              '图例的边框线颜色
            L.BorderWidth = 3
            .Legends.Add(L)
        End With
End Sub
```

启动窗体，图表控件呈现一个折线图，图表右上角有一个图例，如图5-58所示。

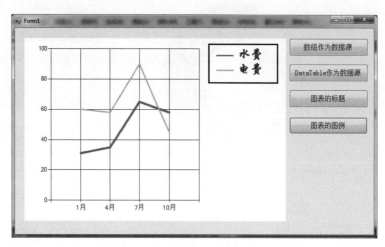

图 5-58　设置图表的图例

5.14.4　数据系列

使用 Series 对象表达图表的数据系列，Series 对象具有 Name、Font、Marker 等成员。

下面的程序，修改"水费"这个数据系列的标签内容、字体样式、数据标记点样式。然后修改"电费"数据系列的颜色、折线样式。

```
Private Sub Button5_Click(sender As Object, e As EventArgs) Handles Button5.Click
    With Me.Chart1.Series(0)
        .Name = "Water"                              '修改系列名称
        .Label = "#VAL元"                            '设置数据点标签的内容
        .Font = New Font("华文楷体", 14, FontStyle.Bold)    '标签的字体
        .LabelForeColor = Color.Red                  '标签字体颜色
        .MarkerSize = 15                             '数据标记的尺寸
        .MarkerColor = Color.Black
        .MarkerStyle = MarkerStyle.Triangle          '数据标记的样式
    End With
    With Me.Chart1.Series(1)
        .Color = Color.Green                         '系列的颜色（折线的颜色）
        .BorderWidth = 5                             '折线的宽度
        .BorderDashStyle = ChartDashStyle.Dash       '折线样式
    End With
End Sub
```

启动窗体，单击"修饰数据系列"按钮，图表结果如图 5-59 所示。

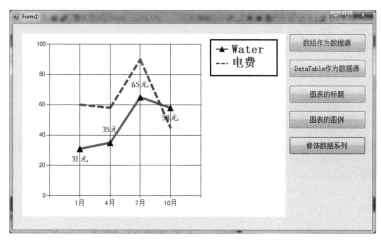

图 5-59 数据系列的格式设定

■ 5.14.5 图表区域

一个图表区域包括绘图区的边框、绘图区的背景色、坐标轴样式、网格线样式等。

下面的程序，依次设定图表的 X 轴、Y 轴样式，然后设定 X 轴主网格线样式、Y 轴主网格线样式、Y 轴次网格线样式。

```
Private Sub Button6_Click(sender As Object, e As EventArgs) Handles Button6.Click
    Dim Axis_X As Axis, Axis_Y As Axis
    Dim MajorGrid_X As Grid, MajorGrid_Y As Grid
    Dim MinorGrid_X As Grid, MinorGrid_Y As Grid
    With Me.Chart1.ChartAreas.Item(0)
        .BackColor = Color.White                  '修改背景色
        .BorderColor = Color.Black                '修改边框样式
        .BorderDashStyle = ChartDashStyle.Dash
        .BorderWidth = 3

        Axis_X = .AxisX                           '设置 X 坐标轴的标题和字体风格
        Axis_X.Title = "月份"
        Axis_X.TitleFont = New Font("隶书", 15, FontStyle.Italic)

        Axis_Y = .AxisY                           '修改 Y 坐标轴的最小值、最大值范围
        Axis_Y.Minimum = 20
        Axis_Y.Maximum = 100
        Axis_Y.Title = "费用"
        Axis_Y.Interval = 20                      'Y 轴的坐标步长间隔
        Axis_Y.LabelStyle.Angle = -45             '坐标轴标签的角度
        Axis_Y.LineWidth = 5                      'Y 轴的线宽
```

```
        Axis_Y.LabelStyle.Font = New Font("宋体", 15, FontStyle.Bold)
                                                    '修改坐标轴的字体

        MajorGrid_X = Axis_X.MajorGrid
        MajorGrid_X.Enabled = False                 '不启用 X 轴的主网格线

        MajorGrid_Y = Axis_Y.MajorGrid
        With MajorGrid_Y
          .Enabled = True                           '启用 Y 轴主网格线
          .Interval = 10
          .LineWidth = 3
        End With

        MinorGrid_Y = .AxisY.MinorGrid
        With MinorGrid_Y                            '设置 Y 轴次网格线
          .Enabled = True
          .Interval = 5
          .LineWidth = 1
          .LineColor = Color.Red
        End With
      End With
End Sub
```

启动窗体，单击"修饰图表区域"按钮，图表结果如图 5-60 所示。

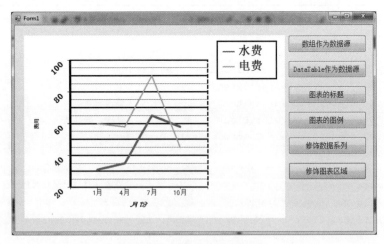

图 5-60　修改图表区域格式

可以看出，Chart 对象的成员非常多，比较好的一个学习方法是，窗体上放置一个 Chart 控件、一个 PropertyGrid 控件，让属性网格控件与图表控件关联，这样就可以在窗体运行期间，动态修改图表的各种样式设定，如图 5-61 所示。

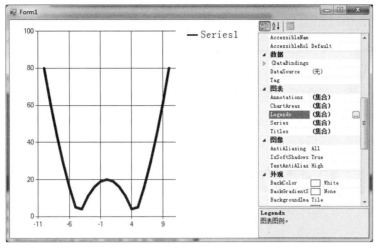

图 5-61 利用 PropertyGrid 控件动态设置 Chart 控件的属性

5.15 小结

本章介绍了 VB.NET 各种常用控件的编程技术。

TextBox、RichTextBox、Button、CheckBox、ListBox 是最常用的基础控件，DataGridView、ListView 控件常用于显示表格数据，TreeView 控件用于显示级联包含的树状结构数据。

第6章 VB.NET GDI+ 编程基础

GDI 的全称是 Graphics Device Interface，即图形设备接口。是图形显示与实际物理设备之间的桥梁。GDI 使得用户无须关心具体设备的细节，只须在一个虚拟的环境(逻辑设备)中进行操作。

GDI+ 主要提供以下三种功能。

- 二维矢量图形：GDI+ 提供了存储图形基元自身信息的类(或结构体)、存储图形基元绘制方式信息的类以及实际进行绘制的类。
- 图像处理：大多数图片都难以划定为直线和曲线的集合，无法使用二维矢量图形方式进行处理。因此，GDI+ 为我们提供了 Bitmap、Image 等类，它们可用于显示、操作和保存 BMP、JPG、GIF 等图像格式。
- 文字显示：GDI+ 支持使用各种字体、字号和样式来显示文本。相比于 GDI，GDI+ 是基于 C++ 类的对象化的应用程序接口，因此用起来更为简单。GDI 的核心是设备上下文，GDI 函数都依赖于设备上下文句柄，其编程方式是基于句柄的。GDI+ 无须时刻依赖于句柄或设备上下文，用户只需创建一个 Graphics 对象，就可以用面向对象的方式调用其成员函数进行图形操作，编程方式是基于对象的。

本章要点：
- 画笔、画刷的创建。
- 多义线、多边形的绘制。
- 实心填充多边形、椭圆的绘制。

6.1 图形对象

VB.NET 中用于 GDI+ 绘图的对象类型都位于 System.Drawing 命名空间之下。
Graphics 对象表示 GDI+ 绘图表面，是用于创建图形的对象。

Windows 窗体或控件的 CreateGraphics 都会返回一个 Graphics 对象，因此可以在窗体或控件上进行绘图。例如下面两行代码，分别返回窗体、图片框控件的图形对象：

Dim G1 As Graphics = Me.CreateGraphics

Dim G2 As Graphics = Me.PictureBox1.CreateGraphics

之后使用 G1 绘图后，图形绘制在窗体上，使用 G2 绘图的图形出现在图片框上。

■ 6.1.1 绘图方法

GDI+ 中用于实施绘图的对象是 Graphics，该对象有大量以 Draw、Fill 开头的绘图方法，Draw 开头的绘图方法配合画笔对象用于绘制图形的轮廓线，例如多边形、弧线等。Fill 开头的绘图方法配合画刷对象用于绘制实心填充图形，例如绘制四边形的内部、扇形的内部等。

这些绘图方法按照 Draw、Fill 分类，以及按照直线类和曲线类归纳到表 6-1 中。

表 6-1 Graphics 对象常用绘图方法

	直线类方法及所需参数	弧线类方法及所需参数
外围轮廓使用画笔	❏ DrawLine：绘制直线，需要画笔、起点和终点 ❏ DrawLines：绘制多义线，需要画笔、Point 数组 ❏ DrawRectangle：绘制矩形，需要画笔、Rectangle 对象 ❏ DrawRectangles：绘制多个矩形，需要画笔、Rectangle 数组 ❏ DrawPolygon：绘制多边形，需要画笔、Point 数组	❏ DrawEllipse：绘制椭圆，需要画笔、Rectangle 对象 ❏ DrawArc：绘制弧线，需要画笔、Rectangle 对象、起始角度、扫过角度 ❏ DrawPie：绘制扇形，需要画笔、Rectangle 对象、起始角度、扫过角度
实心填充使用画刷	❏ FillClosedCurve：填充闭合样条曲线，需要画刷、Point 数组 ❏ FillPolygon：填充多边形，需要画刷、Point 数组 ❏ FillRectangle：填充矩形，需要画刷、Rectangle 对象	❏ FillEllipse：填充椭圆，需要画刷、Rectangle 对象 ❏ FillPie：填充扇形，需要画刷、Rectangle 对象、起始角度、扫过角度

注：多义线是指多条直线段首尾顺次连接形成的折线。

此外，Graphics 对象的 DrawString 用于绘制文字，Clear 方法用于清除所有绘图。

■ 6.1.2 坐标系

绘图对象的坐标原点位于窗体或控件的左上角，坐标单位是像素（pixel）。坐标系向右为 x 轴正方向、向下为 y 轴正方向，如图 6-1 所示。

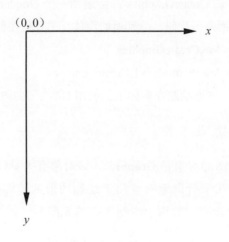

图 6-1 坐标系

6.2 结构数组

VB.NET 中的结构数组适合描述具有多个属性的对象。假设存在一个名为 Person 的结构数组，它具有 Age、Gender、Address 这些属性。那么：

```
Dim 张三 As Person = New Person()
With 张三
    .Age = 32
    .Gender = "M"
    .Address = " 北京市 "
End With
```

张三就是 Person 结构数组的一个实例，可以读写该实例的所有属性。

GDI+ 绘图技术中用到大量的结构数组，常用的有画笔、画刷、点、矩形框等。

6.2.1 画笔

画笔来绘制线条、曲线以及勾勒形状轮廓。例如：

```
Dim Pen1 As New Pen(color:=Color.Blue, width:=1)
```

一个实例化后的画笔具有了颜色、宽度、样式三种属性，可以在创建画笔之后对它的这三种属性进行调整：

- 颜色 (Color)：画笔绘制的线条的颜色，一般情况下我们是在创建画笔的时候就指定了画笔的颜色，也可以通过画笔的颜色属性来改变。
- 宽度 (Width)：使用该画笔时所绘线条的宽度，默认的画笔宽度是 1 像素单位。
- 样式 (DashStyle)：画笔绘制图形时的线型，包括实线、虚线、点线以及由点线与虚线组成的点画线、双点画线等多种样式。

Graphics 对象的以 Draw 开头的方法，都需要提供一个画笔才能绘图。

6.2.2 画刷

画刷（Brush）用于和 Graphics 对象一起创建实心形状和呈现文本的对象，有几种不同类型的画刷，最简单的画刷是纯色画刷（SolidBrush）。

例如：

```
Dim RedBrush As New SolidBrush(color:=Color.Red)
```

声明了一个红色的画刷。后期也可以更改画刷的颜色，例如：

RedBrush.Color = Color.Black 更改为黑色画刷。

Graphics 对象的以 Fill 开头的方法，都需要提供一个画刷才能绘图。

6.2.3 点和点数组

两点连一线，点（Point）是直线的来源。GDI 绘图中 Point 对象是一个结构数组，用来确定位置。

下面的代码声明并初始化了两个点：

```
Dim pt1 As Point = New Point(x:=300, y:=300)
Dim pt2 As PointF = New PointF(x:=20.6, y:=34.9)
```

以 F 结尾的表示参数可以是浮点数。

Graphics 对象的 DrawLine 方法用于绘制直线，需要提供两个点作为参数。

DrawLines、DrawPolygon 方法则需要提供多个点形成的点数组，例如：

```
Dim pts() As PointF = {pt1, pt2}
```

变量 pts 就是由多个点形成的点数组。

6.2.4 矩形框和矩形框数组

Rectangle 对象用来描述和规定一个方框，规定方框的目的是在绘制矩形、椭圆时，确定矩形、椭圆的位置和大小。

声明并初始化一个 Rectangle 对象的代码：

```
Dim L As Point = New Point(x:=100, y:=150)
Dim S As Size = New Size(width:=80, height:=80)
Dim R As Rectangle = New Rectangle(location:=L, size:=S)
```

上述代码中，点 L 用来规定矩形框的左上角坐标，S 规定矩形框的宽度、高度。由此可以推算出矩形框的右下角坐标为（180,230）。

除了绘制矩形、正方形外，绘制椭圆、圆弧、扇形都需要提供一个 Rectangle 对象。

实际上，圆弧、扇形是椭圆的一部分，因此绘制这些形状时，只需要确定椭圆的外接矩形的位置和大小即可。因为矩形的长度决定了椭圆的长轴，矩形的高度决定了椭圆的短轴，如图 6-2 所示。

Graphics 对象还有一个 DrawRectangles 方法，用来绘制多个矩形，需要的参数就是由 Rectangle 对象形成的矩形框数组。

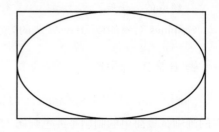

图 6-2 矩形与椭圆的关系

6.3 绘图实例分析

本节通过绘制常用的图形，对比学习各种绘图方法的相同点和不同点。

6.3.1 直线、多义线、多边形的绘制

多义线是把多个点顺次连接形成的折线段，多边形是多个点形成的闭合。例如有 A、B、C 这三个点，AB 形成直线，AB、BC 形成多义线，AB、BC、CA 形成多边形。

下面的实例演示了 Graphics 对象的 DrawLine、DrawLines、DrawPolygon 方法。

项目实例 29　WindowsApp_GDI GDI 绘图技术

窗体 Form1.vb 的代码如下。

```
Imports System.Drawing
Public Class Form1
    Private Sub Button1_Click(sender As Object, e As EventArgs) Handles Button1.Click
        直线多义线多边形的绘制()
    End Sub
    Private Sub 直线多义线多边形的绘制()
        Dim G As Graphics
        Dim Pen1 = New Pen(color:=Color.Blue)
        With Pen1
            .Width = 5
        End With
        Dim P1 As Point = New Point(x:=20, y:=20)
        Dim P2 As Point = New Point(x:=200, y:=150)
        '以上两点用来 DrawLine
        Dim P3 As Point = New Point(x:=220, y:=20)
        Dim P4 As Point = New Point(x:=400, y:=150)
        Dim P5 As Point = New Point(x:=220, y:=150)
        '以上三点用来 DrawLines
        Dim P6 As Point = New Point(x:=420, y:=20)
        Dim P7 As Point = New Point(x:=600, y:=150)
        Dim P8 As Point = New Point(x:=420, y:=150)
        G = Me.CreateGraphics
```

```
            With G
                .DrawLine(pen:=Pen1, pt1:=P1, pt2:=P2)
                Pen1.Width = 7
                .DrawLines(pen:=Pen1, points:={P3, P4, P5})
                Pen1.Width = 9
                .DrawPolygon(pen:=Pen1, points:={P6, P7, P8})
            End With
        End Sub

        Private Sub Button2_Click(sender As Object, e As EventArgs) Handles Button2.Click
            Me.CreateGraphics.Clear(color:=Me.BackColor)
        End Sub
End Class
```

代码分析：绘制多义线和多边形时，所需参数类型完全一样，都是一个画笔和一个点数组。不同的是多义线不闭合。

启动窗体，单击第一个按钮，窗体上呈现 3 个图形，如图 6-3 所示。

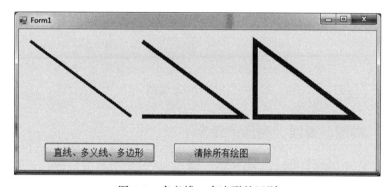

图 6-3　多义线、多边形的区别

■ 6.3.2　矩形的绘制

使用 DrawRectangle 方法可以绘制长方形，需要事先创建 Rectangle 对象。下面的程序创建了 3 个 Rectangle 对象，基于 R1 绘制了一个矩形，然后基于 R2 和 R3 形成的矩形框数组一次性绘制两个矩形。

```
Private Sub 矩形()
    Dim G As Graphics = Me.CreateGraphics
    Dim Pen1 = New Pen(color:=Color.Blue)
    With Pen1
        .DashStyle = Drawing2D.DashStyle.Solid              '实线
        .Width = 5
    End With
    Dim P1 As Point = New Point(x:=20, y:=20)
    Dim P2 As Point = New Point(x:=120, y:=20)
    Dim P3 As Point = New Point(x:=150, y:=50)
    Dim S As Size = New Size(width:=80, height:=80)
```

```
        Dim R1 As Rectangle = New Rectangle(location:=P1, size:=S)
        Dim R2 As Rectangle = New Rectangle(location:=P2, size:=S)
        Dim R3 As Rectangle = New Rectangle(location:=P3, size:=S)
        G.DrawRectangle(pen:=Pen1, rect:=R1)                        '矩形
        Pen1.DashStyle = Drawing2D.DashStyle.DashDot                '更改画笔的点画线
        G.DrawRectangles(pen:=Pen1, rects:={R2, R3})                '一次绘制多个矩形
    End Sub
```

启动窗体，单击按钮，窗体上呈现 3 个大小一样的正方形，如图 6-4 所示。

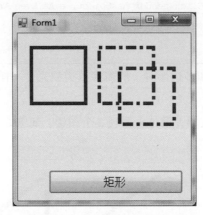

图 6-4　不同的画笔绘制矩形

■ 6.3.3　椭圆、弧线、扇形的绘制

Graphics 对象的 DrawEllipse、DrawArc、DrawPie 分别用来绘制椭圆、弧线、扇形，扇形与弧线的区别是扇形包括两条半径，扇形是一个闭合图形，而弧线只有其本身。

绘制椭圆、弧线、扇形时都需要提供画笔和 Rectangle 对象，弧线和扇形是椭圆的一部分，因此还需要提供起始角度和扫过的角度。起始角度以水平向右为 0°，顺时针方向为正角度，例如起始角度设为 90°，表示从垂直向下的位置开始旋转。扫过的角度也是沿顺时针方向，例如扫过角度设置为 180°表示扫过半圈。

下面的实例，分别绘制椭圆、弧线和扇形。为了对比，使用另一个画笔在椭圆的外侧绘制外接矩形，并且绘制两条中心线。

```
    Private Sub 椭圆弧线扇形的绘制()
        Dim G As Graphics = Me.CreateGraphics
        Dim Pen1 = New Pen(color:=Color.Black)
        With Pen1
            .DashStyle = Drawing2D.DashStyle.Solid           '实线
            .Width = 5
        End With
        Dim Pen2 = New Pen(color:=Color.Blue)
        With Pen2
            .DashStyle = Drawing2D.DashStyle.Dash
            .Width = 3
```

```
        End With
        Dim P1 As Point = New Point(x:=20, y:=20)
        Dim P2 As Point = New Point(x:=220, y:=20)
        Dim P3 As Point = New Point(x:=420, y:=20)
        Dim S As Size = New Size(width:=120, height:=80)
        Dim R1 As Rectangle = New Rectangle(location:=P1, size:=S)
        Dim R2 As Rectangle = New Rectangle(location:=P2, size:=S)
        Dim R3 As Rectangle = New Rectangle(location:=P3, size:=S)
        G.DrawEllipse(pen:=Pen1, rect:=R1)            '椭圆
        G.DrawRectangle(pen:=Pen2, rect:=R1)          '椭圆的外接矩形
        G.DrawLine(pen:=Pen2, pt1:=New Point(x:=20, y:=60), pt2:=New Point(x:= 140,
y:=60))                                              '椭圆的水平中心线
        G.DrawLine(pen:=Pen2, pt1:=New Point(x:=80, y:=20), pt2:=New Point(x:= 80,
y:=100))                                             '椭圆的垂直中心线
        G.DrawArc(pen:=Pen1, rect:=R2, startAngle:=45, sweepAngle:=180)
                                                     '起始角度45°,扫过角度180°
        G.DrawPie(pen:=Pen1, rect:=R3, startAngle:=90, sweepAngle:=60)  '绘制扇形
    End Sub
```

启动窗体，单击按钮，窗体上出现 3 个图形，如图 6-5 所示。

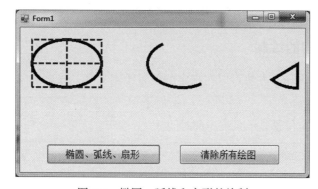

图 6-5　椭圆、弧线和扇形的绘制

6.3.4　实心填充图形的绘制

Graphics 对象中用于实心填充的方法都以 Fill 开头，这些方法所需参数和 Draw 开头的方法所需参数是一样的，例如 FillEclipse 方法和 DrawEllipse 的参数完全相同。不同的是实心填充方法需要使用画刷。

下面的程序创建两个画刷，然后分别绘制填充扇形、填充多边形。

```
    Private Sub 实心填充()
        Dim G As Graphics = Me.CreateGraphics
        Dim Brush1 = New SolidBrush(color:=Color.Black)
        Dim Brush2 = New SolidBrush(color:=Color.Blue)
        Dim P1 As Point = New Point(x:=20, y:=20)
        Dim S As Size = New Size(width:=120, height:=80)
        Dim R1 As Rectangle = New Rectangle(location:=P1, size:=S)
```

```
        G.FillPie(brush:=Brush1, rect:=R1, startAngle:=90, sweepAngle:=60)
                                                                  '填充扇形
        G.FillPolygon(brush:=Brush2, points:={New Point(x:=200, y:=20), New Point
(x:=400, y:=20), New Point(x:=400, y:=120), New Point(x:=330, y:=160)})
    End Sub
```

启动窗体，单击"实心填充"按钮，窗体上呈现一个填充扇形、一个填充多边形，如图 6-6 所示。

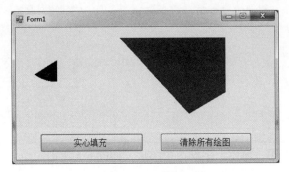

图 6-6　实心填充

6.3.5　文字的绘制

Graphics 的 DrawString 方法可以在指定的位置绘制文字，该方法需要提供字符串、字体风格、画刷这三个参数。

下面的程序在指定位置显示系统当前时间。

```
Private Sub 文字的绘制()
    Dim G As Graphics = Me.CreateGraphics
    Dim Font1 As Font = New Font("微软雅黑", 32, FontStyle.Italic)
    Dim Brush1 = New SolidBrush(color:=Color.Black)
    Dim Point1 As New Point(x:=100, y:=20)
    G.DrawString(s:=Now.ToLongTimeString, font:=Font1, brush:=Brush1, point:=Point1)
End Sub
```

启动窗体，单击"文字绘制"按钮，窗体上出现当前时间，如图 6-7 所示。

图 6-7　文字绘制

6.3.6 利用 Paint 事件自动重绘

前面所述通过单击按钮绘图的方法，当窗体最小化，或者窗体被其他窗口遮盖后，绘制的图形就不见了。通过窗体的 Paint 事件，可以实时重绘图形，该事件中的参数 e 的 Graphics 成员就是窗体本身的图形对象。

下面的程序，在窗体的 Paint 事件中实现绘制正弦函数图像。函数解析式如下。

$$f(x) = 50\sin\left(\frac{x}{10}\right)$$

绘图的原理是，先声明一个点数组，横坐标从 –100 到 100，纵坐标是横坐标对应的函数值，然后使用 DrawCurve 方法绘图。代码如下。

```
Imports System.Drawing
Public Class Form1
    Private Sub Form1_Paint(sender As Object, e As PaintEventArgs) Handles Me.Paint
        With e.Graphics
            .Clear(color:=Me.BackColor)
            .TranslateTransform(dx:=200, dy:=100)       '坐标原点平移到(200,100)
            Dim Pen1 As Pen = New Pen(color:=Color.Blue)
            Pen1.Width = 5
            Dim pts(200) As PointF                      '声明点数组
            For i = 0 To 200 ' f(x) = 50*sin(x/10)
                pts(i) = New PointF(x:=i - 100, y:=50 * Math.Sin(0.1 * (i - 100)))
            Next i
            .DrawCurve(Pen1, points:=pts)               '绘制平滑曲线
            Pen1.Color = Color.Black
            Pen1.Width = 3
            .DrawLine(pen:=Pen1, x1:=-100, y1:=0, x2:=100, y2:=0) '绘制X轴
            .DrawLine(pen:=Pen1, x1:=0, y1:=-100, x2:=0, y2:=100) '绘制Y轴
            .DrawString(s:="绘图时间: " & Now.ToLongTimeString, font:=New Font _
("华文新魏", 16), brush:=New SolidBrush(color:=Color.Black), point:=New PointF(x:=-100, _
y:=100))
        End With
    End Sub
End Class
```

启动窗体，会看到窗体显示一个函数图像，当窗体最小化然后重新还原，看到窗体中的时间自动更新，如图 6-8 所示。

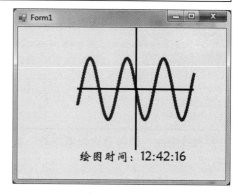

图 6-8 使用窗体的 Paint 事件

6.4 坐标系变换

Graphics 对象默认的坐标原点位于窗体或绘图控件的左上角，向右为 x 轴正方向、向下为 y 轴正方向。

编程过程中，还可以对坐标系进行平移（Translate）、旋转（Rotate）、缩放（Scale）等变换（Transform）操作。坐标系变换后，之后绘图用到的坐标都是基于变换后的坐标系。

Graphics 对象有关坐标系变换的常用方法如下。

- TranslateTransform(dx,dy)：平移变换，基于当前坐标系，坐标原点平移到 (dx,dy)。
- RotateTransform(angle)：旋转变换，基于当前坐标系旋转。角度为正沿顺时针旋转。
- ScaleTransform(sx,sy)：缩放变换，基于当前坐标系，x 轴缩放 sx 倍，y 轴缩放 sy 倍。

6.4.1 坐标系平移

下面的程序，首先在默认的坐标原点处绘制一个点画线矩形，然后坐标系平移到 (150,80) 的位置绘制实线矩形。

最后，基于当前坐标系再平移（10,20），其实相当于绝对坐标（160,100），绘制一个矩形。

```
Private Sub 坐标系平移()
    Dim G As Graphics = Me.CreateGraphics
    Dim Pen1 = New Pen(color:=Color.Black, width:=5)
    Pen1.DashStyle = Drawing2D.DashStyle.DashDot
    Dim P As Point = New Point(x:=0, y:=0)
    Dim S As Size = New Size(width:=100, height:=100)
    Dim R As Rectangle = New Rectangle(location:=P, size:=S)
    G.DrawRectangle(pen:=Pen1, rect:=R)           '坐标系平移前的矩形
    Pen1.DashStyle = Drawing2D.DashStyle.Solid
    G.TranslateTransform(dx:=150, dy:=80)
    G.DrawRectangle(pen:=Pen1, rect:=R)           '坐标系平移后的矩形
    Pen1.DashStyle = Drawing2D.DashStyle.Dash
    G.TranslateTransform(dx:=10, dy:=20)
    G.DrawRectangle(pen:=Pen1, rect:=R)           '坐标系再平移一次的矩形
End Sub
```

启动窗体，单击"坐标系平移"按钮，窗体上呈现 3 个矩形，如图 6-9 所示。

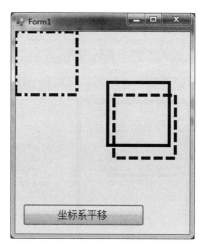

图 6-9　坐标系平移

6.4.2　坐标系旋转

以下代码实现坐标系按逆时针方向旋转 30°：

```
G.RotateTransform(angle:=-30)
```

点画线矩形是未旋转的，实线矩形是坐标系旋转后绘制的，如图 6-10 所示。

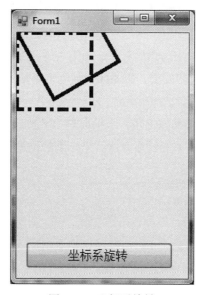

图 6-10　坐标系旋转

6.4.3　坐标系缩放

以下代码把坐标系的 x 轴放大 1.5 倍、y 轴放大 2 倍：

```
G.ScaleTransform(sx:=1.5, sy:=2)
```

实线矩形是坐标系放大后绘制的,如图 6-11 所示。

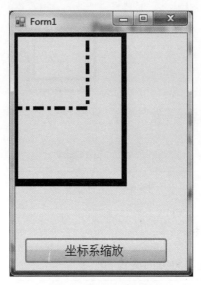

图 6-11　坐标系缩放

6.5　小结

本章介绍了 GDI+ 绘图技术中的图形对象、画笔、画刷等对象。

Graphics 对象以 Draw 开头的方法,需要配合画笔,绘制轮廓线。以 Fill 开头的方法,需要配合画刷,绘制实心填充图形。

坐标系的原点默认位于窗体的左上角,水平向右为 x 轴正方向,垂直向下为 y 轴正方向。但通过坐标系的平移、旋转、缩放等转换方法,坐标系的位置和方向都会发生变化。

第 7 章 VB.NET 进阶技术

程序开发过程中，处理的对象不只是基本数据类型，经常需要处理存储于计算机中的文件、数据、路径等对象。根据处理对象的特点，可以采用相应的编程技术去解决。

本章介绍一些相对高级的编程技术在 VB.NET 中的实现方法。

本章要点：

- ❑ 字典的创建和维护、根据键查找值的方法。
- ❑ 正则表达式的用途、Pattern 的构造方法。
- ❑ 文件夹、文件的遍历方法。
- ❑ 文本文件的读取、写入方法。
- ❑ 字符串、文件的 MD5 加密。
- ❑ XML 文件的读取、写入方法。
- ❑ API 函数的声明的应用。
- ❑ 电子邮件的两种发送方法。
- ❑ 注册表的子项和键值维护。
- ❑ 类库项目的创建。

7.1 使用 StringBuilder

StringBuilder 是一种字符串可变序列对象，位于 System.Text 命名空间中。

与一般字符串对象比较，StringBuilder 可以更方便地实现字符串拼接、替换、插入、移除等操作。

StringBuilder 对象的主要方法如下。

- ❑ Append：追加字符串。
- ❑ AppendFormat：追加格式化了的字符串。

- AppendLine：追加字符串，并且追加换行符。
- Insert：在指定位置插入新字符串。
- Replace：替换字符或字符串。
- Remove：移除指定位置开始的指定长度的一段字符串。
- Clear：清空 StringBuilder。

StringBuilder 对象的主要属性如下。

- Chars：读取或设置指定位置的一个字符。
- Length：长度。
- ToString：转换为字符串。

7.1.1 追加字符串

向一个 StringBuilder 对象追加新字符串，可以使用 Append 系列方法。例如：

```
SB1.Append(value:="Excel")
SB1.Append(value:="Outlook")
```

相当于：

```
s1=s1 & "Excel"
s1=s1 & "Outlook"
```

最后的结果是 ExcelOutlook。

不过，Append 方法还支持三参数形式，也就是只把 value 属性中的字符串的一部分追加上去。例如：

```
SB1.Append(value:=" 无边落木萧萧下 ", startIndex:=2, count:=4)
SB1.Append(value:=" 不尽长江滚滚来 ", startIndex:=4, count:=2)
```

的最后结果是：落木萧萧滚滚。

AppendLine 方法与 Append 方法相比，就是在结尾处多了一个换行。例如下面的两行代码是等价的：

```
SB1.Append("ABC" & vbNewLine)
SB1.AppendLine("ABC")
```

AppendFormat 方法把字符串格式化后的形式追加到 StringBuilder 中，是 Append 与 Format 函数的合体。例如下面的两行代码是等价的：

```
SB1.AppendFormat(" 公历 {0:0000}/{2:00}/{1:00}", 2018, 26, 8)
SB1.Append(value:=String.Format(" 公历 {0:0000}/{2:00}/{1:00}", 2018, 26, 8))
```

下面的完整实例演示了上述方法的用法。

项目实例 30　WindowsApp_StringBuilder StringBuilder

创建一个名为 WindowsApp_StringBuilder 的窗体应用程序，在窗体上放置一个 RichTextbox 控件和一个按钮控件，窗体模块顶部导入 Imports System.Text 指令。

按钮的单击事件过程如下。

```
Private Sub Button1_Click(sender As Object, e As EventArgs) Handles Button1.Click
    Dim SB1 As StringBuilder
    SB1 = New StringBuilder()
    With SB1
        .Append(value:="Excel")
        .Append(value:=" 微软公司的办公软件 ", startIndex:=5, count:=4)
                                          '从第 5 个位置取出 4 个字符，追加给 SB1
        .Append(value:="Software")
        .AppendLine(value:=" 购买日期 ")
        .AppendFormat(" 公历 {0:0000}/{2:00}/{1:00}", 2018, 26, 8)
        .Append(value:=vbNewLine)          '追加换行
        .Append(value:=String.Format(" 公历 {0:0000}/{2:00}/{1:00}", 2018, 26, 8))
        Me.RichTextBox1.Text = .ToString
    End With
End Sub
```

启动窗体，单击"Append 系列方法"按钮，右侧文本框内容如图 7-1 所示。

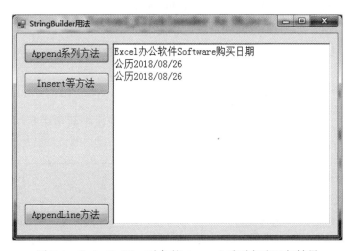

图 7-1　StringBuilder 对象的 Append 系列方法运行结果

7.1.2　插入、移除和替换操作

StringBuilder 对象除了前面所述使用 Append 系列方法向尾部追加内容以外，还可以使用 Insert 方法在中间位置插入新字符串、使用 Remove 方法移除中间的一段、使用 Replace 方法进行字符串替换等操作。

下面的实例演示了这些方法的用法。

```vb
Private Sub Button2_Click(sender As Object, e As EventArgs) Handles Button2.Click
    Dim SB1 As StringBuilder
    SB1 = New StringBuilder()
    With SB1
        .Append(value:="Excel")
        .Append(value:="Outlook")                      '此时 SB1 为 ExcelOutlook
        .Insert(index:=3, value:="WWW")                '此时 SB1 为 ExcWWWelOutlook
        .Remove(startIndex:=0, length:=3)              '从第 0 个起连续移除 3 个字符
        '此时 SB1 为 WWWelOutlook
        .Replace(oldValue:="W", newValue:="OK")        '此时 SB1 为 OKOKOKelOutlook
        .Chars(index:=1) = "M"       '第 1 个字符替换为 M, 此时 SB1 为 OMOKOKelOutlook
        Me.RichTextBox1.Text = .ToString
        .Clear()                                       '清空 SB1
    End With
End Sub
```

上述程序运行后，RichTextbox 控件的结果内容为：OMOKOKelOutlook。

7.2 使用字典

字典（Dictionary）是一种键值对（Key-Value pair）集合对象，其特点是键不重复。根据这个特点，可以实现数据的去除重复项、快速查询等功能。

声明字典时，要根据键和值的数据类型来决定字典的数据类型。

■ 7.2.1 利用字典去除重复项

下面的实例中，字符串数组的若干单词是重复的，依次把数组中每一项添加到字典中，如果遇到重复项，自动覆盖已有项。

```vb
Private Sub RemoveDuplicate()
    Dim arr() As String = New String() {"Excel", "Word", "excel", "Access", "WORD", "outlook"}
    Dim D As New Dictionary(Of String, String)(StringComparer.OrdinalIgnoreCase)
    For Each s As String In arr
        D.Item(key:=s) = ""
    Next s
    MsgBox("字典中的项数: " & D.Count)
    For Each k As String In D.Keys
        MsgBox(k)
    Next k
End Sub
```

代码分析：新建的字典默认是严格区分大小写的，也就是 A 和 a 可以出现在同一个字典中，如果加上 (StringComparer.OrdinalIgnoreCase) 则不区分大小写。

运行上述程序，对话框中给出的字典总数是 4，显然达到了去除重复项的目的，如图 7-2 所示。

图 7-2　利用字典去除数组中的重复元素

7.2.2 利用字典实现查询功能

下面的实例，在窗体启动时自动为字典添加项目，当用户在文本框中输入英文月份名称时，单击"查询"按钮，给出对应的数字月份。

项目实例 31　WindowsApp_Dictionary 利用字典实现查询

创建一个名为 WindowsApp_Dictionary 的窗体应用程序，设计期间在窗体上放置一个文本框和一个按钮控件。

窗体的 Load 事件用于自动为新字典添加项目，代码如下。

```
Private dic As Dictionary(Of String, Integer)
Private Sub Form1_Load(sender As Object, e As EventArgs) Handles MyBase.Load
    dic = New Dictionary(Of String, Integer)
    dic.Add(key:="January", value:=1)
    dic.Add(key:="February", value:=2)
    dic.Add(key:="March", value:=3)
    dic.Add(key:="April", value:=4)
    dic.Add(key:="May", value:=5)
    dic.Add(key:="June", value:=6)
    dic.Add(key:="July", value:=7)
    dic.Add(key:="August", value:=8)
    dic.Add(key:="September", value:=9)
    dic.Add(key:="October", value:=10)
    dic.Add(key:="November", value:=11)
    dic.Add(key:="December", value:=12)
End Sub
```

"查询"按钮的 Click 事件代码为：

```
Private Sub Button1_Click(sender As Object, e As EventArgs) Handles Button1.Click
    If dic.ContainsKey(key:=Me.TextBox1.Text) Then
        MsgBox(dic.Item(key:=Me.TextBox1.Text))
    Else
        MsgBox("指定的 Key 不存在！")
```

```
        End If
End Sub
```

启动窗体,当用户输入英文月份,对话框中显示相应的数字,如图 7-3 所示。

图 7-3 利用字典实现快速查询

如果用户输入的是其他内容,则提示"指定的 Key 不存在"。

7.2.3 字典的遍历

在实际程序开发过程中,经常需要遍历字典中的各个项目。下面的程序,当单击"遍历"按钮时,把字典所有的 Key 和 Value 自动添加到 ListBox 控件中。

"遍历"按钮的 Click 事件代码为:

```
Private Sub Button2_Click(sender As Object, e As EventArgs) Handles Button2.Click
    Me.ListBox1.Items.Clear()
    For Each pair As KeyValuePair(Of String, Integer) In dic
        Me.ListBox1.Items.Add(pair.Key & vbTab & pair.Value)
    Next pair
End Sub
```

启动窗体,单击"遍历"按钮,列表框中列出每个键值对的信息,如图 7-4 所示。

图 7-4 遍历字典中的键和值

7.3 使用哈希表

在 .NET Framework 中，Hashtable（哈希表）是 System.Collections 命名空间提供的一个容器，用于处理 Key-Value 的键值对，其中 Key 通常可用来快速查找，Value 用于存储对应于 Key 的值。Hashtable 中 Key 和 Value 均为 Object 类型，所以 Hashtable 可以支持任何类型的键值对。

Hashtable 对象的主要方法如下。

- Add：增加一个键值对。
- Remove：删除指定 Key 的键值对。
- Item：返回指定 Key 对应的 Value。
- Contains、ContainsKey：是否存在指定的 Key（区分大小写）。
- ContainsValue：是否存在某个 Value（区分大小写）。

下面的实例，向哈希表中添加若干国家的中文名称和英文名称。

项目实例 32　WindowsApp_Hashtable 哈希表

创建一个名为 WindowsApp_Dictionary 的窗体应用程序，窗体上放置两个按钮控件。代码文件顶部导入 Imports System.Collections 命名空间。

7.3.1 添加和移除键值对

窗体上第一个按钮用于添加、查询、移除键值对，代码如下。

```
Imports System.Collections
Public Class Form1
    Private HT As Hashtable
    Private Sub Button1_Click(sender As Object, e As EventArgs) Handles Button1.Click
        HT = New Hashtable
        With HT
            .Clear()    '清除所有键值对
            .Add(key:=" 中国 ", value:="China")
            .Add(key:=" 土耳其 ", value:="Turkey")
            .Add(key:=" 也门 ", value:="Yemen")
            .Add(key:=" 俄罗斯 ", value:="Russia")
            .Add(key:=" 印度 ", value:="India")
            .Add(key:=" 泰国 ", value:="Thailand")
            MsgBox(.Item(" 土耳其 "))              '返回 Turkey
            MsgBox(.Contains(key:=" 也门 "))       '是否包含也门这个键，返回 True
            MsgBox(.ContainsKey(key:=" 也门 "))    '是否包含也门这个键，返回 True
            MsgBox(.ContainsValue("CHINA"))        '返回 False
            .Remove(key:=" 印度 ")                 '移除一个键值对
            MsgBox(.Count)                         '键值对总数，返回 5
        End With
    End Sub
End Class
```

上述程序的运行结果参考每行代码后面的注释。

7.3.2 遍历键值对

第二个按钮用于遍历所有的 Key、所有的 Value。

```
Private Sub Button2_Click(sender As Object, e As EventArgs) Handles Button2.Click
    With HT
        For Each k As Object In .Keys
            Debug.Write(k.ToString() & ",") '输出窗口打印每个Key
        Next k
        Debug.WriteLine(vbNewLine)
        For Each v As Object In .Values
            Debug.Write(v.ToString() & ",") '输出窗口打印每个Value
        Next v
    End With
End Sub
```

运行上述程序，输出窗口的打印结果，如图 7-5 所示。

图 7-5　遍历哈希表的键和值

7.4　使用正则表达式

正则表达式（Regular Expression）是一种功能非常强大的字符串处理技术，很多编程语言都可以使用正则表达式来解决字符串方面的问题，其特点是借助模式字符串进行模糊匹配，不使用循环就可以迅速找到目标字符串。

正则表达式的使用流程如图 7-6 所示。

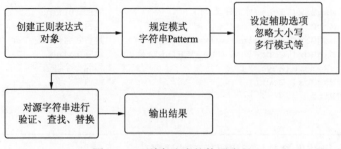

图 7-6　正则表达式的使用流程

假设有一个中药药方如图7-7所示，如何快速得到所有药物名称、如何快速得到所有的数字、如何得到所有的计量单位？遇到这类问题时，首先要创建正则表达式对象，然后构思模式字符串，再使用查找、替换这些操作得到想要的结果。

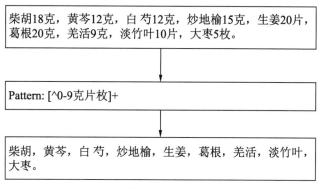

图7-7 药方中提取所有药名

模式字符串的构造，以及方法的选取，要根据实际情况抉择，而且往往可以用多种方式解决同一个问题。

例如，要提取所有的药物名称，有如下几个思路：
- 把连续两个以上的汉字提取出来。
- 把数字，以及固定的计量单位替换为空。

因此，可以根据源字符串的特点和规律，选择最恰当、省事、稳妥的方法。

VB.NET 中的正则表达式，命名空间位于 System.Text.RegularExpressions。该命名空间中的 Regex 就是正则表达式对象，也就是本节要讲的核心对象。

使用正则表达式必不可少的是源字符串（待处理的原料）和模式字符串（用来匹配的，可以使用通配符）。

设定好正则表达式对象后，可以使用如下方法。
- IsMatch：对源字符串进行严格验证匹配，如果验证成功，返回布尔值 True。
- Match：从源字符串中查找首个匹配项，最多只返回 1 个 Match 对象。
- Matches：从源字符串中查找所有匹配项，返回一个 MatchCollection 可遍历集合。
- Replace：把源字符串中匹配到的部分替换为指定内容，返回一个字符串。
- Split：以模式字符串为分隔符，把源字符串分隔为字符串数组。

7.4.1 验证

正则表达式中的 IsMatch 方法用来判断源字符串中能否匹配到模式字符串中的内容。下面的实例判断用户输入的是不是合法的手机号码。

项目实例 33　WindowsApp_RegExp 正则表达式

创建一个名为 WindowsApp_RegExp 的窗体应用程序，窗体中放置一个文本框和一个按钮控件，窗体的完整代码为：

```
Imports RegExp = System.Text.RegularExpressions
Public Class Form1
    Private Sub Button1_Click(sender As Object, e As EventArgs) Handles Button1.Click
        Dim reg As Regexp.Regex
        reg = New RegExp.Regex(pattern:="^\d{11}$")
        Dim result As Boolean = reg.IsMatch(input:=Me.TextBox1.Text)
        If result Then
            MsgBox(" 手机号合法 ")
        Else
            MsgBox(" 不是合法的手机号码，请重新输入 ", vbCritical)
            Me.TextBox1.Select()
        End If
    End Sub
End Class
```

代码分析：RegExp 是命名空间的简称，reg 是一个正则表达式的实例对象，^\d{11}$ 表示模式字符串是恰好 11 位数字。

启动窗体，填写手机号码后，单击"提交"按钮，如果填写内容不是 11 位，则对话框中显示"不是合法的手机号码，请重新输入"，如图 7-8 所示。

图 7-8　正则表达式的验证功能

7.4.2　查找

查找，就是从源字符串中把需要的部分提取出来的过程。正则表达式的 Match 方法用来查找首个目标、Matches 查找所有匹配到的目标。

下面的程序，查找首个出现的数字。

```
Sub 查找()
    Dim reg As RegExp.Regex
    Dim Source As String = "柴胡 18 克，黄芩 12 克，白芍 12 克，炒地榆 15 克，生姜 20 片，葛根 20 克，羌活 9 克，淡竹叶 10 片，大枣 5 枚。"
    reg = New RegExp.Regex(pattern:="\d+")
    Dim m As RegExp.Match = reg.Match(input:=Source)
    MsgBox(m.Value)
End Sub
```

代码分析：pattern 规定为 \d+，就是要找首个出现的连续数字，所有对话框返回 18，如果把 pattern 改为 \d，则只返回 1。

下面的程序，查找源字符串中所有连续的数字。

```
Sub 查找全部()
    Dim reg As RegExp.Regex
    Dim Source As String = "柴胡 18 克，黄芩 12 克，白芍 12 克，炒地榆 15 克，生姜 20 片，葛根 20 克，羌活 9 克，淡竹叶 10 片，大枣 5 枚。"
    reg = New RegExp.Regex(pattern:="\d+")
    Dim mc As RegExp.MatchCollection = reg.Matches(input:=Source)
    For Each m As RegExp.Match In mc
        Debug.WriteLine(m.Value & vbTab & m.Length)
    Next m
End Sub
```

代码分析：本例中的 mc 是匹配到的所有目标的集合，集合中的个体是 Match 对象。

运行上述程序，输出窗口打印出每个药物的数量和数字位数（长度）。

```
18    2
12    2
12    2
15    2
20    2
20    2
9     1
10    2
5     1
```

7.4.3 替换

替换，就是把匹配到的多个目标，替换为指定的字符，如果替换为空字符串，则相当于删除。

下面的程序，把源字符串中连续的数字替换为 #。

```
Sub 替换()
    Dim reg As RegExp.Regex
    Dim Source As String = "柴胡 18 克，黄芩 12 克，白芍 12 克，炒地榆 15 克，生姜 20 片，葛根 20 克，羌活 9 克，淡竹叶 10 片，大枣 5 枚。"
    reg = New RegExp.Regex(pattern:="\d+")
    Dim result As String = reg.Replace(input:=Source, replacement:="#")
    MsgBox(result)
End Sub
```

运行上述程序，对话框中显示 result 的值，如图 7-9 所示。

图 7-9　连续的多个数字替换为 1 个 #

如果是 1 个数字替换为 1 个 #，把上述代码中的 pattern 中的 + 去掉即可。

7.4.4　分隔

Split 方法可以用模式字符串作为分隔符，把源字符串分隔成字符串数组。

下面的程序，以英文单词作为分隔符，剩余部分构成字符串数组。

```
Sub 分隔()
    Dim reg As RegExp.Regex
    Dim Source As String = "Excel精通Word一般Access大师Outlook稍微会一点PowerPoint经常用"
    reg = New RegExp.Regex(pattern:="[A-Za-z]+")
    Dim arr() As String = reg.Split(input:=Source)
    For Each s As String In arr
        Debug.WriteLine(s)
    Next s
End Sub
```

代码分析：[A-Za-z]+ 表示连续多个英文字母。运行上述程序，输出窗口的结果如图 7-10 所示。

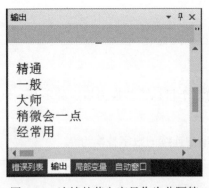

图 7-10　连续的英文字母作为分隔符

7.4.5　正则表达式选项

正则表达式运用的关键在于 pattern 的构造，此外，还可以设置正则表达式的辅助选项，起到对 pattern 的修饰作用。

一般情况下，pattern="[a-z]+" 只能匹配到连续的小写英文字母，不包括大写字母，如果设置了选项 IgnoreCase，就能起到忽略大小写的作用。换句话说，在设置了 IgnoreCase 的前提下 pattern="[a-z]+" 等价于 "[A-Za-z]+"。

```
Sub 正则表达式选项()
    Dim reg As RegExp.Regex
    Dim Source As String = "Excel 精通 Word 一般 Access 大师 Outlook 稍微会一点 PowerPoint 经常用"
    reg = New RegExp.Regex(pattern:="[a-z]+", options:=RegExp.RegexOptions.IgnoreCase)
    Dim mc As RegExp.MatchCollection = reg.Matches(input:=Source)
    For Each m As RegExp.Match In mc
        Debug.WriteLine(m.Value)
    Next m
End Sub
```

代码分析：注意 RegExp.Regex(pattern:="[a-z]+", options:=RegExp.RegexOptions.IgnoreCase) 这一句，可以看到 Regex 对象的括号中，除了 pattern 的规定外，额外使用了 options 来设置选项。

运行上述程序，输出窗口打印出每个完整的英文单词，如图 7-11 所示。

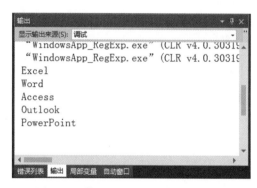

图 7-11　使用 IgnoreCase 忽略大小写

如果不加 IgnoreCase 这个选项，只会输出每个单词中的小写字母。

7.4.6　直接使用正则表达式

前面所述实例都是事先创建一个 Regex 对象，然后设置有关属性。VB.NET 中的正则表达式还可以不创建对象而直接使用。

下面的程序，分别直接使用正则表达式实现验证和查找全部。首先验证给定的字符串中是不是恰好为 6 个字符，而且这些字符属于英文字母、数字或下画线。

接下来在给定的文本中，查找 1 个英文字母后面紧跟着 1 个数字的所有组合。

```
Sub 直接使用正则表达式()
    Dim result As Boolean = RegExp.Regex.IsMatch(input:="Q_1@cn", pattern:=
"^\w{6}$")
    Dim mc As RegExp.MatchCollection = RegExp.Regex.Matches(input:="4BA9-Ed54-
214A-C9q8", pattern:="[a-z]\d", options:=RegExp.RegexOptions.IgnoreCase)
    Debug.WriteLine(result)
    For Each m As RegExp.Match In mc
        Debug.WriteLine(m.Value)
    Next m
End Sub
```

代码分析：正则表达式中的 \w 表示能匹配字母、数字、下画线中的任意 1 个，因此 ="^\w{6}$" 表示要验证源文本是不是恰好为 6 个这样的字符。

实例中，@ 符号不属于该类别，因此 result 返回 False。

代码中的"[a-z]\d"表示要查找 1 个小写英文字母和 1 个数字的组合，由于后面忽略大小写，所以还包括大写字母。

运行上述程序，输出窗口结果如图 7-12 所示。

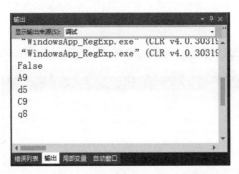

图 7-12　直接使用正则表达式

7.4.7　分组

分组（Groups）是正则表达式中使用比较频繁的一项技术，例如一段文本中包含多个省份的名称、简称、省会信息，以下面这行文字为例：

河南省简称豫省会郑州市

可以把"河南"当作第 1 小组，"豫"是第 2 小组，"郑州市"是第 3 小组。

下面的实例，提取每个省份的每个小组。

```
Sub 分组()
    Dim reg As RegExp.Regex
    Dim Source As String = "河南省简称豫省会郑州市,山东省简称鲁省会济南市,河北省简称冀省会石家庄市,"
    Dim gc As RegExp.GroupCollection
    reg = New RegExp.Regex(pattern:="(.+?)省简称(.+?)省会(.+?),")
    Dim mc As RegExp.MatchCollection = reg.Matches(input:=Source)
```

```
    For Each m As RegExp.Match In mc
        gc = m.Groups
        For Each g As RegExp.Group In gc
            Debug.WriteLine(g.Value)
        Next g
    Next m
End Sub
```

代码分析：要产生分组，必须在 pattern 中把作为分组的部分用半角圆括号括起来，其中 .+? 表示连续多个任意字符。

运行上述程序，在输出窗口依次打印每个省份的名称、简称和省会。打印结果如下。

```
河南省简称豫省会郑州市，
河南
豫
郑州市
山东省简称鲁省会济南市，
山东
鲁
济南市
河北省简称冀省会石家庄市，
河北
冀
石家庄市
```

如果一个匹配项包含 3 个分组，会产生 4 个分组，例如 Groups(0) 就是匹配项本身：河南省简称豫省会郑州市，Groups(1) 是河南，Groups(1) 是豫，Groups(2) 是郑州市。

笔者基于正则表达式的分组，制作了如下的正则表达式测试器，如图 7-13 所示。

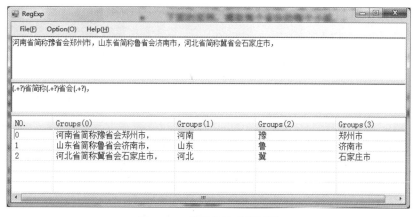

图 7-13　正则表达式测试器

7.5　目录和文件操作

VB.NET 可以使用 System.IO 模型对目录、文件等进行操作。

System.IO 命名空间中常用的类如表 7-1 所示。

表 7-1 用于处理目录和文件的类

类名	说明
DriveInfo	获取磁盘驱动器信息
Directory	提供目录的静态方法
DirectoryInfo	提供目录的实例方法
File	文件的移动、复制、删除,以及文本文件的读写
FileInfo	获取文件信息
Path	路径操作
StreamReader	从字节流中读取字符
StreamWriter	向流中写入字符

通过下面的实例,讲解磁盘、目录、文件、路径的读写方法。

项目实例 34　WindowsApp_IO 目录和文件的自动操作

创建一个名为 WindowsApp_IO 的窗体应用程序,窗体上放置一个 RichTextbox 控件用于显示运行结果,再放置若干按钮控件。

然后在 Form1.vb 文件顶部导入命名空间:

```
Imports System.IO
```

7.5.1　使用 DriveInfo 获取磁盘驱动器信息

System.IO 命名空间下的 DriveInfo.GetDrives 返回一个 DriveInfo 数组,数组中的每个元素对应于计算机中的每个驱动器。

下面的程序,遍历每个磁盘驱动器的名称、可用空间大小、总大小。

```
Private Sub Button1_Click(sender As Object, e As EventArgs) Handles Button1.Click
    Dim Drives As DriveInfo() = DriveInfo.GetDrives
    For Each drive As DriveInfo In Drives
        If drive.IsReady Then
        Me.RichTextBox1.AppendText(drive.Name & vbTab & "可用空间: " & drive.TotalFreeSpace / 1024 ^ 3 & vbTab & "总大小: " & drive.TotalSize / 1024 ^ 3 & vbNewLine)
        End If
    Next drive
End Sub
```

代码分析:TotalFreeSpace 等属性,均以字节为单位。为了显示为 GB,需要除以 1024 的 3 次方。

启动窗体,单击按钮"获取驱动器信息",窗体上的文本框中列出每个磁盘驱动器的名称、可用空间和总大小,如图 7-14 所示。

图 7-14 遍历磁盘驱动器信息

■ 7.5.2 使用 Directory.GetDirectories 获取子文件夹

Directory.GetDirectories 返回一个字符串数组，数组中的每个元素就是每个子文件夹的完整路径。

```
Private Sub Button2_Click(sender As Object, e As EventArgs) Handles Button2.Click
    Dim Folders As String() = Directory.GetDirectories(path:="C:\temp")
    For Each folder As String In Folders
        Me.RichTextBox1.AppendText(folder & vbNewLine)
    Next folder
End Sub
```

运行上述程序，打印出指定路径下所有子文件夹的完整路径，如图 7-15 所示。

图 7-15 获取子文件夹名称

7.5.3 使用 Directory.GetFiles 获取文件夹下所有文件

Directory.GetFiles 返回一个字符串数组，每个元素对应每个文件的完整路径。

```
Private Sub Button3_Click(sender As Object, e As EventArgs) Handles Button3.Click
    Dim Files As String() = Directory.GetFiles(path:="C:\temp")
    For Each file As String In Files
        Me.RichTextBox1.AppendText(file & vbNewLine)
    Next file
End Sub
```

运行上述程序，打印出指定文件夹下所有文件的完整路径。

7.5.4 使用 DirectoryInfo 获取文件夹信息

System.IO 命名空间下的 DirectoryInfo 用于表示一个文件夹的实例。

下面的程序读取指定的文件夹名称、文件总数、创建时间和修改时间。

```
Private Sub Button4_Click(sender As Object, e As EventArgs) Handles Button4.Click
    Dim folder As New DirectoryInfo("C:\temp")
    With folder
        Me.RichTextBox1.AppendText("文件夹名称: " & .Name & vbNewLine)
        Me.RichTextBox1.AppendText("文件总数: " & .GetFiles.Length & vbNewLine)
        Me.RichTextBox1.AppendText("创建时间: " & .CreationTime & vbNewLine)
        Me.RichTextBox1.AppendText("修改时间: " & .LastWriteTime & vbNewLine)
    End With
End Sub
```

运行上述程序，RichTextbox1 控件中的结果如下。

```
文件夹名称: temp
文件总数: 266
创建时间: 2017/3/26 18:10:36
修改时间: 2018/5/13 19:28:20
```

7.5.5 使用 FileInfo 获取文件信息

与 DirectoryInfo 类似，FileInfo 可以创建一个文件的实例，从而可以读取文件的相关属性。

```
Private Sub Button5_Click(sender As Object, e As EventArgs) Handles Button5.Click
    Dim file As New FileInfo("C:\temp\Blank.mde")
    With file
        Me.RichTextBox1.AppendText("文件名称: " & .Name & vbNewLine)
        Me.RichTextBox1.AppendText("创建时间: " & .CreationTime & vbNewLine)
        Me.RichTextBox1.AppendText("修改时间: " & .LastWriteTime & vbNewLine)
        Me.RichTextBox1.AppendText("扩展名: " & .Extension & vbNewLine)
        Me.RichTextBox1.AppendText("是否存在: " & .Exists & vbNewLine)
        Me.RichTextBox1.AppendText("文件夹名称: " & .DirectoryName & vbNewLine)
    End With
End Sub
```

运行上述程序，RichTextbox1 控件的结果如下。

```
文件名称：Blank.mde
创建时间：2017/3/26 19:23:11
修改时间：2017/3/26 19:37:26
扩展名：.mde
是否存在：True
文件夹名称：C:\temp
```

7.5.6 使用 Path 进行路径操作

System.IO 命名空间下的 Path 类可以对路径字符串进行转换。常用的路径转换函数如下。

❏ GetDirectoryName：由文件或文件夹的完整路径返回其上级文件夹完整路径。

❏ GetFileName：从一个完整路径得到文件夹或文件的不含路径的名称。

❏ ChangeExtension：把路径字符串中的扩展名进行替换（但不真正改变文件的扩展名）。

❏ Combine：把磁盘驱动器、文件夹、文件名以数组的形式转换为完整路径。

下面的实例程序演示了以上各个函数的用法。

```
Private Sub Button6_Click(sender As Object, e As EventArgs) Handles Button6.Click
    Dim folder As String = "C:\temp"
    Dim file As String = "C:\temp\Blank.mdb"
    Me.RichTextBox1.AppendText("文件夹名称：" & Path.GetFileName(folder) & vbNewLine)
    Me.RichTextBox1.AppendText("文件名称：" & Path.GetFileName(file) & vbNewLine)
    Me.RichTextBox1.AppendText("不带扩展名：" & Path.GetFileNameWithoutExtension(file) & vbNewLine)
    Me.RichTextBox1.AppendText("由文件返回所在文件夹：" & Path.GetDirectory Name(file) & vbNewLine)
    Dim newName As String = Path.ChangeExtension(path:=file, extension:=".mde")
    System.IO.File.Move(sourceFileName:=file, destFileName:=newName)
    Dim newPath As String = Path.Combine({"D:\", "abc", "def", "g.bmp"})
    Me.RichTextBox1.AppendText("构造的路径：" & newPath)
End Sub
```

运行上述程序，Richtextbox1 控件的内容如下。

```
文件夹名称：temp
文件名称：Blank.mdb
不带扩展名：Blank
由文件返回所在文件夹：C:\temp
构造的路径：D:\abc\def\g.bmp
```

7.5.7 Directory 类的方法

使用 Directory 类的方法，可以实现文件夹的创建、移动、删除。

下面的程序，首先创建一个名为 2018 的文件夹，然后重命名为 2019，然后把 2019 复制为 2020，最后删除 2019。

```
Private Sub Button7_Click(sender As Object, e As EventArgs) Handles Button7.Click
    Directory.CreateDirectory("C:\temp\2018")                           '创建新文件夹
    Directory.Move(sourceDirName:="C:\temp\2018", destDirName:="C:\temp\ 2019")
                                                                        '移动或重命名
    My.Computer.FileSystem.CopyDirectory(sourceDirectoryName:="C:\temp\2019",
destinationDirectoryName:="C:\temp\2020", overwrite:=False)             '复制文件夹
    If Directory.Exists(path:="C:\temp\2019") Then
        Directory.Delete(path:="C:\temp\2019")                          '删除文件夹
    End If
End Sub
```

运行上述程序后，磁盘下只有名为 2020 的文件夹。

■ 7.5.8 File 类的方法

使用 File 类的方法，可以对文件进行移动、重命名、复制、删除。

下面的程序，首先把名为 Monday 的文本文件重命名为 Tuesday，然后把 Tuesday 复制为 Wednesday，最后删除 Wednesday。

```
Private Sub Button8_Click(sender As Object, e As EventArgs) Handles Button8.Click
    File.Move(sourceFileName:="C:\temp\Monday.txt", destFileName:="C:\temp\
Tuesday.txt")                                                           '移动或重命名文件
    File.Copy(sourceFileName:="C:\temp\Tuesday.txt", destFileName:="C:\temp\
Wednesday.txt")                                                         '复制文件
    If File.Exists(path:="C:\temp\Wednesday.txt") Then
        File.Delete(path:="C:\temp\Wednesday.txt")                      '删除文件
    End If
End Sub
```

运行上述程序，文件夹下只有名为 Tuesday.txt 的文件。

7.6 文本文件的读写

程序开发过程中，经常需要从文本文件读取内容到程序中，或者把程序运行的结果存入文本文件中。

接下来介绍在 VB.NET 编程中使用 System.IO 命名空间下 File 类进行文本文件的读写。

■ 7.6.1 读取文件内容

VB.NET 对文件读写的方法都在 System.IO 这个命名空间之下，读取文件内容可用的方法如下。

❑ ReadAllText：读取文件中所有内容。

❑ ReadAllLines：读取文件中的所有行到一个数组中。

❑ ReadLines：循环读取文件中的行。

下面的实例，使用多种方式读取文本文件。

项目实例 35　WindowsApp_FileReadWrite 读写文本文件

创建一个名为 WindowsApp_FileReadWrite 的窗体应用程序，窗体上放置两个按钮和一个 RichTextBox 控件。

下面的程序读取项目的 Debug 文件夹下的一首唐诗到富文本框控件中。

```
Private Sub Button1_Click(sender As Object, e As EventArgs) Handles Button1.Click
    Me.RichTextBox1.Text = File.ReadAllText(path:=System.AppDomain.CurrentDomain.BaseDirectory & "\静夜思.txt", encoding:=System.Text.Encoding.UTF8)
End Sub
```

启动窗体，单击"读取文件"按钮，文本框中显示文本文件中的内容，如图 7-16 所示。

图 7-16　读取文本文件内容

如果使用 ReadAllLines 方法，则可以把文本文件根据换行符分隔为字符串数组。例如，下面的程序可以把文本文件内容的每行放入数组中。

```
Sub 读取所有行()
    Dim arr() As String = File.ReadAllLines(path:=System.AppDomain.CurrentDomain.BaseDirectory & "\静夜思.txt")
    For Each s As String In arr
        Debug.WriteLine(s)
    Next s
End Sub
```

使用 ReadLines，可以不把所有内容转换为字符串数组，在循环结构中就可以逐一读取到每一行。

```
Sub 读取所有行2()
    For Each s As String In File.ReadLines(path:=System.AppDomain.CurrentDomain.BaseDirectory & "\静夜思.txt")
        Debug.WriteLine(s)
    Next s
End Sub
```

7.6.2 写入和追加内容到文本文件

写入和追加内容到文本文件的方法如下。

❑ WriteAllText/AppendAllText：向文件中写入/追加文本内容。

❑ WriteAllLines/AppendAllLines：把字符串数组的每一行写入文本文件中，自动换行。

下面的程序把指定的字符串写入文本文件中。

```
Sub 字符串写入文件 ()
    File.WriteAllText(path:="C:\temp\牧童.txt", contents:="借问酒家何处有, ")
    File.AppendAllText(path:="C:\temp\牧童.txt", contents:="牧童遥指杏花村。")
End Sub
```

运行上述程序，在路径下产生新的文本文件"牧童.txt"，如图 7-17 所示。

使用 WriteAllLines 可以把一个字符串数组写入文本文件，自动换行。

```
Sub 字符串数组写入文件 ()
    Dim arr(3) As String
    arr = New String() {"Excel", "Word", "Outlook", "Access"}
    File.WriteAllLines(path:="C:\temp\Office.txt", contents:=arr)
End Sub
```

运行上述程序，文本文件中的内容如图 7-18 所示。

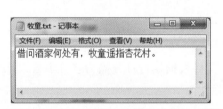 

图 7-17　写入、追加内容到文本文件　　　图 7-18　字符串数组写入文本文件

7.6.3　使用 StreamWriter 和 StreamReader 读写文本文件

StreamWriter 对象的 WriteLine 方法可以把一个字符串写入文本文件中并换行，Write 方法也把一个字符串写入文件末尾，但不换行。

下面的程序，首先向文本文件中写入两行名言，然后向该文件末尾追加两句名言，最后使用 StreamReader 读出文件中的全部内容。

项目实例 36　WindowsApp_StreamWriter_StreamReader 读写文本文件

创建一个名为 WindowsApp_StreamWriter_StreamReader 的窗体应用程序，窗体上放置 3 个 Button 控件、1 个 RichTextbox 控件。

窗体 Form1.vb 文件中的完整代码如下。

```vb
    Imports System.IO
    Public Class Form1
        Private Sub Button1_Click(sender As Object, e As EventArgs) Handles Button1.Click
            Dim wt As New StreamWriter(path:=Application.StartupPath & "\名言.txt")
            wt.WriteLine(" 世上无难事 ")
            wt.WriteLine(" 只怕有心人 ")
            wt.Close()
        End Sub

        Private Sub Button2_Click(sender As Object, e As EventArgs) Handles Button2.Click
            Dim wt As New StreamWriter(path:=Application.StartupPath & "\名言.txt", append:=True)
            wt.Write(" 人无远虑 ")
            wt.Write(" 必有近忧 ")
            wt.Close()
        End Sub

        Private Sub Button3_Click(sender As Object, e As EventArgs) Handles Button3.Click
            Dim rd As New StreamReader(path:=Application.StartupPath & "\名言.txt", encoding:=System.Text.Encoding.UTF8)
            Me.RichTextBox1.Text = rd.ReadToEnd()
            rd.Close()
        End Sub
    End Class
```

代码分析：前两个按钮的单击事件中的代码非常相似，不同的是 Button2 中有一个 append 参数，表示写入的内容是追加到文件末尾。而且，Button2 使用的是 Write 方法，写入字符串后不换行。

单击第 3 个按钮，读取应用程序所在路径下的"名言.txt"文件中的所有内容，并显示于 RichTextbox 控件中。

运行上述程序，依次单击 3 个按钮，结果如图 7-19 所示。

图 7-19 使用 StreamWriter 和 StreamReader 处理文本文件

7.7 MD5 加密

MD5 即 Message-Digest Algorithm 5（信息 – 摘要算法 5），用于确保信息传输完整一致。是计算机广泛使用的杂凑算法之一（又译为摘要算法、哈希算法），是不可逆算法。

VB.NET 程序中使用 MD5 加密，需要为程序文件导入如下指令：

```vb
Imports System.IO
Imports System.Security.Cryptography
```

7.7.1 字符串的 MD5 加密

任何长度的一个原始字符串，使用 MD5 加密后都是一个只含有数字和字母的长度为 32 的字符串。由 MD5 的加密结果不能反向推算出原始字符串。

项目实例 37　WindowsApp_MD5　MD5 加密

创建一个名为 WindowsApp_MD5 的窗体应用程序，窗体上放置一个 TextBox 控件用于用户输入字符串、一个 Label 控件用于返回加密的结果。

窗体的完整代码如下。

```
Imports System.IO
Imports System.Security.Cryptography
Public Class Form1
    Private Sub Button1_Click(sender As Object, e As EventArgs) Handles Button1.Click
        Me.Label1.Text = GetMd5Hash(Me.TextBox1.Text)
    End Sub
    Public Function GetMd5Hash(ByVal s As String) As String
        Dim MD As MD5 = New MD5CryptoServiceProvider()
        Dim b() As Byte = MD.ComputeHash(System.Text.Encoding.UTF8.GetBytes(s))
        Dim Result As String = BitConverter.ToString(b)
        Result = Result.Replace("-", "")
        Return Result
    End Function
End Class
```

启动窗体，文本框中输入任意字符，单击"MD5 加密"按钮，会在标签中显示 32 位的加密结果，如图 7-20 所示。

图 7-20　字符串的 MD5 加密

7.7.2 文件的 MD5 计算

计算文件的 MD5，可以识别两个文件是不是内容完全一样、验证文件是否被修改。

下面是 VB.NET 中用于计算文件 MD5 值的函数。

```
Public Function GetMd5Hash_File(ByVal path As String) As String
    Dim MD As MD5 = New MD5CryptoServiceProvider()
    Dim b() As Byte = MD.ComputeHash(File.ReadAllBytes(path:=path))
    Dim Result As String = BitConverter.ToString(b)
    Result = Result.Replace("-", "")
    Return Result
End Function
```

按钮的 Click 事件如下。

```
Private Sub Button1_Click(sender As Object, e As EventArgs) Handles Button1.Click
    Me.Label1.Text = GetMd5Hash_File(Me.TextBox1.Text)
End Sub
```

启动窗体，文本框中输入计算机中一个文件的路径，然后单击"MD5 加密"按钮，标签控件显示该文件计算出的 MD5 值，如图 7-21 所示。

此外，在 Windows 系统中还可以从命令提示符窗口中输入如下命令自动计算文件的 MD5 值。

```
certutil -hashfile filepath MD5
```

执行结果如图 7-22 所示。

图 7-21 文件的 MD5 加密

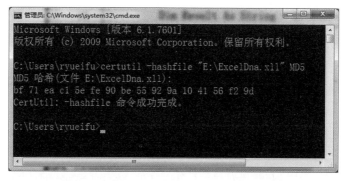

图 7-22 使用 cmd 窗口查看文件的 MD5 值

可以看到与 VB.NET 程序计算的结果是一致的。

7.8 GUID 的生成

全局唯一标识符（Globally Unique Identifier，GUID）是一种由算法生成的二进制长度为 128 位的数字标识符。

GUID 的格式为：########-####-####-####-############，例如 6F9619FF-8B86-D011-B42D-00C04FC964FF 即为一个有效的 GUID 值。

编程过程中，经常需要创建一个新的 GUID（注册表中尚未存在的）用于写入注册表。

在 VBA 中运行如下一行代码，就可以在立即窗口中打印一个新的 GUID。

```
Debug.Print UCase(Mid$(CreateObject("Scriptlet.TypeLib").GUID, 2, 36))
```

VB.NET 语言中，System.Guid.NewGuid.ToString 就可以返回一个 GUID。

项目实例 38　WindowsApp_GUID 创建 GUID

创建一个名为 WindowsApp_GUID 的窗体应用程序，窗体上放置一个 TextBox 控件，调整一下文本框的位置和大小。

为了实现在窗体中按下 F5 键或 Enter 键就创建新的 GUID，需要创建窗体的 KeyDown 事件，代码如下。

```
Imports System.Windows.Forms
Public Class Form1
    Private Sub Form1_Load(sender As Object, e As EventArgs) Handles MyBase.Load
        GUID()
    End Sub
    Private Sub Form1_KeyDown(sender As Object, e As KeyEventArgs) Handles Me.KeyDown
        If e.KeyCode = Keys.F5 Or e.KeyCode = Keys.Return Then
            GUID()
        End If
    End Sub
    Private Sub GUID()
        Me.TextBox1.Text = System.Guid.NewGuid.ToString.ToUpper
        Me.TextBox1.SelectAll()
        Clipboard.Clear()
        Clipboard.SetText(Me.TextBox1.Text)
    End Sub
End Class
```

代码分析：为了实现窗体一启动就自动创建 GUID，在窗体的 Load 事件中也调用 GUID 过程。代码中的 Clipboard 对象位于 Imports System.Windows.Forms 命名空间之下。

启动窗体，按 F5 键或 Enter 键就自动产生一个 GUID，并且自动把 GUID 放入剪贴板，如图 7-23 所示。

图 7-23　生成 GUID

在其他可编辑的地方按 Ctrl+V 键即可粘贴 GUID。

7.9　XML 文件的读写

XML 文件是一种格式规范的文本文件，语法上与 HTML 非常类似，主要用于存储嵌套型的数据。

VB.NET 中的 System.XML 命名空间提供了以下两种访问 XML 文件的方式。

1. 基于流（Flush）的方式

该方式使用 XMLWriter 和 XMLReader 两大主要对象来读写 XML 文件。

2. XML 文档对象模型

该方式把 XML 中的内容当作是节点形成的"树"结构，节点与节点之间解释为父子关系或兄弟关系，从而可以在编程过程中迅速查找和定位节点，并且获取与其相关的内容。

■ 7.9.1 使用 XMLWriter 创建 XML 文件

使用 XMLWriter 之前需要先创建一个"配置"对象，该对象预先设置了 XML 生成的一些参数，例如嵌套节点的情况下，是否行首缩进、是否自动换行。

XMLWriter 对象下面有很多以 Write 开头的方法，这些方法的功能就是向 XML 中添加新节点。

下面的程序演示了使用 XMLWriter 自动生成用于描述四大名著的一个 XML 文件。

项目实例 39　WindowsApp_XmlWriter 使用 XmlWriter 创建 XML 文件

创建一个名为 WindowsApp_XmlWriter 的窗体应用程序，窗体上放置一个 WebBrowser 控件用于显示指定路径的 XML 文件内容。

窗体中的完整代码如下。

```
Imports System.Xml
Public Class Form1
    Private Sub Button1_Click(sender As Object, e As EventArgs) Handles Button1.Click
        Dim Settings As New XmlWriterSettings
        With Settings
            .Indent = True                                  '缩进
            .NewLineOnAttributes = True                     '换行
        End With
        Dim wt As XmlWriter = XmlWriter.Create(outputFileName:=Application.
StartupPath & "\四大名著.xml", settings:=Settings)
        With wt
            .WriteStartElement(localName:="四大名著")
            '添加子元素节点
            .WriteStartElement(localName:="三国演义")
            .WriteAttributeString(localName:="作者", value:="罗贯中")
            .WriteAttributeString(localName:="别名", value:="三国志通俗演义")
            .WriteStartElement(localName:="其他信息")          '添加孙节点
            .WriteAttributeString(localName:="作品出处", value:="陈寿《三国志》")
            .WriteEndElement()
            .WriteEndElement()
            '下一本书
            .WriteStartElement(localName:="水浒传")
            .WriteAttributeString(localName:="作者", value:="施耐庵")
```

```
                .WriteAttributeString(localName:=" 别名 ", value:=" 忠义水浒传 ")
                .WriteEndElement()
                ' 下一本书
                .WriteStartElement(localName:=" 西游记 ")
                .WriteAttributeString(localName:=" 作者 ", value:=" 吴承恩 ")
                .WriteAttributeString(localName:=" 别名 ", value:=" 西游释厄传 ")
                .WriteAttributeString(localName:=" 出版社 ", value:=" 人民文学出版社 ")
                .WriteEndElement()
                ' 下一本书
                .WriteStartElement(localName:=" 红楼梦 ")
                .WriteAttributeString(localName:=" 作者 ", value:=" 曹雪芹 ")
                .WriteAttributeString(localName:=" 别名 ", value:=" 石头记 ")
                .WriteComment(text:=" 高鹗也参与了此书。")              ' 注释节点
                .WriteEndElement()
                ' 闭合
                .WriteEndElement()
                .Flush()
                .Close()
            End With
            Me.WebBrowser1.Navigate(urlString:=Application.StartupPath & "\ 四大名著.xml")
        End Sub
    End Class
```

代码分析：WriteStartElement 方法用于添加一个新的元素节点，必须与后面的 WriteEndElement 方法呼应，表示节点已经闭合。

WriteAttributeString 方法用来为元素增加属性。

启动窗体，单击"生成 XML"按钮，自动在应用程序所在路径生成一个 XML 文件，并且在 WebBrowser 控件上显示 XML 内容，如图 7-24 所示。

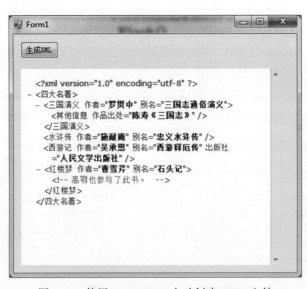

图 7-24　使用 XMLWriter 自动创建 XML 文件

7.9.2 使用 XMLReader 读取 XML 内容

使用 XMLReader 对象，以流的形式依次遍历 XML 中的节点。

XMLReader 对象下面有很多以 Read 开头的方法，这些方法以不同的方式从 XML 中读出内容。

下面的程序演示了如何使用 XMLReader 读取 "四大名著.xml" 文件中的所有元素节点名称。

项目实例 40　WindowsApp_XMLReader 使用 XMLReader 读取 XML 文件

创建一个名为 WindowsApp_XMLReader 的窗体应用程序，在窗体上放置一个 ListBox 控件用于显示读出的节点内容。

"读取 XML" 按钮的 Click 事件代码如下。

```
Private Sub Button1_Click(sender As Object, e As EventArgs) Handles Button1.Click
        Dim Settings As New XmlReaderSettings
        With Settings
            .IgnoreComments = True              '忽略注释
            .IgnoreWhitespace = True            '忽略空白
        End With
        Using Reader As XmlReader = XmlReader.Create(inputUri:=Application.StartupPath & "\四大名著.xml", settings:=Settings)
            With Reader
                While (.Read())
                    If .NodeType = XmlNodeType.Element Then
                        Me.ListBox1.Items.Add(item:= .Name)
                    End If
                End While
            End With
        End Using
    End Sub
```

代码分析：程序中使用 While 循环遍历所有节点，如果节点类型属于元素节点，就把该节点名称添加到列表框中。

Using 结构会自动关闭文件的流。

启动窗体，单击 "读取 XML" 按钮，列表框中列出了所有元素节点的名称，如图 7-25 所示。

图 7-25　使用 XMLReader 读取 XML 文件

7.9.3 使用 XML DOM 创建 XML

XML DOM（Document Object Model）是用来描述 XML 结构的一种对象模型，主要包括 XML 文档（Document）和节点（Node）对象。

下面的程序，使用 XML DOM 创建 XML 并且保存到磁盘下。

项目实例 41　WindowsApp_XMLDOM_CreateXML 使用 XML DOM 创建 XML

创建一个名为 WindowsApp_XMLDOM_CreateXML 的窗体应用程序，窗体的完整代码为：

```vb
Imports System.Xml
Public Class Form1
    Private Sub Button1_Click(sender As Object, e As EventArgs) Handles Button1.Click
        Dim Doc As New Xml.XmlDocument
        Dim Root As Xml.XmlElement, Element As Xml.XmlElement, Comment As Xml.XmlComment
        Root = Doc.CreateElement(name:=" 四大名著 ")                '根节点
        Doc.AppendChild(newChild:=Root)                             '根节点附加到文档
        '三国演义
        Element = Doc.CreateElement(name:=" 三国演义 ")
        Element.SetAttribute(name:=" 作者 ", value:=" 罗贯中 ")
        Element.SetAttribute(name:=" 别名 ", value:=" 三国志通俗演义 ")
        Root.AppendChild(newChild:=Element)                         '元素附加到根元素节点
        '水浒传
        Element = Doc.CreateElement(name:=" 水浒传 ")
        Element.SetAttribute(name:=" 作者 ", value:=" 施耐庵 ")
        Element.SetAttribute(name:=" 别名 ", value:=" 忠义水浒传 ")
        Root.AppendChild(newChild:=Element)
        '西游记
        Element = Doc.CreateElement(name:=" 西游记 ")
        Element.SetAttribute(name:=" 作者 ", value:=" 吴承恩 ")
        Element.SetAttribute(name:=" 别名 ", value:=" 西游释厄传 ")
        Root.AppendChild(newChild:=Element)
        '红楼梦
        Element = Doc.CreateElement(name:=" 红楼梦 ")
        Element.SetAttribute(name:=" 作者 ", value:=" 曹雪芹 ")
        Element.SetAttribute(name:=" 别名 ", value:=" 石头记 ")
        Comment = Doc.CreateComment(data:=" 高鹗也参与了此书。")      '注释节点
        Element.AppendChild(newChild:=Comment)
        Root.AppendChild(newChild:=Element)
        Doc.Save(filename:=Application.StartupPath & "\ 四大名著 .xml")
    End Sub
End Class
```

代码分析：使用 XML DOM 构建 XML 的核心方法是 AppendChild，该方法可以把一个节点作为子节点附加到已有节点之下，从而逐步形成树状结构。

启动窗体，单击"Button1"按钮，应用程序所在路径产生一个 XML 文件，用记事本打开的结果如图 7-26 所示。

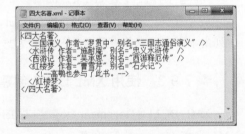

图 7-26　使用 XML DOM 创建 XML

7.9.4 使用 XML DOM 读取 XML 文件

XMLDocument 对象的 Save 方法，用于把程序中的 XML 保存到磁盘文件，与之对应的 Load 方法则是把 XML 文件装载到程序中形成文档，LoadXML 方法把程序中的字符串装载为文档。

下面的实例程序，读取指定路径的 XML 文件，获取全部 XML 代码，然后遍历根元素节点下的所有子节点。

项目实例 42　WindowsApp_XMLDOM_ReadXML 读取 XML 文件

```
Private Sub Button1_Click(sender As Object, e As EventArgs) Handles Button1.Click
    Dim Doc As New XmlDocument
    Dim Root As Xml.XmlElement, Element As Xml.XmlElement
    Doc.Load(filename:=Application.StartupPath & "\ 四大名著 .xml")
    MsgBox(Doc.OuterXml)                               '文档的全部代码
    Root = Doc.DocumentElement                         'Root 为文档的根元素节点
    For Each Element In Root.ChildNodes
        Debug.WriteLine(Element.Name & vbTab & Element.Attributes(" 作者 ").Value)
    Next element
End Sub
```

代码分析：对象变量 Root 指代的是"四大名著"节点，Element 指代的是 Root 之下的 4 个子节点。

调试运行上述程序，输出窗口中打印每部著作的名称及其作者，如图 7-27 所示。

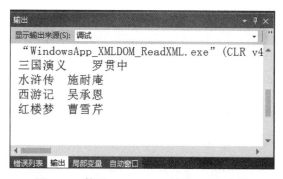

图 7-27　使用 XML DOM 读取 XML 文件

7.10　使用 API 函数

API 全称为 Application Programming Interface，即应用程序接口。API 是一个操作系统或某个程序本身提供给其他程序使用的函数。

实际编程过程中，经常使用代码自动操作其他进程中的窗口或控件，API 函数之所以能够准确地操作其他进程，句柄是信息传输的关键。换言之，只有得到窗口或控件的句柄，才能使用 API 函数去读写相关的信息。

在 VB.NET 编程中使用 API 函数，可以丰富和增强程序的功能。

■ 7.10.1　API 函数的声明

VB.NET 中声明 API 函数的方式有 Declare 和 DllImport 两种方式。其中 Declare 方式与 VBA/VB6 中的声明方式一致，但需要把函数的参数类型、函数的返回类型的 As Long 改为 As Integer 或 As Int32。

例如，VBA 中声明的 FindWindowEx 函数如下。

```
Public Declare Function FindWindowEx Lib "user32" Alias "FindWindowExA" (ByVal hWnd1 As Long, ByVal hWnd2 As Long, ByVal lpsz1 As String, ByVal lpsz2 As String) As Long
```

在 VB.NET 中需要改写为如下。

```
Public Declare Function FindWindowEx Lib "user32.dll" Alias "FindWindowExA" (ByVal hWnd1 As Integer, ByVal hWnd2 As Integer, ByVal lpsz1 As String, ByVal lpsz2 As String) As Integer
```

或者：

```
Public Declare Function FindWindowEx Lib "user32.dll" Alias "FindWindowExA" (ByVal hWnd1 As Int32, ByVal hWnd2 As Int32, ByVal lpsz1 As String, ByVal lpsz2 As String) As Int32
```

使用 DllImport 方式，需要导入 Imports System.Runtime.InteropServices 指令，然后在 API 函数上方书写 DllImport 特性，特性中要写明 Lib 和 Alias 的名称，例如：

```
<DllImport("user32.dll", EntryPoint:="FindWindowExA")>
Public Shared Function FindWindowEx(ByVal hWnd1 As Int32, ByVal hWnd2 As Int32, ByVal lpsz1 As String, ByVal lpsz2 As String) As Int32
End Function
```

■ 7.10.2　API 结构类型的声明

很多 API 函数的参数或返回值的类型是自定义类型，例如 GetWindowRect 函数用于返回一个窗口的矩形结构，所需的参数之一就是 Rect 结构类型。GetCursorPos 用于返回光标所在点的坐标结构，所需参数是 PointAPI 结构类型。

在 VBA/VB6 中使用 Type 关键字声明 API 结构类型，例如：

```
Public Type RECT
    Left As Long
    Top As Long
    Right As Long
    Bottom As Long
End Type
```

在 VB.NET 语言中取而代之的是 Structure，例如：

```
<StructLayout(LayoutKind.Sequential)>
Public Structure RECT
    Public Left As Int32
    Public Top As Int32
    Public Right As Int32
    Public Bottom As Int32
End Structure
```

其中，StructLayout 也位于 System.Runtime.InteropServices 命名空间之下。

■ 7.10.3　API 常量的声明

API 常量一般用来作为 API 函数的参数使用，例如 SendMessage 函数中传递 WM_SETTEXT 参数可以为文本框控件设置内容。

VBA/VB6 中声明常量的方式如下。

```
Const WM_SETTEXT As Long= &HC
```

VB.NET 中声明为：

```
Const WM_SETTEXT As Int32= &HC
```

■ 7.10.4　句柄、类名和标题

窗口以及窗口中的控件具有句柄（Handle）、类名（ClassName）、标题（Caption）这 3 个重要属性。

句柄是 Windows 系统中每个窗口或控件的唯一编号，简单理解为句柄就是窗口或控件对象的 ID，是一个长整型数字。

类名是窗口的类型标识，例如 Excel 的应用程序窗口的类名是 XLMAIN。一般情况下一个应用程序弹出的类型相似的窗口，其类名不变。例如在屏幕上打开多个记事本文件，每个窗口的类别都是 NOTEPAD。

目前用于抓取窗口信息的成熟工具有很多款，例如 Visual Studio 自带的 SPY++、笔者开发的 SPY 工具，用户不需要写代码就可以查看桌面上窗口的句柄、类名和标题。

例如在桌面上打开一个文本文件，使用 SPY 工具就可以把记事本窗口及其内部所有控件的信息获取到，如图 7-28 和图 7-29 所示。

图 7-28　记事本窗口

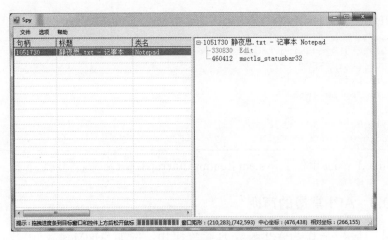

图 7-29　使用 SPY 工具列举窗口及其控件的句柄

从图中树状结构可以看出，记事本主窗口的句柄是 1051730，类名是 Notepad，标题是"静夜思 .txt – 记事本"。

主窗口还包含 2 个子控件，用于编辑文本的区域的类名是 Edit，句柄是 330830。

但是，句柄值是临时的，当一个窗口关闭之后再次打开，句柄会重新划分，所以用工具查看窗口信息仅适用于当前。

使用 API 函数中的 FindWindow、FindWindowEx 可以根据对象的类名、标题获取句柄。

FindWindow 用于获取屏幕上的窗口的句柄，规定类别和标题作为参数。

例如 FindWindow("Notepad"," 静夜思 .txt – 记事本 ") 就可以返回记事本窗口的句柄值，如果类名和标题两者有一个未知或者太长，则可以设置为 vbNullString。

FindWindowEx 除了具有 FindWindow 函数的功能外，还可以获取窗口中控件的句柄，可以规定 4 个参数。

其语法格式为：FindWindowEx(父窗口句柄 , 初始值 , 类名 , 标题)

例如要获取记事本窗口中文本区域的句柄，就可以先得到父窗口的句柄，然后在初始值的基础上，查找符合规定类名和标题的子控件。

例如 FindWindowEx(1051730,0, "Edit",vbNullString) 就可以得到文本编辑区域的句柄值。

■ 7.10.5　修改窗口和控件的文字

下面的程序在 VB.NET 中使用 API 函数获取记事本的句柄，获取主窗口在屏幕上的位置，并且自动修改窗口的标题文字、自动编辑文本区域的内容。

项目实例 43　WindowsApp_API_Handle API 函数的应用

创建一个名为 WindowsApp_API_Handle 的窗体应用程序，窗体上放置一个按钮控件。完整代码如下。

```vb
    Imports System.Runtime.InteropServices
    Public Class Form1
        <StructLayout(LayoutKind.Sequential)>
        Private Structure RECT
            Public Left As Int32
            Public Top As Int32
            Public Right As Int32
            Public Bottom As Int32
        End Structure

        Private Declare Function FindWindow Lib "user32" Alias "FindWindowA" (ByVal lpClassName As String, ByVal lpWindowName As String) As Int32
        Private Declare Function FindWindowEx Lib "user32" Alias "FindWindowExA" (ByVal hWnd1 As Int32, ByVal hWnd2 As Int32, ByVal lpsz1 As String, ByVal lpsz2 As String) As Int32
        Private Declare Function SendMessage Lib "user32" Alias "SendMessageA" (ByVal hwnd As Int32, ByVal wMsg As Int32, ByVal wParam As Int32, lParam As String) As Int32
        Private Declare Function GetWindowRect Lib "user32.dll" (ByVal hwnd As Int32, ByRef lpRect As RECT) As Int32
        Private Declare Function SetWindowText Lib "user32.dll" Alias "SetWindowTextA" (ByVal hwnd As Int32, ByVal lpString As String) As Int32

        Private Const WM_SETTEXT = &HC
        Private Sub Button1_Click(sender As Object, e As EventArgs) Handles Button1.Click
            Dim MainWindow As Int32, EditArea As Int32
            Dim r As RECT
            MainWindow = FindWindow(lpClassName:="Notepad", lpWindowName:=vbNullString)
            If MainWindow > 0 Then
                SetWindowText(hwnd:=MainWindow, lpString:=" 明天会更好 ")
                GetWindowRect(hwnd:=MainWindow, lpRect:=r)
                MsgBox(" 记事本主窗口的宽度是: " & (r.Right - r.Left) & ", 高度是: " & (r.Bottom - r.Top))
                EditArea = FindWindowEx(hWnd1:=MainWindow, hWnd2:=0, lpsz1:="Edit", lpsz2:=vbNullString)
                If EditArea > 0 Then
                    SendMessage(hwnd:=EditArea, wMsg:=WM_SETTEXT, wParam:=0, lParam:=" 轻轻敲醒沉睡的心灵 " & vbNewLine & " 慢慢张开你的眼睛 ")
                Else
                    MsgBox(" 没有找到文本框! ")
                End If
            Else
                MsgBox(" 没有找到记事本主窗口! ")
            End If
        End Sub
    End Class
```

代码分析:

上述程序声明了1个API结构类型、5个API函数、1个API常量。每个API函数的作用如下。

❑ FindWindow: 查找桌面上符合指定类名、标题的窗口句柄。

❑ FindWindowEx: 父窗口中查找指定类名、标题的子窗口句柄。

- SendMessage：用于向指定句柄的窗口发送消息。当参数是 WM_SETTEXT 时，用于设置文本框的内容。
- GetWindowRect：获取窗口在桌面上的矩形位置，矩形信息（窗口的左上角坐标、右下角坐标）传递给 Rect 结构类型变量。
- SetWindowText：设置窗口文字。

上述实例按钮的单击事件中，首先根据类名查找记事本主窗口的句柄，然后修改主窗口的标题、获取主窗口的矩形（赋给变量 r），计算 r 的 Right 和 Left 之差得到的就是查看的宽度。

然后使用 FindWindowEx 获取文本框的句柄，修改文本框内容。

用记事本打开计算机中的任意一个文本文件，再运行上述程序，记事本窗口的标题以及记事本内容都发生了改变，如图 7-30 所示。

使用 API 函数还可以自动移动、单击鼠标，自动按键等功能，此处不再赘述。

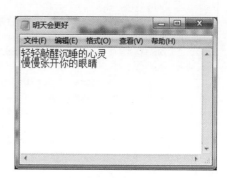

图 7-30　自动修改记事本主窗口的标题、文本框内容

7.11　发送邮件

VB.NET 可以调用 CDO，也可以使用 System.NET.Mail 发送电子邮件。无论采用哪一种方式，都需要事先启用邮箱的 SMTP 发信服务，否则不允许使用第三方程序代码发送邮件。

7.11.1　启用邮箱的 SMTP 服务

下面以 19488012@qq.com 这个账户为例，讲述如何开启 SMTP 服务。

首先从浏览器使用邮箱账户和密码登录邮箱，进入邮箱后单击"设置"→"账户"，如图 7-31 所示。

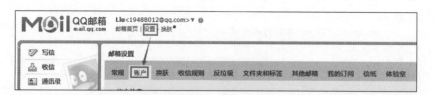

图 7-31　邮箱设置

向下滚动到"POP3/SMTP... 服务"，检查"POP3/SMTP 服务"是不是处于"已开启"状态，如果是关闭状态，则单击"开启"按钮，如图 7-32 所示。

图 7-32　开启邮箱的 SMTP 服务

对设置更改后，看一下网页页面顶端或底端是否有"保存"按钮，如果有，单击"保存"按钮，从而让更改生效。

对于 QQ 邮箱或者网易 163 邮箱，用代码代发邮件时，不使用邮箱的登录密码，而是使用授权码。因此，当开启了 SMTP 服务后，一定要单击"生成授权码"按钮，有的授权码是邮件服务器自动生成的一个字符串，有的授权码是由用户指定的。

■ 7.11.2　使用 CDO

CDO（Collaboration Data Objects，协作数据对象）for Windows 2000 是一个用于简化网络信息的 COM 组件。

CDO 支持使用 SMTP、NNTP 协议发送邮件。

项目中添加对 CDO 的引用之后，就可以配置 CDO.Configuration 对象，然后创建 CDO.Message 对象，实现电子邮件的发送。

项目实例 44　WindowsApp_CDO 使用 CDO 发送邮件

创建一个名为 WindowsApp_CDO 的窗体应用程序，窗体上放置一个按钮控件。然后为项目添加 Microsoft CDO for Windows 2000 Library 的外部引用，如图 7-33 所示。

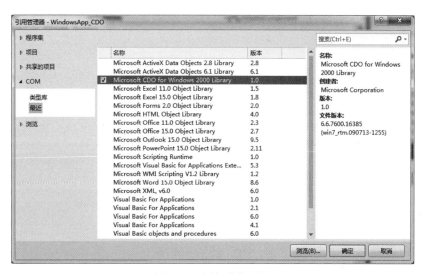

图 7-33　添加外部引用

引用了CDO对象库之后，需要创建Configuration对象和Message对象，其中Configuration对象用于配置邮箱信息，例如SMTP服务器地址、端口号、发信账号等。而Mail对象则用于设置邮件的内容，例如发给谁、标题、正文、附件等。

```vb
Imports CDO
Public Class Form1
    Private Config As CDO.Configuration
    Private Mail As CDO.Message
    Sub AccountConfig()
        Const nms As String = "http://schemas.microsoft.com/cdo/configuration/"
        Config = New CDO.Configuration
        With Config.Fields
            .Item(nms & "smtpusessl").Value = True          '使用 SSL 加密
            .Item(nms & "sendusing").Value = 2              '使用网络上的服务器
            .Item(nms & "smtpserver").Value = "smtp.qq.com" 'SMTP 服务器地址
            .Item(nms & "smtpserverport").Value = 25        '端口号
            .Item(nms & "smtpauthenticate").Value = 1       '服务器认证方式
            .Item(nms & "sendusername").Value = "19488012"  '发件人邮箱的用户名
            .Item(nms & "sendpassword").Value = "bmcigbnbsyitcbbi" '账户密码或授权码
            .Update()                                       '更新属性
        End With
    End Sub
    Sub CreateMail()
        Mail = New CDO.Message
        With Mail
            .Configuration = Config                         '与配置关联
            .From = "19488012@qq.com"                       '发信人邮箱
            .To = "32669315@qq.com"
            .CC = "32669315@qq.com"
            .Subject = "使用 VB.NET 代发 QQ 邮箱"           '邮件主题
            '.TextBody = "上班通知：下周一统一放假！"       '常规文本内容作为邮件正文
            .HTMLBody = "<h1>刘永富的博客园</h1><br/>" & "<a href='https://www.cnblogs.com/ryueifu-VBA/'>欢迎光临 刘永富的博客园！</a>"
            .AddAttachment("C:\temp\siping.csv")            '增加附件
            .AddAttachment("C:\temp\答题卡.rar")
            .Send()
        End With
    End Sub
    Private Sub Button1_Click(sender As Object, e As EventArgs) Handles Button1.Click
        Call AccountConfig()
        Call CreateMail()
    End Sub
End Class
```

代码分析：为了便于调用，上述程序创建了AccountConfig和CreateMail两个过程。

启动窗体后，单击"CDO发送邮件"按钮，依次调用邮箱配置和创建邮件两个过程，如图7-34所示。

当收信人打开邮箱时，可以看到一封"使用VB.NET代发QQ邮箱"的信件，如图7-35所示。

图7-34　自动创建、发送邮件

图 7-35　对方收到了 CDO 发来的邮件

7.11.3　使用 Net.Mail

System.Net.Mail 名称空间包含用于向简单邮件传输协议 (SMTP) 服务器发送电子邮件以供传送的类。

项目实例 45　WindowsApp_NetMail 使用 Net.Mail 发送邮件

创建一个名为 WindowsApp_NetMail 的窗体应用程序，不需要添加任何外部引用，只需要在代码顶部导入 Imports System.Net.Mail。

Net.Mail 的使用步骤分以下 3 步。

（1）创建一个 SmtpClient 对象，该对象用于配置 SMTP 服务器地址和端口号，以及邮箱的账号信息。

（2）创建 MailMessage 对象，用于配置收信人的地址、正文和附件等。

（3）使用 SmtpClient 对象来 SendMailMessage 对象。

窗体 Form1.vb 的完整代码如下。

```
Imports System.NET.Mail
Public Class Form1
    Private Sub Button1_Click(sender As Object, e As EventArgs) Handles Button1.Click
        Dim smtp As SmtpClient
        Dim mail As MailMessage
        smtp = New SmtpClient(host:="smtp.qq.com", port:=25)
```

```
            With smtp
                .UseDefaultCredentials = False
                .Credentials = New System.NET.NETworkCredential("19488012", "bmcigbnbsyitcbbi")
                .EnableSsl = True
            End With
            mail = New MailMessage
            With mail
                .Subject = "关于××工具的开发需求"
                .SubjectEncoding = System.Text.Encoding.GetEncoding("GB2312")
                .BodyEncoding = System.Text.Encoding.GetEncoding("GB2312")
                .From = New MailAddress("19488012@qq.com")
                .Priority = MailPriority.Normal
                .IsBodyHtml = True
                .Body = "××公司你好！<br/> 附件中是我们的需求，请下载。"
                .To.Add("32669315@qq.com")
                .CC.Add("32669315@qq.com")
                Dim a As Attachment
                a = New Attachment(fileName:="E:\Clock.xlsx")
                .Attachments.Add(a)
            End With
            smtp.Send(mail)
        End Sub
End Class
```

启动窗体并单击按钮，邮件就顺利发送到对方邮箱里了，如图 7-36 所示。

图 7-36　使用 Net.Mail 发来的邮件

这里的实例把各种所需参数都写在了源代码中。在实际开发过程中，用于发送邮件的窗体界面可以根据需求进行详细设计。

7.12 读写注册表

注册表（Registry）是 Microsoft Windows 中的一个重要数据库，用于存储系统和应用程序的设置信息。

用户可以在"运行"窗口中输入"regedit"打开注册表编辑器，如图 7-37 所示。

图 7-37 打开注册表编辑器

在编程过程中，通过读写注册表可以获取系统的信息，也可以自动更改注册表，还可以把程序运行的参数、结果存储于注册表中。

7.12.1 认识注册表的结构

在 Windows 的运行窗口中输入"regedit"按 Enter 键，就可以打开注册表编辑器。

注册表编辑器的界面与计算机的资源管理器窗口非常相似，分为左右两个窗格，左侧窗格是一个树状结构，根节点是"计算机"，根节点下面包含以下 5 个根键（Root Key）。

- HKEY_CLASSES_ROOT：主要包含了应用程序运行的所有信息，例如类库的 ProgID、CLSID、各种文件的扩展名和默认的打开程序等。
- HKEY_CURRENT_USER：计算机当前用户的信息，例如所有程序、软件的配置信息。
- HKEY_LOCAL_MACHINE：所有与这台计算机有关的配置信息，是一个公共配置信息单元。
- HKEY_USERS：包含了默认用户设置和登录用户的信息。
- HKEY_CURRENT_CONFIG：包含了系统中现有的所有配置文件的细节。

注册表编辑器中的 5 个根键如图 7-38 所示。

注册表中的节点与文件夹一样可以无限嵌套，但是注册表中的节点称为"子项"更容易理解和说明。

对于每一个子项，都有对应的键值属性表。键值属性表就是注册表编辑器右侧的表格部分，展开并选中任何一个子项，右侧的键值属性表会随之变化。键值属性由名称（Name）、类型（Type）和数据（Value）组成。

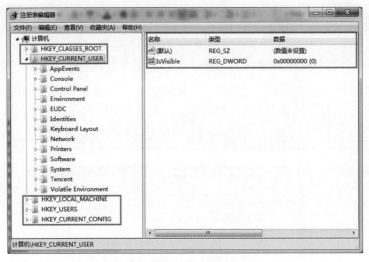

图 7-38　注册表的 5 个根键

7.12.2　RegistryKey 对象

VB.NET 中导入 Microsoft.Win32 这个命名空间，就可以使用注册表相关的对象来操作注册表了。

操作注册表的核心对象是 RegistryKey 对象（注册表项），通过 OpenSubKey 方法可以访问注册表项下面的直属子项，使用 GetValue 方法可以获取注册表项的键值表。

例如，HKEY_CURRENT_USER\Software\Microsoft\Office\15.0\Excel\Security 这个注册表项用于获取和设置 Excel 2013 的宏安全性。以 Security 为中心，该注册表项下面包含 3 个子项：Protected View、Trusted Documents、Trusted Locations（不含递归），并且包含 2 个键值：AccessVBOM、VBAWarnings（不包含最上面的默认），如图 7-39 所示。

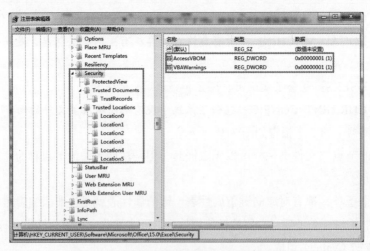

图 7-39　与 Excel 宏安全性有关的注册表子项

RegistryKey 的重要属性如下。
- Name 或 ToString()：返回注册表项的名称（从根键开始的完整路径）。
- SubKeyCount：返回直属子项的总数。
- ValueCount：返回键值的总数（不含默认）。

RegistryKey 用于子项的重要方法如下。
- OpenSubKey：打开指定的子项。
- Close：关闭注册表项。
- CreateSubKey：创建子项。
- DeleteSubKey：删除子项。
- DeleteSubKeyTree：删除所有子项（含递归）。
- GetSubKeyNames：返回子项名称组成的数组。

RegistryKey 用于键值的重要方法如下。
- GetValue、SetValue：获取和设置指定名称的键值。
- GetValueKind：返回指定名称键值的类型。
- GetValueNames：返回所有键值名称组成的数组。
- DeleteValue：删除指定名称的键值。

有了以上的认识，就可以通过写代码来自动操作注册表。

7.12.3 打开子项

OpenSubKey 方法用于打开一个注册表项，该方法的执行对象是注册表项，返回的对象还是一个注册表项。语法格式为：

```
Key2=Key1.OpenSubKey(name:=path)
```

OpenSubKey 方法可以一次性访问到注册表项下的深层子项，而不仅是直属子项，只要规定 name 参数的路径即可。

打开一个子项，要从根键开始。VB.NET 语言中的注册表 5 大根键对象可以直接表达为：
- My.Computer.Registry.ClassesRoot
- My.Computer.Registry.CurrentUser
- My.Computer.Registry.LocalMachine
- My.Computer.Registry.Users
- My.Computer.Registry.CurrentConfig

例如 My.Computer.Registry.CurrentUser 表示 HKEY_CURRENT_USER（当前用户根键）。

项目实例 46　WindowsApp_Registry 读写注册表

创建一个名为 WindowsApp_Registry 的窗体应用程序。假设要访问如下注册表项：

```
HKEY_CURRENT_USER\Software\Microsoft\Office\15.0\Excel\Security
```

就可以使用下面的代码逐级访问到：

```
Imports Microsoft.Win32
Public Class Form1
    Private Sub Button1_Click(sender As Object, e As EventArgs) Handles Button1.Click
        Dim currentuser As RegistryKey
        Dim excel As RegistryKey
        Dim security As RegistryKey
        currentuser = My.Computer.Registry.CurrentUser
        excel = currentuser.OpenSubKey(name:="Software\Microsoft\Office\16.0\Excel", writable:=True)
        security = excel.OpenSubKey(name:="Security")
        Debug.WriteLine(currentuser.Name)
        Debug.WriteLine(excel.Name)
        Debug.WriteLine(security.Name)
    End Sub
End Class
```

代码分析：程序中声明了 3 个 RegistryKey 对象，首先打开 Current_User 根键，然后打开 Excel 子项，再打开 Security 子项。

运行上述程序，单击按钮后，在输出窗口打印 3 个注册表项的路径，如图 7-40 所示。

图 7-40　打开子项

以上实例为了说明 OpenSubKey 方法的用法特点，在实际应用中可以一步到位。

下面的程序，只声明一个注册表项变量，就定位到注册表项。

```
Private Sub Button2_Click(sender As Object, e As EventArgs) Handles Button2.Click
    Dim security As RegistryKey
    security = My.Computer.Registry.CurrentUser.OpenSubKey(name:="Software\Microsoft\Office\15.0\Excel\Security", writable:=True)
    Debug.WriteLine("子项总数：" & security.SubKeyCount)
    Debug.WriteLine("键值总数：" & security.ValueCount)
End Sub
```

运行上述程序，在输出窗口打印该注册表项的子项个数和键值个数，如图 7-41 所示。

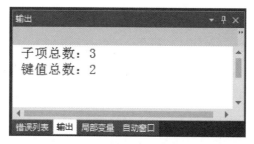

图 7-41　打开注册表项并打印子项总数和键值总数

■ 7.12.4　获取所有键值信息

使用 GetValue 可以获取指定名称的键值的数据值，使用 GetValueKind 可以获取键值的类型。

例如，security.GetValue(name:="VBAWarnings") 获取 VBAWarnings 这个键值的数据值。

如果要获取子项的所有键值信息，可以使用 GetValueNames 方法获取所有键值的名称。下面的程序，打印每个键值的名称、类型和数据。

```
Private Sub Button3_Click(sender As Object, e As EventArgs) Handles Button3.Click
    Dim security As RegistryKey
    security = My.Computer.Registry.CurrentUser.OpenSubKey(name:="Software\Microsoft\Office\15.0\Excel\Security", writable:=True)
    For Each valuename As String In security.GetValueNames
        Debug.WriteLine(valuename & vbTab & security.GetValueKind(valuename).ToString & vbTab & security.GetValue(valuename))
    Next valuename
End Sub
```

运行上述程序，输出窗口的结果与注册表编辑器中完全一致，如图 7-42 所示。

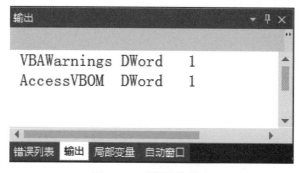

图 7-42　列举键值信息

■ 7.12.5　获取所有子项

GetSubKeyNames 返回一个字符串数组，从中可以提取每个子项的名称。

```
Private Sub Button4_Click(sender As Object, e As EventArgs) Handles Button4.Click
    Dim security As RegistryKey
    security = My.Computer.Registry.CurrentUser.OpenSubKey(name:="Software\Microsoft\Office\15.0\Excel\Security", writable:=True)
    For Each keyname As String In security.GetSubKeyNames
        Debug.WriteLine(keyname)
    Next keyname
End Sub
```

运行上述程序，输出窗口的结果如图 7-43 所示。

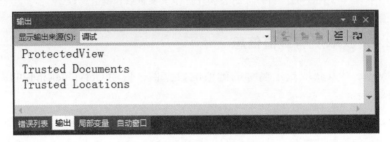

图 7-43　列举所有子项名称

以上方法只能遍历注册表项直属的子项名称。使用下面的程序可以遍历所有子孙的名称。

```
Private Sub Button5_Click(sender As Object, e As EventArgs) Handles Button5.Click
    Dim security As RegistryKey
    security = My.Computer.Registry.CurrentUser.OpenSubKey(name:="Software\Microsoft\Office\15.0\Excel\Security", writable:=True)
    Recur(security)
End Sub
Private Sub Recur(ByVal Parent As RegistryKey)
    Dim keyname As String
    Dim Son As RegistryKey
    For Each keyname In Parent.GetSubKeyNames
        Son = Parent.OpenSubKey(name:=keyname)
        Debug.WriteLine(Son.Name)
        If Son.SubKeyCount > 0 Then Recur(Son)
    Next keyname
End Sub
```

代码分析：Recur 过程用来遍历当前注册表项的每个子项，如果子项包含其他子项，就进行递归遍历。

运行上述程序，输出窗口打印 Security 注册表项下面的所有子项，如图 7-44 所示。

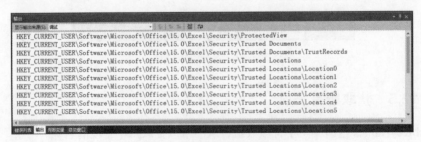

图 7-44　递归遍历所有子项

■ 7.12.6 创建子项

使用 CreateSubKey 方法可以创建一个指定名称的子项，使用 SetValue 可以新建或修改一个键值。

下面的程序，在 Security 注册表项下面创建一个名为 Author 的子项，并且为该子项添加两个键值 Address 和 Age。

```
Private Sub Button6_Click(sender As Object, e As EventArgs) Handles Button6.Click
    Dim security As RegistryKey
    Dim author As RegistryKey
    security = My.Computer.Registry.CurrentUser.OpenSubKey(name:="Software\Microsoft\Office\15.0\Excel\Security", writable:=True)
    author = security.CreateSubKey(subkey:="Author")
    author.SetValue(name:="Address", value:=" 呼和浩特 ", valueKind:=RegistryValueKind.String)
    author.SetValue(name:="Age", value:=37, valueKind:=RegistryValueKind.DWord)
End Sub
```

运行上述程序，并且刷新注册表，如图 7-45 所示。

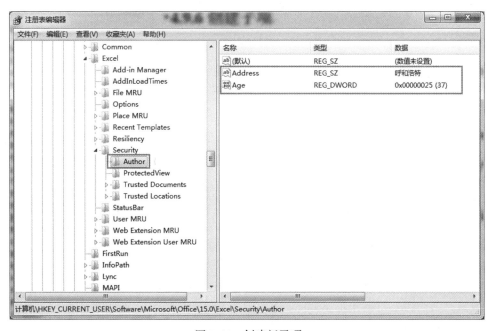

图 7-45 创建新子项

■ 7.12.7 修改和删除键值

SetValue 方法用于新建一个键值，或者修改已有键值。DeleteValue 则用于删除注册表项中的指定键值。

下面的程序把 Author 下面的 Address 修改为"包头"，并且删除 Age 键值。

```
Private Sub Button7_Click(sender As Object, e As EventArgs) Handles Button7.Click
    Dim security As RegistryKey
    Dim author As RegistryKey
    security = My.Computer.Registry.CurrentUser.OpenSubKey(name:="Software\Microsoft\Office\15.0\Excel\Security", writable:=True)
    author = security.OpenSubKey(name:="Author", writable:=True)
    author.SetValue(name:="Address", value:="包头", valueKind:=RegistryValueKind.String)
    author.DeleteValue(name:="Age")
End Sub
```

7.12.8　删除子项

删除一个注册表项的方法有 DeleteSubKey 和 DeleteSubKeyTree，其中前者只能删除不包含子项的注册表项，后者可以删除整个子项及其所有后代。

```
Private Sub Button8_Click(sender As Object, e As EventArgs) Handles Button8.Click
    Dim security As RegistryKey
    security = My.Computer.Registry.CurrentUser.OpenSubKey(name:="Software\Microsoft\Office\15.0\Excel\Security", writable:=True)
    security.DeleteSubKeyTree(subkey:="Trusted Locations")
End Sub
```

运行上述程序，Security 下面的 Trusted Locations 子项被完全删除。

7.13　操作进程

进程 (Process) 是 Windows 系统中的一个基本概念，它包含着一个运行程序所需要的资源。进程之间是相对独立的，一个进程无法直接访问另一个进程的数据 (除非分布式)，一个进程运行的失败也不会影响其他进程的运行，Windows 系统就是利用进程把工作划分为多个独立区域的。

Windows 系统中打开一个应用程序，都会产生一个进程，例如打开记事本，产生 notepad.exe，打开 Excel 会产生 excel.exe 进程。可以在 "Windows 任务管理器" 中看到正在运行的所有进程，如果打开多个记事本窗口，会产生多个同名的进程，但是每个进程的 ID 互不相同，如图 7-46 所示。

VB.NET 的 System.Diagnostics 命名空间提供了进程对象的各种方法、属性，从而可以创建进程、读取进程信息、结束进程。

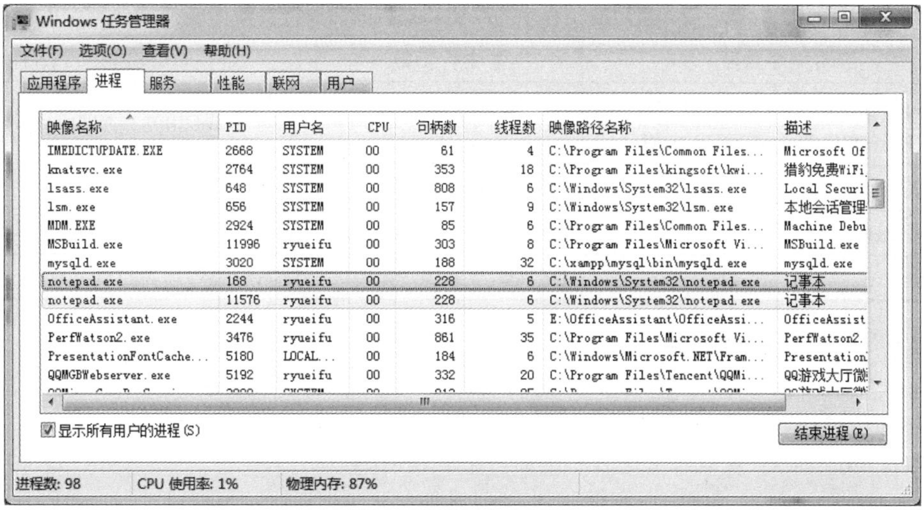

图 7-46 任务管理器中的进程列表

7.13.1 创建进程

Process 对象的 StartInfo 用来获取或设置进程的启动路径、参数信息等，StartTime 用来获取进程的启动时间，Start 方法用于启动一个新进程。

创建进程必须设定进程的启动应用程序的完全路径，也可以指定应用程序的命令行参数，例如要使用记事本打开磁盘中的一个文本文件。

项目实例 47　WindowsApp_Process 操作进程

创建一个名为 WindowsApp_Registry 的窗体应用程序，窗体代码如下。

```
Imports System.Diagnostics
Public Class Form1
    Private Sub Button1_Click(sender As Object, e As EventArgs) Handles Button1.Click
        Dim Process1 As New Process()
        With Process1
            .StartInfo.WindowStyle = ProcessWindowStyle.Maximized  '窗口最大化
            .StartInfo.FileName = "notepad.exe"           '应用程序路径
            .StartInfo.Arguments = "E:\1.txt"             '命令行参数是一个文本文件路径
            .Start()                                      '启动进程
        End With
    End Sub
End Class
```

可以看出，启动一个进程最重要的设置是应用程序路径和命令行参数，常用应用程序的路径和命令行参数如表 7-2 所示。

表 7-2 常用应用程序的路径和支持的命令行参数格式

应用程序路径	命令行参数	功能
C:\Program Files\Microsoft Office\OFFICE11\OFFICE11\EXCEL.EXE	D:\ 信息表 .xls	启动 Excel 2003 并打开一个工作簿
regsvr32.exe	D:\MyLibrary.dll	注册一个动态链接库
iexplore.exe	https://www.baidu.com/	使用 IE 浏览器打开指定的网页
explorer.exe	D:\Test	使用资源管理器打开文件夹

7.13.2 查看进程

用于遍历和查找进程的方法如下。

❑ GetProcesses：获取所有进程，返回一个 Process 数组。

❑ GetProcessById：根据指定的 ProcessId 返回一个 Process 对象。

❑ GetProcessesByName：根据指定的 ProcessName 返回一个 Process 数组。

❑ GetCurrentProcess：返回执行程序自身的进程。

下面的程序遍历所有进程，并把每个进程的名称、Id、启动时间、启动路径显示在 ListView 控件中。

```vb
Private Sub Button2_Click(sender As Object, e As EventArgs) Handles Button2.Click
    On Error Resume Next
    Dim Item As ListViewItem
    With Me.ListView1
        .View = View.Details
        .FullRowSelect = True
        .MultiSelect = False
        .Columns.Add(" 进程名称 ")
        .Columns.Add("PID")
        .Columns.Add(" 启动时间 ")
        .Columns.Add(" 启动路径 ")
        For Each P As Process In Process.GetProcesses
            Item = .Items.Add(P.ProcessName)
            Item.SubItems.Add(P.Id)
            Item.SubItems.Add(P.StartTime)
            Item.SubItems.Add(P.MainModule.FileName)
        Next P
    End With
End Sub
```

启动窗体，单击"遍历所有进程"按钮，如图 7-47 所示。

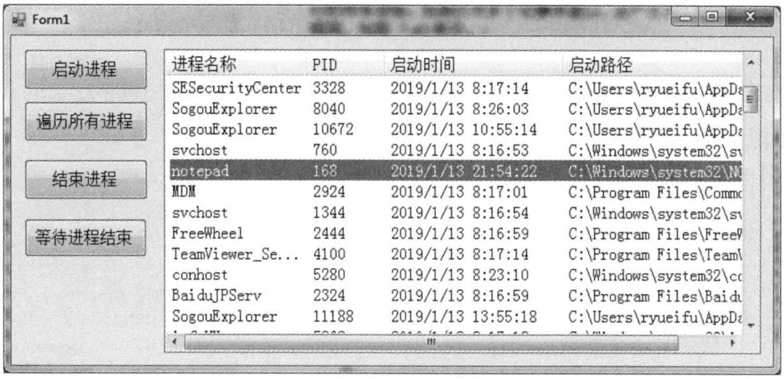

图 7-47　遍历所有进程

由于某些进程会拒绝访问，因此上述代码加入了错误处理。

7.13.3　结束进程

Process 对象的 Kill 方法用于结束进程。

下面的程序查找指定 Id 的进程，并且查找进程名称是 notepad 的进程，然后结束进程。

```
Private Sub Button3_Click(sender As Object, e As EventArgs) Handles Button3.Click
    Dim Process_TIM As Process
    Dim Process_Notepad As Process
    Process_TIM = Process.GetProcessById(processId:=10188)
    Process_Notepad = Process.GetProcessesByName(processName:="notepad")(0)
    Process_TIM.Kill()
    Process_Notepad.Kill()
End Sub
```

运行上述程序，会自动结束 TIM 软件和记事本。

实际编程过程中，经常需要监视进程是否结束，Process 对象的 WaitForExit 方法可以等待某个进程的结束，在该进程结束之前程序会一直阻塞。

假设现在已经打开了一个记事本，运行下面的程序会一直等到记事本退出，才会弹出消息对话框。

```
Private Sub Button4_Click(sender As Object, e As EventArgs) Handles Button4.Click
    Dim Process_Notepad As Process
    Process_Notepad = Process.GetProcessesByName(processName:="notepad")(0)
    With Process_Notepad
        .EnableRaisingEvents = True
        .WaitForExit()
        .Close()
        MessageBox.Show("记事本进程已被结束！")
    End With
End Sub
```

■ 7.13.4 进程退出事件

Process 对象具有 Exited 事件，当进程退出时，会触发 Exited 事件关联的过程。进程是否退出，可以根据 Process 对象的 HasExited 属性来判断。

下面的程序，在按钮的单击事件过程中，获取正在运行的 Excel 进程，并且设置该进程的退出事件为 Excel_Exited。

```
Private Process_Excel As Process
    Private Sub Button5_Click(sender As Object, e As EventArgs) Handles Button5.Click
    Process_Excel = Process.GetProcessesByName(processName:="Excel")(0)
                                        ' 或者正在运行的 Excel 进程

    With Process_Excel
        .EnableRaisingEvents = True           ' 启用事件
        AddHandler .Exited, AddressOf Excel_Exited
    End With
End Sub

Private Sub Excel_Exited(sender As Object, e As EventArgs)
    If Process_Excel.HasExited Then
        MsgBox("Excel 退出于: " & Process_Excel.ExitTime.ToLongTimeString, vbInformation)
        RemoveHandler Process_Excel.Exited, AddressOf Excel_Exited
    End If
End Sub
```

当 Excel 由于某种原因退出时，本窗体应用程序自动弹出一个消息对话框，显示 Excel 的退出时间，如图 7-48 所示。

图 7-48　进程退出时自动弹出对话框

7.14　类库项目的创建和调用

VB.NET 的控制台应用程序、窗体应用程序生成的是扩展名为 .exe 的可执行文件，这些结果文件一般是独立运行的，不能被其他程序或项目调用。

本节介绍的类库项目，可以生成扩展名为 .dll 的动态链接库文件，这些动态链接库中可以包括自定义过程和函数、甚至 VB.NET 窗体。从而可以在其他程序中方便调用。

类库项目的一般流程是：

（1）创建类库项目。

（2）书写类库的内容代码（过程、函数、窗体等）。

（3）编译生成动态链接库文件。

（4）在其他项目中调用动态链接库文件（如果用在其他计算机，还需要手动注册动态链接库）。

（5）如果不再需要这个动态链接库，则对其进行反注册。

从类库的使用对象来划分，可以分为 .NET 语言调用的类库项目，以及 VBA/VB6 调用的类库项目。

■ 7.14.1 被 VB.NET 程序调用的类库项目

阴历，俗称"农历"，英文为 Lunar Calendar。在日常生活中公历和农历的转换经常会用到。VB.NET 语言中通过导入命名空间 System.Globalization 就可以方便地实现公历和农历的互相转换。

下面制作一个用于实现公历与农历自动转换的动态链接库，从而方便其他 VB.NET 项目中通过引用该动态链接库共享其中的转换函数。

项目实例 48　ClassLibrary_Lunar 被 VB.NET 程序调用的类库

下面分步骤介绍类库项目的制作和调用过程。

Step 1：创建类库项目

启动 Visual Studio，在新建项目对话框中创建一个名为 ClassLibrary_Lunar 的类库（.NET Framework）项目，如图 7-49 所示。

图 7-49　创建类库项目

单击"确定"按钮后，可以看到项目中默认添加一个类文件 Class1.vb。实际上这个类文件可以删除，然后添加一个新的类文件。

也可以使用 Visual Studio 提供的重命名方法，把类文件名称修改成有实际意义的名字。

Step 2：修改类名称

在代码视图中，首先选择原先的名称 Class1，然后在右键菜单中选择"重命名"命令，如图 7-50 所示。

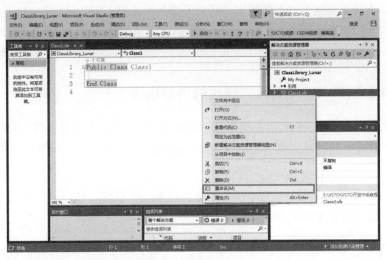

图 7-50　重命名类名称

然后输入新的名称：FunctionLibrary，按 Enter 键，这样会把该文件以及类的名称都修改为 FunctionLibrary，如图 7-51 所示。

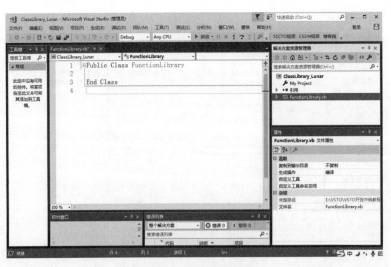

图 7-51　更改类的名称

Step 3：书写自定义函数

如果希望类库项目中的自定义函数和过程，被其他外部程序或代码调用，则声明为

Public，否则声明为 Private。

本例由于要把公历/农历函数公开以便让其他程序调用，因此写成 Public Class Function，并且该类中包含的两个自定义函数也声明为 Public 类型，如图 7-52 所示。

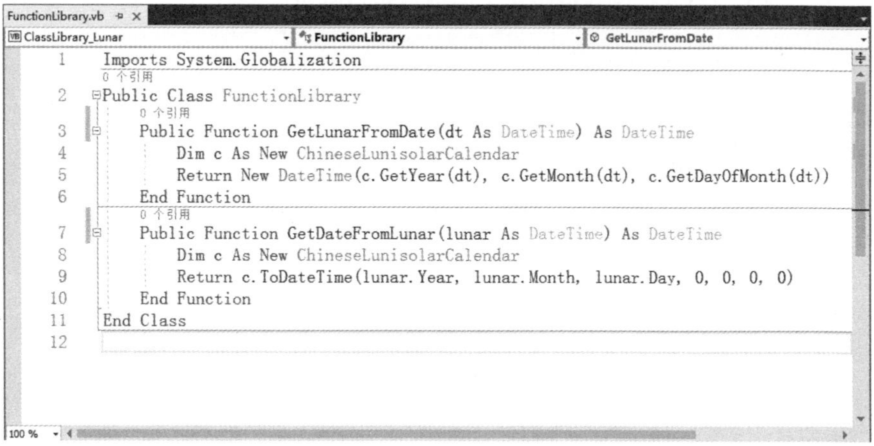

```vb
Imports System.Globalization
Public Class FunctionLibrary
    Public Function GetLunarFromDate(dt As DateTime) As DateTime
        Dim c As New ChineseLunisolarCalendar
        Return New DateTime(c.GetYear(dt), c.GetMonth(dt), c.GetDayOfMonth(dt))
    End Function
    Public Function GetDateFromLunar(lunar As DateTime) As DateTime
        Dim c As New ChineseLunisolarCalendar
        Return c.ToDateTime(lunar.Year, lunar.Month, lunar.Day, 0, 0, 0, 0)
    End Function
End Class
```

图 7-52　编写自定义函数

代码分析：函数 GetLunarFromDate 用于把公历日期转换成农历日期，其中对象变量 c 是 System.Globalization 命名空间下的 ChineseLunisolarCalendar 类的一个实例。c.GetYear 用于返回指定日期对应的农历年份，例如 2019 年 1 月 1 日这一天，GetYear 返回 2018，GetMonth 返回 11，GetDayOfMonth 返回 26，重新组合起来就是农历二○一八年十一月二十六。

函数 GetDateFromLunar 用于把农历日期转换为公历日期。

Step 4：生成解决方案

确认代码无误后，在 Visual Studio 中选择菜单"生成"→"生成解决方案"，在 Debug 文件夹中可以看到生成的 ClassLibrary_Lunar.dll 文件，这个就是让其他程序调用的动态链接库文件，如图 7-53 所示。

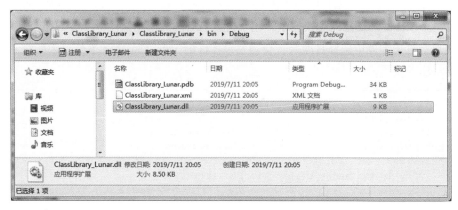

图 7-53　生成解决方案

以上操作完成后，就可以在 Visual Studio 中关闭解决方案，或者完全退出 Visual Studio。

Step 5：调用动态链接库

上述生成的动态链接库可以被任何类型的 VB.NET 项目调用，窗体应用程序或者控制台应用程序均可。调用动态链接库的关键在于为**项目添加引用**。

项目实例 49 WindowsApp_TestLunar 测试动态链接库的函数

下面创建一个名为"WindowsApp_TestLunar"的窗体应用程序，在解决方案资源管理器中的"引用"节点，单击鼠标右键，选择"添加引用"命令。

单击"引用管理器"对话框右下角的"浏览"按钮，找到上述生成的 ClassLibrary_Lunar.dll 文件，如图 7-54 所示。

图 7-54　添加 dll 文件的引用

在窗体设计视图，从控件工具箱中找到 DateTimePicker 日历控件，拖放到窗体上。然后放置一个 TextBox 文本框控件到窗体上，用于显示对应的农历结果。

当用户在日历控件中选择日期后，会触发该控件的 ValueChanged 事件，因此在 Form1.vb 文件中书写如下代码：

```
Imports ClassLibrary_Lunar
Public Class Form1
    Private UDF As New ClassLibrary_Lunar.FunctionLibrary
    Private Sub DateTimePicker1_ValueChanged(sender As Object, e As EventArgs) Handles DateTimePicker1.ValueChanged
        Dim dt As Date = Me.DateTimePicker1.Value
        Me.TextBox1.Text = "农历:" & UDF.GetLunarFromDate(dt).ToLongDateString
    End Sub
End Class
```

代码分析：Private UDF As New ClassLibrary_Lunar.FunctionLibrary 创建了动态链接库中类的新实例，在程序中就可以通过 UDF 实例访问类库中的两个函数。

Step 6：项目测试

启动项目，单击日历控件右边的下拉箭头，会展开一个日历。任意选择一个日期，在下面的文本框中自动算出并显示这天对应的农历，如图 7-55 所示。

图 7-55　任意选择一天自动算出农历

7.14.2　被 VBA 程序调用的类库项目

被 VBA/VB6 调用的类库项目，需要把默认的 Class1.vb 文件删除掉，然后添加 COM 类文件才行。

项目实例 50　ClassLibrary_LeapYear 让 VBA 程序调用的动态链接库

下面实例在 VB.NET 类库项目中编写一个用于判断闰年的函数，生成 dll 文件后，让 VBA 程序调用。

Step 1：创建类库项目

创建一个名为 ClassLibrary_LeapYear 的 VB.NET 类库项目，默认包含一个 Class1.vb 文件，在解决方案资源管理器中右击该文件，在弹出的菜单中选择"删除"命令，如图 7-56 所示。

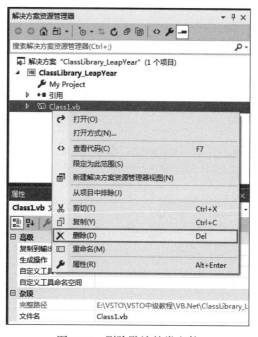

图 7-56　删除默认的类文件

Step 2：添加 COM 类

为类库项目添加一个新项，在"添加新项"对话框中选择"COM 类"，修改名称为 ClassDemo，如图 7-57 所示。

图 7-57　为项目添加 COM 类

单击"添加"按钮后，会自动打开该类文件的代码视图。

Step 3：增加自定义函数和过程部分

该类文件中自动生成的代码部分，不要进行删除和修改，在该类的最下面添加用户自定义函数和过程。

```vb
<ComClass(ClassDemo.ClassId, ClassDemo.InterfaceId, ClassDemo.EventsId)>
Public Class ClassDemo

#Region "COM GUID"
    ' 这些 GUID 提供此类的 COM 标识及其 COM 接口。若更改它们，则现有的客户端将不再能访问此类
    Public Const ClassId As String = "6712b0ce-2b79-4f1c-a7cd-a1bb58e1ed47"
    Public Const InterfaceId As String = "d7854a42-93e2-4e28-a655-540267ebfc8b"
    Public Const EventsId As String = "32fa0db6-f95f-4353-ae66-e7de337635e0"
#End Region

    ' 可创建的 COM 类必须具有一个不带参数的 Public Sub New()
    ' 否则，将不会在 COM 注册表中注册此类，且无法通过 CreateObject 创建此类
    Public Sub New()
        MyBase.New()
    End Sub
    '以下为自定义函数和过程
    Public Function 闰年判断(year As Integer) As Boolean
        Return System.DateTime.IsLeapYear(year)
    End Function
    Public Sub 显示窗体()
        Dim fm As New Form1
        fm.ShowDialog()
    End Sub
End Class
```

代码分析：VB.NET 的 DateTime 下面自带用于判断闰年的函数 IsLeapYear。

为了演示结果，本类库项目事先添加了一个窗体 Form1，公有过程"显示窗体"用于创建窗体实例并显示。

确认没问题后，单击 Visual Studio 的菜单"生成"→"生成解决方案"，Debug 文件夹中生成如下文件，如图 7-58 所示。

生成的结果文件，既可以在开发计算机上的 VBA 程序中引用，也可以把动态链接库复制到客户计算机中使用。

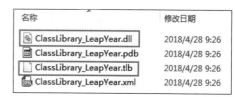

Step 4：客户计算机注册动态链接库

把 Debug 文件夹整体拷贝到客户计算机，目标路径最好不要包含空格。这里假设拷贝到了 D 盘根目录。

图 7-58　生成解决方案

然后以管理员身份运行命令提示符。

使用 cd /d D:\Debug 命令把当前路径切换至 Debug 文件夹。

注册 VB.NET 的动态链接库，不是使用 regsvr32，而是使用 regasm，该执行文件位于系统的 .NET Framework 文件夹下。

具体的注册语法如下：

```
RegAsm.exe /codebase dll 的路径  /tlb tlb 文件的路径
```

本例在客户计算机中执行如下注册命令：

```
C:\Windows\Microsoft.NET\Framework\v4.0.30319\RegAsm.exe /codebase ClassLibrary_LeapYear.dll /tlb ClassLibrary_LeapYear.tlb
```

按 Enter 键后，提示注册成功，如图 7-59 所示。

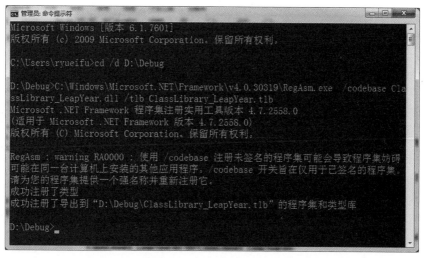

图 7-59　在客户计算机中注册 dll 文件和 tlb 文件

Step 5：在 VBA 中调用测试

打开 Excel VBA 或 VB6，选择编辑器的"工程"→"引用"。在"引用"对话框中的引用列表中找到并勾选 ClassLibrary_LeapYear，单击"确定"按钮关闭对话框。

如果使用滚动条不容易找到该项，也可以单击"浏览"按钮，定位到 tlb 文件的所在路径，如图 7-60 所示。

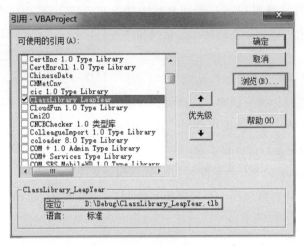

图 7-60　VBA 工程中添加对 tlb 文件的引用

在 VBA 代码中创建如下测试过程，并运行，VBA 的立即窗口中打印 False，并且弹出一个 VB.NET 的窗体，如图 7-61 所示。

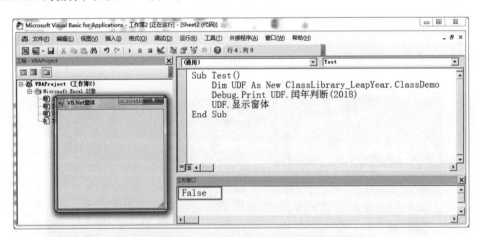

图 7-61　VBA 中调用动态链接库中的函数和窗体

Step 6：动态链接库的反注册

如果计算机中不再需要这个动态链接库，可以执行反注册，达到从注册表中删除其信息的目的。

反注册之前，先关闭所有与调用该动态链接库的工程和项目，保证该动态链接库处于未占用状态。

以管理员身份启动命令提示符，执行如下命令：

```
C:\Windows\Microsoft.NET\Framework\v4.0.30319\RegAsm.exe /u ClassLibrary_LeapYear.dll
```

参数 /u 表示反注册。执行结果如图 7-62 所示。

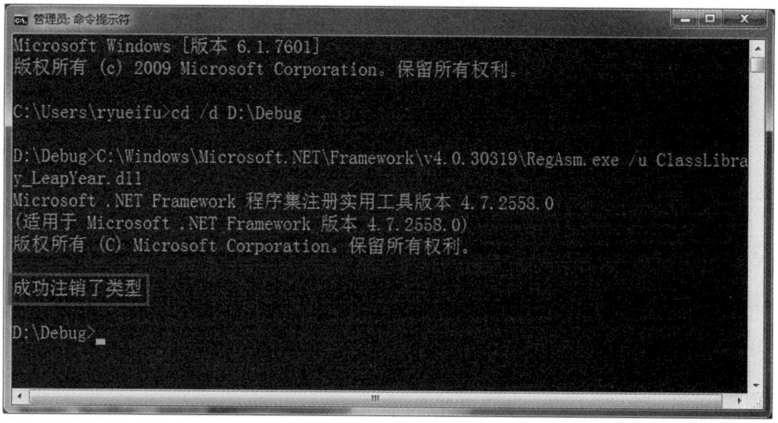

图 7-62　动态链接库的反注册

执行上述命令，提示"成功注销了类型"。

7.15　小结

本章介绍了很多实用技术，重点理解和掌握字典、正则表达式、目录和文件操作、文本文件的读写方法。

字典是一种键值对，根据键可以直接查询值，所有的键名不允许重复。经常利用键名的唯一性来去除其他集合中的重复元素。

正则表达式的 Pattern 的构造方法，技巧性比较强。Pattern 的好坏直接决定正则表达式的执行效率和准确性。

以后讲述的关于 Office 的 customUI 自定义将大量用到 XML 方面的知识。因此 XML 文件的读写也需要了解掌握。

第 8 章 VB.NET 操作 Office 对象

微软 Office 的各个组件，除了组件本身可以进行 VBA 开发之外，还可以让 VB6、VB.NET 其他编程语言访问，Office 组件之间也可以互相访问。

本章讲述用 VB.NET 来操作访问 Office 对象，VB.NET 程序中进行如下两个设定就能够取得 Office 的控制权：

- 项目中添加 Office 组件的外部引用。
- 使用 GetObject、CreateObject 来获取或创建一个 Office 应用程序对象。

本章要点：

- 获取和创建 Excel 的 Application 对象。
- Workbook、Worksheet、Range 对象的表示、遍历。
- 单元格和数组的互相赋值。
- 使用 Excel 事件。
- 工具栏 Commandbar 对象、VBIDE 对象的读写。

8.1 操作 Excel 应用程序对象

VB.NET 操作和控制 Excel，与 VB6 操作控制 Excel 的方法基本一样，首先为项目添加对 Excel 组件的引用。

项目实例 51 WindowsApp_Excel_Application 操作 Excel 应用程序对象

创建一个名为 WindowsApp_Excel_Application 的窗体应用程序，右击项目的引用，添加引用，弹出"引用管理器"对话框，依次选择"程序集"→"扩展"，找到并勾选 Microsoft.Office.Interop.Excel，然后单击"确定"按钮，如图 8-1 所示。

然后在窗体的代码文件顶部加入：Imports Microsoft.Office.Interop，以便使用 Excel 对象库的成员。

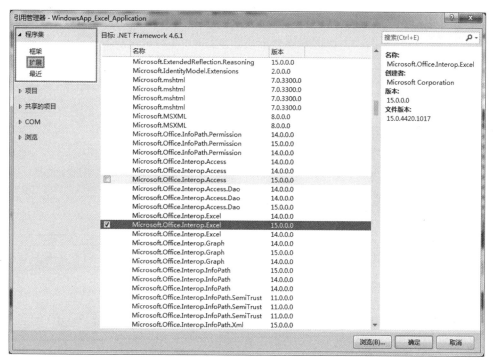

图 8-1 添加 Excel 的引用

8.1.1 获取正在运行的 Excel

GetObject(, Class:="Excel.Application") 可以获取计算机上已经打开的 Excel，如果找不到 Excel，则会出错。

下面是窗体应用程序完整的代码，用于获取现在运行中的 Excel，并且把 Excel 窗口最大化。

```
Imports Microsoft.Office.Interop
Public Class Form1
    Private Sub Button1_Click(sender As Object, e As EventArgs) Handles Button1.Click
        获取 Excel 应用程序 ()
    End Sub
    Sub 获取 Excel 应用程序 ()
        Dim ExcelApp As Excel.Application
        ExcelApp = GetObject(, Class:="Excel.Application")
        ExcelApp.Visible = True
        ExcelApp.WindowState = Excel.XlWindowState.xlMaximized
    End Sub
End Class
```

代码分析：本例中的 ExcelApp 其作用相当于 VBA 编程中的 Application，如果计算机上并没有运行着的 Excel，使用 GetObject 这句会出错。

此外，System.Runtime.InteropServices 命名空间下的 Marshal 可以从运行对象表 (ROT) 获取指定对象的运行实例。下面的程序获取正在运行的 Excel，如果未打开 Excel 则会造成 COM 异常。

```
Imports System.Runtime.InteropServices
    Sub 获取正在运行的 Excel 应用程序 ()
        Dim ExcelApp As Excel.Application
        ExcelApp = TryCast(Marshal.GetActiveObject(progID:="Excel.Application"), Excel.Application)
        ExcelApp.StatusBar = "Hello, " & ExcelApp.UserName       '修改状态栏
        Marshal.ReleaseComObject(ExcelApp)                       '释放 COM 对象
        'Marshal.FinalReleaseComObject(ExcelApp)
    End Sub
```

代码中的 TryCast 用于把获取到的对象转换为 Excel 应用程序对象类型。

■ 8.1.2 创建 Excel 应用程序对象

使用 GetObject 或 CreateObject 获取或创建对象，传递的参数是一个 ProgID 的字符串，因此无须前期绑定（运行前不添加引用也可正常运行）。

使用 New 关键字创建新对象时，由于需要指定对象的类型，因此必须前期绑定。

下面的程序创建一个新的 Excel 应用程序，并且设置应用程序对象可见，Excel 窗口最大化，如果没有打开的工作簿，则创建新工作簿。

```
Sub 创建 Excel 应用程序 ()
    Dim ExcelApp As Excel.Application
    Dim tmp As Integer
    'ExcelApp = CreateObject(ProgId:="Excel.Application")
    ExcelApp = New Excel.Application
    With ExcelApp
        .Visible = True
        .WindowState = Excel.XlWindowState.xlMaximized
        If .ActiveSheet Is Nothing Then          '如果没有活动工作表就新建工作簿
            tmp = .SheetsInNewWorkbook
            .SheetsInNewWorkbook = 5             '新建工作簿包含 5 个工作表
            Dim wbk As Excel.Workbook = .Workbooks.Add()
            Dim wst As Excel.Worksheet = wbk.Worksheets.Item(5)
            wst.Activate()
            .SheetsInNewWorkbook = tmp           '恢复默认设置
        End If
    End With
End Sub
```

运行上述程序，自动启动 Excel，并且创建一个工作簿，该工作簿包含 5 个工作表，自动激活第 5 个工作表。

8.1.3 调用 Excel 工作表函数

既然 VB.NET 能够获得 Excel 的应用程序对象，就可以使用 Excel 对象模型中的所有内容。下面的实例借用 Excel 的工作表函数快速算出 VB.NET 数组中各元素的乘积。

```
Sub 调用Excel工作表函数()
    Dim ExcelApp As Excel.Application = GetObject(, Class:="Excel.Application")
    Dim arr() As Integer = {4, 6, 10}
    MsgBox(ExcelApp.WorksheetFunction.Product(arr))
End Sub
```

Product 是 Excel 内置工作表函数，类似于 Sum 函数，不过 Product 函数用于计算各参数的乘积。

运行上述程序，结果返回 240。

8.1.4 调用 VBA 中的过程和函数

在某些场合下，VB.NET 需要调用 VBA 中现成的过程或函数，可以利用 Excel VBA 中 Application.Run 方法来实现。

假设 Excel VBA 中有一个名为 Macro1 的公有过程和一个名为 MyAge 的自定义函数，如图 8-2 所示。

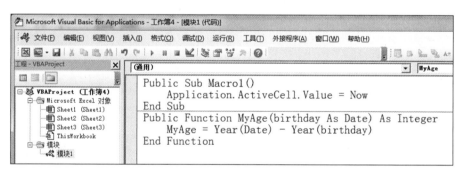

图 8-2　Excel VBA 中的过程和函数

在 VB.NET 程序中书写如下代码：

```
Sub 调用VBA中的过程和函数()
    Dim ExcelApp As Excel.Application = GetObject(, Class:="Excel.Application"")
    Dim MyBirth As Date = #1981/8/14#
    MsgBox(ExcelApp.Run("MyAge", MyBirth))
    ExcelApp.Run("Macro1")
End Sub
```

代码分析：ExcelApp.Run("MyAge", MyBirth) 相当于 VBA 中的 Call MyAge(MyBirth)。

运行上述程序，对话框中返回 37，并且在活动单元格中写入了当前时间。

■ 8.1.5 使用单元格选择对话框

在开发 Office 插件时,经常需要让用户选择一个单元格区域,可以借用 Application.InputBox 实现这个功能。

下面的程序用于弹出一个单元格选择对话框如果用户选择了单元格并且单击了"确定"按钮,那么就把所选地址赋给文本框,并且所选区域填充色为红色,如果用户单击了"取消"按钮,则使用错误捕获机制。

```
Sub 单元格选择对话框()
    Dim ExcelApp As Excel.Application = GetObject(, Class:="Excel.Application")
    Dim rg As Excel.Range
    Try
        rg = ExcelApp.InputBox(Prompt:="选择一个区域", Title:="单元格选择",
[Default]:="B3:D5", Type:=8)
        rg.Interior.ColorIndex = 3
        Me.TextBox1.Text = rg.Address(False, False)
    Catch ex As Exception
        Console.WriteLine(ex.Message)
    End Try
End Sub
```

运行上述程序,Excel 中弹出一个用于选择单元格区域的对话框,如图 8-3 所示。

用户单击"确定"按钮,所选区域变成红色,并且 VB.NET 窗口中文本框显示所选地址,如图 8-4 所示。

图 8-3 调用 Excel 的 InputBox

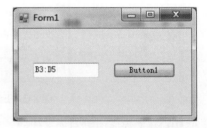

图 8-4 返回所选单元格的地址

8.2 操作 Excel 工作簿

Workbooks 表示 Excel 应用程序当前打开的所有工作簿的集合。

■ 8.2.1 工作簿的新建和保存

下面的程序自动新建工作簿,并另存到磁盘,然后关闭。

```
Sub 工作簿的新建和保存()
    Dim ExcelApp As Excel.Application = GetObject(, Class:="Excel.Application")
    Dim wbk As Excel.Workbook
    wbk = ExcelApp.Workbooks.Add()
    wbk.SaveAs(Filename:="C:\temp\NewBook.xlsx", FileFormat:=Excel.XlFileFormat.xlWorkbookDefault)
    wbk.Close(SaveChanges:=False)
End Sub
```

运行上述程序，文件夹下多了一个 NewBook.xlsx 文件。

8.2.2 工作簿的打开和关闭

下面的程序自动打开指定路径的工作簿文件，然后遍历每个工作簿。

```
Sub 工作簿的打开和遍历()
    Dim ExcelApp As Excel.Application = GetObject(, Class:="Excel.Application")
    Dim wbk As Excel.Workbook = ExcelApp.Workbooks.Open(Filename:="C:\temp\NewBook.xlsx")
    For Each wbk In ExcelApp.Workbooks
        MsgBox(wbk.FullName)
    Next wbk
End Sub
```

运行上述程序，自动打开文件，并且在对话框中弹出每个工作簿的完全路径。

8.3 操作 Excel 工作表

Worksheets 是指工作簿中的所有普通工作表（默认的有单元格的表），Activesheet 则表示活动的表。

8.3.1 工作表的插入和删除

使用 Worksheets.Add 可以为工作簿添加新表，而工作表 Worksheet 对象的 Delete 方法可以删除工作表。

```
Sub 工作表的插入和删除()
    Dim ExcelApp As Excel.Application = GetObject(, Class:="Excel.Application")
    Dim All As Object = ExcelApp.ActiveWorkbook.Worksheets
    Dim wst As Excel.Worksheet = All.Add(After:=All.Item(All.Count), Type:=Excel.XlSheetType.xlWorksheet)
    wst.Name = "NewSheet"
    ExcelApp.DisplayAlerts = False                          '屏蔽提示对话框
    MsgBox("下面删除工作表 Sheet1")
    All.Item("Sheet1").Delete
    For Each wst In ExcelApp.ActiveWorkbook.Worksheets
        MsgBox(wst.Name)
    Next wst
End Sub
```

代码分析：本例中的 All 表示工作簿的所有工作表集合。

假设当前工作簿具有 Sheet1、Sheet2、Sheet3 这些工作表，运行上述程序，会在 Sheet3 之后插入一个 NewSheet，并且删除 Sheet1。

8.3.2 工作表的移动和复制

使用 Worksheet 对象的 Copy 或 Move 方法，可以对工作表进行复制或移动。

下面的程序，把第 3 个工作表复制到工作表 Sheet1 的左边。

```
Sub 工作表的移动和复制()
    Dim ExcelApp As Excel.Application = GetObject(, Class:="Excel.Application")
    Dim wst As Excel.Worksheet
    wst = ExcelApp.ActiveWorkbook.Worksheets(3)
    wst.Copy(Before:=ExcelApp.ActiveWorkbook.Worksheets("Sheet1"))
    ExcelApp.ActiveSheet.Name = "Copied"
End Sub
```

运行上述程序，Sheet1 左边出现了名为 Copied 的工作表，该表由 Sheet3 复制而得，如图 8-5 所示。

图 8-5　复制工作表

8.4　操作 Excel 单元格

Range 是用来表达单元格区域的对象，表示方法灵活多样。

本节重点介绍单元格与 VB.NET 数组的数据交换。

8.4.1 单元格的遍历

可以使用 For...Each 结构遍历单元格区域。

假设工作表中的数据如图 8-6 所示。以下程序，计算单元格区域 B3:C6 中所有正数的和。

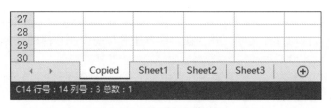

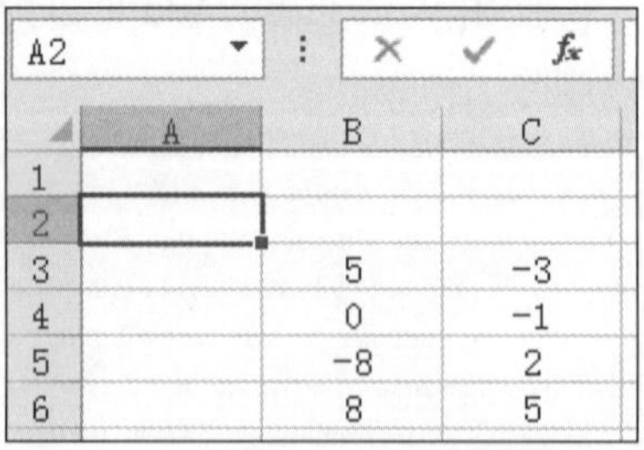

图 8-6　单元格中的原始数据

```
Sub 单元格的遍历()
    Dim ExcelApp As Excel.Application = GetObject(, Class:="Excel.Application")
    Dim wst As Excel.Worksheet = CType(ExcelApp.ActiveSheet, Excel.Worksheet)
    Dim Data As Excel.Range = wst.Range("B3:C6")
```

```
    Dim Total As Integer
    For Each rg As Excel.Range In Data
        If rg.Value > 0 Then '只对正数求和
        Total += rg.Value
        End If
    Next rg
    MsgBox(Total)
End Sub
```

运行上述程序，对话框中返回的结果是 20。

8.4.2 单元格接收一维数组

VB.NET 中的一维数组可以赋给 Excel 单元格中的一行或一列。

```
Sub 单元格接收一维数组 ()
    Dim ExcelApp As Excel.Application = GetObject(, Class:="Excel.Application")
    ExcelApp.Range("B2:E2").Value = {"Excel", "Word", "PowerPoint", "Outlook"}
    ExcelApp.Range("B4:B7").Value = ExcelApp.WorksheetFunction.Transpose
({"Excel", "Word", "PowerPoint", "Outlook"})
End Sub
```

运行上述程序，工作表中相应的单元格写入数据，如图 8-7 所示。

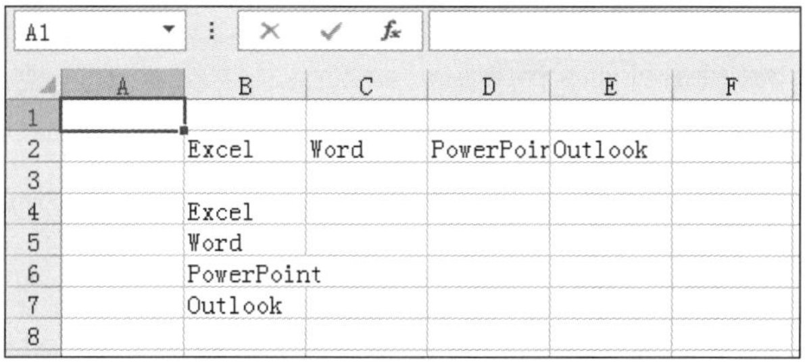

	A	B	C	D	E	F
1						
2		Excel	Word	PowerPoir	Outlook	
3						
4		Excel				
5		Word				
6		PowerPoint				
7		Outlook				
8						

图 8-7　一维数据写入 Excel 单元格

8.4.3 单元格接收二维数组

二维数组可以直接赋给 Excel 中的矩形区域，如果数组中各个元素类型不同，就声明为 Object 类型。

```
Sub 单元格接收二维数组 ()
    Dim ExcelApp As Excel.Application = GetObject(, Class:="Excel.Application")
    Dim Data(,) As Object = {{"Excel", 2013}, {"Word", 2010}, {"PowerPoint", 2007}}
    ExcelApp.Range("B2:C4").Value = Data
End Sub
```

运行上述程序，二维数组的数据写入单元格，如图 8-8 所示。

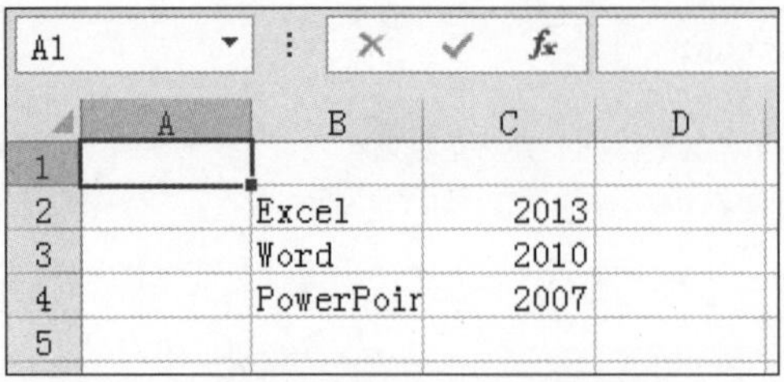

图 8-8 二维数组写入单元格

8.4.4 数组接收单元格

Excel 单元格中有数据，需要把单元格区域整体赋给 VB.NET 中的数组，需要注意的有以下几点：

- 由于每个单元格数据类型往往不同，因此数组应声明为 Object 类型。
- 无论单元格的形状是一行、一列、还是一个矩形，只能赋给 VB.NET 中的二维数组。
- 赋值完成后，二维数组的下界是 1，不是 0。

假设 Excel 中 B2:D2 单元格有数据，并且已经选中这个数据区域，如图 8-9 所示。

然后在 VB.NET 中调试运行如下程序：

图 8-9 选中一行数据

```
Sub 数组接收单元格()
    Dim ExcelApp As Excel.Application = GetObject(, Class:="Excel.Application")
    Dim arr(,) As Object
    arr = CType(ExcelApp.Selection, Excel.Range).Value
    MsgBox(arr(1, 3) & "-" & arr(1, 1))
End Sub
```

代码分析：由于 Selection 这个对象的类型不一定是 Range，所以要用 CType 转换一下。

在 Visual Studio 中按下快捷键 F5，调试上述程序，在局部变量窗口可以看到数组 arr 的构成，如图 8-10 所示。

继续向下执行，对话框输出了 arr(1, 3) 与 arr(1, 1) 连接的结果，如图 8-11 所示。

图 8-10 局部变量窗口中查看数组构成

图 8-11 查看数组中元素的值

单元格数据为一列，或者为一个矩形的情形，赋给数组后，也是一个二维数组。

8.5 处理 Excel 中的事件

前面所讲述的 VB.NET 控制 Excel，都是用 VB.NET 代码来命令 Excel。而本节讲的 Excel 事件，则是当用户在 Excel 中进行某些手工操作时，反向作用于 VB.NET 程序。所谓事件，就是 Excel 中的特定行为引发的过程执行。

Excel 对象中，Application、Workbook、Worksheet、Chart 对象都可以创建事件过程。在 VB.NET 中创建 Excel 事件的方法有 WithEvents 和 AddHandler 两种。

8.5.1 使用 WithEvents 创建 Excel 事件

WithEvents 关键字可以在 Class 中声明带有事件的对象变量，不能在 Module 中声明。而且使用 WithEvents 声明的事件不能撤销关闭。

下面的程序使用 Excel 中 Worksheet 对象的 SelectionChange 事件，来反向作用于 VB.NET 控件。

项目实例 52　WindowsApp_Excel_WithEvents 创建 Excel 事件

创建一个名为 WindowsApp_Excel_WithEvents 的窗体应用程序，窗体上放置一个按钮 Button1。

在窗体的 Class Form1 中，声明一个不启用事件的 Application 对象，以及一个启用事件的 Worksheet 对象。

在文件顶部中间的组合框中选择 wst，在右侧组合框下拉列表中可以看到许多 Worksheet 方面的事件名称，选择 SelectionChange，会自动创建该事件过程，如图 8-12 所示。

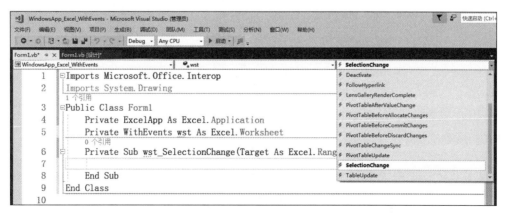

图 8-12　使用 WithEvents 关键字声明的工作表对象

下面实例的功能是，当用户在活动工作表中用鼠标选择区域时，VB.NET 窗体上的控件的位置和大小随之变化。因此，接下来就是完善 wst_SelectionChange 事件的过程了，完整代码为：

```
Imports Microsoft.Office.Interop
Imports System.Drawing
Public Class Form1
    Private ExcelApp As Excel.Application
    Private WithEvents wst As Excel.Worksheet
    Private Sub Form1_Load(sender As Object, e As EventArgs) Handles MyBase.Load
        ExcelApp = GetObject(, "Excel.Application")
        wst = ExcelApp.ActiveSheet                    '赋值后，事件立即生效
    End Sub
    Private Sub wst_SelectionChange(Target As Excel.Range) Handles wst.SelectionChange
        With Me.Button1
            .Text = Target.Address                    '按钮显示所选地址
            .Location = New Point(x:=Target.Left, y:=Target.Top)
                                                      '按钮位置同步所选单元格位置
            .Size = New Point(x:=Target.Width, y:=Target.Height)
                                                      '按钮大小同步所选单元格大小
        End With
    End Sub
End Class
```

事先在 Excel 中打开一个工作表，然后启动窗体，选择单元格区域时，Button1 的位置和大小与所选单元格位置大小保持一致变化，并且按钮标题显示所选单元格地址，如图 8-13 所示。

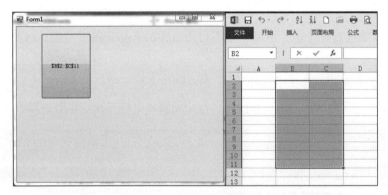

图 8-13　选择单元格区域自动改变控件的大小和位置

本程序只为说明 Excel 中的事件可以联动 VB.NET 程序，并未考虑 Excel 和 VB.NET 窗体中的长度单位差异。

8.5.2　使用 AddHandler 和 RemoveHandler 处理 Excel 事件

使用 AddHandler 和 RemoveHandler 可以在一般的代码语句中为对象设置和移除事件。

下面的程序，演示当 Excel 中发生打开工作簿的行为时，就把工作簿的名称添加到 VB.NET 窗体中的列表框里。

项目实例 53　WindowsApp_Excel_AddHandler 动态增删 Excel 事件

创建一个名为 WindowsApp_Excel_AddHandler 的窗体应用程序，窗体上放置一个 ListBox 控件用于存放打开了的工作簿的名称列表，放置一个复选框控件 CheckBox1，用于设置和移除事件。

双击 CheckBox1 进入其 Checked_Changed 事件过程，首先用 GetObject 获取正在运行的 Excel，然后用 If 结构判断复选框是否勾选，如果勾选则增加一个 Excel 应用程序的 WorkbookOpen 事件，AddHandler 的输入方法为：

```
AddHandler ExcelApp.WorkbookOpen, AddressOf ExcelApp_WorkbookOpen
```

其中，AddressOf 后面是一个事件过程，既可以手工创建也可以自动产生。

如果找不到该过程，则此处会变成红色，接下来单击"显示可能的修补程序"命令或者按快捷键 Alt+Enter，如图 8-14 所示。

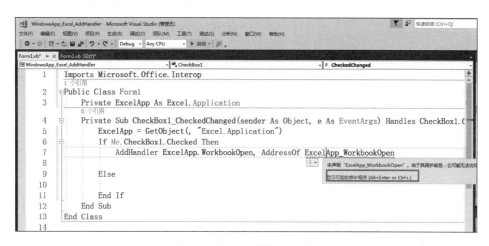

图 8-14　显示可能修补的程序

弹出"修补程序"窗口后，单击左下角的"预览更改"按钮，如图 8-15 所示。

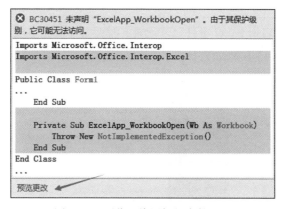

图 8-15　预览即将添加的事件过程

在预览更改窗口中可以看到即将添加的事件过程代码。

单击"应用"按钮，自动产生事件过程，如图 8-16 所示。

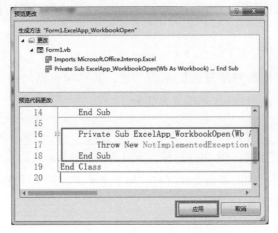

图 8-16　自动产生事件过程代码

窗体中的完整代码如下：

```
    Imports Microsoft.Office.Interop
    Public Class Form1
        Private ExcelApp As Excel.Application
        Private Sub CheckBox1_CheckedChanged(sender As Object, e As EventArgs) Handles CheckBox1.CheckedChanged
            ExcelApp = GetObject(, "Excel.Application")
            If Me.CheckBox1.Checked Then
                AddHandler ExcelApp.WorkbookOpen, AddressOf ExcelApp_WorkbookOpen
            Else
                RemoveHandler ExcelApp.WorkbookOpen, AddressOf ExcelApp_WorkbookOpen
            End If
        End Sub
        Private Sub ExcelApp_WorkbookOpen(Wb As Excel.Workbook)
            Me.ListBox1.Items.Add(Wb.Name)   '每打开一个工作簿，就把名称加入到列表框
        End Sub
    End Class
```

启动窗体，勾选"启用 Excel 事件"复选框，然后在 Excel 中按快捷键 Ctrl+O 打开任意一个工作簿文件，会看到 VB.NET 窗体的列表框中显示了文件名称，如图 8-17 所示。

图 8-17　打开 Excel 工作簿、名称添加到列表框

如果取消勾选复选框，再打开工作簿，列表框中没任何反应，说明事件被移除了。

实际上，对象的事件过程书写格式都是固定的，即使使用上述的修补程序的方法，也往往需要后期修改，很多情况下可以根据自身经验直接书写。

8.6 操作其他 Office 对象

还有一些对象，属于 Office 对象库中的内容，这些对象在 Office 各个组件中均可利用。本节介绍 VB.NET 语言中如何操作访问这些常用对象。

操作和访问 Office 对象，要在项目中同时添加对 Office 和 Office 组件的两个引用，例如要在 Word 2013 中创建自定义工具栏，就需要添加 Office 2013 和 Word 2013 的引用。

8.6.1 自定义 Office 工具栏

通过 VB.NET 语言创建 Office 工具栏分为如下步骤：

（1）为项目添加引用。

（2）获取应用程序对象。

（3）为应用程序创建新的工具栏。

（4）向工具栏中添加控件。

（5）设置控件的属性，以及控件的事件过程。

下面的程序，在 Word 2013 中创建一个工具栏，并在工具栏中添加 3 个命令按钮。

项目实例 54　WindowsApp_Word_Commandbar 自定义 Office 工具栏

在 Visual Studio 中创建名为 WindowsApp_Word_CommandBar 的窗体应用程序，窗体上放置两个按钮。

然后为项目添加引用 Microsoft Office 15.0 Object Library 以及 Microsoft Word 15.0 Object Library，如图 8-18 所示。

在窗体的代码文件顶部导入如下指令：

图 8-18　添加 Office、Word 的外部引用

```
Imports Microsoft.Office.Core
Imports Microsoft.Office.Interop
```

然后书写 Form1_Load 事件过程，当窗体启动时就获取运行着的 Word 应用程序。为两个

按钮书写 Click 事件过程,分别用于创建和删除工具栏,窗体完整的代码如下:

```vb
    Imports Microsoft.Office.Core
    Imports Microsoft.Office.Interop
    Public Class Form1
        Dim WordApp As Word.Application
        Dim cmb As CommandBar
        Dim bt(2) As CommandBarButton
        Private Sub Form1_Load(sender As Object, e As EventArgs) Handles Me.Load
            WordApp = GetObject(, [Class]:="Word.Application")
        End Sub
        Private Sub Button1_Click(sender As Object, e As EventArgs) Handles Button1.Click
            cmb = WordApp.CommandBars.Add(Name:="VB.NET 工具栏", Position:=MsoBarPosition.msoBarBottom, MenuBar:=False, Temporary:=True)
            cmb.Visible = True
            For i As Integer = 0 To 2
                bt(i) = cmb.Controls.Add(Type:=MsoControlType.msoControlButton)
                With bt(i)
                    .Caption = "按钮" & i                              '控件的标题
                    .Tag = "Tag" & i                                   '控件的标记
                    .FaceId = i * 100                                  '控件的标题
                    .Style = MsoButtonStyle.msoButtonIconAndCaption    '控件的显示样式
                    AddHandler .Click, AddressOf bt_Click              '设置控件事件
                End With
            Next i
        End Sub

        Private Sub bt_Click(Ctrl As CommandBarButton, ByRef CancelDefault As Boolean)
            Select Case Ctrl.Tag
                Case "Tag0"
                    WordApp.Documents.Add()
                Case "Tag1"
                    WordApp.ActiveDocument.Close(SaveChanges:=False)
                Case "Tag2"
                    MsgBox(WordApp.UserName & " 你好!")
            End Select
        End Sub

        Private Sub Button2_Click(sender As Object, e As EventArgs) Handles Button2.Click
            Try
                WordApp.CommandBars("VB.NET 工具栏").Delete()           '删除工具栏
            Catch ex As Exception
                MsgBox(ex.Message)
            End Try
        End Sub
    End Class
```

代码分析：本例采用控件数组的方式，一次性追加 3 个按钮到工具栏中，bt_Click 这个事件是 3 个控件共用的事件过程，使用控件的 Tag 属性来判断用户单击的是哪一个控件。

在打开 Word 的前提下，启动 VB.NET 窗体程序，如图 8-19 所示。

单击"增加工具栏"按钮，会在 Word 2013 的"加载项"中看到新建的工具栏和 3 个按钮，单击每个按钮，返回不同的结果，如图 8-20 所示。

图 8-19　先打开 Word 再启动窗体

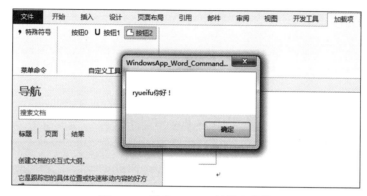

图 8-20　创建 Word 工具栏和控件

然后单击 VB.NET 窗体上的"删除工具栏"按钮，可以看到 Word 2013 的自定义工具栏被删除。

8.6.2　文件选择对话框

FileDialog 也是 Office 对象库中的一个重要对象，可以为 Office 各个组件提供选择文件、路径的对话框。

在下面的程序中，单击窗体上的按钮，PowerPoint 2013 中出现选择文件的对话框。

项目实例 55　WindowsApp_PowerPoint_FileDialog 文件选择对话框

创建一个名为 WindowsApp_PowerPoint_FileDialog 的窗体应用程序，为项目添加对 Office 和 PowerPoint 的引用。

然后在窗体上放置一个按钮 Button1。分别设置窗体的启动事件和按钮的单击事件，完整代码如下：

```
Imports Microsoft.Office.Core
Imports Microsoft.Office.Interop
Public Class Form1
    Private PowerPointApp As PowerPoint.Application
    Private pres As PowerPoint.Presentation
```

```
Private Sub Button1_Click(sender As Object, e As EventArgs) Handles Button1.Click
    Dim dialog As FileDialog
    dialog = PowerPointApp.FileDialog(MsoFileDialogType.msoFileDialogFilePicker)
    With dialog
        .AllowMultiSelect = True
        .ButtonName = "打开多个文件"
        .Filters.Clear()
        .Filters.Add(Description:="PowerPoint 文件", Extensions:="*.ppt")
        If .Show Then
            For Each filename As String In .SelectedItems
                PowerPointApp.Presentations.Open(FileName:=filename)
            Next filename
        End If
    End With
End Sub
Private Sub Form1_Load(sender As Object, e As EventArgs) Handles Me.Load
    PowerPointApp = GetObject(, [Class]:="PowerPoint.Application")
End Sub
End Class
```

代码分析：窗体在启动时，自动获取 PowerPoint 应用程序对象，当单击按钮时，在 PowerPoint 中弹出一个可以选择多个文件的对话框，用户选择了多个文件后，通过 For...Each 循环得到每个 .ppt 文件的路径。

启动 VB.NET 窗体应用程序，单击窗体上的按钮，如图 8-21 所示。

PowerPoint 2013 中弹出文件选择对话框，如图 8-22 所示。

图 8-21 调用 Office 的 FileDialog

图 8-22 显示文件选择对话框

选择了文件后,单击右下角的"打开多个文件"按钮,可以看到所选文件依次被打开。

8.6.3 操作 VBE

VBE 是指 VBA Editor,也就是 VBA 编程环境。开发人员要对 VBE 进行操作和自定义,要添加对 VBIDE(Visual Basic Integrated Development Environment)的引用。

本例通过 VB.NET 操作 VBIDE 从而自动为 Excel VBA 工程添加一个用户窗体为例,讲解说明操作 VBE 的技术知识。

项目实例 56　WindowsApp_Excel_VBIDE 操作 VBE

创建一个名为 WindowsApp_Excel_VBIDE 的窗体应用程序,首先为项目添加对 Excel 的引用。

然后添加 Microsoft Visual Basic for Applications Extensibiilty 5.3 的引用,如图 8-23 所示。

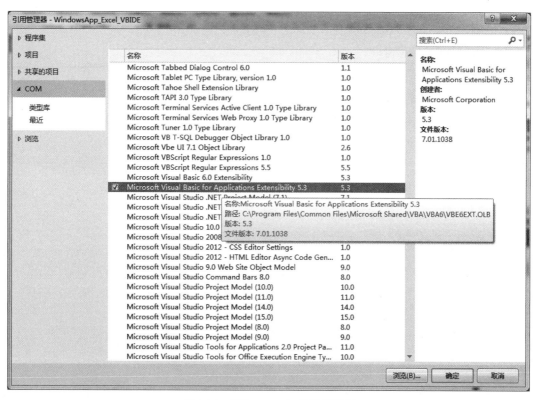

图 8-23　添加 VBIDE 的外部引用

此外,还要在 Excel 的宏安全性选项对话框中,勾选"信任对 VBA 工程对象模型的访问",如图 8-24 所示。

通过访问 VBIDE,就可以自动向 VBA 工程中插入和移除模块(标准模块、窗体、类模块等),也可以自动书写代码。

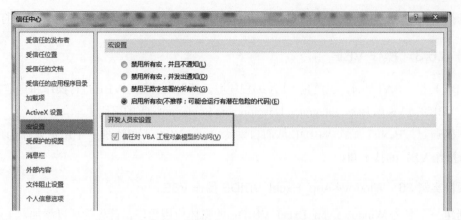

图 8-24　勾选"信任对 VBA 工程对象模型的访问"

VB.NET 程序操作 VBIDE 的步骤包括：

（1）获取运行着的 Excel 应用程序对象。

（2）获取 Excel 的 VBA 环境。

（3）显示 VBA 编程窗口。

（4）向当前 VBA 工程插入用户窗体。

（5）在用户窗体的设计视图中插入控件。

VB.NET 窗体上放置两个按钮控件，分别用于添加和移除 VBA 中的用户窗体。

完整代码如下：

```
Imports Microsoft.Office.Interop
Imports Microsoft.Vbe.Interop
Public Class Form1
    Dim ExcelApp As Excel.Application
    Dim ExcelVBE As VBE
    Dim vbp As VBProject
    Dim comp As VBComponent
    Dim button As Forms.CommandButton
    Private Sub Button1_Click(sender As Object, e As EventArgs) Handles Button1.Click
        ExcelApp = GetObject(, [Class]:="Excel.Application")
        ExcelVBE = ExcelApp.VBE                         'VBE 环境
        ExcelVBE.MainWindow.Visible = True              ' 自动打开 VBA 编程环境
        vbp = ExcelVBE.ActiveVBProject                  'VBE 中的活动工程
        comp = vbp.VBComponents.Add(ComponentType:=vbext_ComponentType.vbext_ct_MSForm)
        With comp
            .Name = "MyForm"                            ' 重命名窗体的名称
            .Properties.Item("Caption").Value = " 自动窗体演示 "
            .Properties.Item("Width").Value = 200
            .Properties.Item("Height").Value = 200
        End With
        button = comp.Designer.controls.add("Forms.CommandButton.1")
        With button
            .Caption = " 新按钮 "
```

```
                .Font.Name = " 华文新魏 "
                .Font.Size = "14"
        End With
        comp.DesignerWindow.Visible = True
    End Sub

    Private Sub Button2_Click(sender As Object, e As EventArgs) Handles Button2.Click
        vbp.VBComponents.Remove(VBComponent:=comp)
    End Sub
End Class
```

代码分析：本例中的 comp 是指新加入的用户窗体模块，button 是该窗体上新加的一个命令按钮控件。

启动 VB.NET 窗体应用程序，如图 8-25 所示。

单击"增加 VBA 用户窗体"按钮，将执行 Button1_Click 事件中的代码。在 Excel VBA 编程环境中可以看到多了一个用户窗体，如图 8-26 所示。

然后单击"移除用户窗体"按钮，MyForm 被删除。

图 8-25　窗体结果

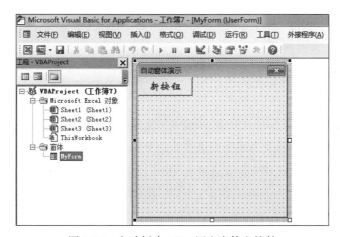

图 8-26　自动创建 VBA 用户窗体和控件

8.7　ADO.NET 操作 Access 数据库

ADO（ActiveX Data Object）对象是继 ODBC 的开放数据库连接架构。ADO 目前的最新版本为 ADO.NET。

ADO.NET 不像以前的 ADO 版本是站在为了存取数据库的观点而设计的，ADO.NET 是为了应用广泛的数据控制而设计的，所以使用起来比以前的 ADO 更灵活有弹性，也提供了更多的功能。ADO.NET 的出现并不是要来取代 ADO，而是要提供更有效率的数据存取。

ADO.NET 对象模型中有 5 个主要的组件，分别是 Connection 对象、Command 对象、DataReader 对象、DataAdapter 对象以及 DataSet 对象。

Connection 对象用于连接和打开数据库。因此，操作数据库的第一步就是创建并设置 Connection 对象。

Command 对象是用来执行 SQL 语句的命令对象，根据 SQL 语句类型的不同，Command 对象的执行方法、返回的结果类型也不同，如表 8-1 所示。

表 8-1 Command 对象的执行方法和返回结果

SQL 语句	Command 对象的执行方法	返回结果对象
Insert Into、Delete、Update	ExecuteNonQuery	无
包含聚集函数的 Select 语句	ExecuteScalar	聚集函数的计算结果
返回结果记录集的 Select 语句	ExecuteReader	DataReader 对象

此外，由于 Command 对象还可以产生相应的 DataAdapter 对象以及 DataSet 对象，DataSet 对象又包含 DataTable 对象。

本节以连接微软 Access 数据库为例，简要说明通过 ADO.NET 实现数据表的增删改查操作。

8.7.1 连接数据库

连接数据库的重点和难点是设置 Connection 对象的连接字符串，VB.NET 提供两种类型的 Connection 类。

❑ SqlConnection：用于设计连接 Microsoft SQL Server。

❑ OleDbConnection：用于连接各种数据库，例如 Microsoft Access、Oracle 等。

本节需要连接扩展名为 .accdb 的 Access 2007 以上版本的数据库文件，因此需要在程序顶部导入 Imports System.Data.OleDb 指令，因为 OleDbConnection、OleDbCommand 等这些重要对象都位于该命名空间之下。

Connection 对象的 ConnectionString 参数中，需要设置 Provider、数据源、数据库密码等信息。

项目实例 57 WindowsApp_ADONet ADO.NET 操作 Access 数据库

创建一个名为 WindowsApp_ADONet 的窗体应用程序，在窗体上放置若干按钮控件。

然后在该项目的 Debug 生成文件夹下准备一个现成的 Access 数据库，数据库名称为"学生信息.accdb"，打开密码为 123456。

该数据库包含一个名为"基本情况"的表，基本情况表包括 7 个字段：ID（自动编号）、姓名、性别、年龄、身高、籍贯、成绩。表中已有 10 个学生记录，如图 8-27 所示。

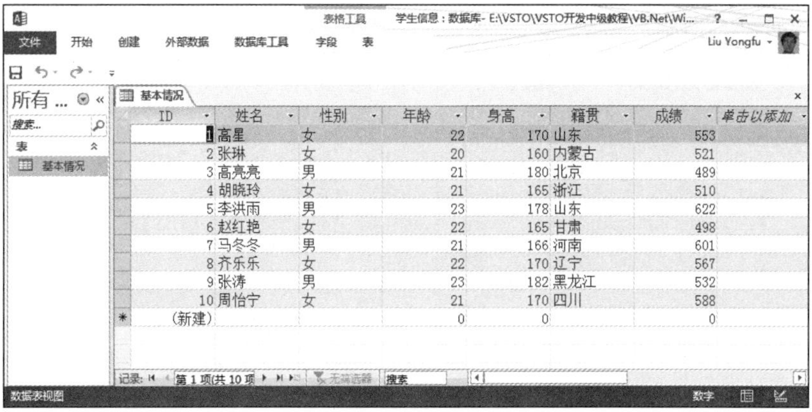

图 8-27 Access 数据表

然后在窗体模块中声明两个模块级变量 cnn 和 cmd，分别用来连接数据库、执行 SQL 查询。完整代码如下：

```
Imports System.Data.OleDb
Public Class Form1
    Private cnn As OleDbConnection
    Private cmd As OleDbCommand
    Private Sub Button1_Click(sender As Object, e As EventArgs) Handles Button1.Click
        cnn = New OleDbConnection(connectionString:="Provider=Microsoft.ACE.OLEDB.12.0;Data Source='学生信息.accdb';Jet OLEDB:Database Password='123456';Persist Security Info=True")
        cnn.Open()
        If cnn.State = ConnectionState.Open Then
            MsgBox("连接成功！ ", vbInformation)
        End If
    End Sub
End Class
```

代码分析：连接字符串中的 Data Source 部分最好用单引号把数据库路径括起来，虽然不是必须的，如果被连接的数据库未设置打开密码，则 Jet OLEDB:Database Password='123456'; 这一部分可以删除。

执行上述过程，如果对话框提示"连接成功！"，就可以在其他过程中使用变量 cnn 来操作数据表了。

8.7.2 增加记录

在连接到数据库的前提下，执行任何查询都要先创建 Command 对象，新建的 Command 对象需要规定连接对象、命令文本。本例尝试使用 Insert Into 语句向基本情况表中增加多条记录，完整代码如下：

```
Private Sub Button2_Click(sender As Object, e As EventArgs) Handles Button2.Click
    cmd = New OleDbCommand()
```

```vb
        With cmd
            .Connection = cnn
            .CommandText = "Insert Into 基本情况 ([姓名],[性别],[年龄],[身高],[籍贯],[成绩]) Values(@name,@gender,@age,@height,@native,@score)"
            .Parameters.Add(New OleDbParameter("@age", "刘永富"))
            .Parameters.Add(New OleDbParameter("@gender", "男"))
            .Parameters.Add(New OleDbParameter("@age", 38))
            .Parameters.Add(New OleDbParameter("@height", 175))
            .Parameters.Add(New OleDbParameter("@native", "内蒙古"))
            .Parameters.Add(New OleDbParameter("@score", 500))
            .ExecuteNonQuery()
            MsgBox("新增记录成功!", vbInformation)
        End With
        cmd = New OleDbCommand()
        With cmd
            .Connection = cnn
            .CommandText = "Insert Into 基本情况 ([姓名],[性别],[年龄],[身高],[籍贯],[成绩]) Values(?,?,?,?,?,?)"
            .Parameters.Add(New OleDbParameter("姓名", "陌生人"))
            .Parameters.Add(New OleDbParameter("性别", "女"))
            .Parameters.Add(New OleDbParameter("年龄", 28))
            .Parameters.Add(New OleDbParameter("身高", 165))
            .Parameters.Add(New OleDbParameter("籍贯", "广西"))
            .Parameters.Add(New OleDbParameter("成绩", 600))
            .ExecuteNonQuery()
            MsgBox("新增记录成功!", vbInformation)
        End With
    End Sub
```

代码分析：Command 对象的 Connection 属性和 CommandText 属性，也可以在创建对象时直接写入，例如：

```vb
    cmd = New OleDb.OleDbCommand(cmdText:="Insert Into 基本情况 ([姓名],[性别],[年龄],[身高],[籍贯],[成绩]) Values(@name,@gender,@age,@height,@native,@score)", connection:=cnn)
```

另外，CommandText 中可以使用 @ 名称或 ? 作为占位符，这样就避免了使用 & 拼接字符串构造 SQL 的烦琐。

执行上述过程，自动向数据表中添加了两条记录，如图 8-28 所示。

ID	姓名	性别	年龄	身高	籍贯	成绩
1	高星	女	22	170	山东	553
2	张琳	女	20	160	内蒙古	521
3	高亮亮	男	21	180	北京	489
4	胡晓玲	女	21	165	浙江	510
5	李洪雨	男	23	178	山东	622
6	赵红艳	女	22	165	甘肃	498
7	马冬冬	男	21	166	河南	601
8	齐乐乐	女	22	170	辽宁	567
9	张涛	男	23	182	黑龙江	532
10	周怡宁	女	21	170	四川	588
12	刘永富	男	38	175	内蒙古	500
13	陌生人	女	28	165	广西	600
*	(新建)			0	0	0

图 8-28 增加记录

■ 8.7.3 删除记录

使用 Delete 语句删除指定条件的记录，下面的程序删除 ID 大于 10 的所有记录。

```
Private Sub Button3_Click(sender As Object, e As EventArgs) Handles Button3.Click
    cmd = New OleDbCommand()
    With cmd
        .Connection = cnn
        .CommandText = "Delete From 基本情况 Where ID > ?"
        .Parameters.Add(New OleDbParameter("ID", 10))
        .ExecuteNonQuery()
        MsgBox(" 删除记录成功！ ", vbInformation)
    End With
End Sub
```

■ 8.7.4 更新记录

使用 Update 语句更新记录，下面的程序把所有人的年龄增加 1 岁。

```
Private Sub Button4_Click(sender As Object, e As EventArgs) Handles Button4.Click
    cmd = New OleDbCommand()
    With cmd
        .Connection = cnn
        .CommandText = "Update 基本情况 Set 年龄 = 年龄 +1"
        .ExecuteNonQuery()
        MsgBox(" 更新记录成功！ ", vbInformation)
    End With
End Sub
```

■ 8.7.5 返回标量的 Select 查询

含有 Max、Min、Sum、Avg、Count 这些聚集函数的 Select 查询，返回的结果是一个常数，使用 Command 对象的 ExecuteScalar 方法返回这一结果。

下面的程序，对话框中返回所有男生的平均成绩。

```
Private Sub Button5_Click(sender As Object, e As EventArgs) Handles Button5.Click
    cmd = New OleDbCommand()
    With cmd
        .Connection = cnn
        .CommandText = "Select Avg( 成绩 ) From 基本情况 Where 性别 =' 男 '"
        MsgBox(" 男生平均成绩： " & .ExecuteScalar(), vbInformation)
    End With
End Sub
```

■ 8.7.6 遍历结果记录集

对于一般的 Select 查询语句，返回的是多行多列的结果记录集，这个记录集可以使用 DataReader 对象来描述。

DataReader 对象的 FieldCount 属性返回结果记录集的列数，GetName(i) 返回第 i 个字段的名称，GetFieldType(i) 返回第 i 个字段的类型。

如果要遍历结果记录集的每行记录，需要在 While 循环中反复调用 DataReader 的 Read 方法，循环过程中，DataReader(" 姓名 ") 返回当前记录的姓名字段的值，DataReader.GetValue(1) 返回当前记录第 1 个字段的值。

下面的程序，使用 Select 查询语句返回所有女生的姓名、性别、年龄这 3 列信息。

```
Private Sub Button6_Click(sender As Object, e As EventArgs) Handles Button6.Click
    Dim RecordReader As OleDbDataReader
    cmd = New OleDbCommand()
    With cmd
        .Connection = cnn
        .CommandText = "Select 姓名,性别,年龄 From 基本情况 Where 性别='女'"
        RecordReader = .ExecuteReader()
        Debug.WriteLine("结果记录集的列数：" & RecordReader.FieldCount)
        For c As Integer = 0 To RecordReader.FieldCount - 1
        Debug.WriteLine("字段名称：" & RecordReader.GetName(c).ToString & vbTab & "字段类型：" & RecordReader.GetFieldType(c).ToString)
        Next c
        '遍历结果记录集
        While RecordReader.Read
            Debug.WriteLine(RecordReader("姓名").ToString & vbTab & RecordReader.GetValue(1))
        End While
    End With
End Sub
```

代码分析：上述程序执行 Select 查询之后，先遍历每列的名称和类型，然后遍历每行记录。立即窗口的打印结果：

```
结果记录集的列数：3
字段名称：姓名        字段类型：System.String
字段名称：性别        字段类型：System.String
字段名称：年龄        字段类型：System.Int32
高星 女
张琳 女
胡晓玲      女
赵红艳      女
齐乐乐      女
周怡宁      女
```

■ 8.7.7 生成 DataTable 对象

Command 对象查询的结果还可以依次产生 DataAdapter 对象、DataTable 对象，DataTable 是一种虚拟表，可以想象成二维数组。只要把 DataGridView 控件的 DataSource 属性设置为一个 DataTable，就可以显示数据。

下面的程序，查询所有女生的姓名、性别、年龄这 3 列信息，生成一个 DataTable 对象，最后演示了读取 DataTable 的列名、某行某列的内容。

```vbnet
Private Sub Button7_Click(sender As Object, e As EventArgs) Handles Button7.Click
    Dim RecordReader As OleDbDataReader
    cmd = New OleDbCommand()
    With cmd
        .Connection = cnn
        .CommandText = "Select 姓名,性别,年龄 From 基本情况 Where 性别='女'"
    End With
    Dim Adapter1 As OleDbDataAdapter
    Adapter1 = New OleDbDataAdapter()
    Adapter1.SelectCommand = cmd
    Dim DS1 As DataSet
    DS1 = New DataSet()
    Adapter1.Fill(dataSet:=DS1, srcTable:="Table1")
    Dim DT1 As DataTable
    DT1 = DS1.Tables("Table1")
    Debug.WriteLine(" 行数: " & DT1.Rows.Count & vbTab & "列数: " & DT1.Columns.Count)
    Debug.WriteLine(" 第1列的名称: " & DT1.Columns(1).ColumnName)
    Debug.WriteLine(" 第2行、第2列的内容: " & DT1.Rows(2).Item(2))
End Sub
```

运行上述程序，立即窗口的打印结果如下：

```
行数: 6    列数: 3
第1列的名称: 性别
第2行第2列的内容: 21
```

8.7.8 断开数据库

执行完对数据库的操作之后，要养成及时关闭数据库连接的习惯。首先应判断 Connection 对象是不是 Nothing，如果不是，则继续判断是不是处于打开状态，如果是打开状态，则调用 Close 方法执行关闭操作，释放变量。

```vbnet
Private Sub Button8_Click(sender As Object, e As EventArgs) Handles Button8.Click
    If cnn Is Nothing = False Then
        If cnn.State = ConnectionState.Open Then
            cnn.Close()
            cnn = Nothing
            MsgBox("已断开数据库连接！", vbInformation)
        End If
    End If
End Sub
```

启动窗体应用程序，单击"连接数据库"按钮，执行有关操作之后，最后单击"断开数据库"按钮，如图 8-29 和图 8-30 所示。

图 8-29　数据库操作窗体设计界面

图 8-30　消息对话框

8.8　小结

本章讲述了 VB.NET 程序操作访问 Office 组件的方法。

介绍了 Excel VBA 中的 Application、Workbook、Worksheet、Range 等常用对象在 VB.NET 语言中的代码书写方法。

并且介绍了 ADO.NET 访问和操作 Access 数据库的方法。

第 9 章
VSTO 外接程序

VSTO 是 Visual Studio Tools for Office 的简称，是一套创建自定义 Office 应用程序的 Visual Studio 工具包，可以使用 VB.NET 或者 C# 进行 VSTO 开发。

按项目类型分类，VSTO 分为外接程序项目和文档自定义项目。外接程序项目支持的 Office 组件有：Excel、InfoPath、Outlook、PowerPoint、Project、Visio、Word。文档自定义项目分为 Excel 工作簿、Excel 模板、Word 文档、Word 模板这 4 种类型。

本章讲述 VSTO 外接程序项目的开发过程，主要内容包括：

- ❑ VSTO 开发环境配置。
- ❑ VSTO 项目中的 PIA、命名空间。
- ❑ VSTO 外接程序项目的调试。
- ❑ COM 加载项与注册表。

9.1 VSTO 外接程序与 COM 加载项

Office 的 COM 加载项，是指用其他编程语言开发的、用于操作访问 Office 对象的插件，COM 加载项不能独立运行，必须依附于 Office 组件，例如 Excel 的 COM 加载项，只有 Excel 处于打开状态，才能使用 COM 加载项的功能。

微软 Office 的常用组件（如 Excel、Word、PowerPoint、Outlook 等）都支持 COM 加载项，而且一律通过 COM 加载项对话框来管理各个 COM 加载项。Office 2010 以上版本可以通过单击"开发工具"选项卡中的"COM 加载项"按钮调出该对话框，如图 9-1 所示。

COM 加载项具有功能强大、封装性好、与 Office 软件兼容性好等诸多优点，广泛用于各种 Office 插件和工具箱的制作。

能够用于制作 Office COM 加载项的编程语言有 Visual Basic 6、VB.NET、C# 等。

VSTO 外接程序项目是一个 Visual Studio 项目模板，开发人员可以在这个模板的基础上加入自定义功能，生成的解决方案就是一个 COM 加载项。

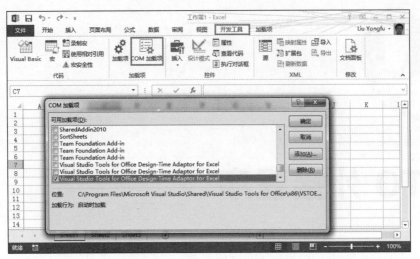

图 9-1 "COM 加载项"对话框

9.2 开发环境配置

进行 VSTO 开发需要具备以下的环境配置：

☐ Visual Studio 中已安装了 Office/SharePoint 开发的项目类型。
☐ 系统已安装了 .NET Framework 4.0 或者以上版本。
☐ 具有 VBA 编程支持、.NET 编程支持的 Microsoft Office。

因为 VSTO 是通过 Office 主互操作程序集（Primary Interop Assembly，PIA）和 Office 进行交互，在安装 Office 时，勾选了相应组件的 .NET 编程支持才能在 GAC 中生成 PIA，如图 9-2 所示。

图 9-2 Office 安装选项

不过，一般情况下安装 Office 时默认安装 .NET 可编程性支持。

9.3　Office 主互操作程序集

对于安装了 .NET 可编程性支持的 Office，会在 GAC（Global Assembly Cache，全局程序集缓存）目录下生成相应的 PIA，如图 9-3 所示。

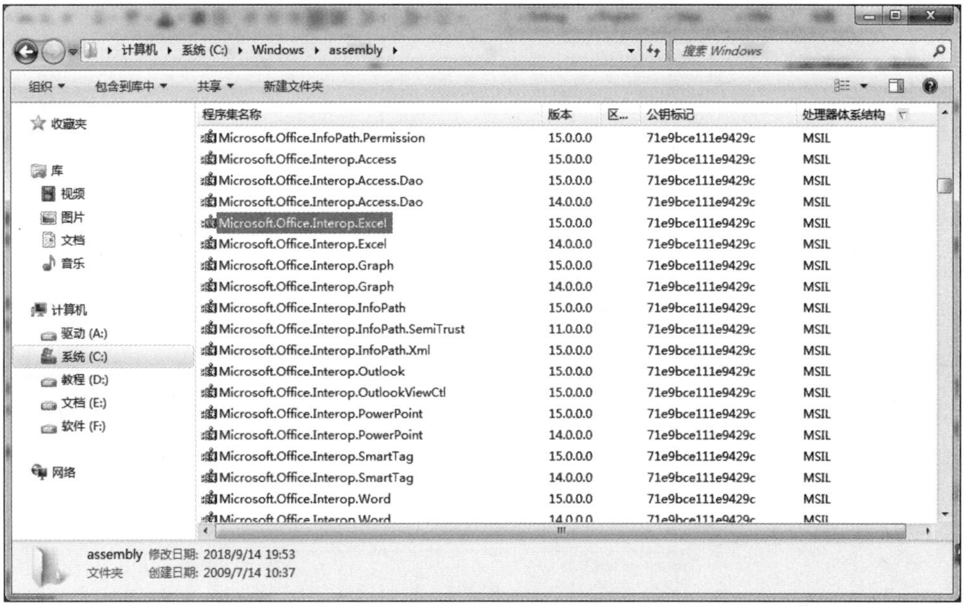

图 9-3　GAC 目录下的 PIA

PIA 使托管代码可与 Microsoft Office 应用程序基于 COM 的对象模型进行交互。具体的功能是，.NET 项目添加 PIA 的引用，就可以间接地使用 Office 对象模型和命名空间。

9.3.1　PIA 的副本

安装 Visual Studio 时，PIA 自动安装到文件系统中全局程序集缓存之外的位置，通常位于 C:\Program Files\Microsoft Visual Studio\Shared\Visual Studio Tools for Office\PIA\Office15。

用文件资源管理器打开该目录，可以看到很多动态链接库文件，其实这些就是 GAC 目录中 PIA 的副本，如图 9-4 所示。

创建 VSTO 项目时，Visual Studio 会自动将需要的 PIA 副本引用添加到项目中，使用这些 PIA 副本（而非全局程序集缓存中的程序集）在开发和生成项目时解析类型引用。

例如对于 Excel 2013/2016 VSTO 外接程序项目，默认添加的引用为 Microsoft.Office.Interop.Excel。

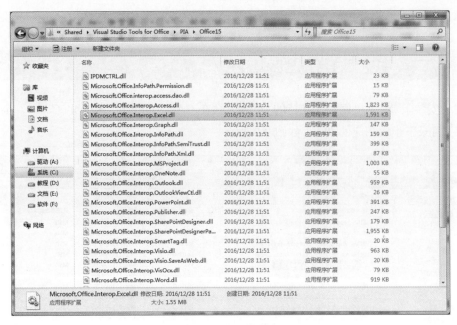

图 9-4 PIA 的副本

该引用用于向项目中提供 Excel 对象模型，查看这个引用的路径属性，可以看出是一个 PIA 副本，嵌入互操作类型属性为 True，VSTO 项目的终端用户（客户机）不需要另外安装 PIA，如图 9-5 所示。

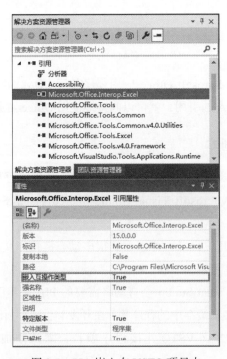

图 9-5 PIA 嵌入在 VSTO 项目中

9.3.2　添加其他 Office 组件的引用

VSTO 外接程序项目是单组件形式的，例如创建 Excel 2013/2016 VSTO 外接程序项目，该项目只能用于 Excel。

某些情况下，VSTO 项目可能还需要读写 PowerPoint、Word 等 Excel 以外的组件，这就需要手工添加这些组件的引用。

在"引用管理器"对话框中，左侧面板有"程序集"和 COM 两个大的分支，如果选择"程序集"→"扩展"，右侧的引用列表中勾选 Microsoft.Office.Interop.PowerPoint，就可以添加 PowerPoint 15.0 这个 PIA 的副本，如图 9-6 所示。

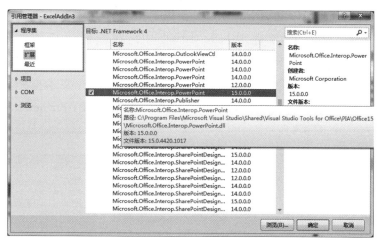

图 9-6　Visual Studio 目录下的 PowerPoint PIA 副本

如果选择 COM →"类型库"，勾选 Microsoft PowerPoint 15.0 Object Library，则添加的是 GAC 目录下的 PIA，如图 9-7 所示。

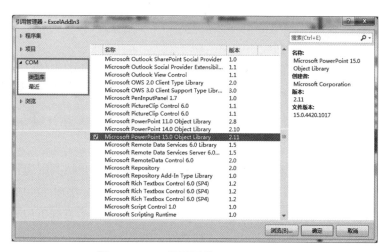

图 9-7　GAC 目录下的 PowerPoint PIA

9.4 创建 VSTO 外接程序项目

Office 外接程序本质上是一种类库项目,当项目生成解决方案后,在 Debug 文件夹下生成相关的文件,并且在 Office 的 COM 加载项对话框中可以看到该外接程序。

本节通过具体实例讲述在 Visual Studio 2017 中创建用于 Excel 2013/2016 的外接程序项目。

项目实例 58   ExcelAddin_WriteToExcel 第一个 Office 外接程序项目

具体功能是:在 Excel 中加载该外接程序时,Excel 自动创建工作簿,并且向单元格写入内容。

Step 1:创建 Excel 2013 和 2016 VSTO 外接程序

在 Visual Studio 2017 的"新建项目"对话框中,在左侧面板依次选择"其他语言"→ Visual Basic → Office/SharePoint →"VSTO 外接程序",在右侧窗格中选择"Excel 2013 和 2016 VSTO 外接程序",在对话框窗口下方的"名称"文本框中输入项目名称"ExcelAddIn_WriteToExcel",在对话框顶部的下拉框中选择".NET Framework 4",单击右下角的"确定"按钮,如图 9-8 所示。

图 9-8 创建 VSTO 外接程序项目

在 Visual Studio 中自动打开 ThisAddin.vb 这个文件,Class ThisAddIn 包括自动创建的两个事件过程:ThisAddin_Startup 和 ThisAddin_ShutDown,分别是外接程序的启动和关闭事件。

其中术语 ThisAddin 就是指这个外接程序本身。同时还应该注意到引用列表中,自动添加了对 Excel 和 Office 的引用,以及 System.Drawing 和 System.Windows.Forms 这些 VB.NET 的常规引用,如图 9-9 所示。

图 9-9　VSTO 外接程序的 ThisAddin 代码文件和项目引用列表

Step 2：操作访问 Excel 对象

程序中访问 Excel 最好的方式是定义 Excel 方面的对象变量，为了能让项目中任何场所都能操作 Excel 的对象变量，尽量把这些对象变量在 Module 中声明。

为项目中添加一个模块文件 Module1.vb。在里面声明公有的 Excel 对象变量：

```vb
Imports Microsoft.Office.Interop
Module Module1
    Public ExcelApp As Excel.Application
    Public wbk As Excel.Workbook
    Public wst As Excel.Worksheet
    Public rg As Excel.Range
End Module
```

然后在 ThisAddin.vb 文件中的 ThisAddin_Startup 事件写入：

```vb
Private Sub ThisAddIn_Startup() Handles Me.Startup
    '获取外接程序所在的 Excel 应用程序
    Module1.ExcelApp = Globals.ThisAddIn.Application
    If ExcelApp.Workbooks.Count < 1 Then
        wbk = ExcelApp.Workbooks.Add()
    Else
        wbk = ExcelApp.ActiveWorkbook
    End If
    wst = wbk.Worksheets(1)
    rg = wst.Range("B2:D2")
    rg.Value = {"第一个", "VSTO", "外接程序"}
End Sub
```

代码分析：Excel 启动后，需要判断是否有打开的工作簿，如果一个工作簿也没有，就用 Add 方法创建一个。

当 Excel 加载该外接程序时，会自动在指定的单元格区域输入值。

接下来在 ThisAddin_Shutdown 事件中输入：

```
Private Sub ThisAddIn_Shutdown() Handles Me.Shutdown
    MsgBox(ExcelApp.UserName & ",Good Bye")
End Sub
```

当卸载该外接程序时，弹出一个对话框。

以上就创建了一个最简单的用于 Excel 的 VSTO 外接程序。

Step 3：测试 VSTO 外接程序

如果认为上述代码和逻辑没有任何问题，单击 Visual Studio 的菜单"生成"→"生成解决方案"，或者按快捷键 F6，在项目的 Debug 文件夹中生成编译后的文件，路径为：...\ExcelAddIn_WriteToExcel\ExcelAddIn_WriteToExcel\bin\Debug，如图 9-10 所示。

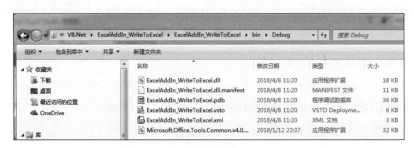

图 9-10　生成解决方案的目标文件夹

然后手工启动 Excel，在 Excel 的 COM 加载项对话框中可以看到该外接程序，如图 9-11 所示。

图 9-11　Excel 的 COM 加载项中可以看到 VSTO 外接程序

在 Visual Studio 中，单击菜单"调试"→"开始执行（不调试）"命令或者按快捷键 Ctrl+F5，既生成了解决方案，同时自动启动 Excel 查看结果，如图 9-12 所示。

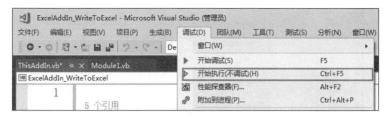

图 9-12　调试运行 VSTO 外接程序项目

如果取消勾选 COM 加载项中该外接程序，单击"确定"按钮，此时会弹出一个对话框，显示"ryueifu,Good Bye"。这是因为触发了 COM 加载项的 ThisAddin_Shutdown 事件，如图 9-13 所示。

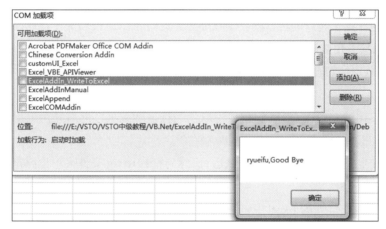

图 9-13　临时卸载 COM 加载项触发 ThisAddin_Shutdown 事件

因此，VSTO 程序开发的过程，就是不断完善代码、不断地与 Office 软件交互调试、查看的过程。

一般来说，每次执行或调试结束后，要手动把 Excel 完全退出，以便于下次解决方案的生成和执行调试。

9.5　外接程序项目的调试

在实际开发过程中，VSTO 项目中的代码很长、很多，此时调试技巧就显得很重要了。因为通过程序的调试，开发人员可以了解到每行代码的执行情况。

首先，在需要设置断点的代码的行号左侧空白处用单击一下（快捷键 F9），行首出现一个红点，并且该行代码处于选定状态，如图 9-14 所示。

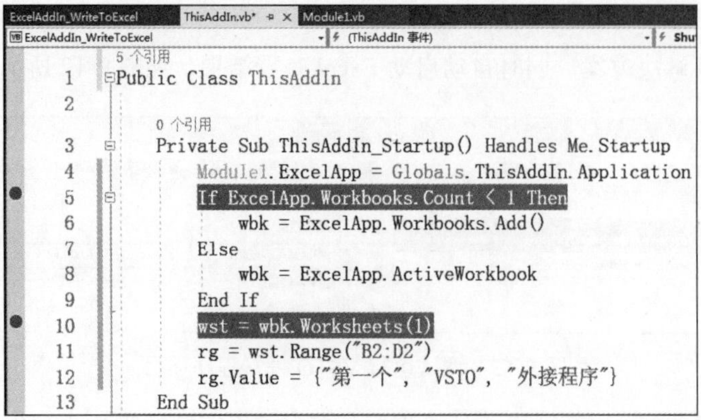

图 9-14 设置断点

然后，在 Visual Studio 中选择菜单"调试"→"开始调试"，或者按下快捷键 F5，就会自动启动 Excel，并且代码一次性运行到第一个红点所在代码行。

代码运行到设置了断点的行，就会卡在那里，此时可以通过局部窗口或即时窗口查看变量的值，也可以按下快捷键 F11 单步向下继续执行。执行完所有的代码后，COM 加载项对话框中相应的 VSTO 外接程序会处于加载状态，Visual Studio 处于运行状态，不可以编辑任何代码。

如果要结束调试，先在 COM 加载项中取消勾选该加载项，然后完全退出 Excel，Visual Studio 会自动退出调试模式。

无论是直接生成解决方案，还是调试运行，都会在 Debug 文件夹中生成最新的外接程序文件。

下面讲述一种在打开的 Excel 中进行调试、调试完毕后可以不退出 Excel 的方法。

Step 1：设置断点行

在 VSTO 外接程序项目中的有关代码中设置若干断点。

Step 2：生成解决方案

在 Visual Studio 的解决方案资源管理器视图中，右击 VSTO 项目名称，在右键菜单中选择"生成"命令，如图 9-15 所示。

也可以选择 Visual Studio 的菜单"生成"→"生成 ExcelAddIn_WriteToExcel"。

Step 3：附加到进程

启动调试之前，手工打开 Excel。

然后在 Visual Studio 中选择菜单"调

图 9-15 生成解决方案

试"→"附加到进程",在"附加到进程"对话框中,在可用的进程中找到"Excel.exe",如果找不到匹配的进程,也可以单击右下角的"刷新"按钮更新列表,如图 9-16 所示。

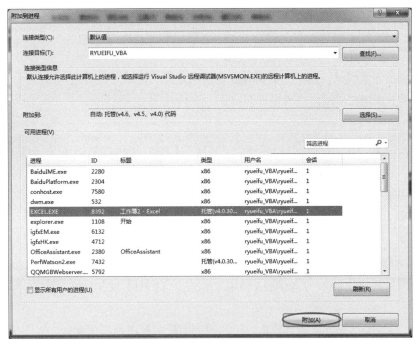

图 9-16　附加到已经打开的 Excel

单击"附加"按钮,Visual Studio 自动进入调试模式。

Step 4: 勾选 COM 加载项

在 Excel 的"COM 加载项"对话框中,找到相应的 VSTO 外接程序,勾选并单击"确定"按钮,如图 9-17 所示。

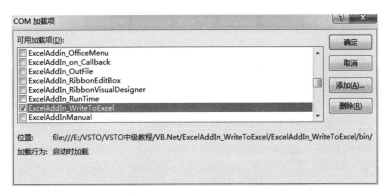

图 9-17　勾选 COM 加载项

关闭"COM 加载项"对话框后,可以看到代码自动执行到第一个断点行。然后按快捷键 F5 或 F11 进行调试。

Step 5：结束调试

再次打开 Excel 的 COM 加载项对话框，取消勾选 VSTO 程序，关闭"COM 加载项"对话框。

在 Visual Studio 中选择菜单"调试"→"停止调试"，Visual Studio 退出调试模式，进入代码编辑模式，但是 Excel 不会退出。

之后如果还需要调试，在 Visual Studio 中依次选择"调试"→"重新附加到进程"命令，就会自动使用上次调试使用的进程进行调试。

9.6 Visual Studio 2010 Tools for Office Runtime

VSTO Runtime 是 VSTO 程序的必备运行环境，开发计算机、客户机都需要安装。

Office 2013 及其以上版本自带该环境，Office 2010 及其以下版本需要单独下载安装，下载网址是：http://download.microsoft.com/download/9/4/9/949B0B7C-6385-4664-8EA8-3F6038172322/vstor_redist.exe。

从上述网址可以下载一个大小约 38MB、名为"VSTOR_redist.exe"的安装文件，双击安装即可。

已安装了 VSTO Runtime 的计算机，可从控制面板的程序列表中看到，如图 9-18 所示。

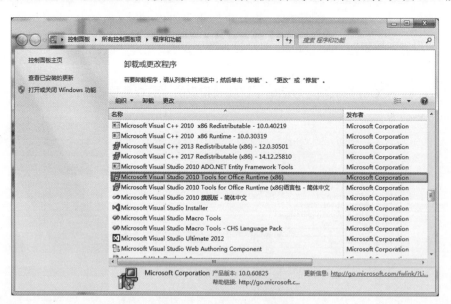

图 9-18　VSTO Runtime

当创建一个 VSTO 外接程序项目时，项目中会默认自动添加 VSTO Runtime 的一些引用，这些引用大多包含 Tools 这个单词。

例如 Microsoft.Office.Tools.Common，该引用提供了自定义功能区、Smart Tags（智能标记）

有关的类型。不过智能标记功能在 Excel 2010、Word 2010 中已被丢弃。

Microsoft.Office.Tools.Excel 提供了宿主项目和宿主控件的界面，注意该引用与 Microsoft.Office.Interop.Excel 的不同之处。

9.7 VSTO 外接程序项目中的引用和命名空间

一个 VSTO 项目包含多个引用，一个引用通常包含多个命名空间。命名空间最终决定了对象变量的类型。

对于 Excel VSTO 外接程序项目，最常用的引用及其包含的命名空间如表 9-1 所示。

表 9-1 VSTO 开发最常用的引用、命名空间

引用	提供的命名空间	功能描述
Microsoft.Office.Interop.Excel	Microsoft.Office.Interop.Excel	提供 Excel 对象类型
Microsoft.Office.Tools.Common	Microsoft.Office.Tools	提供自定义任务窗格、文档操作窗格对象类型
	Microsoft.Office.Tools.Ribbon	提供功能区可视化设计器对象类型
Microsoft.Office.Tools.Excel	Microsoft.Office.Tools.Excel	提供文档项目的宿主控件类型
Office	Microsoft.Office.Core	提供 Office 对象类型

9.7.1 Excel 对象类型

Microsoft.Office.Interop.Excel 命名空间提供了 Excel 对象模型的所有类型，在 VSTO 外接程序项目的引用列表中，右击 Microsoft.Office.Interop.Excel 并选择右键菜单中的"在对象浏览器中查看"，如图 9-19 所示。

图 9-19 打开对象浏览器视图

在自动打开的对象浏览器视图中，外层的 Microsoft.Office.Interop.Excel 是引用、程序集的名称，下面一层 Microsoft.Office.Interop.Excel 是命名空间的名称，里面包含的都是 Excel 对象模型，例如 Action、Addins、Workbook、Worksheet、Range 这些对象，与 Excel VBA 中的对象完全一样，如图 9-20 所示。

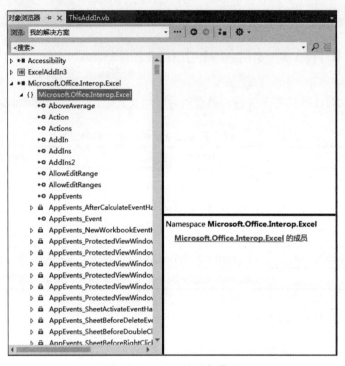

图 9-20　Excel 的对象模型

因此，在 VSTO 项目中读写 Excel 对象时，凡是声明 Excel 相关的对象类型，前面一律添加 Microsoft.Office.Interop.Excel 命名空间。

下面的程序，ThisAddin.vb 文件顶部不使用 Imports 导入命名空间，类中的代码就需要写成：

```
Public Class ThisAddIn
    Public ExcelApp As Microsoft.Office.Interop.Excel.Application
    Public wbk As Microsoft.Office.Interop.Excel.Workbook
    Public wst As Microsoft.Office.Interop.Excel.Worksheet
    Public rg As Microsoft.Office.Interop.Excel.Range
    Public Type_Worksheet As Microsoft.Office.Interop.Excel.XlSheetType
    Private Sub ThisAddIn_Startup() Handles Me.Startup
        ExcelApp = TryCast(Globals.ThisAddIn.Application, Microsoft.Office.Interop.Excel.Application)
        wbk = ExcelApp.Workbooks.Add()
        Type_Worksheet = Microsoft.Office.Interop.Excel.XlSheetType.xlWorksheet
        wst = wbk.Sheets.Add(After:=wbk.Sheets(wbk.Sheets.Count), Count:=1, Type:= Type_Worksheet)
```

```
            rg = wst.Range("B2:D5")
            rg.Value = "VSTO"
            rg.Font.Name = " 华文仿宋 "
            rg.Font.Italic = True
        End Sub
        Private Sub ThisAddIn_Shutdown() Handles Me.Shutdown

        End Sub
    End Class
```

代码分析：Type_Worksheet 是一个 Excel 内置枚举常量，用来标识普通工作表类型。上述程序的功能是新建一个工作簿、添加一个普通工作表，并且在单元格区域写入内容、设定格式等操作。

启动调试，Excel 中会看到多了一个工作表 Sheet4，如图 9-21 所示。

图 9-21　VSTO 项目读写 Excel 对象

可以看出，虽然上述程序没问题，但是几乎每行代码都重复书写了同一个命名空间，显得非常冗长。因此可以考虑使用 Imports 语句为文件导入命名空间。

使用 Imports 导入上述命名空间有以下几种写法：

❑ 文件顶部：

```
Imports Microsoft.Office.Interop.Excel
```

类型声明：

```
Public ExcelApp As Application
Public wbk As Workbook
Public wst As Worksheet
```

❑ 文件顶部：

Imports Microsoft.Office.Interop 或者 Imports Excel = Microsoft.Office.Interop.Excel

类型声明：

```
Public ExcelApp As Excel.Application
Public wbk As Excel.Workbook
Public wst As Excel.Worksheet
```

❑ 文件顶部：

```
Imports Microsoft
```

类型声明：

```
Public ExcelApp As Office.Interop.Excel.Application
Public wbk As Office.Interop.Excel.Workbook
Public wst As Office.Interop.Excel.Worksheet
```

无论哪一种写法，Imports 的命名空间写得很长，类型声明中的名称就很短，二者相加的总长度不变。

上述示例程序改写成比较标准的版本：

```
Imports Excel = Microsoft.Office.Interop.Excel
Public Class ThisAddIn
    Public ExcelApp As Excel.Application
    Public wbk As Excel.Workbook
    Public wst As Excel.Worksheet
    Public rg As Excel.Range
    Public Type_Worksheet As Excel.XlSheetType
    Private Sub ThisAddIn_Startup() Handles Me.Startup
        ExcelApp = TryCast(Globals.ThisAddIn.Application, Excel.Application)
        wbk = ExcelApp.Workbooks.Add()
        Type_Worksheet = Excel.XlSheetType.xlWorksheet
        wst = wbk.Sheets.Add(After:=wbk.Sheets(wbk.Sheets.Count), Count:=1, Type:= Type_Worksheet)
        rg = wst.Range("B2:D5")
        rg.Value = "VSTO"
        rg.Font.Name = "华文仿宋"
        rg.Font.Italic = True
    End Sub
    Private Sub ThisAddIn_Shutdown() Handles Me.Shutdown

    End Sub
End Class
```

这样的写法更接近于 Excel VBA 的风格。

■ 9.7.2 自定义 Office 界面方面的命名空间

引用 Microsoft.Office.Tools.Common 下面包含两个命名空间：

❑ Microsoft.Office.Tools.Common

❑ Microsoft.Office.Tools.Common.Ribbon

Microsoft.Office.Tools.Common 命名空间下的 ActionsPane 是用于文档自定义项中的文档操作窗格对象，如图 9-22 所示，具体用法请参考 15.4 节。

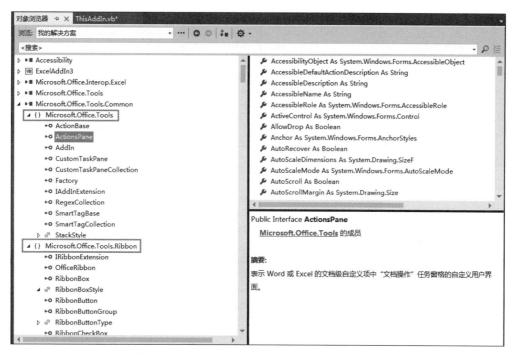

图 9-22 Microsoft.Office.Tools.Common 命名空间

CustomTaskpane、CustomTaskpaneCollection 用于 VSTO 外接程序中的自定义任务窗格对象，具体用法请参考第 12 章。

Microsoft.Office.Tools.Ribbon 命名空间下的各个对象，是用于功能区可视化设计器的对象模型。具体用法请参考第 10 章。

9.7.3 Excel 的 VSTO 对象类型

Microsoft.Office.Tools.Excel 命名空间，主要提供 Workbook、Worksheet，以及 Office 文档宿主控件的类型等，如图 9-23 所示。

例如 Microsoft.Office.Tools.Excel.Worksheet 表示通过使用 Visual Studio 中的 Office 开发工具创建的 Excel 项目中的工作表，而 Microsoft.Office.Interop.Excel.Worksheet 表示由 Excel 主互操作程序集创建的工作表对象。

Microsoft.Office.Tools.Excel 命名空间主要用于 Excel 文档自定义项目，具体用法请参考第 15 章。

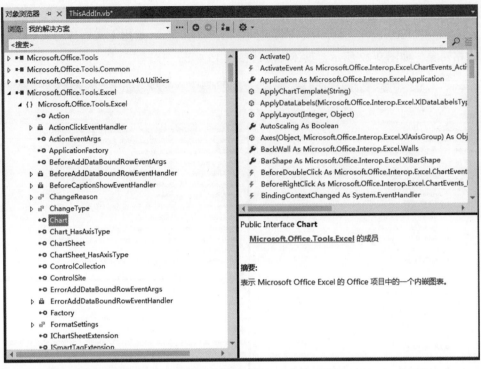

图 9-23　Microsoft.Office.Tools.Excel 命名空间

9.7.4　Office 对象类型

Microsoft.Office.Core 命名空间提供了 Office 对象方面的类型，例如 COM 加载项、工具栏和控件、文件选择对话框、功能区接口和控件这些都是 Office 对象。

下面的 VSTO 外接程序项目演示了遍历每一个 COM 加载项的主要属性。

```
Public Class ThisAddIn
    Public ExcelApp As Microsoft.Office.Interop.Excel.Application
    Public Adn As Microsoft.Office.Interop.Excel.AddIn
    Public COM As Microsoft.Office.Core.COMAddIn
    Public Bar As Microsoft.Office.Core.CommandBar
    Public Ctl As Microsoft.Office.Core.CommandBarButton
    Public Type_Button As Microsoft.Office.Core.MsoControlType
    Public Dialog As Microsoft.Office.Core.FileDialog
    Public R As Microsoft.Office.Core.IRibbonUI
    Public C As Microsoft.Office.Core.IRibbonControl
    Private Sub ThisAddIn_Startup() Handles Me.Startup
        ExcelApp = TryCast(Globals.ThisAddIn.Application, Microsoft.Office.Interop.Excel.Application)
        If ExcelApp.ActiveSheet Is Nothing Then
            ExcelApp.Workbooks.Add()
        End If
        Dim i As Integer
```

```
            ExcelApp.Range("A1:C1").Value = {"ProgID", "Guid", "Connect"}
            i = 1
            For Each COM In ExcelApp.COMAddIns
                ExcelApp.Range("A1:C1").Offset(i).Value = {COM.ProgId, COM.Guid, COM.Connect}
                i += 1
            Next COM
        End Sub
        Private Sub ThisAddIn_Shutdown() Handles Me.Shutdown

        End Sub
    End Class
```

启动调试，Excel中各个COM加载项的ProgID、Guid、连接状态自动写入单元格中，如图9-24所示。

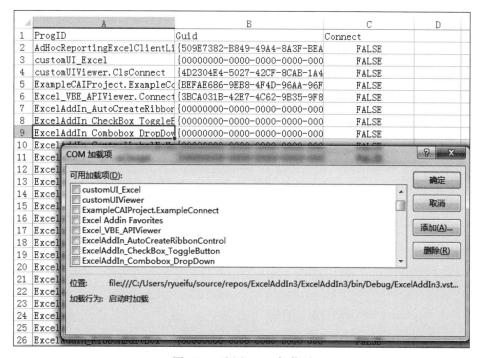

图 9-24　遍历 COM 加载项

9.8　COM 加载项与注册表的关系

每次当 Visual Studio 生成解决方案，或者执行，或者调试项目完成后，会在 Debug 文件夹下生成编译后的文件，这些文件就构成了一个 COM 加载项。

实际上，当 Visual Studio 生成解决方案时，就自动向系统的注册表中写入了一些相关数值，从而使得 Office 组件的 COM 加载项对话框中出现 VSTO 外接程序的名称。

为了说明这一点，在 Windows 的运行窗口中输入"regedit"，启动注册表编辑器，如图 9-25 所示。

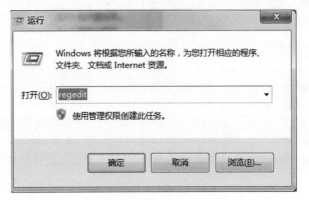

图 9-25　启动注册表编辑器

在注册表编辑器窗口中，依次展开如下节点：

HKEY_CURRENT_USER\Software\Microsoft\Office\Excel\Addins\

该路径下的所有子项，与 Excel COM 加载项对话框中的名称列表是一致的，如图 9-26 所示。

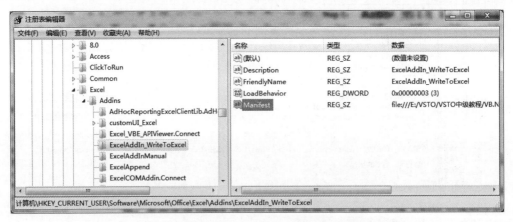

图 9-26　Excel 的所有 COM 加载项在注册表中都有记录

在左侧窗格选中 ExcelAddIn_WriteToExcel，在右侧可以看到如下 4 个属性。
❑ Description：对 COM 加载项的描述。
❑ FriendlyName：友好名称，也就是显示在 COM 加载项列表中的名称。
❑ LoadBehavior：加载行为。
❑ Manifest：部署路径，规定了扩展名为 .vsto 文件的所在路径。
关于 LoadBehavior 的取值，它由多个数值的加和而成。
0 表示断开状态，1 表示连接状态，2 表示启动时加载。

常用的取值为 1+2=3，也就是当 Excel 启动时该 COM 加载项也加载并且处于连接状态。

如果取值为 0+2=2，当 Excel 启动时该 COM 加载项也加载并且处于断开状态。此时 COM 加载项对话框中，该外接程序处于未勾选状态，如图 9-27 所示。

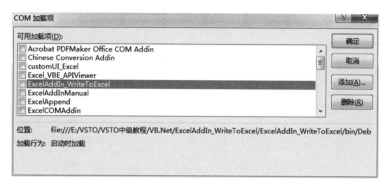

图 9-27　COM 加载项的勾选状态和 LoadBehavior 的关系

如果在 COM 加载项对话框中，选中外接程序，然后单击右侧的"删除"按钮，将会自动把注册表中该外接程序的所有内容删除。

因此，COM 加载项对话框其实是注册表信息面向用户的一个操作界面，COM 加载项能否显示、能否正常使用，决定于注册表中的设置情况。

以上知识点会用到 VSTO 项目的打包和发布。

9.9　访问宿主应用程序的对象

VSTO 外接程序的功能一般与操作宿主应用程序的对象有关，外接程序项目与宿主应用程序的桥梁纽带是 Application 对象。例如，要想在外接程序中读写 Excel 有关的对象，首先要获取到 Excel 的 Application 对象。

外接程序项目的 ThisAddin 类中，默认有一个 Application 对象，在这个类中，可以直接使用 Application，例如：

```
Public Class ThisAddIn
    Private Sub ThisAddIn_Startup() Handles Me.Startup
        Application.StatusBar = "VSTO 运行中..."
    End Sub
    Private Sub ThisAddIn_Shutdown() Handles Me.Shutdown
        Me.Application.StatusBar = False
    End Sub
End Class
```

但是，在 Class ThisAddin 以外的代码中，不能直接使用 Application，而应该使用 Globals.ThisAddIn.Application。

9.9.1 调用 VBA 中的过程和函数

由于 VSTO 外接程序项目和 VBA 工程不是同一个项目，信息不能互通，所以不能使用 Call 关键字，但可以利用 Application 的 Run 方法调用 VBA 中定义的过程和函数。

假设 Excel VBA 中有一个 UserName 过程，作用是在对话框中弹出计算机的用户名：

```
Public Sub UserName()
    MsgBox Environ("UserName")
End Sub
```

还有一个 XingQi 函数，用于返回指定日期的汉语星期：

```
Public Function XingQi(dt As Date)
    Dim i As Integer
    i = VBA.Weekday(Date:=dt, FirstDayofWeek:=vbMonday)
    XingQi = VBA.WeekdayName(Weekday:=i, Abbreviate:=False, FirstDayofWeek:=vbMonday)
End Function
```

然后在 VSTO 外接程序项目中测试运行如下代码就可以调用 VBA 中的过程和函数：

```
With Globals.ThisAddIn.Application
    .Run("UserName")
    .ActiveCell.Value = .Run("XingQi", Today)
End With
```

如果调用定义在 Excel 加载宏文件中的代码，在过程或函数名前面加上工程名、模块名即可。

9.9.2 自动断开 COM 加载项

VSTO 外接程序的加载和断开，一般通过 COM 加载项对话框中统一管理。在 VSTO 外接程序项目内部，也可以把自身断开。假设 Excel VSTO 外接程序项目的名称是 ExcelAddIn2，那么如下代码可以把自身断开：

```
With Globals.ThisAddIn.Application
    .COMAddIns.Item("ExcelAddIn2").Connect = False
End With
```

9.10 VBA 调用 VSTO 中的过程和函数

一般情况下，VSTO 外接程序项目中的代码是封装了的，不向外界暴露，如果想从 VBA 访问 VSTO 项目中的过程和函数，需要向 VSTO 项目中单独添加一个带有接口的类。

下面的实例，在 VSTO 项目中设计了一个 DeleteOtherSheets 过程和一个 LeapYear 函数，DeleteOtherSheets 的功能是除了活动工作表以外的其他所有表都一次性删除，LeapYear 函数的功能是判断指定的年份是否为闰年。然后通过 Excel VBA 访问。

项目实例 59　ExcelAddin_CallVSTOFunctionFromVBA　VBA 调用 VSTO

创建一个名为 ExcelAddIn_CallVSTOFunctionFromVBA 的 Excel 2013/2016 VSTO 外接程序项目，然后为项目添加一个类文件，采用默认名称 Class1.vb。

Step 1：设计接口、书写过程和函数

删除 Class1.vb 中默认添加的代码，添加一个接口 Interface_Class1，在该接口中声明一个过程、一个函数。

然后在下面的 Class1 中实现上述接口，并且书写过程与函数的实际代码。

Class1.vb 文件的完整代码如下：

```vb
Imports System.Runtime.InteropServices
Imports ExcelAddIn_CallVSTOFunctionFromVBA
<ComVisible(True)>
Public Interface Interface_Class1
    Sub DeleteOtherSheets()
    Function LeapYear(Y As Integer) As Boolean
End Interface
<ComVisible(True)>
<ClassInterface(ClassInterfaceType.None)>
Public Class Class1
    Implements Interface_Class1
    Public Sub DeleteOtherSheets() Implements Interface_Class1.DeleteOtherSheets
        With Globals.ThisAddIn.Application
            .DisplayAlerts = False
            For Each wst As Object In .ActiveWorkbook.Sheets
                If wst.name = .ActiveSheet.name Then
                Else
                    wst.delete
                End If
            Next wst
            .DisplayAlerts = True
        End With
    End Sub

    Public Function LeapYear(Y As Integer) As Boolean Implements Interface_Class1.LeapYear
        Return System.DateTime.IsLeapYear(year:=Y)
    End Function
End Class
```

注意，接口中声明的过程和函数，必须在 Class1 中有对应的过程和函数体。

Step 2：重写 RequestComAddInAutomationService 函数

打开 ThisAddin.vb 文件，在 Class ThisAddIn 中重写如下函数：

```vb
Protected Overrides Function RequestComAddInAutomationService() As Object
    Return New Class1
End Function
```

以上两个步骤完成后，生成解决方案。

Step 3：在 VBA 中测试

在 Excel VBA 中书写如下代码，首先访问到处于加载状态的 COM 加载项，COM 加载项的 Object 就是 VSTO 外接程序项目中的 Class1 这个类。

```
Sub CallVSTO()
    Dim COM As COMAddIn
    Dim Class1 As Object
    Set COM = Application.COMAddIns("ExcelAddIn_CallVSTOFunctionFromVBA")
    Set Class1 = COM.Object
    Class1.DeleteOtherSheets
    Debug.Print Class1.LeapYear(2018)
End Sub
```

在 VSTO 外接程序处于加载状态下，运行上述 VBA 代码，会把当前工作表以外的其他表都删除，并且在立即窗口打印是否为闰年。

9.11 外接程序项目允许包含的内容

对于刚创建的 VSTO 外接程序项目，只有一个 ThisAddin 类，该类中包含 COM 加载项的启动和关闭事件。但是 ThisAddin_Startup 过程，与其对应的 ThisAddin_Shutdown 过程只执行一次。没有任何用户界面，显然不能满足一个插件的基本需求。

为了让 VSTO 外接程序与用户更好地交互，VSTO 外接程序项目还可以加入如下内容。

❑ 使用功能区可视化设计器或 XML 自定义 Office 界面。
❑ 使用自定义任务窗格。
❑ 使用 VB.NET 窗体和控件。

以上内容将在后面章节讲述。

9.12 小结

本章讲述了 VSTO 项目的开发条件、客户机的运行环境配置，以及 VSTO 项目中常用的引用和命名空间的作用。

第 10 章 使用功能区可视化设计器

VSTO 可以用如下两种方式进行自定义 Office 界面（customUI）。

第一种方式：使用功能区可视化设计器。

功能区可视化设计器（Ribbon Visual Designer，以下简称可视化设计器）是一个可视化画布，开发人员可以把功能区控件（Ribbon Control）拖放到可视化设计器中合适的位置，然后为控件设置属性、事件。开发设计过程非常类似于窗体控件编程。

这种设计方式主要面向不太擅长用 XML 定制 Office 的开发者，开发人员不需要了解太多 customUI 方面的知识就可以快速创建自定义 Office 界面。

但是这种方式只能对常用功能区进行定制。

第二种方式：使用 XML。

使用 XML 可以实现可视化设计器不能实现的功能，例如向自定义选项卡中添加内置组、向自定义组添加内置控件、重写内置控件的功能、自定义快速访问工具栏等。

这种设计方式要求开发人员具备 XML 的语言基础，并且了解面向 Office 的 customUI 方面的 XML 特性。使用 XML 代码实现 customUI 方面的知识将在下一章讲解。

本章介绍使用可视化设计器进行自定义 Office 界面。本章要点：

- ❑ 可视化设计器的添加，选项卡、组、控件的属性设定。
- ❑ 可视化设计器的对象模型。
- ❑ 运行时读写功能区控件属性。

10.1 可视化设计器的基本用法

可视化设计器是一个用于自定义 Office 常用功能区的可视化编辑界面，用于将自定义选项卡、组和控件添加到 Microsoft Office 应用程序的功能区，VSTO 外接程序和文档自定义项这两种项目类型均支持可视化设计器。

向项目中添加一个可视化设计器后,会产生一个设计视图(用于控件布局、属性设定等)和一个类文件(用于书写功能区控件的事件过程)。

向可视化设计器中拖放控件时,必须注意所属层次结构:可视化设计器是顶级的容器对象 Ribbon,其下面管辖 OfficeMenu 和各个选项卡 Tabs,也就是说,可以向 Ribbon 中添加一个以上的选项卡 Tab。选项卡 Tab 是组 Group 的容器,一个 Tab 可以添加一个以上的 Group。Group 是所有控件的容器,可以向 Group 直接添加按钮、文本框等功能区控件,还可以为 Group 设置一个 DialogBoxLauncher(隐藏的按钮控件)。

本节讲解在 VSTO 外接程序项目中可视化设计器的用法,具体功能是单击功能区的按钮,实现自动计算 Excel 单元格表达式的值。

项目实例 60　ExcelAddin_RibbonVisualDesigner 功能区可视化设计器

创建一个名为 ExcelAddIn_RibbonVisualDesigner 的 Excel 2013/2016 VSTO 外接程序,在项目节点的右键菜单中选择"添加"→"新建项"命令,在"添加新项"对话框中选择"常用项"→ Office/SharePoint →"功能区(可视化设计器)",如图 10-1 所示。

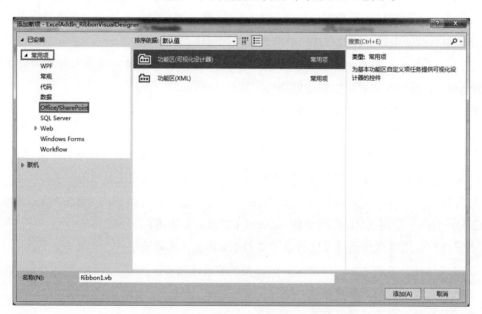

图 10-1　为项目添加功能区设计器

使用默认名称"Ribbon1.vb",单击"添加"按钮。

■ 10.1.1　在内置选项卡中定制

为项目添加可视化设计器后,出现一个功能区设计视图,该视图的所属层次结构为:Ribbon/Tab/Group/各种控件,如图 10-2 所示。

在左侧的工具箱中,选择"Office 功能区控件",有很多可用的控件可以拖动到设计视图的空白处。

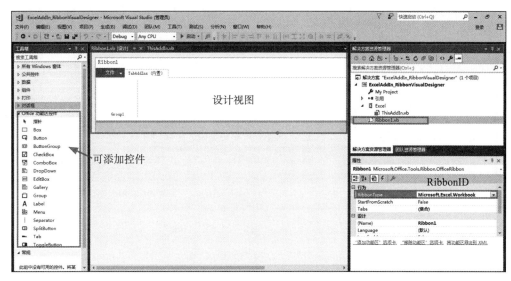

图 10-2　功能区可视化设计器的设计视图

注意属性窗口，在组合框中下拉，选中"Ribbon1"，可以看到 RibbonType 为"Microsoft.Excel.Workbook"，接受默认即可。这个是 Excel 外接程序的 customUI 的 RibbonID，对于 Excel 这一组件，RibbonID 只能是"Microsoft.Excel.Workbook"。

Ribbon1 的另一个重要属性是 StartFromScratch，默认为 False，也就是内置选项卡保持显示，如果在属性窗口中将该属性修改为 True，则启动程序后自动隐藏内置选项卡。

新添加的可视化设计器，默认出现在 Excel 的 Addins（加载项）选项卡中，这些都可以变更。

Step 1：更改 Tab 的 idMso

Tab1 的默认值是 TabAddins，在属性窗口的组合框中选中"Tab1"，展开 ControlId 属性节点，将 ControlIdType 设置为 Office，将 OfficeId 修改为 TabHome（Excel 的开始选项卡），如图 10-3 所示。

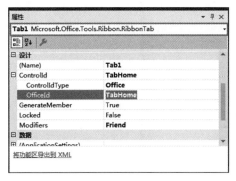

图 10-3　更改选项卡的 OfficeID 属性

其他 Office 组件的各个选项卡的内置名称可以使用 OfficeidMsoViewer 这个软件查看到，如果要在"公式"内置选项卡中进行自定义，OfficeId 就可以设置为 TabFormulas（严格区分大小写），如图 10-4 所示。

图 10-4　OfficeidMsoViewer 软件

Step 2：添加新组

Tab（选项卡）之下只能放置 Group（组）这种元素，也就是说，不能把各种控件直接放在选项卡上。

从工具箱中选择 Group 并拖放到设计视图中 Tab 之中，如图 10-5 所示。

图 10-5　Tab 中添加 Group

Step 3：更改组的属性

在属性窗口的组合框中选中"Group1"，单击"外观"→ Label，输入"测试组"作为组的标题。

展开 Position 属性节点，在 PositionType 处选择 AfterOfficeId，OfficeId 属性输入 GroupFont。意思是"测试组"位于 Excel 的"开始"选项卡的"字体"组的后面，如图 10-6 所示。

GroupFont 也是从 OfficeidMsoViewer 中查询到的一个 idMso。

Step 4：为组添加新控件

以上添加的组是一个空白的组，可以从工具箱向组中添加各种控件。

从控件工具箱的 Office 功能区控件中选择 Button 拖放到"测试组"中，设置其 Label 为"计算"，OfficeImageId 为 HappyFace，如图 10-7 所示。

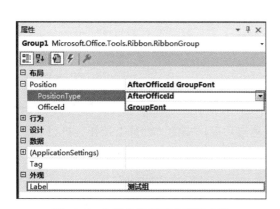

图 10-6　自定义组置于内置组之后　　　　图 10-7　设置 Button 的属性

HappyFace 是 Office 内置 imageMso。

然后添加一个 Label 到"测试组"中，置于"计算"按钮的下方，修改 Label 标签控件的标题为"结果"，如图 10-8 所示。

Step 5：编写按钮控件的 Click 事件

在设计视图中双击"计算"按钮，或者在按钮的属性窗口中，切换到事件列表，选择 Click，如图 10-9 所示。

 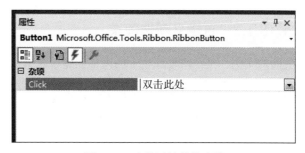

图 10-8　Group 中添加 Label　　　　　　图 10-9　功能区控件的事件

进入 Button1 的 Click 事件，其实就是打开了功能区可视化设计器的代码视图（类似于 VB.NET 窗体的代码视图），完整代码为：

```
Imports Microsoft.Office.Tools.Ribbon
Public Class Ribbon1
    Private Sub Ribbon1_Load(ByVal sender As System.Object, ByVal e As Ribbon UIEventArgs) Handles MyBase.Load
        ExcelApp = Globals.ThisAddIn.Application
    End Sub
    Private Sub Button1_Click(sender As Object, e As RibbonControlEventArgs) Handles Button1.Click
        Globals.Ribbons.Ribbon1.Label1.Label = ExcelApp.Evaluate(ExcelApp.ActiveCell.Value)
    End Sub
End Class
```

代码分析：ExcelApp = Globals.ThisAddIn.Application 用于获取外接程序所在的 Excel 应用程序，ExcelApp.Evaluate(ExcelApp.ActiveCell.Value) 表示利用 Excel VBA 的 Evaluate 方法来计算活动单元格中表达式的值。

Step 6：项目调试

在 Visual Studio 中启动项目，Excel 自动启动，可以看到"开始"选项卡中出现了一个"测试组"。在活动单元格任意输入一个算式，单击功能区中的"计算"按钮，可以看到按钮下方显示出计算结果，如图 10-10 所示。

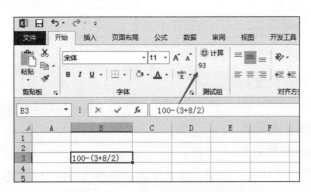

图 10-10　自定义功能区的结果

10.1.2　自定义新选项卡

上面的实例，是在内置选项卡的内部创建了新组，下面讲述如何创建独立的新选项卡。

项目实例 61　ExcelAddin_NewTab 自定义新选项卡

创建一个名为 ExcelAddIn_NewTab 的 Excel 2013/2016 VSTO 外接程序项目，添加一个"功能区可视化设计器"。

设计视图中的选项卡默认为 TabAddins（内置），在属性窗口中设置 Tab1 的 ControlIdType 属性为 Custom（表示自定义新的选项卡），CustomId 为 Tab1。

然后设置 PositionType 为 BeforeOfficeId，OfficeId 为 TabDeveloper，表示新选项卡处于"开发工具"选项卡之前，如图 10-11 所示。

再添加若干组和控件，设计结果如图 10-12 所示。

图 10-11　创建新选项卡　　　　　图 10-12　新选项卡中添加组和控件

双击"填充日期"按钮，编辑 Click 事件。

```
    Private Sub Button1_Click(sender As Object, e As RibbonControlEventArgs) Handles
Button1.Click
        Globals.Ribbons.Ribbon1.Group1.Label = Now
        Dim sel As Excel.Range = CType(Globals.ThisAddIn.Application.Selection,
Excel.Range)
        sel.Interior.Color = System.Drawing.Color.Blue
    End Sub
```

代码分析：Button1 的 Click 事件中，当单击按钮后，Group1 的标题变为当前时间，Excel 所选单元格区域的填充色变为蓝色。

启动程序，Excel 的开发工具左侧多了一个"新选项卡"，单击"填充日期"按钮，看到组的标题变为当前时间，并且所选区域变为蓝色，如图 10-13 所示。

在实际开发过程中，在功能区可视化设计器中，可能用到多个 Tab，一个 Tab 中也能包含多个 Group，都可以从工具箱中拖放上去。只要记住如下级联结构：

```
    Ribbon/Tab/Group/Controls
```

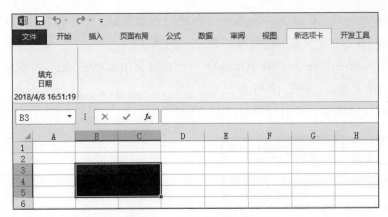

图 10-13　新选项卡中的按钮

10.1.3　Group 中加入 DialogBoxLauncher

在功能区可视化设计器中，除了可以向 Group 中添加诸如按钮、文本框之类的常规控件外，还可以添加 DialogBoxLauncher，从而可以在组的右下角出现一个小三角形箭头。

用鼠标选中 Group1，然后在右上角单击"GroupView 任务"→"添加 DialogBoxLauncher"，如图 10-14 所示。

或者在属性窗口中，切换至 Group1，在"数据"下面可以看到"添加 DialogBoxLauncher"，单击一下，如图 10-15 所示。

然后在属性窗口中，切换到 Group 的事件视图，可以看到 DialogLauncherClick，在右侧空白处双击一下，自动产生事件代码，如图 10-16 所示。

图 10-14　添加 DialogBoxLauncher

图 10-15　从属性窗口中添加 DialogBoxLauncher

图 10-16　创建 DialogBoxLauncher 的 Click 事件

事件代码如下：

```
Private Sub Group1_DialogLauncherClick(sender As Object, e As RibbonControlEventArgs) Handles Group1.DialogLauncherClick
    Dim FM As New System.Windows.Forms.Form
    FM.Text = "VB.NET 窗体 "
    FM.ShowDialog()
End Sub
```

启动程序，在 Group1 的右下角出现一个小三角形箭头，单击箭头，弹出一个 VB.NET 窗体，如图 10-17 所示。

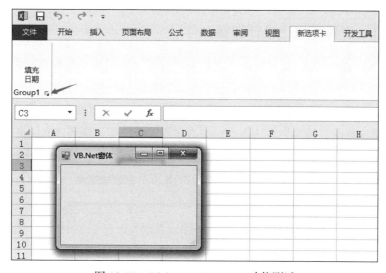

图 10-17　DialogBoxLauncher 功能测试

DialogBoxLauncher 控件通常用于显示更多选项之类的应用。

提示：对于新添加的可视化设计器，默认有一个 Tab1（TabAddins）和一个 Group1，可以选中 Tab1 按下 Delete 键删除所有功能区控件，然后从头设计。通过修改 Visual Studio 安装文件夹中的功能区设计器模板文件，可以实现新添加的可视化设计器不含有任何选项卡和组，操作步骤请参考 10.6 节。

以上讲解了可视化设计器实现 Office customUI 的基本用法，下面深入了解与可视化设计器相关的知识。

10.2　可视化设计器的文件构成

VSTO 项目中添加可视化设计器（默认名称为 Ribbon1.vb），会在磁盘中生成如下 3 个相关文件。

❑ Ribbon1.Designer.vb：可视化设计器的源文件，存储可视化设计器上的控件信息。

❑ Ribbon1.vb：存储各个功能区控件的事件代码。

❑ Ribbon1.resx：可视化设计器的托管资源文件。

其中，Ribbon1.Designer.vb 这个文件通常在解决方案资源管理器窗格中看不到，实际上，在可视化设计器的设计视图添加控件、设置控件属性这些动作和修改都会同步保存到 Ribbon1.Designer.vb 文件，也就是说，设计视图只是该文件呈现给开发人员的一个画布。反之如果直接编辑修改并保存 Ribbon1.Designer.vb 文件，可视化设计器的设计视图也能同步看到变化。

■ 10.2.1 查看可视化设计器源文件

一般情况下，Visual Studio 的解决方案资源管理器窗格只显示允许让开发人员修改的文件列表。

可视化设计器源文件的查看和修改有两个方法，一是直接到磁盘上项目文件夹中找到该文件，使用记事本修改。第二个方法是把解决方案资源管理器切换到"文件夹视图"，具体方法是在解决方案资源管理器窗口的顶部，单击房子图标右侧的分裂按钮，选择"文件夹视图"，就可以看到该解决方案有关的所有文件，如图 10-18 所示。

图 10-18　解决方案资源管理器的文件夹视图

选中 Ribbon1.Designer.vb 并双击，滚动到 InitializeComponent 过程，可以看到该文件存储的是可视化设计器的控件的创建、初始化信息，如图 10-19 所示。

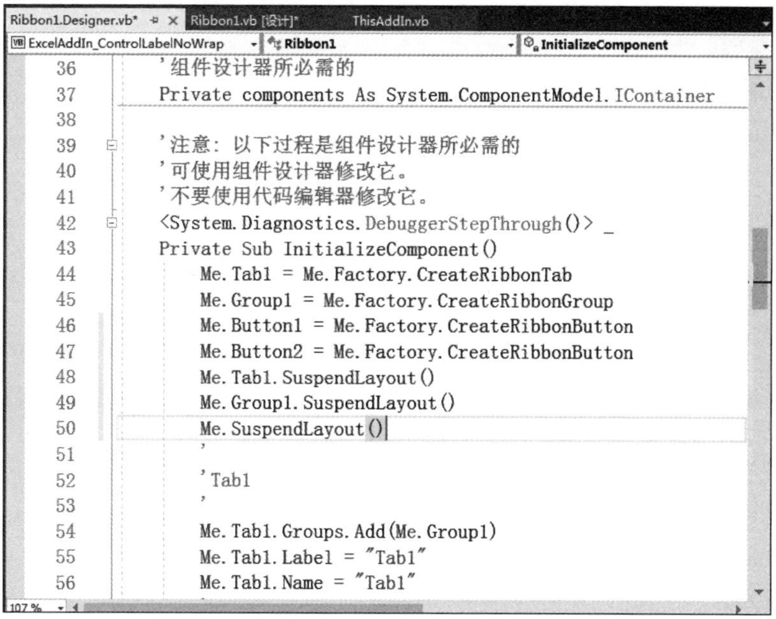

图 10-19　可视化设计器的初始化代码

注意，修改完有关文件之后，记得切换回到正常视图，否则不能生成解决方案。

■ 10.2.2　限制控件标题的自动换行

可视化设计器的设计视图中，控件的 Label 属性无法输入换行符，从而导致功能区加载后控件的标题提前自动换行。

打开 Ribbon1.Designer.vb 文件，找到 Button2 的定义部分，在其 Label 赋值语句的末尾追加 & vbNewLine。关闭并保存该文件，如图 10-20 所示。

```
'Button1
'
Me.Button1.ControlSize = Microsoft.Office.Core
Me.Button1.Label = "春夏秋冬"
Me.Button1.Name = "Button1"
Me.Button1.ShowImage = True
'
'Button2
'
Me.Button2.ControlSize = Microsoft.Office.Core
Me.Button2.Label = "甲乙丙丁" & vbNewLine
Me.Button2.Name = "Button2"
Me.Button2.ShowImage = True
```

图 10-20　修改可视化设计器的初始化代码

在解决方案资源管理器窗格中退出文件夹视图。启动程序，Excel 的自定义功能区中可看到两个自定义按钮，第二个按钮没有发生自动换行，如图 10-21 所示。

图 10-21　运行结果

10.2.3　可视化设计器的事件文件

Ribbon1.vb 文件用来处理功能区控件的事件过程，该文件自动导入如下命名空间：

```
Microsoft.Office.Tools.Ribbon
```

该命名空间提供了功能区控件的所有类型。

Class Ribbon1 这个类中书写各个功能区控件的事件过程，类中可以使用 Me 关键字来表示顶层对象 Ribbon。

默认包含一个 Ribbon 的 Load 事件，当功能区加载时自动运行该事件过程。Load 事件中的参数 e 返回一个 IRibbonUI 对象，可以用来激活指定的选项卡、刷新功能区控件的信息等，如图 10-22 所示。

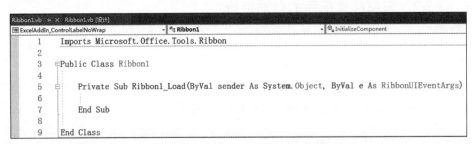

图 10-22　可视化设计器的代码文件

10.3　可视化设计器对象模型

可视化设计器中的功能区控件都定义在 Microsoft.Office.Tools.Ribbon 命名空间之下，如表 10-1 所示。

表 10-1　可视化设计器中的主要对象

对象名称	对象类型	描述
可视化设计器 Ribbon	OfficeRibbon	可视化设计器的顶层对象
Office 菜单 OfficeMenu	RibbonOfficeMenu	有且只有一个 OfficeMenu

续表

对象名称	对象类型	描述
选项卡 Tab	RibbonTab	
组 Group	RibbonGroup	
控件 Control	RibbonControl	所有功能区控件的泛指
按钮控件 Button	RibbonButton	特定类型的控件

可视化设计器中对象模型示意图如图 10-23 所示。

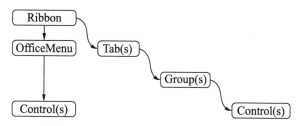

图 10-23　可视化设计器对象模型示意图

括号中带有 s 表示复数，例如一个可视化设计器可以自定义多个选项卡，一个组下面可以有多个控件。

10.3.1　OfficeMenu

可视化设计器的最左侧有一个"文件"，最初的作用是用于设计 Office 软件的主菜单，但由于 Office 2010 以上使用了 Backstage 视图，因此 OfficeMenu 在 Office 2010 以上版本显示在 Backstage 视图的"加载项"中。

OfficeMenu 中允许添加的功能区控件类型有：

❑ Button；

❑ CheckBox；

❑ Gallery；

❑ Menu；

❑ Separator；

❑ SplitButton；

❑ ToggleButton。

下面的实例演示如何在 VSTO 外接程序的可视化设计器中设计 OfficeMenu。

项目实例 62　ExcelAddin_OfficeMenu 自定义 OfficeMenu

创建一个名为 ExcelAddIn_OfficeMenu 的 Excel 2013/2016 VSTO 外接程序项目，添加一个"功能区可视化设计器"。

可视化设计器中默认有一个 TabAddins，选中该选项卡后按 Delete 键，从而使得可视化设计器中不含有任何选项卡。

然后在可视化设计器中单击左侧的"文件",弹出一个下拉区域。从 Visual Studio 左侧的 Office 功能区控件工具箱中,依次把 Button、Check 等控件拖放到下拉区域,如图 10-24 所示。

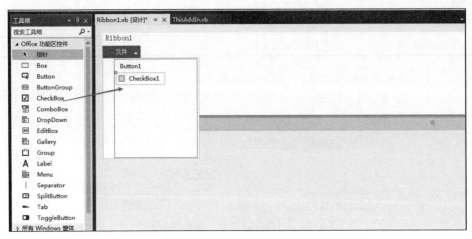

图 10-24　自定义 OfficeMenu

启动程序,在 Excel 中单击"文件",会看到最下面多了一个"加载项"菜单,如图 10-25 所示。

图 10-25　运行中的自定义 OfficeMenu

尽管可视化设计器提供了 OfficeMenu 的设计,但在实际开发过程中该功能不太实用。

10.3.2 功能区控件

Office 功能区控件工具箱中有 15 个可以使用的控件,如表 10-2 所示。其中 Tab、Group 分别是一级、二级容器,Group 下面允许添加如下 13 种控件。

表 10-2 常用功能区控件

大分类	控件	功能描述
简单控件 (5 个)	按钮 Button	父控件:Group、Box、ButtonGroup、DropDown、Menu、SplitButton、Gallery
	复选框 CheckBox	勾选和取消勾选两种状态
	文本框 EditBox	用于输入文本内容
	标签 Label	用于显示文本内容,不可编辑
	切换按钮 ToggleButton	按下和弹起两种状态,类似于 CheckBox
布局控件 (3 个)	按钮箱 Box	可以把除了 Tab,Group,Separator 以外的多种控件集中放在一起
	按钮组 ButtonGroup	父控件:Group、Menu。子控件:Button、ToggleButton、Menu、Gallery、SplitButton
	分隔条 Separator	用于分隔 Group、Menu、SplitButton 中的各个控件
条目控件 (5 个)	组合框 ComboBox	相当于可以编辑的下拉框,子项为 Items。可以在功能区加载前、运行时动态增删 Items
	下拉框 DropDown	用户可以选择下拉框中的条目,但不能编辑文字。子项为 Items、Buttons。加载前、运行时都可以增加和移除 Items。只能在加载前增加和移除 Buttons
	图片库 Gallery	以表格形式展现子项的控件,可以规定行数、列数、子项的尺寸。子项为 Items、Buttons
	按钮菜单 Menu	父控件:Group、Menu。子控件:Button、CheckBox、Gallery、Menu、SplitButton、ToggleButton、Separator。加载前可以动态增删子项,如果 Dynamic 属性设置为 True 则可以在运行时动态增删子项
	分裂按钮菜单 SplitButton	子控件:Button、CheckBox、Gallery、Menu、SplitButton、ToggleButton、Separator。加载前可以增删子项

10.3.3 Button

Button 按钮控件是最简单、最常用的控件,然而它具有大多数功能区控件的属性。

Button 控件由图标(Image)和标题(Label)两部分构成。默认情况下新添加的 Button 的 ShowImage 属性为 False,ShowLabel 属性为 True,也就是只显示标题,如果要显示图标,需要设置 ImageName 或 OfficeImageId,ImageName 来源于计算机中的一个自定义图片或者资源文件中的图片,OfficeImageId 则是微软提供的内置图标字符串。

常规尺寸的控件,每 3 个占据一列,大尺寸的控件,每 1 个占据一列。通过设置

ControlSize 属性可以显示为大控件。

ScreenTip 和 SuperTip 可以为控件提供浮动的说明性文字。

为了便于说明这些属性的作用，在可视化设计器中插入新的 Tab、新的 Group，然后插入若干 Button。其中前 3 个 Button 的 ControlSize 使用默认值 RibbonControlSizeRegular，第 4 个 Button 设置为 RibbonControlSizeLarge。第 3 个和第 4 个按钮分别设置内置图标、自定义图片。并且为第 4 个按钮设置 ScreenTip、Supertip。

启动程序，Excel 中的自定义功能区结果如图 10-26 所示。

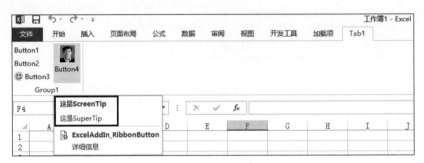

图 10-26　按钮的属性设置

Button 控件的单击事件过程是 Click。

10.3.4　通用属性

前面虽然以 Button 控件为例讲解了一些属性，实际上很多控件都具有这些属性，例如 Enabled、Visible 分别表示可用性和可见性属性，Tag 和 Description 是一些用户自定义文本。

例如 DialogBoxLauncher 是 Group 管辖的一个隐形控件，在功能区控件中找不到。在可视化设计器的设计期间，可以选择是否使用 Group 的 DialogBoxLauncher，在功能区运行时可以修改 DialogBoxLauncher 的可用性和可见性。

对于添加到可视化设计器中的各个控件，会自动为每个控件分配一个 ControlId，设计期间可以在属性窗口中修改控件的 Name 属性从而改动 ControlId，控件的 Name 属性只能在功能区加载前进行变更设定，功能区处于运行时 Name 属性就是只读的了，不可变更。因此，功能区一旦处于加载状态，有一部分属性不允许修改。

10.3.5　EditBox

文本编辑框控件由图标（Image）、标题（Label）、文本（Text）这三部分构成，标题和图标也可以同时显示。

EditBox 的两个重要属性是 MaxLength 和 SizeString。MaxLength 表示允许输入的最多字符数，例如设置为 6，那么最多可以输入 6 个字符，设置为 0 则表示不限制长度。SizeString 用来设置文本框的宽度，例如设置为 1234567890，那么该文本框的宽度恰好为 10 个字符宽度（即使文本框中没有任何内容）。

EditBox 控件中输入文本内容后按 Enter 键将触发 TextChanged 事件。

下面演示一个用于输入身份证号的文本框。在 Group 中插入一个 EditBox，在属性窗口中设置有关属性，如图 10-27 所示。

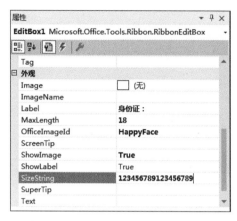

图 10-27　设置文本框的字符数和宽度

启动程序，在 Excel 中出现的自定义选项卡中可以看到一个比较狭长的文本框控件，该控件中最多可以输入 18 个字符，如图 10-28 所示。

图 10-28　文本框的运行结果

10.3.6　CheckBox 和 ToggleButton

这两个控件都是布尔型控件，CheckBox 是复选框控件，有勾选和取消勾选两种状态，ToggleButton 是切换按钮，有按下和弹起两种状态。以上两个控件都用 Checked 属性描述其状态，单击事件都是 Click。

下面的实例，使用复选框同步 Excel 窗口的网格线的显示和隐藏，使用切换按钮同步 Excel 窗口是否显示行号列标。

项目实例 63　ExcelAddin_CheckBox_ToggleButton 复选框和切换按钮

创建一个名为 ExcelAddIn_CheckBox_ToggleButton 的 Excel 2013/2016 VSTO 外接程序项目，添加一个"功能区可视化设计器"。

向默认的 Group 中加入一个 CheckBox 和一个 ToggleButton 功能区控件。编写可视化设计器的代码如下：

```vb
    Imports Microsoft.Office.Tools.Ribbon
    Public Class Ribbon1
        Private Sub Ribbon1_Load(ByVal sender As System.Object, ByVal e As Ribbon
UIEventArgs) Handles MyBase.Load
            With Globals.ThisAddIn.Application
                If .ActiveWindow IsNot Nothing Then
                    Me.CheckBox1.Checked = .ActiveWindow.DisplayGridlines
                    Me.ToggleButton1.Checked = .ActiveWindow.DisplayHeadings
                End If
            End With
        End Sub

        Private Sub CheckBox1_Click(sender As Object, e As RibbonControlEventArgs)
Handles CheckBox1.Click
            With Globals.ThisAddIn.Application.ActiveWindow
                .DisplayGridlines = Me.CheckBox1.Checked
            End With
        End Sub

        Private Sub ToggleButton1_Click(sender As Object, e As RibbonControlEventArgs)
Handles ToggleButton1.Click
            With Globals.ThisAddIn.Application.ActiveWindow
                .DisplayHeadings = Me.ToggleButton1.Checked
            End With
        End Sub
    End Class
```

启动调试，当用鼠标取消勾选"显示网格线"，工作表网格线自动隐藏。当弹起"显示行号列标"，工作表的行号列标自动隐藏，如图 10-29 所示。

图 10-29　复选框和切换按钮

10.3.7　ComboBox 和 DropDown

ComboBox、DropDown、Gallery 都是条目类控件，通过设置 Items、Buttons 进行条目的添加，Item 不是功能区控件，但是具有和 Button 一样的功能。Item 的常用属性有 Image、Label。

ComboBox 控件除了可以从 Items 中选择一条以外，还可以像 EditBox 一样直接编辑内容，因此 ComboBox 控件的文本属性是 Text，文本发生改变时触发 TextChanged 事件。

DropDown 控件的子项可以是 Items，也可以是 Buttons。当选中一个条目时，触发 SelectionChanged 事件，被选中的条目使用 SelectedItem 表示。

项目实例 64　ExcelAddin_ComboBox_DropDown 组合框和下拉框

在可视化设计器的 Group 中添加一个 ComboBox 和 DropDown 功能区控件，在属性窗口中找到 Items 并单击，弹出 DropDownItem 集合编辑器窗口，该窗口用来编辑子项，如图 10-30 所示。

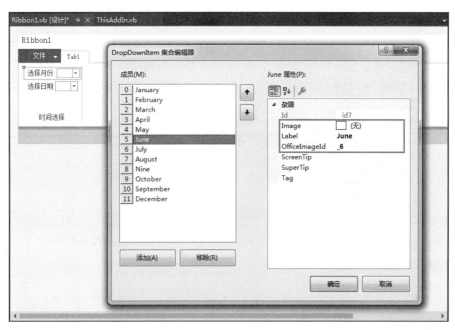

图 10-30　组合框的条目维护

本实例的 ComboBox 控件的子项是 12 个月的英文单词，DropDown 控件的子项是一些数字。

然后为 ComboBox 和 DropDown 控件书写事件代码：

```
    Private Sub ComboBox1_TextChanged(sender As Object, e As RibbonControlEventArgs) Handles ComboBox1.TextChanged
        With Globals.ThisAddIn.Application
            .ActiveCell.Value = Me.ComboBox1.Text
        End With
    End Sub
    Private Sub DropDown1_SelectionChanged(sender As Object, e As RibbonControlEventArgs) Handles DropDown1.SelectionChanged
        With Globals.ThisAddIn.Application
            .ActiveCell.Value = Me.DropDown1.SelectedItem.Label
```

```
        End With
    End Sub
```

启动程序，用鼠标单击组合框或下拉框，都能把内容自动写入到活动单元格中，如图 10-31 所示。

图 10-31　组合框和下拉框

■ 10.3.8　Gallery

Gallery 是图片库控件，以多行、多列的形式展现多个 Items 或 Buttons。Gallery 控件本身可以设置 Image、Label，该控件下面的各个子项也可以分别设置图像和标题。

Gallery 控件子项方面的主要属性如下。

❑ ColumnCount：子项的列数。

❑ RowCount：子项的行数。

❑ ItemImageSize：子项的宽度和高度。

❑ ShowItemImage：是否显示子项的图像。

❑ ShowItemLabel：是否显示子项的标题。

当选中 Gallery 控件的其中一个子项时，触发 Click 事件。

下面的实例使用 Gallery 控件展示资源文件中的 6 个图片，排列成 2 行 3 列。

项目实例 65　ExcelAddin_Gallery 图片库

在可视化设计器的 Group 中添加一个 Gallery 功能区控件，在属性窗口设置子项的大小为 200×200，如图 10-32 所示。

然后在属性窗口中找到 Items，添加 6 个子项。选中其中一个子项，单击 Image 右侧的"浏览"按钮，如图 10-33 所示。

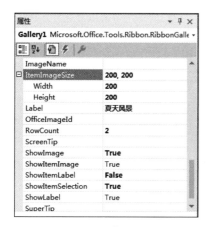

图 10-32 图片库的子项属性

图 10-33 为子项设置图片

在"选择资源"对话框中,选中"项目资源文件",在下列列表框中选择一幅图片,关闭对话框(资源文件是事先添加到项目中的),如图 10-34 所示。

图 10-34 使用资源文件中的图片

然后在代码视图中书写 Gallery 控件的子项单击事件:

```
    Private Sub Gallery1_Click(sender As Object, e As RibbonControlEventArgs) Handles Gallery1.Click
        MsgBox(Me.Gallery1.SelectedItem.Label)
    End Sub
```

启动程序,在自定义功能区中单击"夏天风景"的下拉箭头,弹出图片排列的结果,如图 10-35 所示。

用鼠标单击任意一幅图片,对话框中弹出该图片对应的标题文字。

图 10-35　图片库结果

10.3.9　Menu、SplitButton 和 Separator

Menu 是菜单，SplitButton 是分裂按钮，都是容器控件。这两个控件的子项可以是 Button、CheckBox 等，也可以是 Menu、SplitButton，从而形成嵌套菜单、嵌套分裂按钮。

但是 Menu、SplitButton 的子项不包括 Items，只能是功能区控件。

Separator 是分隔条，通常用于分隔 Group 中的各个控件、Menu 和 SplitButton 的各个子项。

下面的实例演示了 Menu、SplitButton、Separator 控件的特性。

项目实例 66　ExcelAddin_Menu_SplitButton 菜单和分裂按钮

在可视化设计器的 Group 中依次添加如下 5 个功能区控件：Button1、Separator1、Menu1、Separator2、SplitButton1。

然后用鼠标单击 Menu1 右侧的小箭头，弹出一个子项面板，向该面板中依次添加 Button2、Separator3、Button3、Menu2。

类似地，在 Menu2 的子项面板中添加 CheckBox1、Separator4、CheckBox2，如图 10-36 所示。

启动程序，Excel 的自定义功能区中，依次展开各

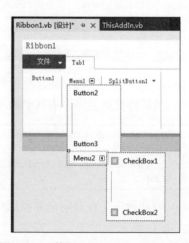

图 10-36　使用 Menu、Separator 控件

级菜单。可以注意到 Group 中的 Separator 显示为垂直线，Menu 中的每个 Separator 都显示为横线，如图 10-37 所示。

图 10-37　级联菜单、分隔线的结果

SplitButton 与 Menu 在设计和功能实现方面非常类似，在设计视图中展开 SplitButton1 的子项面板，添加两个 Button 控件。

SplitButton 与 Menu 的不同之处是，SplitButton 本身也可以单击，触发 Click 事件：

```
Private Sub SplitButton1_Click(sender As Object, e As RibbonControlEventArgs) Handles SplitButton1.Click
    MsgBox(Me.SplitButton1.Label)
End Sub
```

启动程序，当用鼠标直接单击 SplitButton1，会弹出一个对话框，显示分裂按钮的标题。

当单击 SplitButton1 右侧的下拉箭头，会看到两个按钮控件，如图 10-38 所示。

图 10-38　分裂按钮

10.4　CreateRibbonExtensibilityObject 函数

可视化设计器的一般用法是，在设计期间向可视化设计器添加功能区控件、设置属性和事件，程序启动后会自动加载并显示自定义功能区。

实际上，VSTO 中的可视化设计器还提供了如下高级功能。

❏ 同一个项目中的多个可视化设计器的选择性加载。

❏ 完全使用代码添加功能区控件。

❏ 功能区在运行时读写可视化设计器中的控件。

一个 VSTO 项目，可以添加一个以上的可视化设计器，默认情况下只加载首次添加的那个可视化设计器（文件名称一般为 Ribbon1.vb）。

可以向 VSTO 外接程序项目的 ThisAddin.vb 文件或者 VSTO 文档自定义项目的 ThisWorkbook.vb 文件重写 CreateRibbonExtensibilityObject 函数，从而实现在功能区加载前的一些设定。

如果在 VSTO 外接程序项目的 ThisAddin.vb 中添加 CreateRibbonExtensibilityObject 函数，程序的启动顺序是：ThisAddIn_Startup → CreateRibbonExtensibilityObject → Ribbon1_Load。

在 CreateRibbonExtensibilityObject 函数中，此时处于功能区的加载前状态，可以对功能区控件进行添加和移除、属性的设置和获取。

功能区一旦加载，就处于运行时，此时不能添加和移除功能区控件，可以读取各种属性，但是不能任意设置属性。

■ 10.4.1 选择性加载指定的可视化设计器

CreateRibbonExtensibilityObject 函数的返回值类型是 IRibbonExtensibility 接口，因此需要把其中一个可视化设计器的新实例返回到该函数。

下面的实例演示了让随机数的大小决定加载哪一套可视化设计器。

项目实例 67　ExcelAddin_MultipleRibbonDesigners 多个可视化设计器

创建一个名为 ExcelAddin_MultipleRibbonDesigners 的 Excel 2013/2016 VSTO 外接程序项目，为项目添加两个功能区可视化设计器，使用默认名称 Ribbon1.vb、Ribbon2.vb。

然后分别打开每个可视化设计器，添加有关控件，使得两个可视化设计器外观上有所区别。

然后修改 ThisAddin.vb 中的代码如下：

```vb
Imports Microsoft.Office.Core
Imports Microsoft.Office.Tools
Public Class ThisAddIn
    Public R1 As Ribbon1
    Public R2 As Ribbon2
    Public RibbonInterface As IRibbonExtensibility
    Private Sub ThisAddIn_Startup() Handles Me.Startup

    End Sub

    Private Sub ThisAddIn_Shutdown() Handles Me.Shutdown

    End Sub
    Protected Overrides Function CreateRibbonExtensibilityObject() As IRibbonExtensibility
        Randomize()
        If Rnd() < 0.5 Then
            R1 = New Ribbon1
```

```
                RibbonInterface = Globals.Factory.GetRibbonFactory.CreateRibbonManager
(New Ribbon.IRibbonExtension() {R1})
            Else
                R2 = New Ribbon2
                RibbonInterface = Globals.Factory.GetRibbonFactory.CreateRibbonManager
(New Ribbon.IRibbonExtension() {R2})
            End If
            Return RibbonInterface
        End Function
    End Class
```

代码分析：由于 CreateRibbonExtensibilityObject 函数需要用到有关命名空间，所以在文件顶部导入两个命名空间。

变量 R1、R2 分别是两个可视化设计器的实例，随机数介于 0 和 1 之间，如果随机数小于 0.5，基于 Ribbon1 返回给功能区接口变量 RibbonInterface。反之，随机数大于 0.5 时则加载 Ribbon2。

如果只想加载第二个可视化设计器，上述函数可以简化如下：

```
Protected Overrides Function CreateRibbonExtensibilityObject() As IRibbonExtensibility
        Return Globals.Factory.GetRibbonFactory.CreateRibbonManager(New Ribbon.
IRibbonExtension() {New Ribbon2})
    End Function
```

■ 10.4.2　使用代码自动添加和移除功能区控件

所有的功能区控件的类型都在 Microsoft.Office.Tools.Ribbon 命名空间之下，可视化设计器对象的 Factory 下面有大量以 Create 开头的方法，用来使用工厂方法创建、设置、添加功能区控件。

自动创建和添加功能区控件到可视化设计器的代码，需要写在 CreateRibbonExtensibilityObject 函数体中，或者写在被该函数调用的独立过程中。

自动创建和添加控件的步骤如下。

（1）手工为项目添加一个可视化设计器。

（2）删除默认的 Tab1、Group1。

（3）使用代码创建选项卡、组、控件。

（4）设置选项卡、组、控件的有关属性。

（5）使用 AddHandler 为控件设置事件。

（6）使用 Add 方法把各个对象添加到父级对象。

下面的实例演示了从空白可视化设计器自动产生各级功能区控件的方法。

项目实例 68　ExcelAddin_AutoCreateRibbonControl 自动添加功能区控件

创建一个名为 ExcelAddin_AutoCreateRibbonControl 的 Excel 2013/2016 VSTO 外接程序

项目，为项目添加一个功能区可视化设计器，然后把默认的 Tab1、Group1 删除。

在 ThisAddin 类中重写的 CreateRibbonExtensibilityObject 函数中，对 Ribbon1 的实例变量 R1 进行设计。

分别调用 AutoCreateRibbonControl_BuiltinTab 和 AutoCreateRibbonControl_CustomTab 自定义过程。

其中 AutoCreateRibbonControl_BuiltinTab 过程实现了在 Excel 2013 的"公式"内置选项卡中添加一个 Group 和 Button。

AutoCreateRibbonControl_CustomTab 过程实现了在 Excel 2013 的"开发工具"内置选项卡的左侧添加一个 Tab、Group 和 ComboBox。

ThisAddIn.vb 文件的代码如下：

```vb
Imports Microsoft.Office.Core
Imports Microsoft.Office.Tools.Ribbon
Public Class ThisAddIn
    Public R1 As Ribbon1
    Private Sub ThisAddIn_Startup() Handles Me.Startup

    End Sub

    Private Sub ThisAddIn_Shutdown() Handles Me.Shutdown

    End Sub
    Protected Overrides Function CreateRibbonExtensibilityObject() As IRibbonExtensibility
        R1 = New Ribbon1
        Call AutoCreateRibbonControl_BuiltinTab()
        Call AutoCreateRibbonControl_CustomTab()
        Return Globals.Factory.GetRibbonFactory.CreateRibbonManager(New IRibbonExtension() {R1})
    End Function
End Class
```

被调用的 AutoCreateRibbonControl_BuiltinTab 自定义过程代码如下：

```vb
Private Sub AutoCreateRibbonControl_BuiltinTab()
    Dim Tab1 As RibbonTab
    Dim Group1 As RibbonGroup
    Dim Button1 As RibbonButton
    With R1
        .RibbonType = "Microsoft.Excel.Workbook"
        .StartFromScratch = False
    End With
    With R1.Factory
        Tab1 = .CreateRibbonTab()
        With Tab1
            .Name = "Tab1"
            .ControlId.ControlIdType = RibbonControlIdType.Office
            .ControlId.OfficeId = "TabFormulas"
        End With
```

```
            Group1 = .CreateRibbonGroup()
            With Group1
                .Name = "Group1"
                .Position = R1.Factory.RibbonPosition.AfterOfficeId("GroupFunctionLibrary")
                .Label = " 自定义组 "
            End With
            Button1 = .CreateRibbonButton()
            With Button1
                .Name = "Button1"
                .OfficeImageId = "CodeEditorScript"
                .Label = "Visual Studio"
                .ControlSize = RibbonControlSize.RibbonControlSizeLarge
                AddHandler Button1.Click, AddressOf Button1_Click
            End With
        End With
        Group1.Items.Add(Button1)
        Tab1.Groups.Add(Group1)
        R1.Tabs.Add(Tab1)
End Sub
```

按钮控件 Button1 的单击事件过程如下：

```
Private Sub Button1_Click(sender As Object, e As RibbonControlEventArgs)
    MsgBox(R1.RibbonId)
End Sub
```

被调用的自定义过程 AutoCreateRibbonControl_CustomTab 的代码如下：

```
Private Sub AutoCreateRibbonControl_CustomTab()
    Dim Tab2 As RibbonTab
    Dim Group2 As RibbonGroup
    Dim ComboBox2 As RibbonComboBox
    Dim Dialog2 As RibbonDialogLauncher
    With R1.Factory
        Tab2 = .CreateRibbonTab()
        With Tab2
            .Name = "Tab2"
            .ControlId.ControlIdType = RibbonControlIdType.Custom
            .Label = " 自定义选项卡 "
            .Position = R1.Factory.RibbonPosition.BeforeOfficeId("TabDeveloper")
        End With
        Group2 = .CreateRibbonGroup()
        With Group2
            .Name = "Group2"
            .Position = R1.Factory.RibbonPosition.AfterOfficeId("GroupFunctionLibrary")
            .Label = " 自定义组 "
        End With
        ComboBox2 = .CreateRibbonComboBox()
        With ComboBox2
            Dim Item1 As RibbonDropDownItem
            Dim Item2 As RibbonDropDownItem
```

```
                Item1 = R1.Factory.CreateRibbonDropDownItem()
                Item2 = R1.Factory.CreateRibbonDropDownItem()
                .Name = "ComboBox2"
                .Label = "性别"
                Item1.Label = "男"
                Item2.Label = "女"
                .Items.Add(Item1)
                .Items.Add(Item2)
            End With
            Dialog2 = .CreateRibbonDialogLauncher
            With Dialog2
                Group2.DialogLauncher = Dialog2
                AddHandler Group2.DialogLauncherClick, AddressOf Dialog2_Click
            End With
        End With
        Group2.Items.Add(ComboBox2)
        Tab2.Groups.Add(Group2)
        R1.Tabs.Add(Tab2)
    End Sub
```

自定义组 Group2 的 DialogBoxLauncher 的单击事件如下：

```
Private Sub Dialog2_Click(sender As Object, e As RibbonControlEventArgs)
    Dim ComboBox2 As RibbonComboBox
    ComboBox2 = TryCast(R1.Tabs.Item(1).Groups.Item(0).Items(0), RibbonComboBox)
    ComboBox2.Visible = Not ComboBox2.Visible
End Sub
```

启动程序，在 Excel 的"公式"选项卡的"函数库"的右侧多了一个自定义组，如图 10-39 所示。

图 10-39　使用代码实现的可视化设计器

然后切换到"开发工具"左侧的自定义选项卡，有一个组合框控件，并且自定义组右侧有 DialogBoxLauncher。单击 DialogBoxLauncher，组合框的可见性反复切换，如图 10-40 所示。

图 10-40　使用代码自动创建的功能区控件

10.5 操作运行时的可视化设计器

使用可视化设计器实现的 Office 功能区自定义，在运行期间可以对功能区控件进行属性的修改和获取。

10.5.1 利用 IRibbonUI 对象激活选项卡

IRibbonUI 是 Microsoft.Office.Core 命名空间下的一个对象，在功能区的事件类中使用 Me.RibbonUI，或者在 Ribbon_Load 事件过程中使用 e.RibbonUI 返回该对象。

IRibbonUI 对象用于激活选项卡的方法如下。

❑ ActivateTab：激活指定 ID 的自定义选项卡。

❑ ActivateTabMso：激活指定 ID 的内置选项卡。

例如，下面的实例程序，功能区启动后，自动激活 ID 为 Tab1 的自定义选项卡。

```
Imports Microsoft.Office.Tools.Ribbon
Imports Microsoft.Office.Core
Public Class Ribbon1
    Public UI As IRibbonUI
    Private Sub Ribbon1_Load(ByVal sender As System.Object, ByVal e As RibbonUIEventArgs) Handles MyBase.Load
        UI = e.RibbonUI
        'UI=Me.RibbonUI
        UI.ActivateTab(ControlID:="Tab1")
    End Sub
End Class
```

如果改为 UI.ActivateTabMso(ControlID:="TabPageLayoutExcel")，自动激活 Excel 的"页面布局"选项卡。

10.5.2 遍历和读写功能区控件

功能区在运行时，可以读取和设置功能区控件的部分属性，例如可以获知 Ribbon 下面包含几个 Tab、Tab 下面的 Group 数量、Group 下面的 Control 数量等信息。

下面的实例程序，当功能区处于运行时，单击按钮控件，会自动修改 Tab 和 Group 的标题文字，并且统计整个功能区总共有多少个功能区控件。

项目实例 69　ExcelAddin_RunTime 运行时的功能区控件信息

创建一个名为 ExcelAddin_RunTime 的 Excel 2013/2016 VSTO 外接程序项目，为项目添加一个功能区可视化设计器，添加若干功能区控件。

Ribbon.vb 文件中的代码如下：

```vb
    Imports Microsoft.Office.Tools.Ribbon
    Public Class Ribbon1
        Private Sub Ribbon1_Load(ByVal sender As System.Object, ByVal e As RibbonUIEventArgs) Handles MyBase.Load

        End Sub
        Private Sub Button1_Click(sender As Object, e As RibbonControlEventArgs) Handles Button1.Click
            Dim Sum As Integer = 0
            For Each tab As RibbonTab In Me.Tabs
                tab.Label = tab.Label & "#"
                For Each group As RibbonGroup In tab.Groups
                    group.Label = group.Label & "##"
                    For Each control As RibbonControl In group.Items
                        Sum += 1
                    Next control
                Next group
            Next tab
            MsgBox("功能区控件总数: " & Sum)
        End Sub
    End Class
```

启动程序，单击"遍历控件"按钮，弹出对话框，并且选项卡和组的标题追加了字符，如图 10-41 所示。

图 10-41　运行时遍历选项卡、组、控件的总数

如果在 VSTO 项目的其他代码文件中访问可视化设计器，只需要把 Ribbon1.vb 文件中的 Me 关键字相应替换为 Globals.Ribbons.Ribbon1 即可，例如 Globals.Ribbons.Ribbon1.Button1 可以直接访问可视化设计器中名称为 Button1 的按钮控件。

10.6　修改可视化设计器的默认模板

VSTO 项目中添加的可视化设计器，默认有一个 TabAddins（内置）选项卡和一个 Group1。其实这是基于一个模板文件，Visual Studio 2017 的安装文件夹位置为 C:\Program Files\Microsoft Visual Studio\2017\Professional\Common7\IDE\，其中可以找到如下路径：

```
ItemTemplates\VisualBasic\Office\2052\VSTORibbonV4\Ribbon.Designer.vb
```

使用记事本打开 Ribbon.Designer.vb 这个文件，找到 Private Sub InitializeComponent() 这个过程，就可以看到 Tab1、Group 的定义部分，如图 10-42 所示。

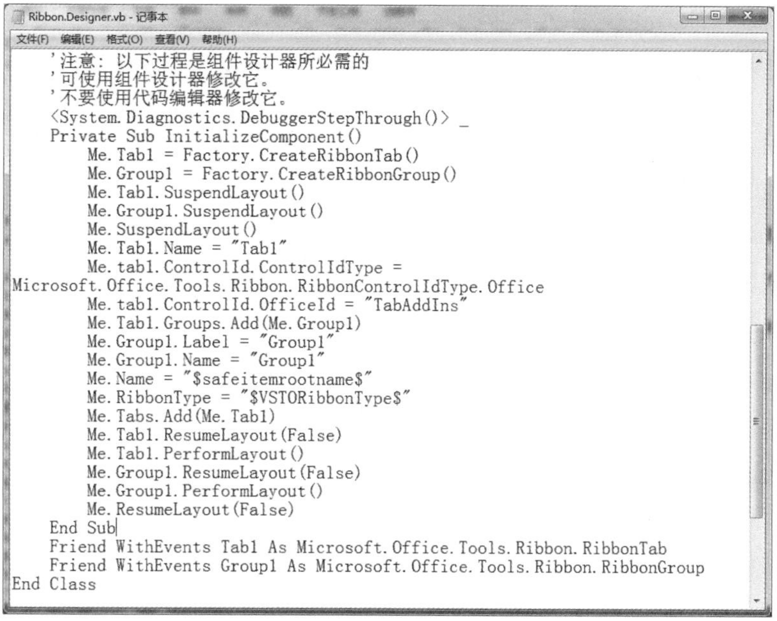

```
Ribbon.Designer.vb - 记事本
文件(F) 编辑(E) 格式(O) 查看(V) 帮助(H)
    '注意: 以下过程是组件设计器所必需的
    '可使用组件设计器修改它。
    '不要使用代码编辑器修改它。
    <System.Diagnostics.DebuggerStepThrough()> _
    Private Sub InitializeComponent()
        Me.Tab1 = Factory.CreateRibbonTab()
        Me.Group1 = Factory.CreateRibbonGroup()
        Me.Tab1.SuspendLayout()
        Me.Group1.SuspendLayout()
        Me.SuspendLayout()
        Me.Tab1.Name = "Tab1"
        Me.tab1.ControlId.ControlIdType =
Microsoft.Office.Tools.Ribbon.RibbonControlIdType.Office
        Me.tab1.ControlId.OfficeId = "TabAddIns"
        Me.Tab1.Groups.Add(Me.Group1)
        Me.Group1.Label = "Group1"
        Me.Group1.Name = "Group1"
        Me.Name = "$safeitemrootname$"
        Me.RibbonType = "$VSTORibbonType$"
        Me.Tabs.Add(Me.Tab1)
        Me.Tab1.ResumeLayout(False)
        Me.Tab1.PerformLayout()
        Me.Group1.ResumeLayout(False)
        Me.Group1.PerformLayout()
        Me.ResumeLayout(False)
    End Sub
    Friend WithEvents Tab1 As Microsoft.Office.Tools.Ribbon.RibbonTab
    Friend WithEvents Group1 As Microsoft.Office.Tools.Ribbon.RibbonGroup
End Class
```

图 10-42　可视化设计器的模板文件

开发人员可以根据自己的喜好，使用管理器身份权限修改这个模板文件（安全起见，请预先做好备份）。

10.6.1　内置选项卡改为自定义选项卡

在 Ribbon.Designer.vb 文件中找到以下两行：

```
Me.tab1.ControlId.ControlIdType=Microsoft.Office.
Tools.Ribbon.RibbonControlId Type.Office
Me.tab1.ControlId.OfficeId = "TabAddIns"
```

把这两行修改为：

```
Me.tab1.ControlId.ControlIdType=Microsoft.Office.
Tools.Ribbon.RibbonControlId Type.Custom
Me.tab1.Label = "Tab1"
```

修改完毕后，保存文件。之后再向 VSTO 项目中添加新的可视化设计器，结果如图 10-43 所示。

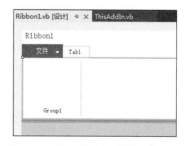

图 10-43　修改为自定义选项卡 Tab1

10.6.2　移除默认的 Group1

如果希望可视化设计器的 Tab1 中不包含 Group1，用记事本打开 Ribbon.Designer.vb 模板文件，把所有包含 Group1 的代码行注释掉或删除，然后保存文件即可。

10.7　小结

本章介绍了可视化设计器的基本用法、在多个可视化设计器中选择性加载、常用功能区控件的特性和用法、运行时读写功能区控件等内容。

ThisAddin 类中重写 CreateRibbonExtensibilityObject 函数，该函数主要有两个功能，一是从多个可视化设计器中返回其中一个进行加载，另一个功能是可以在该函数体中使用代码初始化可视化设计器。

第 11 章

使用 XML 实现 customUI

Microsoft Office 从 2007 版本以后，允许开发人员使用 XML 进行 Office 界面的自定义（customUI）。

第 10 章讲述的功能区可视化设计器只能用于 VSTO 项目，而且只能定制常用功能区、OfficeMenu 这两个场所。

本章讲述在 VSTO 项目（外接程序项目、文档自定义项目均适用）中使用 XML 代码实现 customUI。

本章要点：
- IRibbonExtensibility 接口的实现。
- GetCustomUI 函数。
- 常用功能区控件的回调函数。

11.1 Ribbon XML 概述

Ribbon XML 是用来描述 Office 界面元素构成的一类 XML 代码。Ribbon XML 的根元素是 customUI。Office 2010 及其以上版本的命名空间是：

```
<customUI xmlns="http://schemas.microsoft.com/office/2009/07/customui">
```

Office 2007 版本的命名空间是：

```
<customUI xmlns="http://schemas.microsoft.com/office/2006/01/customui">
```

Ribbon XML 代码中允许的元素以及每个元素允许设置的属性名、属性值都有规则限制，Office 2010 及其以上版本的验证文件是 customUI14.xsd；Office 2007 版本的验证文件是 customUI.xsd。这两个验证文件都由微软官网提供，如果 XML 代码不符合验证条件，则不能正常加载到 Office 中。

11.1.1 可以定制的场所

Ribbon XML 可以定制快速访问工具栏（qat）、常用功能区（tabs）、环境功能区（contextualTabs）、Office 菜单（backstage）、右键菜单（contextMenus）等。

每个场所的 XML 元素层级结构是不同的，以常用功能区的 XML 代码为例：

```
<customUI xmlns="http://schemas.microsoft.com/office/2009/07/customui">
    <ribbon startFromScratch="false">
        <tabs>
            <tab id="Tab1" label=" 我的工具箱 ">
                <group id="Group1" label=" 单元格批处理 ">
                    <button id="Button1" label=" 去除重复 " imageMso="R" onAction="RemoveDuplicate"/>
                </group>
            </tab>
        </tabs>
    </ribbon>
</customUI>
```

如果隐藏每个元素的所有属性，就可以清晰地看到如下包含嵌套关系：

```
customUI/ribbon/tabs/tab/group/control
```

上述 Ribbon XML 代码加载到 Excel 中的结果如图 11-1 所示。

图 11-1　Ribbon XML 代码在 Excel 中的显示方式

上述 Ribbon XML 代码的含义是创建一个标题为"我的工具箱"的新选项卡，在该选项卡中创建一个"单元格批处理"组，在组中创建一个"去除重复"的按钮，单击该按钮会响应程序中的 RemoveDuplicate 回调过程。

11.1.2 使用方式

Ribbon XML 代码加载并显示在 Office 中，主要有以下两种方式：

（1）嵌入到 Office 文档中

Office 2007 以上版本的 Office 文档，其实是一个压缩文件，如果把格式良好的 Ribbon

XML 代码压入到 Excel 工作簿、Word 文档、PowerPoint 演示文稿中，打开文档就可以看到相应的自定义界面。

如果把 Office 文档另存为相应的加载宏、模板，则当加载宏处于加载状态时，应用程序全局都会显示自定义界面。

嵌入到 Office 文档中的 Ribbon XML 代码，响应的回调函数必须书写在 VBA 工程中。

（2）COM 加载项中

COM 加载项是由类文件生成的动态链接库文件。类文件实现 IRibbonExtensibility 接口，并且在 GetCustomUI 函数中返回 Ribbon XML 代码，当 Office 中加载该 COM 加载项时，就会显示相应的界面。

COM 加载项中的 Ribbon XML 代码，响应的回调函数必须书写在 GetCustomUI 函数所在的类中。

由 VB6 制作的外接程序，以及本书讲述的 VSTO 外接程序项目、文档自定义项目都是通过 IRibbonExtensibility 接口实现的 customUI。

11.2 VSTO 项目中实现 Ribbon XML

VSTO 项目中实现 Ribbon XML 的要点有如下两个：

- 添加一个对 COM 可见的类，这个类中实现 IRibbonExtensibility 接口，把 Ribbon XML 代码返回给类中的 GetCustomUI 函数。
- 在外接程序的 ThisAddin 类或者文档自定义项的 ThisWorkbook 类中重写 CreateRibbonExtensibilityObject 函数，该函数中返回 Ribbon 类的实例。

11.2.1 创建 Ribbon 类

为项目添加一个类文件 Ribbon1.vb，该文件导入如下两个命名空间。

- Imports Microsoft.Office.Core：提供 IRibbonExtensibility、IRibbonUI、IRibbonControl 等类型。
- Imports System.Runtime.InteropServices：提供 ComVisible。

该类文件的代码如下：

```
'Ribbon1.vb
Imports Microsoft.Office.Core
Imports System.Runtime.InteropServices
<ComVisible(True)>
Public Class Ribbon1
    Implements IRibbonExtensibility
    Public Function GetCustomUI(RibbonID As String) As String Implements IRibbonExtensibility.GetCustomUI
```

```
            Dim xml As XElement
            xml = <customUI xmlns="http://schemas.microsoft.com/office/2009/07/customui">
                    <ribbon startFromScratch="false">
                        <tabs>
                            <tab id="Tab1" label=" 我的工具箱 ">
                                <group id="Group1" label=" 单元格批处理 ">
                                    <button id="Button1" label=" 去除重复 " imageMso="R" onAction="RemoveDuplicate"/>
                                </group>
                            </tab>
                        </tabs>
                    </ribbon>
                </customUI>
        Return xml.ToString()
    End Function
End Class
```

11.2.2　重写 CreateRibbonExtensibilityObject 函数

在 VSTO 外接程序项目的 ThisAddin.vb 文件中导入命名空间 Imports Microsoft.Office. Core：CreateRibbonExtensibilityObject 函数的返回类型是 IRibbonExtensibility。

在 ThisAddIn 类的最后面重写 CreateRibbonExtensibilityObject 函数，完整代码如下：

```
'ThisAddIn.vb
Imports Microsoft.Office.Core
Public Class ThisAddIn
    Private Sub ThisAddIn_Startup() Handles Me.Startup
    End Sub
    Private Sub ThisAddIn_Shutdown() Handles Me.Shutdown
    End Sub
    Protected Overrides Function CreateRibbonExtensibilityObject() As IRibbonExtensibility
        Return New Ribbon1()
    End Function
End Class
```

完成以上两个步骤，启动项目，就可以在 Office 中看到自定义界面。实际编程过程中，以上大部分都是固定不变的，套用即可。根据开发的需要，需要改动的是 GetCustomUI 函数中的 Ribbon XML 代码。

11.3　GetCustomUI 函数

当外接程序加载时，会自动运行 GetCustomUI 函数中的代码，从而返回 Ribbon XML 代码进而显示相应的 Office 界面。

该函数的定义为：

```
Public Function GetCustomUI(RibbonID As String) As String
```

该函数的参数是 RibbonID，返回值是一个字符串，也就是把 Ribbon XML 的代码返回。注意，该函数体中避免书写外接程序初始化方面的代码，例如 MsgBox 之类的语句可能导致界面加载失败。程序初始化的代码最好写在 ThisAddin_Startup 过程中。

■ 11.3.1 RibbonID 参数

大多数的 Office 组件只有一种窗口，但如果是 InfoPath 或 Outlook 就存在多种类型的窗口。每种窗口的类型使用 RibbonID 识别。常用 Office 组件及其对应的 RibbonID 如表 11-1 所示。

表 11-1 常用 Office 组件的 RibbonID

组件或窗口	RibbonID
Access	Microsoft.Access.Database
Excel	Microsoft.Excel.Workbook
PowerPoint	Microsoft.PowerPoint.Presentation
Word	Microsoft.Word.Document
Project	Microsoft.Project.Project
Visio	Microsoft.Visio.Drawing
InfoPath	Microsoft.InfoPath.Designer
	Microsoft.InfoPath.Editor
	Microsoft.InfoPath.PrintPreview
Outlook 联系人	Microsoft.Outlook.Contact
Outlook 主窗口	Microsoft.Outlook.Explorer
Outlook 创建新邮件	Microsoft.Outlook.Mail.Compose

GetCustomUI 函数的参数 RibbonID 用来标识是哪一个窗口。对于单一窗口类型的组件，一般用不到该参数，但对于 Outlook 就需要使用 RibbonID 参数结合 If 或 Select 分支结构区别开来，从而在不同的窗口显示不同的界面。

下面的函数用于 Outlook 外接程序项目，根据不同的 RibbonID 返回不同的 Ribbon XML：

```
Public Function GetCustomUI(RibbonID As String) As String Implements IRibbon
Extensibility.GetCustomUI
        Dim xml As XElement
        Select Case RibbonID
            Case "Microsoft.Outlook.Explorer"
                xml = <customUI xmlns="http://schemas.microsoft.com/office/2009/07/customui">
```

```
                            <ribbon startFromScratch="false">
                                <tabs>
                                    <tab id="Tab1" label="Explorer">
                                        <group id="Group1" label=" 主窗口 ">
                                            <button id="Button1" label=" 主窗口 &#xA;"
imageMso="E" size="large"/>
                                        </group>
                                    </tab>
                                </tabs>
                            </ribbon>
                        </customUI>
                Case "Microsoft.Outlook.Contact"
                    xml = <customUI xmlns="http://schemas.microsoft.com/office/2009/
07/customui">
                            <ribbon startFromScratch="false">
                                <tabs>
                                    <tab id="Tab1" label="Contact">
                                        <group id="Group1" label=" 联系人 ">
                                            <button id="Button1" label=" 联系人 &#xA;"
imageMso="C" size="large"/>
                                        </group>
                                    </tab>
                                </tabs>
                            </ribbon>
                        </customUI>
                Case "Microsoft.Outlook.Mail.Compose"
                    xml = <customUI xmlns="http://schemas.microsoft.com/office/2009/
07/customui">
                            <ribbon startFromScratch="false">
                                <tabs>
                                    <tab id="Tab1" label="Mail">
                                        <group id="Group1" label=" 新邮件 ">
                                            <button id="Button1" label=" 新邮件 &#xA;"
imageMso="M" size="large"/>
                                        </group>
                                    </tab>
                                </tabs>
                            </ribbon>
                        </customUI>
                Case Else
            End Select
            Return xml.ToString()
        End Function
```

在 Outlook 中加载该外接程序，在主窗口、新建联系人、新建邮件的各个窗口有各自的自定义界面，如图 11-2 所示。

图 11-2　Outlook 中不同窗口显示不同的自定义界面

11.3.2　回调函数

自定义 Office 界面的作用是让用户单击功能区控件从而实现特定的操作，Ribbon XML 使用元素的回调属性对应的属性值去关联程序中的过程或函数。例如，下面这个按钮的 XML 代码为：

```
<button id="Button1" label=" 去除重复 " imageMso="R" onAction="RemoveDuplicate"/>
```

该元素设置了 4 个属性及其对应的属性值，只有 onAction 属性是回调属性，属性值是 RemoveDuplicate，那就意味着程序中必须要有 Sub RemoveDuplicate 这样一个回调过程，具体写法如下：

```
Public Sub RemoveDuplicate(control As Office.IRibbonControl)

End Sub
```

括号内的参数 control 就是指功能区按钮本身，该参数有一些重要的属性可以利用，例如 Id、Tag 分别对应于 XML 代码中的 id 和 tag 属性。

回调函数的写法非常严格，如果不符合要求，可能造成单击功能区按钮响应不到该过程。回调函数具体的书写要求如下：

- ❑ 必须写在与 GetCustomUI 函数同一个类中。
- ❑ 必须声明为 Public。
- ❑ 回调函数名称要与 Ribbon XML 中一致。
- ❑ 回调函数的参数及其类型要正确。

每种功能区控件的回调属性以及回调函数的写法各不相同，即便是同一种类型的功能区控件，在不同的编程语言中的回调函数也不同。

笔者开发的 Ribbon XML Editor（见图 11-3）可以一次性生成 XML 代码对应的所有回调函数，支持 VBA、VB6（VB.NET）、C# 等编程语言。

图 11-3　利用 Ribbon XML Editor 自动生成回调函数

其中，VB6 和 VB.NET 的回调函数格式相同。

11.3.3　IRibbonUI 对象

Office 对象库（命名空间 Microsoft.Office.Core）有一个 IRibbonUI 对象，用来表达当前加载的 customUI。该对象只能由 customUI 元素的 onLoad 回调函数返回。

当 Ribbon XML 加载时，onLoad 回调函数会自动执行。该函数的参数 ribbon 就是一个 IRibbonUI 对象。

IRibbonUI 对象可以用来激活内置选项卡或自定义选项卡，也可以用来刷新功能区控件的状态，常用方法如下。

❑ ActivateTab：激活自定义选项卡。

❑ ActivateTabMso：激活内置选项卡。

❑ Invalidate：刷新 customUI。

❑ InvalidateControl：刷新指定的自定义控件。

❑ InvalidateControlMso：刷新内置控件。

例如，Ribbon1 类的代码如下，Ribbon XML 代码用来在常用功能区中创建一个自定义选项卡"我的工具箱"。

```
Public Class Ribbon1
    Implements IRibbonExtensibility
    Public R As IRibbonUI
    Public Function GetCustomUI(RibbonID As String) As String Implements IRibbon
Extensibility.GetCustomUI
```

```
            Dim xml As XElement
            xml = <customUI xmlns="http://schemas.microsoft.com/office/2009/07/customui" onLoad="OnLoad">
                      <ribbon startFromScratch="false">
                          <tabs>
                              <tab id="Tab1" label=" 我的工具箱 ">
                                  <group id="Group1" label=" 单元格批处理 ">
                                      <button id="Button1" label=" 去除重复 " imageMso="R" onAction="RemoveDuplicate"/>
                                  </group>
                              </tab>
                          </tabs>
                      </ribbon>
                  </customUI>
            Return xml.ToString()
        End Function
        Public Sub OnLoad(ribbon As IRibbonUI)
            R = ribbon
            R.ActivateTab(ControlID:="Tab1")
        End Sub
End Class
```

对象变量 R 就是 customUI 中的 IRibbonUI 对象，当 customUI 被加载时，自动激活 Id 为 Tab1 的自定义选项卡。

R.ActivateTabMso(ControlID:="TabInsert") 表示自动激活 Excel 的插入选项卡。

R.Invalidate() 表示刷新 customUI 中所有功能区控件，重新运行所有回调函数。

R.InvalidateControl(ControlID:="Button1") 表示只刷新 Id 为 Button1 的控件。

11.3.4 Ribbon XML 代码的返回方式

由于 GetCustomUI 函数的返回值类型是 String，因此无论采用哪一种方式，最后返回的值必须是字符串。

Ribbon XML 代码在 VSTO 项目中常见的书写方式如下：
- 使用 XElement。
- 使用字符串。
- 使用资源文件。
- 调用外部 XML 文件。
- 动态生成 XML 文档。

其中，使用 XElement 和使用字符串，直接把 XML 代码写在 GetCustomUI 函数体中，适合 XML 代码比较短的情形。

这些书写方法，后面都会讲到。

11.4 Ribbon XML 设计实例分步讲解

如前面所述，VSTO 项目通过 Ribbon XML 实现 customUI 有如下两个关键步骤：

（1）实现 IRibbonExtensibility 接口的一个 Ribbon 类。

（2）ThisAddin 或 ThisWorkbook 类中重写 CreateRibbonExtensibilityObject 函数，返回上述 Ribbon 类的实例。

下面逐步讲解实现过程。

11.4.1 使用类创建 Ribbon 接口

VSTO 外接程序项目中使用 XML 实现自定义界面的关键在于：为项目添加一个 COM 可见性为 True 的类（Class）。

该类中，既包含获取 XML 代码的 GetCustomUI 函数，也包含与 XML 对应的回调函数。

下面的实例演示了在外接程序项目中使用 XML 自定义 Office 界面。具体功能是：用户单击功能区中的按钮，可以自动把单元格中的数据去除重复。

项目实例 70　ExcelAddin_UseXML 使用 XML 代码实现 customUI

创建一个名为 ExcelAddIn_UseXML 的 Excel 2013/2016 VSTO 外接程序项目。

Step 1：添加类文件

在项目右键菜单中选择"添加"→"新项"，在"添加新项"对话框中选择"类"，如图 11-4 所示。

图 11-4　为项目添加一个类文件

使用默认名称"Class1.vb"，单击"添加"按钮。

Step 2：在类文件中书写 XML

打开 Class1.vb 的代码视图，导入指令 Imports System.Runtime.InteropServices，并设置 Class 的 ComVisible 为 True。

然后在 Class1 内部，书写功能区接口 Implements Office.IRibbonExtensibility，然后按 Enter 键，如图 11-5 所示。

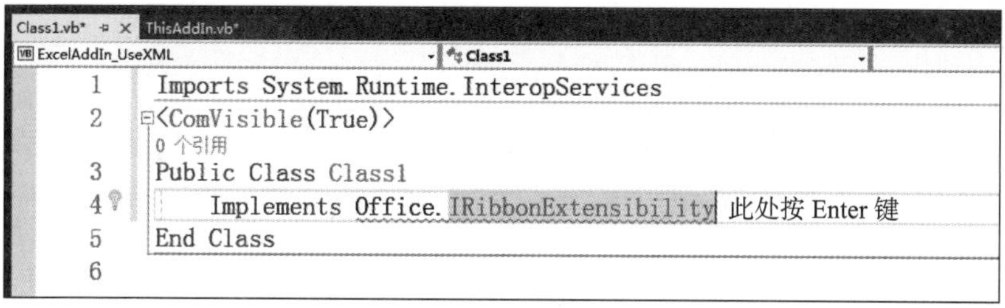

图 11-5　类中导入 customUI 接口

按 Enter 键后，自动产生 GetCustomUI 函数。该函数应该返回用于 customUI 的 XML 字符串。然后在该 Function 下面书写 customUI 对应的回调函数。

Class1.vb 文件的完整代码如下：

```vb
Imports System.Runtime.InteropServices
Imports Microsoft.Office.Core

<ComVisible(True)>
Public Class Class1
    Implements Office.IRibbonExtensibility

    Public Function GetCustomUI(RibbonID As String) As String Implements IRibbonExtensibility.GetCustomUI
        Return "
<customUI xmlns='http://schemas.microsoft.com/office/2009/07/customui'>
    <ribbon startFromScratch='false'>
        <tabs>
            <tab id='Tab1' label=' 我的工具箱 '>
                <group id='Group1' label=' 单元格批处理 '>
                    <button id='Button1' label=' 去除重复 ' imageMso= 'R' onAction ='RemoveDuplicate'/>
                </group>
            </tab>
        </tabs>
    </ribbon>
</customUI>
"
    End Function
    Public Sub RemoveDuplicate(control As Office.IRibbonControl)

    End Sub
End Class
```

代码分析：该文件主要包含 Function GetCustomUI 以及 Sub RemoveDuplicate，前者用于告诉 VSTO 外接程序中 XML 代码是什么，后者是功能区按钮的回调过程。

但是，此时还未将 Class1.vb 这个类引入到外接程序中。

Step 3：ThisAddin 引入 Ribbon 类

打开 ThisAddIn.vb 的代码视图，在 ThisAddIn_Shutdown 事件过程的下方书写如下函数：

```
Protected Overrides Function CreateRibbonExtensibilityObject()
```

当输入 Protected Overrides Function 并按空格键后，会出现函数名称列表，从中选择"CreateRibbonExtensibilityObject()"并且按 Enter 键，自动产生该函数的代码，如图 11-6 所示。

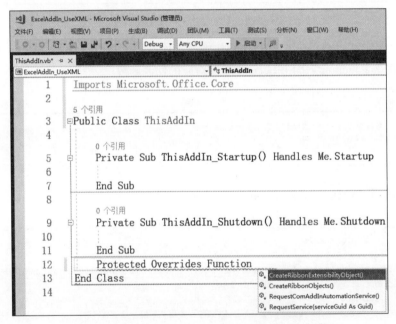

图 11-6　重写 CreateRibbonExtensibilityObject 函数

然后让该函数返回 customUI 类的一个新实例，修改代码如下：

```
Protected Overrides Function CreateRibbonExtensibilityObject() As IRibbonExtensibility
    Return New Class1()
End Function
```

Step 4：启动项目、调试

启动项目，在 Excel 中看到自定义选项卡"我的工具箱"、组和按钮，如图 11-7 所示。

单击"去除重复"按钮，无任何响应，这是因为前面的回调是一个空过程。

关闭 Excel，退出调试。

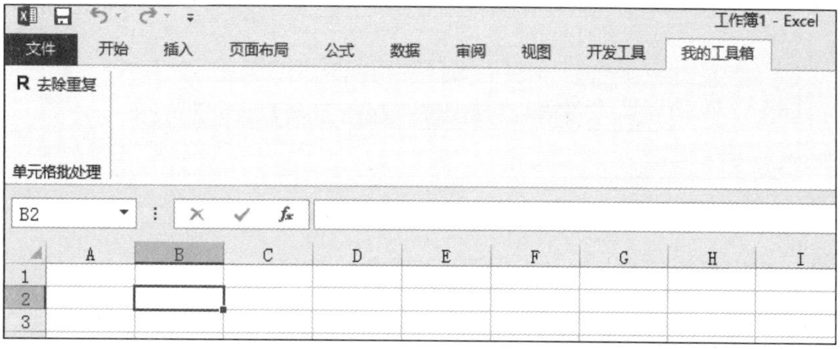

图 11-7　使用 XML 代码实现的 customUI

Step 5：完善按钮功能

界面既然显示出来了，接下来在 Class1 中为按钮书写具体的功能。由于 customUI 的 XML 代码中 button 的 onAction 设置为 RemoveDuplicate，因此回调函数格式如下：

```
Public Sub RemoveDuplicate(control As Office.IRibbonControl)
    Dim ExcelApp As Excel.Application = Globals.ThisAddIn.Application
    Dim sel As Excel.Range = CType(ExcelApp.Selection, Excel.Range)
    Dim dic As New Dictionary(Of String, String)
    For Each rg As Excel.Range In sel
        dic.Item(rg.Value) = ""
    Next rg
    sel.ClearContents()
    sel.Resize(1, dic.Count).Value = dic.Keys.ToArray()
End Sub
```

代码分析：对象变量 sel 表示用户选中的单元格区域，dic 是一个字典，遍历所选区域的每个单元格，把每个单元格的值放入字典，由于字典会自动覆盖已有同名项，所以起到了去除重复的作用。

最后把所选区域清空，然后把字典的键转换为数组放入原先的单元格中。

再次启动项目，用鼠标在 Excel 中选定一些数据，如图 11-8 所示。

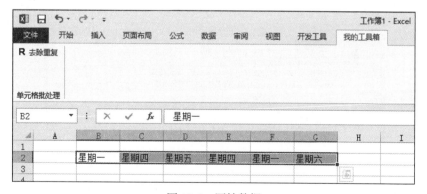

图 11-8　原始数据

单击"去除重复"按钮，单元格区域结果如图 11-9 所示。

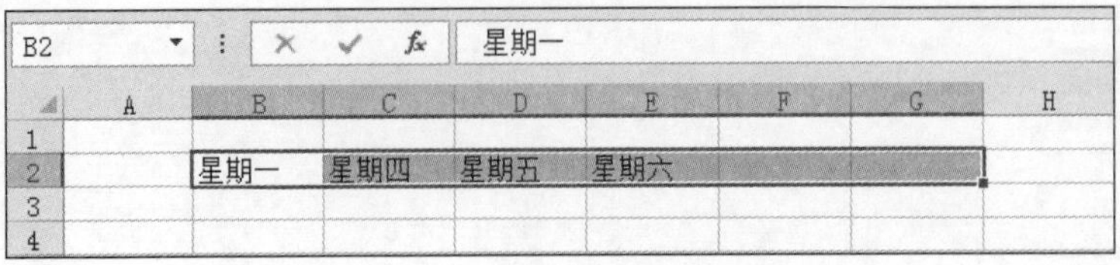

图 11-9　去除重复后的结果

以上就是一个完整的带有 customUI 自定义界面的 VSTO 外接程序。

■ 11.4.2　回调函数的查询

XML 所需的回调函数中，button 控件的回调函数相对简单，对于其他类型控件的回调，则需要查询回调函数的格式。

RibbonXMLEditor 可以查询面向 VBA、VB6/VB.NET、C# 的功能区回调函数格式。在 XML 代码编辑区单击右键，选择 "查看回调"→VB6，如图 11-10 所示。

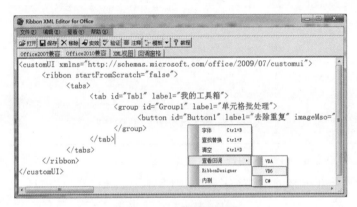

图 11-10　查看回调函数

接着即可在 "回调窗格" 中看到回调函数的写法（VB.NET 和 VB6 的相同），如图 11-11 所示。

图 11-11　自动产生的回调函数格式

11.4.3 使用 Visual Studio 的 XML 编辑器

前面讲述的实例，在一个类文件中既包含 XML 代码，也包含回调函数，如果用于 customUI 的 XML 是固定不变的，这种方式完全可以。

如果需要开发的功能非常多，控件也非常多，把 XML 代码直接放在 GetCustomUI 函数中就不太方便操作。

更方便的做法是把 XML 保存为单独的 XML 文件。

Visual Studio 的 XML 编辑器是一款非常强大的 customUI 代码编写工具，它提供了非常便捷的智能感知。

以下就基于上述 ExcelAddIn_UseXML 这个外接程序，改写为单独 XML 文件方式。

Step 1：添加 XML 文件

为项目添加新项，选择"XML 文件"，如图 11-12 所示。

图 11-12　项目中添加 XML 文件

使用默认名称 XMLFile1.xml，单击"添加"按钮。

自动打开 XMLFile1.xml 的代码视图，只要 customUI 根元素的命名空间写成：

```
xmlns=http://schemas.microsoft.com/office/2009/07/customui
```

以后书写代码，按下空格键就可以自动弹出可选成员（如果删除或者写错上述命名空间，就没有智能感知了），如图 11-13 所示。

Step 2：设置 XML 文件属性

编辑好 XML 文件后，在解决方案资源管理器中，选中 XMLFile1.xml，在属性窗口中更改生成操作为"嵌入的资源"，如图 11-14 所示。

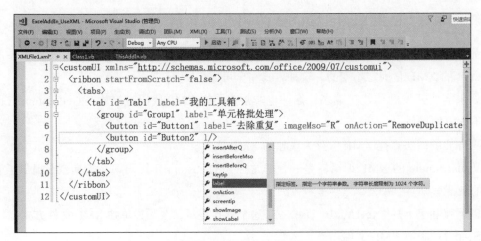

图 11-13 使用 Visual Studio 的 XML 编辑器

图 11-14 设置为"嵌入的资源"

这意味着会把该 XML 文件编译到产品中,而不是暴露在文件夹中。

Step 3:获取嵌入的 XML 文件内容

由于 XML 文件是一个独立的、嵌入到项目中的资源文件,这就需要设法把该文件的内容赋给 Class1.vb 中的 GetCustomUI 函数。

因此,GetCustomUI 函数改写如下:

```
    Public Function GetCustomUI(RibbonID As String) As String Implements IRibbon
Extensibility.GetCustomUI
        Dim asm As Reflection.Assembly = Reflection.Assembly.GetExecutingAssembly()
        Dim stream As IO.Stream = asm.GetManifestResourceStream("ExcelAddin_UseXML.
XMLFile1.xml")
        Dim xml As String
        Using resourceReader As IO.StreamReader = New IO.StreamReader(stream)
            xml = resourceReader.ReadToEnd
        End Using
        Return xml
    End Function
```

代码分析：asm.GetManifestResourceStream("ExcelAddin_UseXML.XMLFile1.xml") 这一句代码后面的参数必须使用项目的命名空间加一个小数点，然后继续输入嵌入资源的名称才能访问到（严格注意大小写！）。

代码中的变量 xml 就是从嵌入的资源文件中读出的 XML 代码字符串。

Step 4：增加回调函数

由于 customUI 代码中增加了一个按钮 Button2，所以在 Class1.vb 中还需要增加一个回调过程：

```
    Public Sub ShowForm(control As Office.IRibbonControl)
        Dim FM As New System.Windows.Forms.Form
        FM.Text = " 工具箱 "
        FM.ShowDialog()
    End Sub
```

该按钮用于在 Excel 中弹出一个 VB.NET 窗体。

Step 5：项目测试

再次启动项目，单击"我的工具箱"→"单元格批处理"→"工具箱"，弹出一个窗体，如图 11-15 所示。

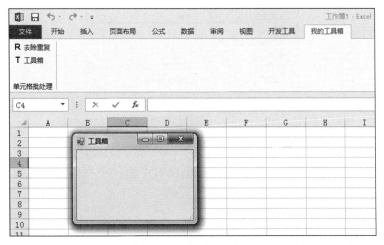

图 11-15　单击功能区按钮自动创建和显示窗体

11.4.4 使用外部 XML 文件

如果 customUI 的代码是项目以外独立的 XML 文件，还可以用前面讲过的 XmlDocument 对象来读取外部文件。

项目实例 71　ExcelAddin_OutFile 使用外部 XML

创建一个名为 ExcelAddIn_OutFile 的 Excel 2013/2016 VSTO 外接程序，为项目添加一个名为 XMLFile1.xml 的 XML 文件。

Step 1：复制 XML 文件到输出目录

在解决方案资源管理器中选中 XMLFile1.xml，在属性窗口中设置"复制到输出目录"为"始终复制"，"生成操作"选择"内容"，如图 11-16 所示。

图 11-16　设置为独立 XML 文件

这就意味着，每次编译项目时，会自动把项目中的这个文件复制到 Debug 文件夹中一份。

Step 2：编辑 XML 代码

将 XMLFile1.xml 文件编辑为如下 customUI 代码：

```xml
<customUI xmlns="http://schemas.microsoft.com/office/2009/07/customui">
  <ribbon startFromScratch="false">
    <tabs>
      <tab id="Tab1" label="外部 XML 文件 ">
        <group id="Group1" label=" 外部 XML 文件 ">
          <button id="Button1" label=" 外部 XML 文件 " onAction="Msg"/>
        </group>
      </tab>
    </tabs>
  </ribbon>
</customUI>
```

注意：按钮的回调函数为 Msg。

Step 3：在 ThisAddin.vb 文件中增加 Ribbon 类

打开 ThisAddin.vb 文件，在已有代码的基础上修改为如下（其中**加粗部分**为增加的内容）：

```vb
Imports Microsoft.Office.Core
Public Class ThisAddIn
    Private Sub ThisAddIn_Startup() Handles Me.Startup
    End Sub
    Private Sub ThisAddIn_Shutdown() Handles Me.Shutdown
    End Sub
    Protected Overrides Function CreateRibbonExtensibilityObject() As IRibbonExtensibility
        Return New Class1()
    End Function
End Class
<System.Runtime.InteropServices.ComVisible(True)>
Public Class Class1
    Implements Office.IRibbonExtensibility
    Public Function GetCustomUI(RibbonID As String) As String Implements IRibbonExtensibility.GetCustomUI
        Dim doc As New Xml.XmlDocument
        doc.Load(filename:=System.AppDomain.CurrentDomain.BaseDirectory & "\XMLFile1.xml")
        Return doc.OuterXml
    End Function
    Public Sub Msg(control As Office.IRibbonControl)
        MsgBox(" 外部 XML 文件 ")
    End Sub
End Class
```

代码分析：可以看出，本例并没有为 Ribbon 类单独添加文件，而是在 ThisAddin.vb 中新增了一个 Class。

doc.OuterXml 的作用是把 XML 文件中的内容获取到，并且赋给 GetCustomUI 函数。

Step 4：项目测试

启动项目，Excel 中会看到自定义选项卡，如图 11-17 所示。

图 11-17　外部 XML 文件产生的自定义界面

11.4.5　动态生成 XML 代码

通过前面的讨论可以看出，要在 VSTO 外接程序项目中实现 customUI 自定义 Office 界面，需要具备如下两个基本条件。

❑ 具有 ComVisible 为 True 的一个 Class。
❑ 具有返回 XML 代码的 GetCustomUI 函数。

其中，能够返回 XML 代码的方式不限，只要能把一个字符串返回给 GetCustomUI 就可以。

下面的实例，创建一个名为 ExcelAddIn_DynamicXML 的 Excel 2013/2016 VSTO 外接程序，使用 XmlDocument 自动构建 XML，并把 XML 代码返回给 GetCustomUI 函数。本程序的功能是在 Excel 选项卡中显示一个动态的组，组中按钮的多少取决于文件夹下文本文件的多少。

项目实例 72　ExcelAddin_DynamicXML 动态生成 XML

在 ThisAddin.vb 之后追加代码，最终代码如下：

```
Imports Microsoft.Office.Core
Imports Microsoft.Office.Interop
Imports System.IO
Imports System.Runtime.InteropServices
Imports System.Xml
Public Class ThisAddIn
    Private Sub ThisAddIn_Startup() Handles Me.Startup
```

```vbnet
        End Sub

        Private Sub ThisAddIn_Shutdown() Handles Me.Shutdown

        End Sub
        Protected Overrides Function CreateRibbonExtensibilityObject() As IRibbonExtensibility
            Return New Class1()
        End Function
    End Class
    <ComVisible(True)>
    Public Class Class1
        Implements Office.IRibbonExtensibility
        Public Function GetCustomUI(RibbonID As String) As String Implements IRibbonExtensibility.GetCustomUI
            Dim doc As New XmlDocument
            Dim node(4) As XmlElement
            Dim button As XmlElement
            If RibbonID = "Microsoft.Excel.Workbook" Then
                node(0) = doc.CreateElement("customUI")
                node(0).SetAttribute("xmlns", "http://schemas.microsoft.com/office/2009/07/customui")
                doc.AppendChild(node(0))
                node(1) = doc.CreateElement("ribbon")
                node(1).SetAttribute("startFromScratch", "false")
                node(0).AppendChild(node(1))
                node(2) = doc.CreateElement("tabs")
                node(1).AppendChild(node(2))
                node(3) = doc.CreateElement("tab")
                node(3).SetAttribute("id", "Tab1")
                node(3).SetAttribute("label", "DynamicXML")
                node(3).SetAttribute("insertBeforeMso", "TabInsert")
                node(2).AppendChild(node(3))
                node(4) = doc.CreateElement("group")
                node(4).SetAttribute("id", "Group1")
                node(4).SetAttribute("label", "DynamicXML")
                node(3).AppendChild(node(4))
                Dim index As Integer = 1
                For Each file As String In Directory.GetFiles(path:="C:\temp")
                    If Path.GetExtension(path:=file) = ".txt" Then
                        button = doc.CreateElement("button")
                        button.SetAttribute("id", "Button" & index)
                        button.SetAttribute("label", file)
                        node(4).AppendChild(button)
                        index += 1
                    End If
                Next file
                Return doc.OuterXml
            End If
            doc = Nothing
        End Function
    End Class
```

代码分析：代码中的 node(0) 到 node(4) 依次代表 customUI/ribbon/tabs/tab/group。

button 则是代表 group 下面的所有按钮，每遍历到一个文本文件就创建一个按钮，复制到 group 之下。

整型变量 index 的作用是保证每个按钮的 ID 是唯一的。

启动项目，在 Excel 中可以看到在"插入"选项卡左侧出现自定义选项卡 DynamicXML，自定义组中的每个按钮显示文件的路径，如图 11-18 所示。

图 11-18　依据磁盘文件动态产生 XML 代码

11.5　其他控件和回调处理

开发实际项目时，在功能区中除了使用最常用的 button 外，往往还需要添加其他类型的控件来实现一些功能。

group 下面允许添加十多种控件，每种控件的回调函数的书写、回调函数的含义比较复杂，但是大体可以把回调函数分为执行类回调函数和返回类回调函数。

本节通过介绍 editBox、checkBox、button 这几个典型的控件，说明回调函数的工作原理。

■ 11.5.1　处理以 on 开头的回调函数

每种控件可以使用的回调函数由 XML 的命名空间规定，其中以 on 开头的回调函数起到执行命令的作用，例如 onClick、onChange、onLoad 就属于执行类回调函数。

分析如下用于 customUI 的 XML 代码：

```
<customUI xmlns="http://schemas.microsoft.com/office/2009/07/customui" onLoad=
"customUI_onLoad">
    <ribbon startFromScratch="false">
        <tabs>
            <tab id="Tab1" label="TabCustom">
                <group id="Group1" label="GroupCustom">
                    <editBox id="Edit1" label="姓名：" onChange="editBox_onChange"/>
                    <checkBox id="Check1" label="少数民族" onAction="checkBox_onAction"/>
                    <button  id="Button1" label="提交" onAction="Submit"/>
                </group>
            </tab>
```

```
        </tabs>
      </ribbon>
    </customUI>
```

从上面的代码可以找出 4 个以 on 开头的回调函数名称，对应的 VB.NET 格式的回调函数声明格式为：

```
Public Function customUI_onLoad(ribbon As Office.IRibbonUI)
'功能区加载时，自动执行一次，用于返回 ribbon 对象。
End Function
Public Sub editBox_onChange(control As Office.IRibbonControl, text As String)
'文本框接收输入内容，按下 Enter 键后响应此过程，参数 text 就是输入的内容
End Sub
Public Sub checkBox_onAction(control As Office.IRibbonControl, pressed As Boolean)
'当勾选或取消勾选复选框时，触发此过程，参数 pressed 返回的是勾选状态
End Sub
Public Sub Submit(control As Office.IRibbonControl)
'当单击按钮时，触发此过程
End Sub
```

项目实例 73　ExcelAddin_on_Callback on 开头的回调函数

创建一个名为 ExcelAddIn_on_Callback 的 Excel 2013/2016 VSTO 外接程序，修改 ThisAddin.vb 的代码如下：

```
Imports Microsoft.Office.Core
Public Class ThisAddIn
    Private Sub ThisAddIn_Startup() Handles Me.Startup

    End Sub
    Private Sub ThisAddIn_Shutdown() Handles Me.Shutdown

    End Sub
    Protected Overrides Function CreateRibbonExtensibilityObject() As IRibbonExtensibility
        Return New Class1()
    End Function
End Class
<System.Runtime.InteropServices.ComVisible(True)>
Public Class Class1
    Implements IRibbonExtensibility
    Private R As IRibbonUI
    Public Function GetCustomUI(RibbonID As String) As String Implements IRibbonExtensibility.GetCustomUI
        Return "
<customUI xmlns='http://schemas.microsoft.com/office/2009/07/customui' onLoad='customUI_onLoad'>
    <ribbon startFromScratch='false'>
        <tabs>
            <tab id='Tab1' label='TabCustom'>
                <group id='Group1' label='GroupCustom'>
```

```
                    <editBox id='Edit1' label='姓名：' onChange= 'editBox_
onChange'/>
                    <checkBox id='Check1' label='少数民族' onAction= 'checkBox_
onAction'/>
                    <button id='Button1' label='提交' onAction= 'Submit'/>
                </group>
            </tab>
        </tabs>
    </ribbon>
</customUI>
"
    End Function
    Public Function customUI_onLoad(ribbon As Office.IRibbonUI)
        R = ribbon
        R.ActivateTab(ControlID:="Tab1")
    End Function
    Public Sub editBox_onChange(control As Office.IRibbonControl, text As String)
        MsgBox(text)
    End Sub
    Public Sub checkBox_onAction(control As Office.IRibbonControl, pressed As Boolean)
        MsgBox(pressed)
    End Sub
    Public Sub Submit(control As Office.IRibbonControl)
        MsgBox(control.Id)
    End Sub
End Class
```

代码分析：customUI_onLoad 函数的作用是，功能区加载时，把功能区赋给对象变量 R，以便于让 R 来操作和刷新功能区控件。R.ActivateTab(ControlID:="Tab1") 表示激活自定义选项卡。

启动项目，在 Excel 中出现自定义选项卡，文本框中输入姓名然后按 Enter 键，弹出输入的内容，如图 11-19 所示。

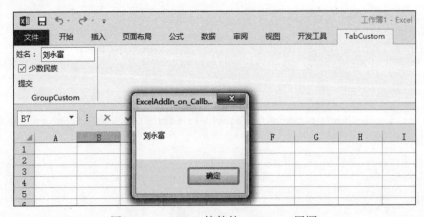

图 11-19　editBox 控件的 onChange 回调

如果用鼠标勾选／取消勾选"少数民族"复选框，会在弹出的对话框中显示 True 或者 False；单击下面的"提交"按钮，弹出该按钮的 ID"Button1"。

■ 11.5.2 处理以 get 开头的回调函数

控件还有一些以 get 开头的回调函数，其作用是从程序中返回结果来设置功能区控件的属性。

例如 editBox 的 getText 回调，作用就是用新的结果去自动修改文本框内容，checkBox 的 getPressed 属性则是利用新的计算结果来决定复选框的勾选状态。

以 get 开头的回调函数，当功能区加载时自动执行一次。之后必须依靠 Ribbon.Invalidate 或 InvalidateControl 来再次运行上述回调函数。

下面的程序，当用户选择的对象是单元格区域时，文本框控件可用，并且显示所选地址，复选框自动处于勾选状态，如果所选对象是图片或其他对象，文本框自动不可用，复选框自动去掉勾选。

项目实例 74　ExcelAddin_get_Callback　get 开头的回调函数

创建一个名为 ExcelAddIn_get_Callback 的窗体应用程序，ThisAddin.vb 的代码修改如下：

```
Imports Microsoft.Office.Core
Public Class ThisAddIn
    Private Sub ThisAddIn_Startup() Handles Me.Startup

    End Sub
    Private Sub ThisAddIn_Shutdown() Handles Me.Shutdown

    End Sub
    Protected Overrides Function CreateRibbonExtensibilityObject() As IRibbonExtensibility
        Return New Class1()
    End Function
End Class
<System.Runtime.InteropServices.ComVisible(True)>
Public Class Class1
    Implements IRibbonExtensibility
    Private R As IRibbonUI
    Private rg As Excel.Range
    Public Function GetCustomUI(RibbonID As String) As String Implements IRibbonExtensibility.GetCustomUI
        Return "
<customUI xmlns='http://schemas.microsoft.com/office/2009/07/customui' onLoad='customUI_onLoad'>
        <ribbon startFromScratch='false'>
            <tabs>
                <tab id='Tab1' label='TabCustom'>
                    <group id='Group1' label='GroupCustom'>
                        <editBox id='Edit1' label='所选地址' getEnabled= 'editBox
```

```
getEnabled' getText='editBox_getText'/>
                    <checkBox id='Check1' label='是单元格' getPressed= 'checkBox_
getPressed'/>
                    <button id='Button1' label='更新' onAction= 'Update'/>
                </group>
            </tab>
        </tabs>
    </ribbon>
</customUI>
"
    End Function
    Public Function customUI_onLoad(ribbon As Office.IRibbonUI)
        R = ribbon
    End Function
    Public Function editBox_getEnabled(control As Office.IRibbonControl) As Boolean
        Return IsRange()
    End Function
    Public Function editBox_getText(control As Office.IRibbonControl) As String
        If IsRange() Then
            Return CType(Globals.ThisAddIn.Application.Selection, Excel.Range).Address(False, False)
        Else
            Return ""
        End If
    End Function
    Public Function checkBox_getPressed(control As Office.IRibbonControl) As Boolean
        Return IsRange()
    End Function
    Public Sub Update(control As Office.IRibbonControl)
        R.InvalidateControl(ControlID:="Edit1")
        R.InvalidateControl(ControlID:="Check1")
    End Sub
    Private Function IsRange() As Boolean
        If TypeOf Globals.ThisAddIn.Application.Selection Is Excel.Range Then
            Return True
        Else
            Return False
        End If
    End Function
End Class
```

代码分析：IsRange 这个函数用于判断用户选择的是不是单元格区域，返回布尔值以便于让其他函数访问。

editBox_getEnabled 这个函数用于决定文本框的可用性，如果该函数返回值是 False，则文本框为灰色不可用。

editBox_getText 用于决定文本框的内容。

checkBox_getPressed 用于决定复选框是否勾选，如果该函数返回值为 False，则取消勾选。

按钮控件的单击事件中，使用InvalidateControl来刷新控件的回调，例如R.InvalidateControl(ControlID:="Edit1")，表示再次运行与Edit1这个文本框有关的所有回调函数。

启动项目，Excel的功能区显示相应的自定义界面。用鼠标选择一张图片，然后单击功能区中的"更新"按钮，文本框自动变得不可用、复选框自动去掉勾选，如图11-20所示。

图 11-20　利用 getEnabled 回调

反之如果选择的是一个单元格区域，文本框可用并且显示所选单元格地址，复选框自动处于勾选状态，如图11-21所示。

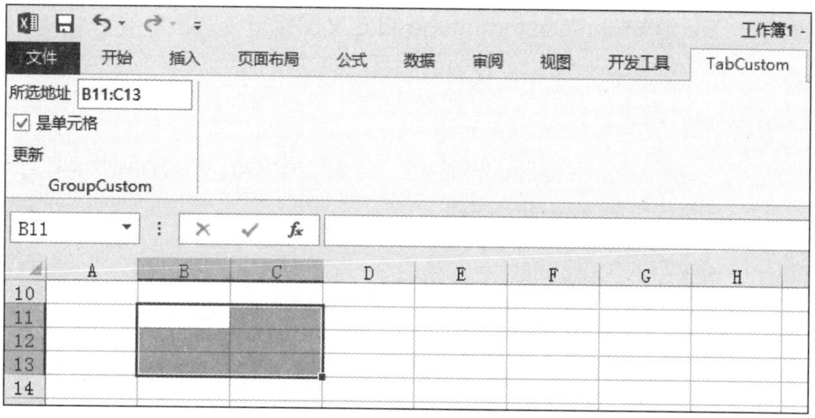

图 11-21　更新控件的状态

11.6 使用自定义图标

customUI 设计过程中，很多种控件（例如 button、editBox 等）都能设置图标（image）。控件的图标既可以使用微软提供的内置图标（imageMso），也可以使用自定义图标。

内置图标的使用非常简单，例如：

```
<button id="Button1" label="光盘" imageMso="InsertBuildingBlocksEquationsGallery" size="large"/>
```

其中"InsertBuildingBlocksEquationsGallery"是微软提供的内置图标名称。

所谓自定义图标，就是让控件显示用户计算机中的图片。在 customUI 的 XML 中，可以使用控件的 image 属性配合 customUI 元素的 loadImage 属性显示自定义图标，也可以使用 getImage 属性动态获取图标。

对于 VB.NET 语言开发的 VSTO 外接程序，无论使用 loadImage 回调函数、还是 getImage 回调函数，都必须返回一个 stdole 库下面的 IPictureDisp 对象。

作为自定义图标的来源，既可以是本地磁盘文件（VSTO 项目之外的文件），也可以是项目资源文件中的嵌入对象。无论哪一种，都直接返回为 System.Drawing 下面的 Image 对象。这就需要把 Image 对象转换为 IPictureDisp 对象方可，转换方法可以使用 System.Windows.Forms 下面的 AxHost。

下面分别介绍两条自定义图标的路线。

11.6.1 loadImage-image

customUI 装载时，使用 customUI 的 loadImage 回调函数为各个控件分配图标。至于每个控件取得哪一个图标，由控件的 image 属性从 loadImage 回调函数中检索匹配。

项目实例 75　ExcelAddin_CustomImage 自定义图标

下面的程序，演示如何把磁盘中的图片文件作为按钮的图标。

Step 1：创建项目

创建一个名为 ExcelAddIn_CustomImage 的 Excel 2013/2016 VSTO 外接程序，在其文件顶部加入如下命名空间，以便使用如下功能。

- ❑ Imports Microsoft.Office.Core。
- ❑ Imports System.Windows.Forms：便于引入 AxHost。
- ❑ Imports System.Drawing：便于引入 Image 对象。
- ❑ Imports System.Reflection：便于使用 Assembly 对象。
- ❑ Imports System.IO：便于使用 Stream 对象。
- ❑ Imports stdole：便于使用 IPictureDisp 对象。

Step 2：准备外部图标文件

在项目输出文件夹中准备 3 个 ico 格式的图标，如图 11-22 所示。

图 11-22　向 Debug 文件夹中拷贝若干图标

Step 3：书写 customUI 代码与回调函数

设计如下的 customUI 代码：

```
<customUI xmlns='http://schemas.microsoft.com/office/2009/07/customui' loadImage=
'LoadImage'>
    <ribbon startFromScratch='false'>
        <tabs>
            <tab id='Tab1' label='自定义图标'>
                <group id='Group1' label='外部文件'>
                    <button id='Button1' label='光盘' image='disk' size=
'large'/>
                    <button id='Button2' label='文件夹' image='folder' size=
'large'/>
                    <button id='Button3' label='熊猫' image='panda' size=
'large'/>
                </group>
            </tab>
        </tabs>
    </ribbon>
</customUI>
```

从 RibbonXMLEditor 查询到上述 customUI 对应的回调函数为：

```
Public Function LoadImage(imageId As String) As IPictureDisp

End Function
```

其中，括号内的参数 imageId 就是要与 3 个 button 的 image 属性来匹配。

由于该回调函数返回值类型是 IPictureDisp，所以需要用 System.Windows.Forms.AxHost 把 Image 转换为 IPictureDisp。

Step 4：图片类型转换

在 customUI 所在的 Class 下面输入 Inherits AxHost，然后在 getCustomUI 这个 Function 的下面创建如下 New 过程。

```
Public Sub New()
    MyBase.New(clsid:="")
End Sub
```

其中参数 clsid 的取值是一个 GUID，因此单击 Visual Studio 的菜单"工具"→"创建 GUID"，在创建 GUID 对话框中，选择"4. 注册表格式"，然后单击"新建 GUID"按钮、"复制"按钮或"退出"按钮，如图 11-23 所示。

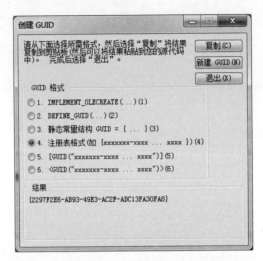

图 11-23 创建新的 GUID

把粘贴到的 GUID 值粘贴到 New 过程中：

```
Public Sub New()
    MyBase.New(clsid:="{2297F2E6-AB93-49E3-AC2F-ADC13FA30FA8}")
End Sub
```

Step 5：引用外部图标文件

使用 Select...Case 结构，根据控件不同的 image 属性，分配不同的外部文件。

```
Public Function LoadImage(imageId As String) As IPictureDisp
    Dim img As Image
    Select Case imageId ' 不同的 imageId，使用不同的外部文件
        Case "disk"
            img = Image.FromFile(filename:=System.AppDomain.CurrentDomain.BaseDirectory & "\disk.ico")
        Case "folder"
            img = Image.FromFile(filename:=System.AppDomain.CurrentDomain.BaseDirectory & "\folder.ico")
        Case "panda"
            img = Image.FromFile(filename:=System.AppDomain.CurrentDomain.BaseDirectory & "\panda.ico")
    End Select
    Return CType(MyBase.GetIPictureDispFromPicture(img), IPictureDisp)
End Function
```

最后一条代码，使用 AxHost 的 GetIPictureDispFromPicture 函数把 Image 转换为 IPictureDisp。上述外接程序项目的完整代码如下：

```vb
Imports Microsoft.Office.Core
Imports System.Windows.Forms
Imports System.Drawing
Imports System.Reflection
Imports System.IO
Imports stdole
Public Class ThisAddIn
    Private Sub ThisAddIn_Startup() Handles Me.Startup

    End Sub
    Private Sub ThisAddIn_Shutdown() Handles Me.Shutdown

    End Sub
    Protected Overrides Function CreateRibbonExtensibilityObject() As IRibbonExtensibility
        Return New Class1()
    End Function
End Class
<System.Runtime.InteropServices.ComVisible(True)>
Public Class Class1
    Inherits AxHost
    Implements IRibbonExtensibility
    Public Function GetCustomUI(RibbonID As String) As String Implements IRibbonExtensibility.GetCustomUI
        Return "
<customUI xmlns='http://schemas.microsoft.com/office/2009/07/customui' loadImage='LoadImage'>
    <ribbon startFromScratch='false'>
        <tabs>
            <tab id='Tab1' label=' 自定义图标 '>
                <group id='Group1' label=' 外部文件 '>
                    <button id='Button1' label=' 光盘 &#xA;' image= 'disk' size='large'/>
                    <button id='Button2' label=' 文件夹 &#xA;' image= 'folder' size='large'/>
                    <button id='Button3' label=' 熊猫 &#xA;' image= 'panda' size='large'/>
                </group>
            </tab>
        </tabs>
    </ribbon>
</customUI>
"
    End Function
    Public Sub New()
        MyBase.New(clsid:="{2297F2E6-AB93-49E3-AC2F-ADC13FA30FA8}")
    End Sub
    Public Function LoadImage(imageId As String) As IPictureDisp
        Dim img As Image
        Select Case imageId              ' 不同的 imageId，使用不同的外部文件
            Case "disk"
```

```
                    img = Image.FromFile(filename:=System.AppDomain.CurrentDomain.
BaseDirectory & "\disk.ico")
                Case "folder"
                    img = Image.FromFile(filename:=System.AppDomain.CurrentDomain.
BaseDirectory & "\folder.ico")
                Case "panda"
                    img = Image.FromFile(filename:=System.AppDomain.CurrentDomain.
BaseDirectory & "\panda.ico")
            End Select
            Return CType(MyBase.GetIPictureDispFromPicture(img), IPictureDisp)
        End Function
    End Class
```

代码分析：XML 中的
 表示此处换行的意思，如果在控件的 label 中不这样设置，会提前换行。

启动项目，Excel 中的自定义选项卡中的各个按钮，显示的是用户自定义图标，如图 11-24 所示。

图 11-24　使用自定义图标

自定义图标虽然显示出来了，但图标文件本身并未封装到项目中，因此分发到客户机上时，这些图标文件也是"暴露"在外面的。

下面讲述使用资源文件封装图标的方法。

11.6.2　getImage

getImage 是控件的一个动态属性，可以直接为控件分配图标。

VB.NET 中，资源文件用来把外部文件封装到项目中，并且可以让程序访问到这些文件。

下面的程序实例，把磁盘中的 6 个国际象棋棋子存入 VSTO 项目的资源文件中，然后提供给 customUI 使用。

项目实例 76　ExcelAddin_EmbedResource 自定义图标嵌入资源

创建一个名为 ExcelAddIn_EmbedResource 的 VSTO 外接程序。

Step 1：添加资源文件

单击 Visual Studio 的菜单"项目"→"添加新项"，或者在解决方案资源管理器中项目的右键菜单中选择"添加新项"。

选择"资源文件",使用系统默认的名称,单击"添加"按钮,如图 11-25 所示。

图 11-25　项目中添加资源文件

此时,资源文件的容器虽然有了,但还需要把外部文件插入到资源中。

在 Resource1.resx 文件处于打开的状态下,单击菜单"添加资源"→"添加现有文件",如图 11-26 所示。

在文件选择对话框中,一次性选中 6 个黑色的棋子图标,单击"打开"按钮,如图 11-27 所示。

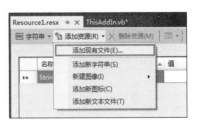

图 11-26　为资源文件中添加外部文件

图 11-27　选择多个文件

Step 2：设置为"嵌入的资源"

在右侧解决方案资源管理器窗口中，展开 Resources 节点，依次选中下面的 6 个 png 节点，在相应的属性窗口中，设置生成操作属性为"嵌入的资源"，如图 11-28 所示。

图 11-28　设置每个资源为"嵌入的资源"

然后关闭 Resource1.resx 视图，弹出是否保存的询问对话框，如图 11-29 所示。

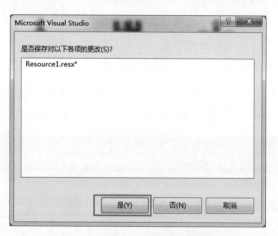

图 11-29　询问是否保存的对话框

单击"是"按钮。

Step 3：创建 customUI 代码

本程序用来在功能区展示棋子，customUI 代码如下：

```
<customUI xmlns='http://schemas.microsoft.com/office/2009/07/customui'>
    <ribbon startFromScratch='false'>
        <tabs>
            <tab id='Tab1' label=' 自定义图标 '>
```

```
                    <group id='Group1' label=' 嵌入资源 '>
                        <button id='Button1' label=' 黑车 &#xA;' getImage='Chess' size='large'/>
                        <button id='Button2' label=' 黑马 &#xA;' getImage='Chess' size='large'/>
                        <button id='Button3' label=' 黑象 &#xA;' getImage='Chess' size='large'/>
                        <button id='Button4' label=' 黑后 &#xA;' getImage='Chess' size='large'/>
                        <button id='Button5' label=' 黑王 &#xA;' getImage='Chess' size='large'/>
                        <button id='Button6' label=' 黑兵 &#xA;' getImage='Chess' size='large'/>
                    </group>
                </tab>
            </tabs>
        </ribbon>
</customUI>
```

注意：以上 6 个 button 共用同一个 getImage 回调函数：

```
Public Function Chess(control as Office.IRibbonControl) as IPictureDisp

End Function
```

接下来，就在 Chess 这个 Function 内部为每个 button 分配资源文件中的图标。

该 VSTO 外接程序项目的完整代码如下：

```
Imports Microsoft.Office.Core
Imports System.Windows.Forms
Imports System.Drawing
Imports System.Reflection
Imports System.IO
Imports stdole
Public Class ThisAddIn
    Private Sub ThisAddIn_Startup() Handles Me.Startup

    End Sub
    Private Sub ThisAddIn_Shutdown() Handles Me.Shutdown

    End Sub
    Protected Overrides Function CreateRibbonExtensibilityObject() As IRibbonExtensibility
        Return New Class1()
    End Function
End Class
<System.Runtime.InteropServices.ComVisible(True)>
Public Class Class1
    Inherits AxHost
    Implements IRibbonExtensibility
```

```vb
        Public Function GetCustomUI(RibbonID As String) As String Implements IRibbon
Extensibility.GetCustomUI
            Return "
    <customUI xmlns='http://schemas.microsoft.com/office/2009/07/customui'>
        <ribbon startFromScratch='false'>
            <tabs>
                <tab id='Tab1' label=' 自定义图标 '>
                <group id='Group1' label=' 嵌入资源 '>
                        <button id='Button1' label=' 黑车 &#xA;' getImage= 'Chess' size='large'/>
                        <button id='Button2' label=' 黑马 &#xA;' getImage= 'Chess' size='large'/>
                        <button id='Button3' label=' 黑象 &#xA;' getImage= 'Chess' size='large'/>
                        <button id='Button4' label=' 黑后 &#xA;' getImage= 'Chess' size='large'/>
                        <button id='Button5' label=' 黑王 &#xA;' getImage= 'Chess' size='large'/>
                        <button id='Button6' label=' 黑兵 &#xA;' getImage= 'Chess' size='large'/>
                </group>
            </tab>
        </tabs>
    </ribbon>
    </customUI>
"
        End Function
        Public Sub New()
            MyBase.New(clsid:="{BF85592F-35D7-4DA7-B485-54961E13DA03}")
        End Sub
        Public Function Chess(control As Office.IRibbonControl) As IPictureDisp
            Dim ResourceName As String
            Dim asm As Assembly
            Dim MyStream As Stream
            Dim img As Image
            Select Case control.Id              ' 不同的 ID，使用不同的资源文件
                Case "Button1"
                    ResourceName = "ExcelAddIn_EmbedResource.BlackCastle.png"    ' 黑车
                Case "Button2"
                    ResourceName = "ExcelAddIn_EmbedResource.BlackKnight.png"    ' 黑马
                Case "Button3"
                    ResourceName = "ExcelAddIn_EmbedResource.BlackBishop.png"    ' 黑象
                Case "Button4"
                    ResourceName = "ExcelAddIn_EmbedResource.BlackQueen.png"     ' 黑后
                Case "Button5"
                    ResourceName = "ExcelAddIn_EmbedResource.BlackKing.png"      ' 黑王
                Case "Button6"
                    ResourceName = "ExcelAddIn_EmbedResource.BlackPawn.png"      ' 黑兵
            End Select
            ' 以下把资源文件转换为回调函数用的 IPictureDisp
            asm = Assembly.GetExecutingAssembly()
            MyStream = asm.GetManifestResourceStream(ResourceName)
```

```
        img = Image.FromStream(MyStream)
        Return CType(MyBase.GetIPictureDispFromPicture(img), IPictureDisp)
    End Function
End Class
```

代码分析：ResourceName 必须是项目命名空间加一个小数点，然后连接具体文件的名称，严格区分大小写。

Step 4：项目测试

启动项目，Excel 中的自定义选项卡中每个按钮显示的是资源文件中的图标，如图 11-30 所示。

图 11-30　由嵌入的资源产生的图标

由上面的讨论可以看出，无论是外部文件还是嵌入的资源，最终都由 Image 转换为回调函数规定的 IPictureDisp 类型。

11.7　小结

本章介绍了在 VSTO 项目中使用 Ribbon XML 实现自定义 Office 界面的方法。

Ribbon 类中的 GetCustomUI 函数中的参数 RibbonID 用来标识 Office 组件或窗口，该函数的返回值是 String，XML、资源文件、外部文件均可转换为字符串。

回调函数一般是功能区控件才有的，回调属性一般以 on 或 get 开头。customUI 元素的 onLoad 回调是一个比较特殊的回调函数，用来返回一个 IRibbonUI 对象。

第 12 章 自定义任务窗格

自定义任务窗格（Custom Task Pane，CTP），是指开发人员为 Office 应用程序设计的一种类似于用户窗体的界面，以下简称任务窗格。

任务窗格区别于窗体最大的特点是嵌入（Embed）和停靠（Dock）。

前面已经讲过，VSTO 开发的 Office 外接程序，允许在 Office 中弹出 VB.NET 窗体，但是弹出的窗体在窗口行为方面与 Office 窗口相对独立，并且总是遮挡着 Office 文档的一部分。

本章要讲述的任务窗格，可以理解为是一种嵌入在 Office 窗口中的 VB.NET 窗体，这种任务窗格可以与 Office 文档窗口处于同一层面，外观和停靠行为与 Office 2003 中的工具栏（Commandbar）非常相像。

任务窗格与第 11 章讲过的 customUI 自定义 Office 界面，都属于 VSTO 开发中的重要界面元素。任务窗格在内容上来源于 VB.NET 窗体和控件，因此在任务窗格上可以充分发挥 VB.NET 窗体编程方面的知识和技能，来扩展 Office 的功能。

通过 VBA 或 VB6 编程创建任务窗格是一件非常困难的事，而在 VSTO 中实现任务窗格则很简单。

本章要点：
- 任务窗格的创建和移除。
- 任务窗格的显示和隐藏。
- 任务窗格的停靠位置。
- 使用任务窗格的事件。

12.1 创建任务窗格

任务窗格属于 Microsoft.Office.Tools 命名空间下面的 CustomTaskPane 对象，向外接程序

中创建一个任务窗格的语法为：

```
Globals.ThisAddIn.CustomTaskPanes.Add(control, title, window)
```

各参数含义如下。

- control：是一个由用户控件创建的实例。用户控件既可以事先设计好，也可以在运行期间动态创建。
- title：任务窗格的标题文字，只能在创建时设定，以后不许更改。
- window：任务窗格依附的窗口对象如不设定，默认依附在 Office 应用程序活动窗口中。

下面制作一个在 Excel 单元格中输入随机姓名的工具，其中各个选项以及执行按钮放在任务窗格中。

项目实例 77　ExcelAddin_CustomTaskpane 创建任务窗格

创建一个名为 ExcelAddIn_CustomTaskpane 的 Excel 2013/2016 VSTO 外接程序。

Step 1：添加用户控件

单击 Visual Studio 的菜单"项目"→"添加用户控件"，如图 12-1 所示。

图 12-1　项目中添加用户控件

使用默认名称"UserControl1.vb",单击"添加"按钮。

在 UserControl1.vb 这个用户控件的设计视图中,从控件工具箱放置两个 RadioButton 单选按钮控件和一个 Button 按钮控件,适当调整位置和大小,效果如图 12-2 所示。

Step 2:添加 Module

添加模块的作用是,把对象变量 ExcelApp、用户控件对象、任务窗格对象都放在公有的 Module 中,以便于让其他位置调用访问到。

为项目添加一个模块文件 Module1.vb。在模块顶部声明 3 个公有变量,然后书写一个用于创建任务窗格的过程 CreateCTP,代码如下:

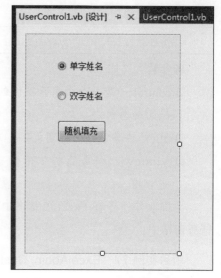

图 12-2　用户控件的设计视图

```vb
Imports Microsoft.Office.Interop
Imports System.Windows.Forms
Imports Microsoft.Office.Tools
Module Module1
    Public ExcelApp As Excel.Application
    Public uc As UserControl1
    Public ctp As CustomTaskPane
    Public Sub CreateCTP()
        uc = New UserControl1()
        ctp = Globals.ThisAddIn.CustomTaskPanes.Add(control:=uc, title:=" 任务窗格 ", window:=ExcelApp.ActiveWindow)
        With ctp
            .DockPosition = Microsoft.Office.Core.MsoCTPDockPosition.msoCTPDockPositionLeft
            .Visible = True
        End With
    End Sub
End Module
```

代码分析:变量 uc 是用户控件 UserControl1 的一个实例,使用 uc 可以访问用户控件上的各个控件。

变量 ctp 代表任务窗格,使用 ctp 可以读写任务窗格的可见性、停靠行为等。

但是,上述 CreateCTP 过程并不会自动运行。根据需要,可以在 ThisAddin_Startup 事件中调用这个过程,从而当外接程序一加载就立即显示任务窗格;也可以设计 customUI,用户单击 customUI 中的控件来调用上述过程。

Step 3:调用 CreateCTP 过程

在 ThisAddin.vb 文件的 ThisAddin_Startup 过程中,调用创建任务窗格的过程:

```
Private Sub ThisAddIn_Startup() Handles Me.Startup
    ExcelApp = Globals.ThisAddIn.Application
    Module1.CreateCTP()
End Sub
```

Step 4：项目测试

启动项目，在 Excel 工作表左侧出现任务窗格，如图 12-3 所示。

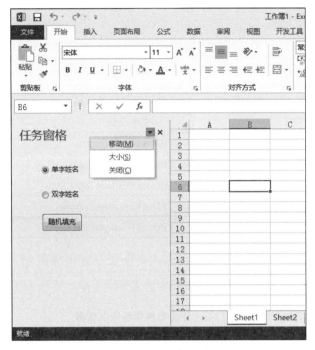

图 12-3　自定义任务窗格

12.2　处理任务窗格的可见性

一般情况下，任务窗格的右上角有一个下拉菜单，内容包括 "移动" "大小" "关闭"。

当单击了"关闭"或单击了右上角的"×"，会导致任务窗格被隐藏，而不是卸载和移除。任务窗格上用户控件中的数据仍然在内存中。

也就是说，Office 的任务窗格只给了普通用户隐藏窗格的接口，用户不能通过手工再次显示任务窗格，也不能通过手工完全移除窗格。

比较恰当的解决方案是，在 VSTO 外接程序中加入 customUI 控件，只要执行 CustomTaskpane.Visible=True，就可以让隐藏了的任务窗格再次出现。

如果有必要完全移除任务窗格，使用如下两个方法之一。

❑ Globals.ThisAddIn.CustomTaskPanes.Remove(CustomTaskpane)

❑ CustomTaskpane.Dispose()

移除任务窗格之后,还要设置任务窗格的对象变量为 Nothing。

12.3 处理任务窗格的停靠位置

用户可以拖曳任务窗格、停靠到 Office 的 4 个位置:左侧、右侧、顶部、底部,也可以浮动在 Office 界面的中央。

在程序代码中,可以对描述停靠位置的 DockPosition 属性进行读写,该属性的取值位于 Microsoft.Office.Core.MsoCTPDockPosition 下面的 5 个枚举常量,如表 12-1 所示。

表 12-1 任务窗格停靠位置常量

停靠位置	枚举常量	数值
左侧	msoCTPDockPositionLeft	0
右侧	msoCTPDockPositionRight	2
顶部	msoCTPDockPositionTop	1
底部	msoCTPDockPositionBottom	3
浮动	msoCTPDockPositionFloating	4

任务窗格还可以使用 DockPositionRestrict 属性来设置停靠限制。取值位于 Microsoft.Office.Core.MsoCTPDockPositionRestrict 下面的 4 个枚举常量,如表 12-2 所示。

表 12-2 任务窗格停靠限制常量

停靠限制	枚举常量	数值
不允许改变停靠位置	msoCTPDockPositionRestrictNoChange	1
不限制停靠位置	msoCTPDockPositionRestrictNone	0
不可水平停靠(不能停靠在顶部和底部)	msoCTPDockPositionRestrictNoHorizontal	2
不可垂直停靠(不能停靠在左侧和右侧)	msoCTPDockPositionRestrictNoVertical	3

此外,还可以通过访问任务窗格的两个常规属性 Width 和 Height 来读写任务窗格的宽度和高度。

下面是创建任务窗格的典型代码,用到了任务窗格的大部分属性。在实际开发过程中进行相应调整、取舍即可:

```
Public Sub CreateCTP()
    uc = New UserControl1()
    ctp = Globals.ThisAddIn.CustomTaskPanes.Add(control:=uc, title:="任务窗格", window:=ExcelApp.ActiveWindow)
    With ctp
        .DockPosition = Microsoft.Office.Core.MsoCTPDockPosition.msoCTPDockPositionLeft                                          '停靠在左侧
```

```
            .DockPositionRestrict = Microsoft.Office.Core.MsoCTPDockPositionRestrict.
msoCTPDockPositionRestrictNoHorizontal              '不可停靠在顶部、底部
            .Width = CType(.Window, Excel.Window).Width / 3   '宽度为关联窗口的1/3
            .Visible = True                         '显示窗格
        End With
    End Sub
```

12.4 任务窗格操作 Office 对象

任务窗格上的控件内容和布局，来源于用户控件的设计，因此任务窗格就是用户控件在 Office 界面中的表现形式。

设计任务窗格的目的，就是用任务窗格替代单独的 VB.NET 窗体，与 Office 形成更好的契合性。同时，在功能上应该和窗体一样，同样可以对 Office 对象进行读写。

下面的代码是在单元格中填充随机姓名的具体实现方法：

```
Public Class UserControl1
    Private Const Surname As String = "王李张刘陈杨黄赵..."
    Private Const Solo As String = "敏伟勇军斌静..."
    Private Const Name1 As String = "建小晓文志..."
    Private Const Name2 As String = "华平明英军..."
    Private Sub Button1_Click(sender As Object, e As EventArgs) Handles Button1.Click
        Dim rg As Excel.Range
        For Each rg In CType(ExcelApp.Selection, Excel.Range)
            If Me.RadioButton1.Checked Then
                rg.Value = Random(Surname) & Random(Solo)
            Else
                rg.Value = Random(Surname) & Random(Name1) & Random(Name2)
            End If
        Next rg
    End Sub
    Private Function Random(Source As String) As String
        Dim i As Integer
        i = ExcelApp.WorksheetFunction.RandBetween(1, Len(Source))
        Return Source.Substring(i - 1, 1)
    End Function
End Class
```

代码分析：代码中的 4 个常量的含义如下。

Surname：中国人最常用的姓。

Solo：名字是 1 个字的。

Name1：名字是两个字的前一个字。

Name2：名字是两个字的后一个字。

对象变量 ExcelApp 就是外接程序全局的 Excel 应用程序：Globals.ThisAddIn.Application。

Random 这个 Function 用于从一个字符串中随机取出任一字符。

设计以上的任务窗格，用户就可以单击任务窗格中的按钮控件，在所选单元格区域随机填充姓名。

12.5 使用任务窗格的事件

12.4 节讲述的是用户控件中控件的事件，与 VB.NET 窗体和控件事件没什么不同。

本节要讲的是任务窗格的可见性、停靠位置、大小发生变化时，这些状态变化可以告知程序或者用户。

CustomTaskPane 对象具有 VisibleChanged 和 DockPositionChanged 两个事件，当任务窗格显示或隐藏时触发 VisibleChanged 事件规定的过程。当停靠位置发生变更时触发 DockPositionChanged 事件规定的过程。

12.5.1 任务窗格的可见性同步 customUI 控件

CustomTaskPane 的 Visible 属性值为 True 或 False 都会触发 VisibleChanged 事件，因此有必要在 Office 界面中加入一个控件，该控件应当与任务窗格的可见性同步。

customUI 中的 toggleButton 或 checkBox 属于布尔型控件，只有按下/未按下、勾选/取消勾选两种状态，适合作为任务窗格的同步控件。

下面的程序，当 Office 外接程序加载时创建任务窗格但不显示，用户勾选 customUI 中的 checkBox 复选框显示任务窗格。当用户单击任务窗格右上角的"×"关闭按钮隐藏任务窗格时，复选框自动取消勾选。

customUI 中的关键语句是：

```
<checkBox id='Check1' label='显示隐藏' getPressed='GetPressed' onAction='ShowHide'/>
```

当用户勾选或取消勾选功能区中的复选框时，触发 ShowHide 过程，该过程中更改任务窗格的可见性。

当用户手工隐藏任务窗格时，会触发任务窗格的 VisibleChanged 事件，用 RibbonUI 对象的 InvalidateControl 方法更新复选框，复选框就会自动取消勾选。

下面是具体的实施步骤。

项目实例 78　ExcelAddin_CustomTaskpane_Event 任务窗格的事件

创建一个名为 ExcelAddIn_CustomTaskpane_Event 的 Excel 2013/2016 VSTO 外接程序。

Step 1：customUI 设计

XML 代码如下：

```
<customUI xmlns='http://schemas.microsoft.com/office/2009/07/customui' onLoad='OnLoad'>
    <ribbon startFromScratch='false'>
```

```
            <tabs>
                <tab id='Tab1' label='ExcelAddIn_CustomTaskpane_Event'>
                    <group id='Group1' label=' 窗格管理 '>
                        <checkBox id='Check1' label=' 显示隐藏 ' getPressed= 'GetPressed' onAction='ShowHide'/>
                    </group>
                </tab>
            </tabs>
        </ribbon>
    </customUI>
```

与之对应的 3 个回调函数为：

```
Public Function OnLoad(ribbon As Office.IRibbonUI)
    R = ribbon
End Function
Public Function GetPressed(control As Office.IRibbonControl) As Boolean
    Return ctp.Visible              '是否勾选复选框，取决于任务窗格的可见性
End Function
Public Sub ShowHide(control As Office.IRibbonControl, pressed As Boolean)
    ctp.Visible = pressed           '任务窗格是否可见，取决于 Pressed 参数
End Sub
```

Step 2：任务窗格设计

任务窗格的设计，实际上就是用户控件的设计。本例实现在任务窗格中使用 WebBrowser 控件显示网页内容、使用 RichTextBox 显示该网页的源代码。

当用户控件上放置多个控件时，有必要在控件之间加入分隔条，从而能让用户手工拖动分隔条重新分布各个控件的区域大小。

在 VB.NET 窗体和控件技术中，添加 Splitter 或 SplitContainer 控件都可实现分隔条，在控件工具箱的"所有 Windows 窗体"中可以找到这两个控件。

UserControl 上面放入 SplitContainer 控件后，自动出现 Panel1 和 Panel2。在 Panel1 和 Panel2 上再加入其他实际功能的控件即可，如图 12-4 所示。

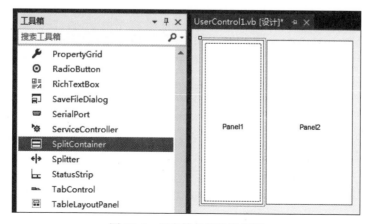

图 12-4　用户控件的设计视图

通过改变 SplitContainer 控件的 Orientation 属性，可以设置为上下布局。

另外，面板 Panel 中还可以嵌套加入另一个 SplitContainer 控件，从而实现两个以上控件的自动布局。

本例不使用用户控件的设计视图，使用纯代码在运行期间自动设计用户控件。

Step 3：用户控件的自动布局

Module1.vb 文件的完整代码如下：

```vb
Imports System.Windows.Forms
Imports Microsoft.Office.Tools
Module Module1
    Public ExcelApp As Microsoft.Office.Interop.Excel.Application
    Public R As Microsoft.Office.Core.IRibbonUI
    Public web As WebBrowser
    Public spc As SplitContainer
    Public rich As RichTextBox
    Public uc As UserControl
    Public ctp As CustomTaskPane
    Public Sub CreateCTP()
        uc = New UserControl()
        web = New WebBrowser()
        spc = New SplitContainer()
        rich = New RichTextBox()
        uc.Controls.Add(spc)
        With spc
            .Dock = DockStyle.Fill
            .Orientation = Orientation.Horizontal
        End With
        With web
            .Dock = DockStyle.Fill
            .ScriptErrorsSuppressed = True              '不显示错误调试信息
            .Navigate(urlString:=" http://www.cnblogs.com/ryueifu-VBA/p/9016136.html")                                '显示网页
            AddHandler .DocumentCompleted, AddressOf web_DocumentCompleted
        End With
        spc.Panel1.Controls.Add(web)
        With rich
            .Dock = DockStyle.Fill
        End With
        spc.Panel2.Controls.Add(rich)
        ctp = Globals.ThisAddIn.CustomTaskPanes.Add(control:=uc, title:=" 任务窗格 ", window:=ExcelApp.ActiveWindow)
        With ctp
            .DockPosition = Microsoft.Office.Core.MsoCTPDockPosition.msoCTPDockPositionLeft
            .Visible = False                            '创建但不显示任务窗格
            AddHandler .VisibleChanged, AddressOf ctp_VisibleChanged
        End With
    End Sub
    Private Sub ctp_VisibleChanged(sender As Object, e As EventArgs)
        R.InvalidateControl(ControlID:="Check1")        '更新控件状态
    End Sub
    Private Sub web_DocumentCompleted(sender As Object, e As WebBrowserDocument
```

```
CompletedEventArgs)
            rich.Text = web.Document.Body.InnerHtml       '文本框显示网页源代码
        End Sub
    End Module
```

代码分析：注意 CreateCTP 过程中**加粗**的部分，在新的用户控件上，首先添加 SplitContainer 控件，然后在 Panel1 上放置 WebBrowser 控件，在 Panel2 上放置 1 个 RichText 控件，所有控件的 Dock 属性均为 Fill，目的就是不留空白。

ctp_VisibleChanged 过程是为了刷新复选框的状态，此时会重新运行 customUI 中的 GetPressed 过程。

Step 4：项目测试

启动项目，Excel 的界面中出现自定义选项卡和复选框控件，但并未出现任务窗格。

但是用户勾选"显示隐藏"这个复选框后，任务窗格出现。

当用户手工关闭任务窗格，复选框自动去掉前面的勾选。

在任务窗格中，两个控件之间有一个水平分隔条，用户通过拖动这个分隔条可改变两个控件的高度分配，如图 12-5 所示。

图 12-5　任务窗格的可见性同步功能区控件的勾选状态

12.5.2　通过任务窗格的停靠位置改变控件布局

当任务窗格通过代码或手工放置到其他位置，会触发 CustomTaskPane 对象的

DockPositionChanged 事件。

一般情况下，任务窗格停靠在左侧、右侧时，任务窗格比较高，各个控件上下分布比较合理；同理，停靠在顶部或底部时，任务窗格比较宽，各个控件左右分布更为合理。

下面的程序，当用户更改停靠位置时，自动变更 SplitContainer 的布局方向。

在 CreateCTP 的过程中，增加如下一行代码：

```
AddHandler .DockPositionChanged, AddressOf ctp_DockPositionChanged
```

与之对应的事件过程为：

```
Private Sub ctp_DockPositionChanged(sender As Object, e As EventArgs)
    Select Case ctp.DockPosition
        Case Microsoft.Office.Core.MsoCTPDockPosition.msoCTPDockPositionLeft, Microsoft.Office.Core.MsoCTPDockPosition.msoCTPDockPositionRight
            spc.Orientation = Orientation.Horizontal
        Case Microsoft.Office.Core.MsoCTPDockPosition.msoCTPDockPositionTop, Microsoft.Office.Core.MsoCTPDockPosition.msoCTPDockPositionBottom
            spc.Orientation = Orientation.Vertical
        Case Else
    End Select
End Sub
```

代码分析：当新的停靠位置为左侧或右侧时，设置 SplitContainer 为水平方向，也就是控件之间是水平分隔条；否则，设置为垂直方向。

启动项目，当用户把任务窗格拖放到 Excel 顶部或底部时，WebBrowser 和 RichTextBox 控件自动变成左右分布，如图 12-6 所示。

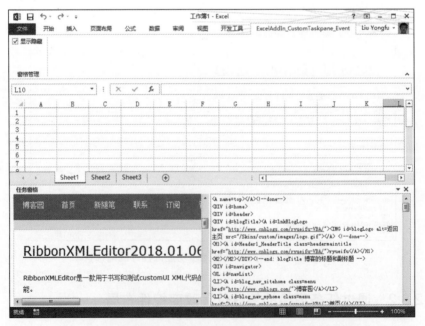

图 12-6　任务窗格的停靠位置变化时自动调整控件排列方式

12.6 处理新窗口的任务窗格

微软 Office 2010 办公软件的窗口是 MDI 形式的（多文档界面），打开的多个文档、工作簿都属于应用程序窗口的子窗口，因此无论激活哪一个文档窗口，都能看到外接程序中的任务窗格。

然而，微软 Office 2013 办公软件的窗口是 SDI 形式的（单文档界面），在新建或打开多个文档时，每个文档处于单独的窗口中。VSTO 外接程序中的任务窗格，只能出现在创建任务窗格时的那个窗口中，对于以后出现的文档窗口，看不到这个任务窗格，如图 12-7 所示。

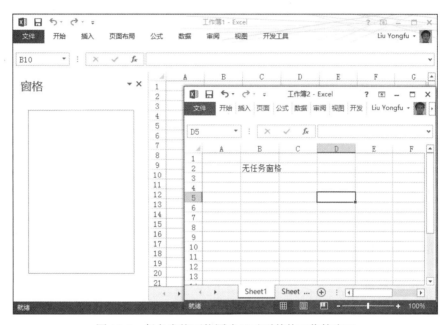

图 12-7　任务窗格不能同步显示到其他工作簿窗口

为了在 Office 2013 的每个文档窗口中都能看到任务窗格，这就需要额外写一些代码来智能创建新的任务窗格。因为一个任务窗格如果已经显示在某窗口中，就不能移动到其他窗口中，当任务窗格所处的窗口关闭时，任务窗格随之卸载。

以 Excel 2013 为例，当新建工作簿、打开工作簿、在工作簿中新建窗口、切换到其他工作簿，这些行为都会触发 Application 对象的 WindowActivate 事件。因此可以借助该事件来自动在当前窗口中创建任务窗格。

前面已经讲过，任务窗格创建时，可以指定其所属窗口。当 Excel 的窗口发生切换时，Application 的 ActiveWindow 会随之变化，而且，Excel 的活动窗口有两个重要属性：Caption（窗口标题）和 hwnd（句柄），在创建任务窗格时可以用到这两个属性。需要注意的是，当关闭了所有的工作簿，只剩下 Excel 应用程序窗口时，ActiveWindow 对象不存在，是 Nothing。

由于一个窗口中可以添加一个以上的任务窗格，为了实现每个窗口有且只有一个任务窗格的目的，必须在创建任务窗格前判断一下该窗口是否已经创建过了任务窗格。可以借助字典对象来保存窗口的句柄与任务窗格对象组合而成的"键值对"。

具体的流程示意图如图 12-8 所示。

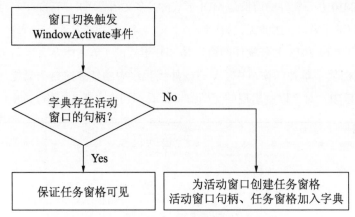

图 12-8 利用字典对象管理任务窗格集合

下面设计一个向 Excel 单元格原有内容左右两侧追加字符的工具。

项目实例 79 ExcelAddin_CustomTaskpane_NewWindow 处理新窗口中的任务窗格

创建一个名为 ExcelAddIn_CustomTaskPane_NewWindow 的 Excel 2013/2016 VSTO 外接程序项目，然后为项目添加一个用户控件 UserControl1 作为任务窗格的内容控件。

Step 1：用户控件设计

根据功能要求，在用户控件设计视图中添加一个 ComboBox 控件，该控件包含"开头追加"和"结尾追加"两个条目。

然后添加一个 TextBox 控件，作为追加到单元格的字符内容。

再添加一个 Button 控件，作为执行按钮，如图 12-9 所示。

双击"追加字符"按钮，进入 UserControl1.vb 的代码视图，编写如下代码：

图 12-9 用户控件的设计视图

```
Public Class UserControl1
    Private Sub Button1_Click(sender As Object, e As EventArgs) Handles Button1.Click
        If Me.ComboBox1.Text = "开头追加" Then
            For Each rg As Excel.Range In ExcelApp.Selection
                rg.Value = Me.TextBox1.Text & rg.Value
            Next rg
        ElseIf Me.ComboBox1.Text = "结尾追加" Then
            For Each rg As Excel.Range In ExcelApp.Selection
```

```
                rg.Value = rg.Value & Me.TextBox1.Text
            Next rg
        End If
    End Sub
End Class
```

以上代码就是任务窗格的具体功能。

Step 2：为 Excel 应用程序设计事件过程

在 ThisAddin.vb 代码视图，外接程序的启动事件 ThisAddIn_Startup 中，为应用程序增加 WindowActivate 事件，并且创建一个全新的字典，字典的键是整型，项是任务窗格类型。

完整代码如下：

```
Imports Microsoft.Office.Interop.Excel
Imports Microsoft.Office.Tools
Imports Excel = Microsoft.Office.Interop.Excel
Public Class ThisAddIn
    Private Sub ThisAddIn_Startup() Handles Me.Startup
        ExcelApp = Me.Application
        dic = New Dictionary(Of Integer, CustomTaskPane)
        AddHandler ExcelApp.WindowActivate, AddressOf ExcelApp_WindowActivate
        Module1.CreateCTP()
    End Sub
    Private Sub ExcelApp_WindowActivate(Wb As Workbook, Wn As Window)
        Module1.CreateCTP()
    End Sub
    Private Sub ThisAddIn_Shutdown() Handles Me.Shutdown
    End Sub
End Class
```

代码分析：上述代码最为关键的是 ExcelApp_WindowActivate 事件，只要触发该事件就调用模块中的 CreateCTP 过程。

Step 3：智能创建任务窗格

公用模块 Module1.vb 中声明了 Excel 应用程序对象变量、任务窗格变量和字典变量。基于前面的流程图，设计如下智能创建任务窗格的代码。

Module1.vb 的完整代码如下：

```
Imports Microsoft.Office.Tools
Imports Excel = Microsoft.Office.Interop.Excel
Imports System.Windows.Forms
Module Module1
    Public ExcelApp As Excel.Application
    Public ctp As CustomTaskPane
    Public dic As Dictionary(Of Integer, CustomTaskPane)
    Public Sub CreateCTP()
        Dim AW As Excel.Window
        If ExcelApp.ActiveWindow IsNot Nothing Then
            AW = ExcelApp.ActiveWindow
            If dic.ContainsKey(AW.Hwnd) Then
                dic(AW.Hwnd).Visible = True
```

```
                Else
                    ctp = Globals.ThisAddIn.CustomTaskPanes.Add(control:=New 
UserControl1(), title:=AW.Caption, window:=AW)
                    With ctp
                        .DockPosition = Microsoft.Office.Core.MsoCTPDockPosition.
msoCTPDockPositionLeft
                        .Visible = True
                    End With
                    dic.Add(key:=AW.Hwnd, value:=ctp)
                End If
            Else
                AW = Nothing
            End If
        End Sub
    End Module
```

代码分析：CreateCTP 过程中，首先判断 Excel 是否有活动窗口，如果有活动窗口，进一步判断字典中是否已经包含该窗口句柄，如果包含，说明该窗口已经有任务窗格了，只需要设置其可见即可，如果不包含该窗口的句柄，立即创建新的任务窗格，并且把窗口的句柄和新任务窗格放入字典。

Step 4：项目测试

启动项目，在 Excel 中新建或打开工作簿时，每个窗口都有任务窗格，这些任务窗格相对独立，控件布局均来自于用户控件 UserControl1，但是控件中内容是不同的。

当用户不小心把一个任务窗格隐藏，只需要切换窗口，隐藏的窗格再次显现，如图 12-10 所示。

图 12-10　每个窗口都有任务窗格

为方便使用 C# 开发的读者，以下给出实现每个窗口均有一个任务窗格的 C# 版本，静态类 Share.cs 的代码如下：

```csharp
using System.Collections.Generic;
using Excel = Microsoft.Office.Interop.Excel;
using Microsoft.Office.Tools;
namespace ExcelAddIn_CustomTaskPane_NewWindow
{
    public static class Share
    {
        public static Excel.Application ExcelApp;
        public static CustomTaskPane ctp;
        public static Dictionary<long,CustomTaskPane> dic;
        public static void CreateCTP()
        {
            Excel.Window AW;
            if (ExcelApp.ActiveWindow !=null)
            {
                AW = ExcelApp.ActiveWindow;
                if(dic.ContainsKey(AW.Hwnd))
                {
                    dic[AW.Hwnd].Visible = true;
                }
                else
                {
                    ctp = Globals.ThisAddIn.CustomTaskPanes.Add(control: new UserControl1(), title: AW.Caption, window: AW);
                    ctp.DockPosition = Microsoft.Office.Core.MsoCTPDockPosition.msoCTPDockPositionRight;
                    ctp.Visible = true;
                    dic.Add(key: AW.Hwnd, value: ctp);
                }
            }
        }
    }
}
```

12.7 任务窗格中加入 WPF 用户控件

Windows Presentation Foundation (WPF) 是下一代显示系统，用于生成能带给用户震撼视觉体验的 Windows 客户端应用程序。使用 WPF，用户可以创建广泛的独立应用程序以及浏览器承载的应用程序。

WPF 的核心是一个与分辨率无关并且基于向量的呈现引擎，旨在利用现代图形硬件的优势。WPF 通过一整套应用程序开发功能扩展了这个核心，这些功能包括可扩展应用程序标记

语言 (XAML)、控件、数据绑定、布局、二维和三维图形、动画、样式、模板、文档、媒体、文本和版式。WPF 包含在 Microsoft .NET Framework 中，能够生成融入了 .NET Framework 类库的其他元素的应用程序。

实际上，VSTO 外接程序中的任务窗格以及 VB.NET 窗体应用程序都属于 Windows 窗体和控件，不能直接把 WPF 控件放入任务窗格中，需要通过 ElementHost 控件加载 WPF 控件，具体实现路线是：UserControl 上放置一个 ElementHost，ElementHost 的 Child 指定为 WPF 用户控件。

下面的实例实现了在任务窗格中显示 WPF 用户控件，单击按钮可以让按钮按照随机角度进行旋转。

项目实例 80　ExcelAddIn_CustomTaskpane_WPF 任务窗格中加入 WPF 用户控件

创建一个名为 ExcelAddIn_CustomTaskpane_WPF 的 Excel 2013/2016 VSTO 外接程序项目。

Step 1：添加用户控件

为项目添加一个用户控件 UserControl1 作为任务窗格的内容控件。

Step 2：添加 WPF 用户控件

如图 12-11 所示，为项目添加一个 WPF 用户控件，修改名称为 WPF1.xaml。

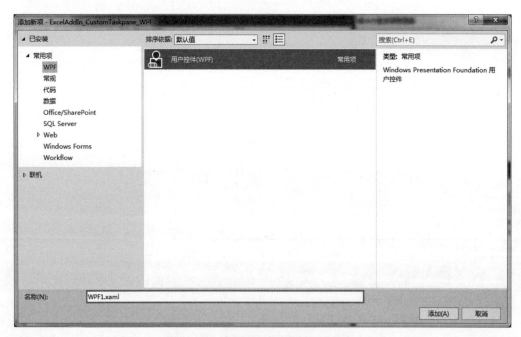

图 12-11　为项目添加 WPF 用户控件

Visual Studio 自动打开该 WPF 用户控件的设计视图，该视图主要包括如下四部分。

❑ WPF 控件工具箱：向设计面板中添加控件。

❑ WPF 设计面板：使用鼠标改变控件的位置、大小属性等。

- XAML 代码窗格：同步显示设计面板中的改动。
- WPF 控件属性窗格：用来修改 WPF 控件属性。

设计面板、XAML 代码、属性窗格这 3 个场所是同步的，例如想要修改按钮 Button1 的旋转角度，可以直接用鼠标在设计面板中旋转该控件，也可以在 XAML 代码中找到 RotateTransform Angle 属性将其修改为 30°，还可以在属性窗格中找到相应选项，如图 12-12 所示。

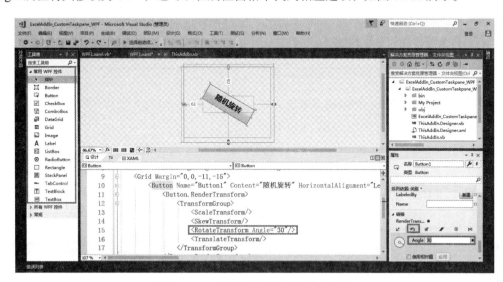

图 12-12　通过多种方式修改控件属性

Step 3：修改 XAML 代码

为了使用按钮控件的单击事件，需要手工修改 XAML 代码如下：

```
<Button Name="Button1" Content="随机旋转" HorizontalAlignment="Left" Height=
"53" Margin="61,92,0,0" VerticalAlignment="Top" Width="166" FontSize="24" FontFamily=
"Consolas" FontWeight="Bold" RenderTransformOrigin="0.5,0.5" Click="Button1_Click">
    <Button.RenderTransform>
    <TransformGroup>
        <ScaleTransform/>
        <SkewTransform/>
        <RotateTransform Angle="30"/>
        <TranslateTransform/>
    </TransformGroup>
    </Button.RenderTransform>
</Button>
```

上述代码有两个必须注意的地方：一是 Name="Button1" 为 Button 指定了控件的名称；二是 Click="Button1_Click" 为按钮指定了单击事件过程。

接下来双击按钮控件，自动进入 Button1 的 Click 事件：

```
Imports System.Windows
Public Class WPF1
```

```
        Private Sub Button1_Click(sender As Object, e As RoutedEventArgs) Handles
Button1.Click
            Dim angle As Double
            Dim RT As Media.RotateTransform
            Randomize()
            angle = Math.Round(Rnd() * 180, 2)
            RT = New Media.RotateTransform(angle:=angle)
            Me.Button1.RenderTransform = RT
            Globals.ThisAddIn.Application.StatusBar = "旋转角度为: " & angle & "°"
        End Sub
    End Class
```

Step 4：生成解决方案

以上步骤操作完成后，需要生成解决方案，否则在 ElementHost 中找不到 WPF1。

Step 5：UserControl 中加入 ElementHost

打开用户控件 UserControl1.vb 的设计视图，选择控件工具箱中的"WPF 控件"组下面的 WPF1，或者选择"WPF 互操作性"组下面的 ElementHost 控件，拖放到用户控件中。

在 ElementHost 控件的右上角，单击小箭头，弹出"ElementHost 任务"对话框，选择所承载的内容为"WPF1"，WPF 用户控件就加入用户控件中了，如图 12-13 所示。

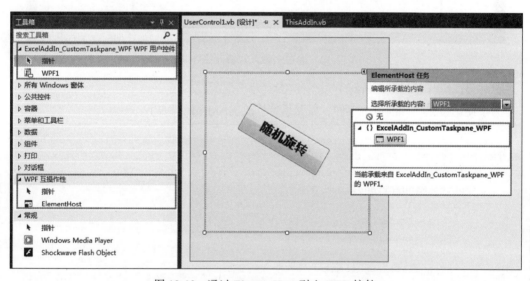

图 12-13　通过 ElementHost 引入 WPF 控件

选中 ElementHost 控件，设置其 Dock 属性为 Fill，使得 WPF 控件能完全占据用户控件。

UserControl1 中嵌入了 WPF1，接下来就可以按照前面讲过的步骤来创建任务窗格了（步骤略）。

Step 6：启动调试

启动程序，Excel 的左侧出现一个任务窗格，单击"随机旋转"按钮，Excel 的状态栏同步显示旋转的角度，如图 12-14 所示。

图 12-14　任务窗格中使用 WPF 控件的效果

上述手工操作步骤对应的代码如下：

```
Imports Microsoft.Office.Interop
Imports Microsoft.Office.Tools
Module Module1
    Public ExcelApp As Excel.Application
    Public eh As Windows.Forms.Integration.ElementHost
    Public uc As UserControl1
    Public wpf As WPF1
    Public ctp As CustomTaskPane
    Public Sub CreateCTP()
        wpf = New WPF1
        eh = New Windows.Forms.Integration.ElementHost
        eh.Child = wpf
        eh.Dock = Windows.Forms.DockStyle.Fill
        uc = New UserControl1()
        uc.Controls.Add(eh)
        ctp = Globals.ThisAddIn.CustomTaskPanes.Add(control:=uc, title:="WPF")
        With ctp
            .DockPosition = Microsoft.Office.Core.MsoCTPDockPosition.msoCTPDockPositionRight
            .Visible = True
        End With
    End Sub
End Module
```

12.8 小结

任务窗格是一种基于 VB.NET 用户控件的界面元素，相当于是嵌入在 Office 界面中的 VB.NET 窗体。

在 VSTO 外接程序项目中，任务窗格往往和 customUI 控件组合使用，用户可以使用 custom UI 控件来创建、显示、隐藏、移除任务窗格。

Office 2013 及以上版本是单文档界面，一个任务窗格只能显示在一个窗口中，如果在其他窗口也显示任务窗格，需要另外创建，使用字典技术可以避免任务窗格的重复创建。

第 13 章 VSTO 开发项目实战

使用 VSTO 开发 Office 外接程序的技术，可以为常用 Office 组件提供用户需要的、而 Office 不具备的功能。

本章通过制作面向 Excel、Word、PowerPoint、Outlook 的具有实用功能的外接程序，帮助读者进一步了解和运用 customUI、任务窗格、Office 事件的使用技巧，深刻体会外接程序的设计思路和步骤。

一般情况下，创建一个空白的外接程序，默认有一个 ThisAdin.vb 文件，其中包含一个 Class ThisAddin，它的作用是提供外接程序的启动事件和卸载事件。启动事件主要用来使用对象变量获取应用程序、对变量进行初始化等操作。

如果要在外接程序中使用 customUI，要把 customUI 的所有内容写在一个单独的 Class 中。

如果要在外接程序中使用任务窗格，要把创建任务窗格的代码、公有变量写在一个单独的 Module 中。

如果要利用 Office 对象的事件来实现一些功能，可以在 Class 中使用 WithEvents 声明带有事件的对象变量，也可以在任何地方使用 AddHandler、RemoveHandler 来动态管理事件。

在开发过程中，需要理解和把握项目中的引用、Imports 指令导入命名空间对代码书写产生的影响。

本章要点：

- 利用 Excel 的 SheetChange 事件实现自动扩展数组公式。
- 利用 Word 的 WindowSelectionChange 事件实现所选数据的自动求和。
- PowerPoint 中幻灯片右键菜单的自定义设计。
- 利用 Outlook 的 ItemAdd 事件自动监视来信。

13.1 Excel 外接程序开发：数组公式的自动扩展

Excel 使用数组公式时，需要先选中放置计算结果的区域，然后输入数组公式，然后按下 Ctrl+Shift+Enter 快捷键确认公式的输入。

如果选中的区域与计算结果的区域大小不一致时，Excel 虽然不会提示错误，但得到的结果并不是期望的。

因此，为了准确地把数组公式的结果放置到恰到好处的单元格区域中，输入公式之前不得不预先心算结果区域需要占据的大小。

下面通过开发一个 Excel 外接程序，可以只在左上角的单元格输入数组公式，按下 Ctrl+Shift+Enter 键确认后，数组公式能够自动扩展到所需区域中。

关键技术：利用 Excel 应用程序对象的 SheetChange 事件识别数组公式。

实现思路：当手工在一个单元格中输入数组公式执行计算时，会触发 Excel 的修改事件，也就是 SheetChange 事件，从该事件中可以获取到用户输入的数组公式，也能获取到输入单元格的地址。然后利用 Application 对象的 Evaluate 方法自动评价数组公式的计算结果，一般情况下会返回一个数组，依据结果数组的维数和大小，在原先单元格的基础上扩展行列以便容纳结果数组，但由于期望得到的仍然是一个数组公式，而不是结果，因此在扩展了的区域设置其 FormulaArray，就自动写入了数组公式。

举例说明：Transpose 是 Excel 中用于转置的一个数组函数，假设在 B7 单元格中输入 "=TRANSPOSE(B2:C4)"，此时直接按下 Ctrl+Shift+Enter 键只会在 B7 得到 100，如图 13-1 所示。

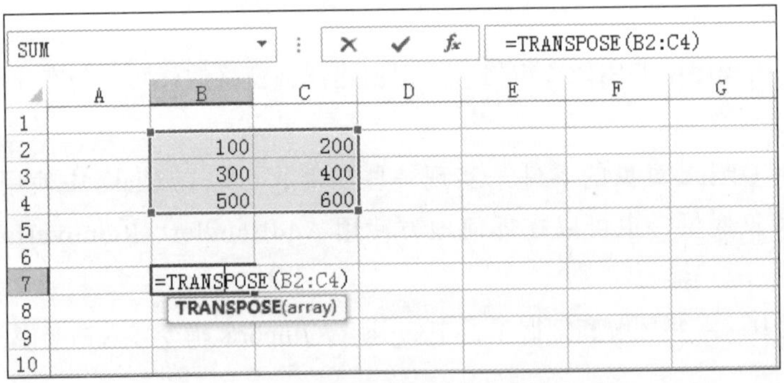

图 13-1 第一个单元格中输入数组公式

利用 Excel 的事件，可以获取到这个数组公式，然后用 Evaluate 方法可以预先计算出该数组公式的结果应为：

```
{{100,300,500},{200,400,600}}
```

这是一个 2 行 3 列的二维数组。

接下来基于 B7 单元格，利用 Range.Resize 扩展为 2 行 3 列，也就是 B7:D8 这个矩形区域，然后利用 Range 的 FormulaArray 属性向该区域整体输入上述数组公式。

然而，很多情况下数组公式计算的结果未必都是二维数组，例如 TRANSPOSE(B2) 只会得到一个常数，而不是数组，TRANSPOSE(B2:B4) 得到的结果是一行，是一维数组。因此，在实现以上功能时必须处理各种情况。

项目实例 81　ExcelAddin _ArrayFormulaAutoExpansion 数组公式的自动扩展

创建一个名为 ExcelAddin _ArrayFormulaAutoExpansion 的 Excel 2013/2016 VSTO 外接程序，在 ThisAddin.vb 代码视图的中间的下拉框中选择 Application，这个就是外接程序所在的 Excel 应用程序对象。在右侧的事件下拉框中选择 SheetChange，如图 13-2 所示。

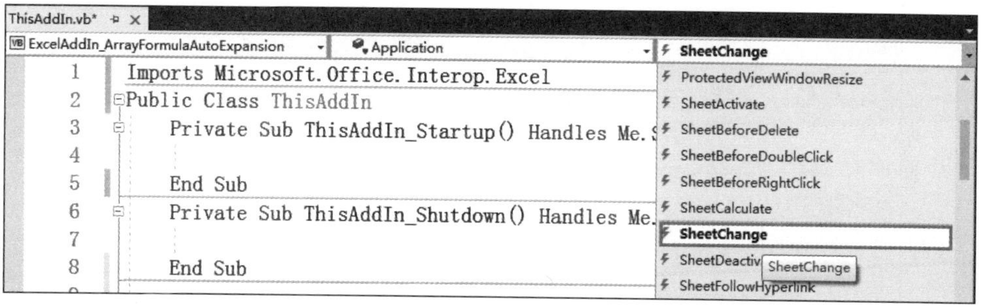

图 13-2　自动创建事件过程

然后在该事件过程中，判断用户在第一个单元格输入的是否为数组公式：

```
Private Sub Application_SheetChange(Sh As Object, Target As Range) Handles Application.SheetChange
    If Target.HasArray And Target.Count = 1 Then
        Expansion(FirstCell:=Target)
    End If
End Sub
```

如果有数组公式，并且用户只在一个单元格中输入，则调用 Expansion 过程。设置 Target.Count = 1 这个判断条件，目的是防止形成 SheetChange 事件的递归调用，因为 Expansion 过程中有修改单元格的语句。

```
Private Sub Expansion(FirstCell As Range)
    Dim s As String
    Dim v As Object
    s = FirstCell.FormulaArray
    v = Application.Evaluate(s)
    If IsArray(v) Then
        If v.rank = 1 Then
            FirstCell.Resize(, UBound(v, 1)).FormulaArray = s
        ElseIf v.rank = 2 Then
            FirstCell.Resize(UBound(v, 1), UBound(v, 2)).FormulaArray = s
        End If
```

```
            Else
                Exit Sub
            End If
    End Sub
```

代码分析：上述程序中，变量 s 保存是数组公式，变量 v 是数组公式的评价结果，然后分情况讨论，如果 v 不是数组则什么也不做，如果 v 是一维数组则在第一个单元格基础上向右扩展即可，如果 v 是二维数组，则行向列向均扩展，扩展的行列数与数组的上界关联。

启动项目，在工作表中输入若干数字测试用，在单元格 E10 输入数组公式" =MMULT(B2:D3,B6:C8)"，用于计算两个矩阵相乘的结果，如图 13-3 所示。

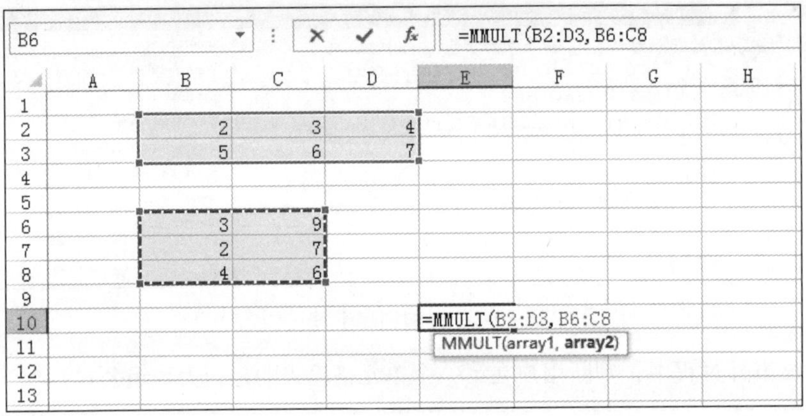

图 13-3　计算矩阵相乘

按下 Ctrl+Shift+Enter 的键后，可以看到数组公式自动扩展到 E10:F11 单元格区域中（线性代数中，m 行 n 列的矩阵与 n 行 p 列的矩阵相乘，结果是 m 行 p 列），如图 13-4 所示。

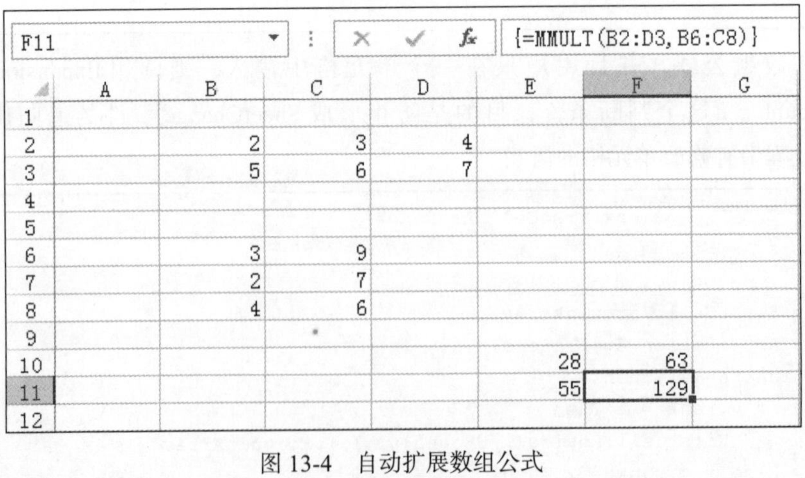

图 13-4　自动扩展数组公式

实现以上功能的原理就是，程序在正确的区域中又输入了一次数组公式。

13.2　Word 外接程序开发：表格内容自动汇总工具

本实例开发一个 Word 外接程序，功能是当用户选择 Word 表格中的部分单元格时，Word 的状态栏自动给出汇总信息。

关键技术：VSTO 项目中利用 Office 对象的事件过程。

问题的产生：当用鼠标选中 Excel 的单元格时，状态栏会显示所选区域的汇总结果（总和、平均值、最大值等），那么如果在 Word 文档中选中 Word 表格时可以产生同样的结果吗？

实现思路：当用户在文档中进行某些操作时，自动产生的响应，显然需要用到 Office 的事件。

Word 的应用程序对象具有 WindowSelectionChange 事件，能够返回用户所选择的内容。

当用户选中表格中的一部分单元格时，需要判断并遍历每个单元格。

如果单元格中除了数字以外，有可能还有计量单位等文本内容，可以使用正则表达式提取单元格中的连续数字。

项目实例 82　WordAddin_NumberStatistics Word 表格自动汇总

创建一个名为 WordAddIn_NumberStatistics 的 Word 2013/2016 VSTO 外接程序，额外不添加任何文件，在 ThisAddin.vb 文件中声明一个 Regex 对象，在 ThisAddin_Startup 启动事件中创建 Word 应用程序对象的 WindowSelectionChange 事件。

完整代码如下：

```
Imports Microsoft.Office.Interop.Word
Imports System.Text.RegularExpressions
Public Class ThisAddIn
    Private reg As Regex
    Private Sub ThisAddIn_Startup() Handles Me.Startup
        reg = New Regex(pattern:="\d+")
        AddHandler Me.Application.WindowSelectionChange, AddressOf Application_
WindowSelectionChange
    End Sub
    Private Sub Application_WindowSelectionChange(Sel As Selection)
        Dim m As Match
        Dim i As Integer
        If Sel.Information(WdInformation.wdWithInTable) Then
            Dim Numbers(Sel.Cells.Count - 1) As Integer
            For Each C As Cell In Sel.Cells
                m = reg.Match(input:=C.Range.Text)
                If m.Length > 0 Then
                    Numbers(i) = CInt(m.Value)
                End If
                i += 1
            Next C
```

```
                    Me.Application.StatusBar = " 求和: " & Numbers.Sum & " 平均值: " & Numbers.
Average & " 计数: " & Numbers.Count & " 最大值: " & Numbers.Max & " 最小值: " & Numbers.Min
            End If
    End Sub
    Private Sub ThisAddIn_Shutdown() Handles Me.Shutdown
    End Sub
End Class
```

代码分析：代码中**加粗**的部分是事件过程，Sel.Cells 代表选中部分的所有单元格，并非整个表格的单元格。

对于每个单元格，都使用正则表达式提取出其中的数字，然后放入一个整型数组中，因为 VB.NET 数组不需要写任何代码就可以求出各个汇总值。

项目测试：启动项目，当用户选择表格中的任意一部分，Word 左下角的状态栏中自动给出汇总结果，如图 13-5 所示。

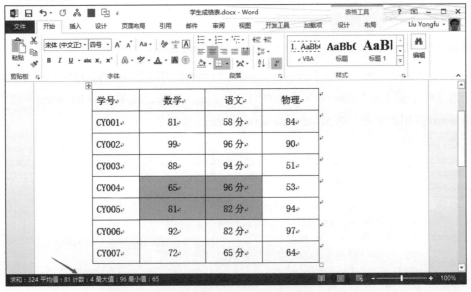

图 13-5　选中表格区域状态栏自动显示汇总结果

如果使用 VBA/VB6 中的 WithEvents 关键字声明事件对象，亦可实现上述结果，参考代码如下：

```
Imports Microsoft.Office.Interop.Word
Imports System.Text.RegularExpressions
Public Class ThisAddIn
    Private reg As Regex
    Private WithEvents WordApp As Word.Application
    Private Sub ThisAddIn_Startup() Handles Me.Startup
        reg = New Regex(pattern:="\d+")
        WordApp = Application
```

```
        End Sub
        Private Sub WordApp_WindowSelectionChange(Sel As Selection) Handles WordApp.
WindowSelectionChange
            Dim m As Match
            Dim i As Integer
            If Sel.Information(WdInformation.wdWithInTable) Then
                Dim Numbers(Sel.Cells.Count - 1) As Integer
                For Each C As Cell In Sel.Cells
                    m = reg.Match(input:=C.Range.Text)
                    If m.Length > 0 Then
                        Numbers(i) = CInt(m.Value)
                    End If
                    i += 1
                Next C
                Me.Application.StatusBar = "求和: " & Numbers.Sum & " 平均值: " & Numbers.
Average & " 计数: " & Numbers.Count & " 最大值: " & Numbers.Max & " 最小值: " & Numbers.Min
            End If
        End Sub
        Private Sub ThisAddIn_Shutdown() Handles Me.Shutdown
        End Sub
    End Class
```

13.3 PowerPoint 外接程序开发：幻灯片导出为图片

本实例开发一个 PowerPoint 外接程序，功能是当用户选择多张 PowerPoint 幻灯片，并且单击鼠标右键，在右键菜单中具有导出为图片的功能。

关键技术：VSTO 项目中使用 customUI 定制右键菜单。

问题的产生：在 PowerPoint 中，把每张幻灯片另存为单独的图片文件，具有比较广泛的用途，如果能把这个导出功能添加到幻灯片列表右键菜单中，操作更加便利。

实现思路：要想实现上述需求，需要调查如下两个课题：

❑ PowerPoint 中的 Slide 对象是否具有导出为图片文件的代码？

❑ 幻灯片列表的右键菜单中能否加入自定义控件？

开发前的调查：

在 PowerPoint VBA 中，Slide 对象的 Export 方法可以导出为图片文件，代码为：

```
Dim sld As PowerPoint.Slide
sld.Export FileName:="C:\temp\ABC.jpg", FilterName:="JPG"
```

其中，参数 FilterName 的作用是指定导出的图片类型。

接下来需要调查幻灯片列表的右键菜单名称和 customUI 的具体写法。

用鼠标选中多张幻灯片，然后单击鼠标右键，浏览一下菜单中都有哪些项目，如图 13-6 所示。

图 13-6 幻灯片列表的右键菜单

然后打开 OfficeidMsoViewer 软件，在左侧窗格选择 PowerPoint_2013_contextMenus_cn，在右侧逐一展开每个 contextMenu 的节点，发现 idMso 为 ContextMenuThumbnail 的菜单下面的项目与幻灯片列表右键菜单中的项目大致相同，如图 13-7 所示。

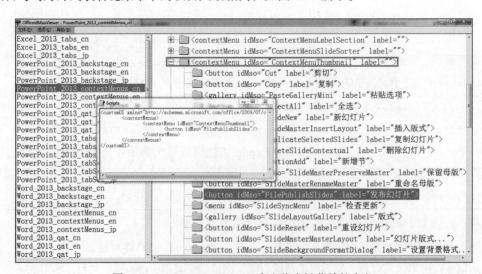

图 13-7 OfficeidMsoViewer 中查找右键菜单的定义

把自动产生的 XML 代码进行适当加工如下：

```xml
<customUI xmlns='http://schemas.microsoft.com/office/2009/07/customui'>
    <contextMenus>
        <contextMenu idMso='ContextMenuThumbnail'>
            <menu id='Menu1' label='导出图片' imageMso='ExportSnapshot' insertBeforeMso='FilePublishSlides'>
                <button id='Button1' label='.jpg' tag='jpg' imageMso='J' onAction='Export'/>
                <button id='Button2' label='.png' tag='png' imageMso='P' onAction='Export'/>
            </menu>
        </contextMenu>
    </contextMenus>
</customUI>
```

代码分析：上述 XML 的功能是，在"发布幻灯片"菜单项的前面插入一个 menu 菜单，该菜单下面包含两个 button 按钮，分别用来导出为 jpg 和 png 图片。

这两个 button 共享同一个 onAction 过程，因此使用 tag 属性进行区分。

项目实例 83　PowerPointAddin_ExportSlideToImage 幻灯片导出为图片

创建一个名为 PowerPointAddIn_ExportSlideToImage 的 PowerPoint 2013/2016 VSTO 外接程序，添加一个类文件 Class1.vb 用于书写 customUI 代码及其回调函数，完整代码如下：

```vb
Imports System.Runtime.InteropServices
Imports Microsoft.Office.Core
Imports Microsoft.Office.Interop
<ComVisible(True)>
Public Class Class1
    Implements IRibbonExtensibility
    Public Function GetCustomUI(RibbonID As String) As String Implements IRibbonExtensibility.GetCustomUI
        Return "
<customUI xmlns='http://schemas.microsoft.com/office/2009/07/customui'>
    <contextMenus>
        <contextMenu idMso='ContextMenuThumbnail'>
            <menu id='Menu1' label='导出图片' imageMso='ExportSnapshot' insertBeforeMso='FilePublishSlides'>
                <button id='Button1' label='.jpg' tag='jpg' imageMso='J' onAction='Export'/>
                <button id='Button2' label='.png' tag='png' imageMso='P' onAction='Export'/>
            </menu>
        </contextMenu>
    </contextMenus>
</customUI>
"
```

```
        End Function
        Public Sub Export(control As Office.IRibbonControl)
            Dim ext As String
            If control.Tag = "jpg" Then
                ext = "JPG"
            ElseIf control.Tag = "png" Then
                ext = "PNG"
            End If
            For Each sld As PowerPoint.Slide In Globals.ThisAddIn.Application.Active
Window.Selection.SlideRange
                sld.Export(FileName:=Globals.ThisAddIn.Application.
ActivePresentation. Path & "\" & sld.SlideNumber & "." & ext, FilterName:=ext)
            Next sld
            MsgBox(" 导出成功! ", vbInformation)
        End Sub
    End Class
```

项目测试：

启动项目，打开磁盘中的一个 PowerPoint 文件，在左侧窗格用鼠标选中几张幻灯片，单击鼠标右键，在"发布幻灯片"的上面出现一个"导出图片"的菜单，如图 13-8 所示。

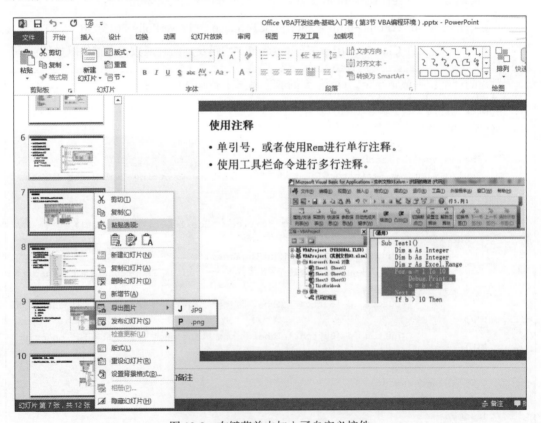

图 13-8　右键菜单中加入了自定义控件

导出图片后，在资源管理器中演示文稿所在的路径可以看到导出的图片文件，如图 13-9 所示。

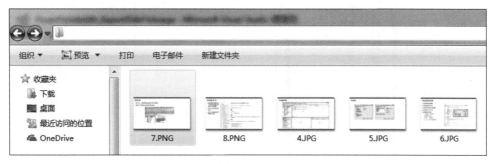

图 13-9 导出幻灯片产生的图片文件

13.4 Outlook 外接程序开发：来信自动执行任务

本实例开发一个 Outlook 外接程序，功能是当用户不在计算机前面时，对他人发来的邮件进行判断，不同特征的邮件（从发信人地址、主题、正文内容判断）进行不同的处理方（例如回复、转发、删除等操作）。

关键技术：VSTO 项目中利用 Office 对象的事件、任务窗格的使用。

问题的产生：一般情况下，Outlook 的收件箱来了新邮件后，需要人工打开并检查邮件内容，然后决定如何处理，如果能够让 Outlook 自动识别新来的邮件，对具有某些特征的邮件能够自动后续处理，可以节约用户时间和精力。

实现思路：Outlook 的对象模型中，有一个 Items 对象，该对象表示 Outlook 文件夹中的所有项目，当收到了新的邮件时，收件箱中的 Items 就会增加一个，这种行为就会触发 ItemsAdd 事件。

对邮件内容的判断，以及对符合处理条件的邮件，进行哪些后续操作，放在任务窗格中进行设计。

项目实例 84 OutlookAddin_MailAutomation Outlook 邮件的自动处理

创建一个名为 OutlookAddIn_MailAutomation 的 Outlook 2013/2016 VSTO 外接程序，为项目添加一个 UserControl 用于创建任务窗格，在用户控件的设计视图中加入必要的控件，并调整布局，如图 13-10 所示。

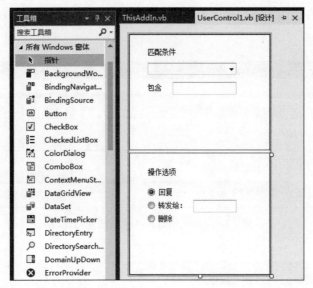

图 13-10　用户控件的设计视图

再为项目添加一个模块 Module1.vb，写入创建任务窗格的代码：

```
Imports Microsoft.Office.Tools
Module Module1
    Public uc As UserControl1
    Public ctp As CustomTaskPane
    Public Sub CreateCTP()
        uc = New UserControl1()
        ctp = Globals.ThisAddIn.CustomTaskPanes.Add(uc, " 自动任务 ")
        With ctp
            .DockPosition = Microsoft.Office.Core.MsoCTPDockPosition.msoCTPDockPositionRight
            .DockPositionRestrict = Microsoft.Office.Core.MsoCTPDockPositionRestrict.msoCTPDockPositionRestrictNoChange
            .Visible = True
        End With
    End Sub
End Module
```

在 ThisAddin.vb 文件中声明一个具有事件过程的 Items 对象：

```
Private WithEvents Mails As Outlook.Items
```

ThisAddin.vb 文件的完整代码如下：

```
Imports Microsoft.Office.Core
Public Class ThisAddIn
    Private WithEvents Mails As Outlook.Items
    Private Sub ThisAddIn_Startup() Handles Me.Startup
        CreateCTP()
        Mails = Application.GetNamespace("MAPI").GetDefaultFolder(Outlook.
```

```vb
OlDefaultFolders.olFolderInbox).Items
    End Sub

    Private Sub ThisAddIn_Shutdown() Handles Me.Shutdown

    End Sub

    Private Sub Mails_ItemAdd(Item As Object) Handles Mails.ItemAdd
        Dim mail As Outlook.MailItem = CType(Item, Outlook.MailItem)
        Dim source As String
        Select Case uc.ComboBox1.Text
            Case "发信人地址"
                source = mail.SenderEmailAddress
            Case "主题"
                source = mail.Subject
            Case "正文"
                source = mail.Body
            Case Else
        End Select
        If source Like "*" & uc.TextBox1.Text & "*" Then
            Dim NewMail As Outlook.MailItem
            If uc.RadioButton1.Checked Then
                NewMail = mail.Reply()
                With NewMail
                    .Subject = "自动回复：我在外边，回来再说。"
                    .Send()
                End With
            ElseIf uc.RadioButton2.Checked Then
                NewMail = mail.Forward()
                With NewMail
                    .To = uc.TextBox2.Text
                    .Subject = "Forward: From" & mail.SenderEmailAddress
                    .Attachments.Add(Source:="E:\RibbonXmlEditor\readme.txt")
                    .Send()
                End With
            ElseIf uc.RadioButton3.Checked Then
                mail.Delete()
            End If
        End If
    End Sub
End Class
```

代码分析：在 ThisAddIn_Startup 过程中，创建任务窗格，并且让对象变量 Mails 来表示收件箱中的所有邮件，这样就相当于激活了 ItemsAdd 事件。

项目测试：启动项目，在 Outlook 的右侧出现一个任务窗格，设置好匹配条件、操作选项，如图 13-11 所示。

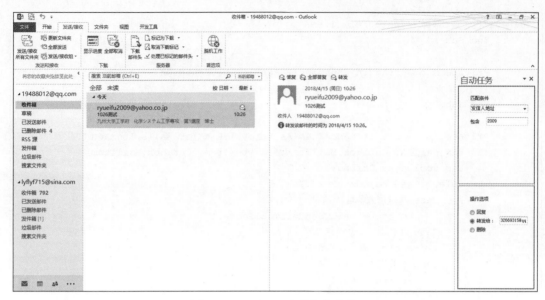

图 13-11　Outlook 中的任务窗格

假设有一封来自 ryueifu2009@yahoo.co.jp 的新邮件，外接程序就会判断这个发信人地址是否包含 2009。如果包含，就自动转发给 32669315@qq.com。这样就实现了利用 Outlook 的事件自动处理新邮件的目的。

13.5　小结

本章在 VSTO 外接程序项目中综合使用了 custom UI、任务窗格、Office 事件。在开发过程中用到了大量的 Office 组件的对象模型和 VBA 基础知识。

custom UI 设计过程中，可以借助 OfficeidMsoViewer 软件查看 Office 内置控件的各种属性、XML 层次结构。

第 14 章

VSTO 外接程序的打包与发布

VSTO 开发的 Office 外接程序要发布到客户计算机上，需要确保客户计算机已经具备如下 4 个方面：

- Microsoft .NET Framework 4。
- Microsoft Visual Studio 2010 Tools for Office Runtime x86。
- 外接程序对应的 Office 软件。
- 注册表中写入了与外接程序相关的键和值。

其中 .NET Framework 4 可以通过微软的下载中心获取，下载地址为：

https://download.microsoft.com/download/9/5/A/95A9616B-7A37-4AF6-BC36-D6EA96C8DAAE/dotNetFx40_Full_x86_x64.exe

VSTO 运行环境的下载地址为：

https://download.microsoft.com/download/7/A/F/7AFA5695-2B52-44AA-9A2D-FC431C231EDC/vstor_redist.exe

如果要把自己开发的 Office 外接程序作品发布到其他计算机上，一种方法是把 VSTO 项目的生成文件（Debug 文件夹）复制到客户计算机，另一种方法是在开发者计算机上把 VSTO 项目的生成文件打包成一个独立的 .exe 格式的安装包。

本章要点：

- 从 manifest 文件中获取安装信息。
- 把 VSTO 外接程序的相关信息自动写入注册表。
- 使用 Inno Setup 制作专业的安装程序。

14.1 简单发布

这里以第 13 章讲过的 "OutlookAddIn_MailAutomation" 这个 Outlook 外接程序为例，介

绍简单发布的方法。

14.1.1　从部署文件中获取安装信息

在资源管理器中打开 VSTO 项目的生成文件夹（...bin/Debug），可以看到"OutlookAddIn_MailAutomation.dll.manifest"这个扩展名是 .manifest 的部署文件，如图 14-1 所示。

图 14-1　VSTO 外接程序的生成文件

用记事本或 XML 编辑器打开这个部署文件，如图 14-2 所示。从中可以看到如下重要的安装部署信息：

- application：指明该外接程序的 Office 组件名称。
- loadBehavior：指定外接程序的加载方式，默认为 3，表示启动 Office 组件自动加载外接程序。
- keyName：外接程序的名称，也就是 VSTO 项目的名称，用于生成注册表路径。
- friendlyName：友好名称，显示在 COM 加载项对话框中的名称，通常等于 keyName。
- description：描述，通常等于 keyName。

图 14-2　VSTO 部署文件中的内容

由于部署文件的格式实质上是一个 XML 文件，因此可以用读取 XML 文件的方式把以上

5 项信息读出来。

14.1.2 写入注册信息

只有把以上重要信息写入计算机的注册表中，Office 的 COM 加载项对话框中才会出现该外接程序。

前述 5 个重要安装部署信息中，application 的值会决定注册表的路径，keyName 的值决定注册表中新建子路径的名称。

例如当 application 为 Outlook、keyName 为 OutlookAddIn_MailAutomation 时，应该在注册表中创建如下路径：

HKEY_CURRENT_USER\Software\Microsoft\Office\Outlook\Addins\OutlookAddIn_MailAutomation

如果要对计算机上的所有用户都安装这个外接程序，还要把根键 HKEY_CURRENT_USER 替换为 HKEY_LOCAL_MACHINE。

创建子路径后，接着在该路径下增加如下 4 个属性值：

Description 和 FriendlyName 来规定外接程序的描述信息和友好名称。

LoadBehavior 来规定加载方式。

Manifest 来指定扩展名为 .vsto 文件的位置。

14.1.3 删除注册信息

卸载 Office 外接程序，包括删除注册表信息和删除外接程序相关文件两个步骤。

删除注册表信息很简单，只需要把如下注册表路径删除即可。

HKEY_CURRENT_USER\Software\Microsoft\Office\Outlook\Addins\OutlookAddIn_MailAutomation

删除上述路径以后，该外接程序就会从 COM 加载项对话框中移除。

14.1.4 使用 VBA 实现自动安装和卸载 VSTO 外接程序

以上读取部署文件信息、读写注册表的操作，可以用各种编程语言实现自动化。下面介绍用 VBA 来自动安装和卸载 Office 外接程序的方法。

在 VBA 的 UserForm 上放置 3 个按钮控件，1 个文本框控件，2 个单选按钮控件，如图 14-3 所示。

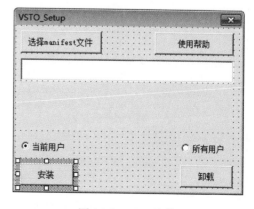

图 14-3 VBA 窗体

然后在用户窗体的代码中,分别书写选择部署文件、安装 Office 外接程序、卸载 Office 外接程序的代码。其中,使用 XPath 读取 manifest 文件中的部署信息,使用 WshShell 读写注册表。

完整代码如下:

```
Private keyName As String, app As String, loadBehavior As String, friendlyName As String, description As String

Private Sub CommandButton1_Click()
    On Error GoTo Err1
    Dim dlg As Office.FileDialog
    Dim doc As DOMDocument
    Dim nd As IXMLDOMElement
    Set dlg = Application.FileDialog(msoFileDialogFilePicker)
    With dlg
        .AllowMultiSelect = False
        .Filters.Add "VSTO 部署文件 (*.manifest)", "*.manifest"
        If .Show Then
            Me.TextBox1.Text = .SelectedItems(1)
            Set doc = New DOMDocument
            doc.Load Me.TextBox1.Text
            Set nd = doc.SelectSingleNode("//vstov4:appAddIn")
            keyName = nd.getAttribute("keyName")
            loadBehavior = nd.getAttribute("loadBehavior")
            app = nd.getAttribute("application")
            Set nd = doc.SelectSingleNode("//vstov4:friendlyName")
            friendlyName = nd.Text
            Set nd = doc.SelectSingleNode("//vstov4:description")
            description = nd.Text
            Me.Label1.Caption = "keyName: " & keyName & vbNewLine & _
            "application: " & app & vbNewLine & _
            "loadBehavior: " & loadBehavior & vbNewLine & _
            "friendlyName: " & friendlyName & vbNewLine & _
            "description: " & description & vbNewLine
        End If
    End With
    Exit Sub
Err1:
MsgBox Err.description
End Sub

Private Sub CommandButton2_Click()
    On Error GoTo Err1
    Dim WShell As New IWshRuntimeLibrary.WshShell
    Dim FSO As New IWshRuntimeLibrary.FileSystemObject
    Dim RegPath As String
    RegPath = "HKEY_CURRENT_USER\Software\Microsoft\Office\" & app & "\Addins\"
    If Me.OptionButton2.Value Then
        RegPath = "HKEY_LOCAL_MACHINE\Software\Microsoft\Office\" & app & "\Addins\"
    End If
    If Me.TextBox1.Text = "" Then
```

```
            MsgBox " 请先选择部署文件! ", vbExclamation
        Else
            WShell.RegWrite Name:=RegPath & keyName & "\Description", Value:=
keyName, Type:="REG_SZ"
            WShell.RegWrite Name:=RegPath & friendlyName & "\Description", Value:=
friendlyName, Type:="REG_SZ"
            WShell.RegWrite Name:=RegPath & keyName & "\LoadBehavior", Value:=3,
Type:="REG_DWORD"
            WShell.RegWrite Name:=RegPath & keyName & "\Manifest", Value:=FSO.
GetParentFolderName(Path:=Me.TextBox1.Text) & "\" & keyName & ".vsto|vstolocal",
Type:="REG_SZ"
            MsgBox keyName & " 安装成功! ", vbInformation
        End If
        Exit Sub
    Err1:
    MsgBox Err.description
    End Sub


    Private Sub CommandButton3_Click()
        On Error GoTo Err1
        Dim WShell As New IWshRuntimeLibrary.WshShell
        Dim RegPath As String
        RegPath = "HKEY_CURRENT_USER\Software\Microsoft\Office\" & app & "\Addins\"
        If Me.OptionButton2.Value Then
            RegPath = "HKEY_LOCAL_MACHINE\Software\Microsoft\Office\" & app &
"\Addins\"
        End If
        If Me.TextBox1.Text = "" Then
            MsgBox " 请先选择部署文件! ", vbExclamation
        Else
            WShell.RegDelete Name:=RegPath & keyName & "\"
            MsgBox keyName & " 卸载成功! ", vbInformation
        End If
        Exit Sub
    Err1:
    MsgBox Err.description
    End Sub
```

把 VSTO 外接程序的 Debug 文件夹和上述 Excel 工作簿复制到客户计算机，然后打开 Excel 工作簿，启动窗体，单击"选择 manifest 文件"按钮，自动判断该外接程序的信息，如图 14-4 所示。

单击"安装"按钮，注册表中 Addins 路径下多了一个"OutlookAddin_MailAutomation"的子项，如图 14-5 所示。

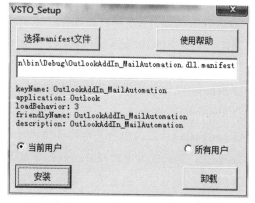

图 14-4　根据部署文件自动判断外接程序的名称和组件

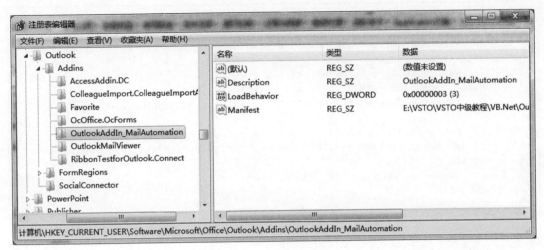

图 14-5　自动编辑注册表

然后启动 Outlook，可以看到与该外接程序有关的 customUI、任务窗格等。

上述 VBA 作品为 "VSTO_Setup.xlsm"，可以用于各种 Office 组件的外接程序安装和卸载。

14.2　使用 Inno Setup 制作安装包

Inno Setup 是一款免费用于制作 Windows 程序的安装包的软件，也可以用于 VSTO 开发的产品打包。该软件的下载地址是：http://www.jrsoftware.org/isdl.php#stable，写作本书时的较新版本是 Innosetup-5.5.9。

Inno Setup 通过在扩展名为 .iss 的文件中书写代码，然后编译成 .exe 的安装程序。

对于已经安装了 Inno Setup 软件的计算机，在磁盘上新建一个文本文件，然后另存为 setup.iss，双击这个文件，就可以使用 Inno Setup 编辑器打开。

■ 14.2.1　iss 脚本文件的构成

iss 文件的可选项非常多，下面只介绍最常用、重要的属性设定。

制作一个简单的 iss 安装程序脚本，一般由如下几部分构成：

- 预定义常量。
- Setup：设定程序的名称、版本信息、安装包的生成路径、安装包的安装路径等。
- Messages：提示语。
- Languages：安装向导显示的语种，可以让用户选择语言。
- Icons：开始菜单中的项目，例如卸载等。
- Files：这个节点最重要，需要把项目所需的文件列出，从而让 Inno Setup 把这些文件压缩到安装包中（如果漏掉一些重要文件，可能导致安装后的产品不能正常工作）。

❑ Registry：对注册表进行操作。

本节还是以"OutlookAddIn_MailAutomation"这个 Outlook 外接程序为例，介绍使用 Inno Setup 书写脚本文件并生成安装包的方法。

■ 14.2.2 制作 iss 脚本文件

在资源管理器中打开 VSTO 项目的 Debug 生成路径，新建一个文本文件，重命名为"setup.iss"，如图 14-6 所示。

图 14-6 新建一个 iss 脚本文件

双击这个文件，使用 Inno Setup 打开，并且写入如下脚本代码：

```
#define MyAppName "OutlookAddIn_MailAutomation"
#define MyAppVerName "1.0.0"
#define Component "Outlook"
[Setup]
AppId={{290E8EEB-7654-4C37-B61B-8E14C5EB226F}
AppName={#MyAppName}
AppVerName={#MyAppVerName}
DefaultDirName={pf}\{#MyAppName}
DisableDirPage=no
DisableProgramGroupPage=yes
DefaultGroupName={#MyAppName}
OutputDir=.
OutputBaseFilename={#MyAppName}-Setup
[Messages]
```

```
    BeveledLabel=Office/VBA/VSTO/Excel-DNA QQ Group:61840693
  [Languages]
    Name:"english";MessagesFile:"compiler:Default.isl"
  [Icons]
    Name: "{group}\{cm:UninstallProgram,{#MyAppName}}";Filename:"{uninstallexe}"
  [Files]
    Source: "Microsoft.Office.Tools.Common.v4.0.Utilities.dll"; DestDir: "{app}";
Flags: ignoreversion
    Source: "Microsoft.Office.Tools.Outlook.v4.0.Utilities.dll"; DestDir: "{app}";
Flags: ignoreversion
    Source: "{#MyAppName}.dll"; DestDir: "{app}"; Flags: ignoreversion
    Source: "{#MyAppName}.dll.manifest"; DestDir: "{app}"; Flags: ignoreversion
    Source: "{#MyAppName}.pdb"; DestDir: "{app}"; Flags: ignoreversion
    Source: "{#MyAppName}.vsto"; DestDir: "{app}"; Flags: ignoreversion
    Source: "{#MyAppName}.xml"; DestDir: "{app}"; Flags: ignoreversion
  [Registry]
    Root: HKCU;Subkey: "Software\Microsoft\Office\{#Component}\Addins\{#MyAppName}";
Flags: uninsdeletekey
    Root: HKCU;Subkey: "Software\Microsoft\Office\{#Component}\Addins\{#MyAppName}";
ValueType: string;ValueName: Description;ValueData: "{#MyAppName}"
    Root: HKCU;Subkey: "Software\Microsoft\Office\{#Component}\Addins\{#MyAppName}";
ValueType: string;ValueName:FriendlyName;ValueData: "{#MyAppName}"
    Root: HKCU;Subkey: "Software\Microsoft\Office\{#Component}\Addins\{#MyAppName}";
ValueType: dword;ValueName: LoadBehavior;ValueData: "3"
    Root: HKCU;Subkey: "Software\Microsoft\Office\{#Component}\Addins\{#MyAppName}";
ValueType: string;ValueName: Manifest;ValueData:"{app}\{#MyAppName}.vsto|vstolocal"
```

代码分析：上述脚本顶端定义了 3 个自定义常量，定义常量的作用是，在下面的脚本中，可以使用 {#MyAppName} 来代替 OutlookAddIn_MailAutomation 这个单词，同理，使用 {#Component} 来代替 Outlook 这个单词。

另外，还要注意形如 {pf}、{app} 这种不带 # 的常量。这是内置常量，{pf} 表示目标计算机的 Program Files 文件夹，{app} 表示本程序即将安装到的目标路径。

重点注意 [Files]、[Registry]、[Code] 这 3 处代码，其中 Files 是把 Debug 文件夹下的 7 个文件（setup.iss 除外）都列出，压入安装包，目的是当用户安装该产品时能自动释放这些文件到安装路径下。

Registry 的作用是，向注册表中的 Outlook 的 Addins 下面自动创建必要的注册表项。

确认代码无误后，选择 Inno Setup 的菜单"Build/Compile"，或者按下快捷键 Ctrl+F9，如图 14-7 所示。

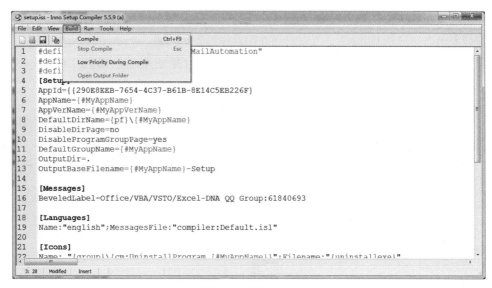

图 14-7 编译脚本

Debug 文件夹下多了一个可执行的安装包：OutlookAddIn_MailAutomation_Setup.exe，如图 14-8 所示。

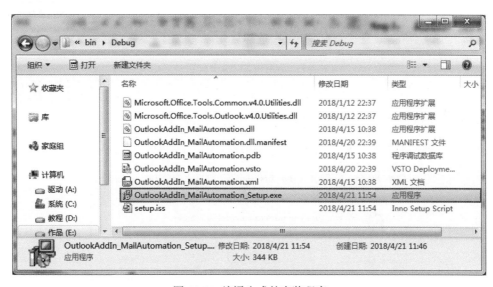

图 14-8 编译生成的安装程序

这样就可以把这个安装包发送到客户计算机上进行安装。

14.2.3 产品的安装和卸载

在客户计算机上，以管理员身份运行 OutlookAddIn_MailAutomation_Setup.exe，弹出安装程序向导，如图 14-9 所示。

依次单击"Next"按钮，完成安装。

完成安装后，启动 Outlook，可以看到外接程序的界面元素。

如果不想继续使用本产品，可以单击 Windows 的开始菜单，找到"OutlookAddIn_MailAutomation"，单击"UninstallOutlookAddIn_MailAutomation"，如图 14-10 所示。

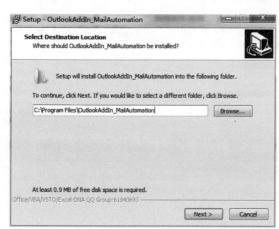

图 14-9　外接程序在客户计算机上的安装过程

图 14-10　卸载 VSTO 外接程序

在询问对话框中单击"是"，就卸载了该外接程序，如图 14-11 所示。

图 14-11　询问对话框

14.2.4　使用 iss 模板文件

VSTO 可以开发面向多个 Office 组件的产品，但是发布方式大同小异，最大的不同有两处：Office 组件名称、VSTO 外接程序项目名称。因此可以看出，须只要把现有的 iss 脚本文件进行很少量的替换修改，即可为另一个项目制作安装程序，而无须从头书写脚本文件。

这里假设用 VSTO 开发了一款面向 Excel 的外接程序"CellHelper"，只需要替换前面讲过的 iss 脚本文件顶部定义的自定义常量即可，其他内容无须改动。具体修改为：

```
#define MyAppName "CellHelper"
#define MyAppVerName "1.0.0"
#define Component "Excel"
```

然后把修改好的 iss 脚本文件另存到外接程序"CellHelper"的 Debug 文件夹下，因为 iss 文件里的 [Files] 这一节均采用的是相对路径，setup.iss 文件放在什么地方，就决定了要把同路径下的文件压缩到安装包中。

此外，脚本文件中 [Setup] 这一节中 AppId 不能使用已经用过的 GUID，通过单击 inno setup 软件的菜单 Tools → Generate GUID 生成一个新的 GUID。

以上各项修改完毕，就可以使用 inno setup 软件编译生成一个新的 VSTO 产品安装包了。

14.3 小结

本章介绍 VSTO 外接程序部署在其他计算机上的方法。

Office 外接程序（COM 加载项）在注册表中的位置是在 Addins 子项下面。只要把 VSTO 外接程序项目的相关信息写入注册表中对应的位置，就能安装成功，从而在 COM 加载项中看到这个外接程序。

第 15 章 开发 Office 文档

使用 VSTO 还可以开发具有特定功能的 Office 文档，例如开发 Excel 工作簿和模板、Word 文档和模板。

开发 Office 文档的过程，也叫作"文档自定义项编程"，与 Office 外接程序的区别有以下几点：
- Office 外接程序是一个 COM 加载项，Office 文档是一个具体特定功能的工作簿或文档。
- Office 外接程序是应用程序级（Application）的，外接程序处于加载状态，无论哪一个文档处于活动状态，都可以看到外接程序中的自定义元素（customUI、任务窗格等）。
- Office 文档是文档级（Workbook、Document）的，只有这个文档处于打开状态，才出现相应的自定义界面，如果该文档失去焦点或者处于关闭状态，自定义界面消失。

使用 Visual Studio 可以创建如下 4 种 Office 文档：
- Excel 模板；
- Excel 工作簿；
- Word 模板；
- Word 文档。

在 Office 文档开发过程中，允许添加和使用的自定义元素包括 customUI、文档操作窗格、宿主控件、Office 事件等。

本章要点：
- 文档操作窗格的创建和管理。
- Excel 工作簿项目中使用 NamedRange、ListObject 宿主控件。
- Word 文档项目中使用 Bookmark 宿主控件。

15.1 创建 Excel 工作簿项目

下面以创建一个具有计算汉字和区位码转换功能的 Excel 工作簿项目为例说明 Office 文档开发的过程。

项目实例 85　ExcelWorkbook_Quweima 创建 Excel 工作簿项目

在 Visual Studio 的"新建项目"对话框中，选择"其他语言"→ Visual Basic → Office →"VSTO 外接程序"节点，在右侧窗格选择"Excel 2013 和 2016 VSTO 工作簿"，如图 15-1 所示。

图 15-1　创建 Excel 工作簿项目

修改名称为 ExcelWorkbook_Quweima，单击"确定"按钮。

在项目向导对话框中，接受默认设置，单击"确定"按钮，如图 15-2 所示。

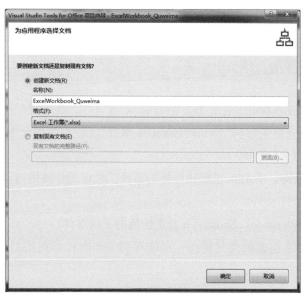

图 15-2　创建文档

此时，看到一个 Excel 工作簿窗口嵌入到了 Visual Studio 里面，如图 15-3 所示。

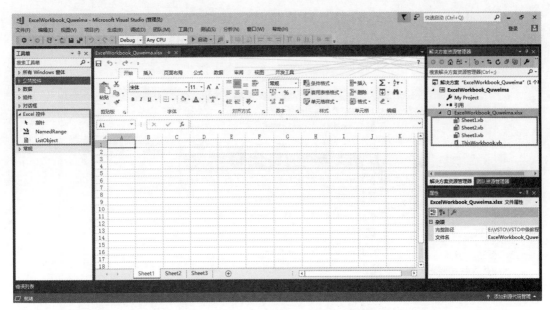

图 15-3　Excel 工作簿项目的开发视图

开发人员可以对各个工作表进行编辑、修改，也可以从控件工具箱中把控件拖放到工作表上，成为工作表中的控件。

控件工具箱中可以看到"Excel 控件"，其中包括 NamedRange、ListObject，这些是为 Excel 工作簿项目专门定制的宿主控件，稍后讲解。

在解决方案资源管理器窗格中，包括 ThisWorkbook.vb 和各个工作表的事件类文件，这里有点类似 Excel VBA 编程。

15.2　使用 Office 事件

在解决方案资源管理器中，右击 ThisWorkbook.vb 文件，在右键菜单中选择"查看代码"，在文件顶部的下拉组合框中选择"ThisWorkbook 事件"，在右侧组合框中可以看到大量可用的工作簿事件，如图 15-4 所示。

其中，ThisWorkbook_Startup 是默认添加的事件，表示工作簿的启动事件，也就是 Office 文档项目的入口。

与之对应的 ThisWorkbook_Shutdown 是工作簿的关闭事件。

同理，打开各个工作表的代码视图，也能看到工作表可以使用的事件过程，如图 15-5 所示。

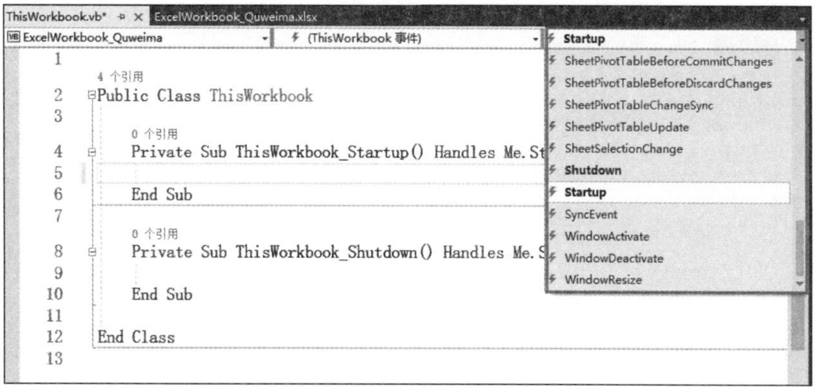

图 15-4　工作簿的事件列表

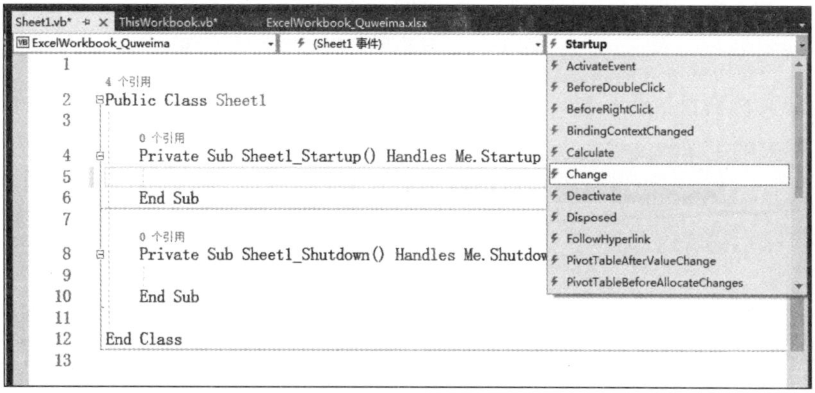

图 15-5　工作表的事件列表

在 Office 文档项目中如何访问和读写 Excel 的各级对象呢？

其中，Globals 对象代表 Office 文档项目，通过 Globals 可以直接访问 ThisWorkbook、Sheet1、Sheet2、Sheet3。

在 ThisWorkbook 的类文件中，关键字 Me 就是工作簿，使用 Me.Application 返回工作簿所在的应用程序。

例如，在工作簿的启动事件中书写如下代码，查看 Office 对象的相关属性：

```
Private Sub ThisWorkbook_Startup() Handles Me.Startup
    Globals.Sheet2.Range("A1").Value = "应用程序的用户名："
    Globals.Sheet2.Range("B1").Value = Me.Application.UserName
    Globals.Sheet2.Range("A3").Value = "工作簿的路径："
    Globals.Sheet2.Range("B3").Value = Me.FullName
    Globals.Sheet2.Range("A5").Value = "工作表的名称："
    Globals.Sheet2.Range("B5").Value = Globals.Sheet2.Name
End Sub
```

在 Visual Studio 中单击菜单"调试"→"开始调试"，会自动启动 Excel 并打开工作簿。切换到工作表 Sheet2，可以看到自动写入的内容，如图 15-6 所示。

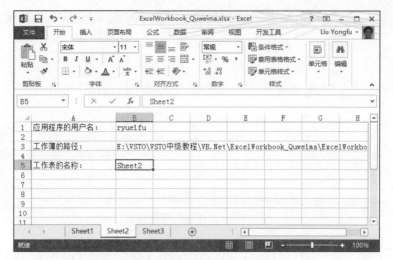

图 15-6　自动写入单元格

当 Office 文档项目执行一次调试或者生成解决方案，会在 Debug 文件夹中看到从项目文件夹中拷贝过来的工作簿文件。

ThisWorkbook_Startup 事件，一般用来书写一些用于初始化的代码，还可以用于显示文档操作窗格，稍后讲解这部分。

15.3　添加 customUI

Office 文档项目，也可以添加 customUI 来增强文档与用户交互的结果。customUI 的添加和使用步骤与外接程序项目中完全一样，既可以使用功能区可视化设计器，也可以使用 XML 语言实现 customUI。

为项目添加一个类文件 Class1.vb，用于书写 customUI 代码及其回调函数，完整代码如下：

```
Imports System.Runtime.InteropServices
Imports Microsoft.Office.Core
<ComVisible(True)>
Public Class Class1
    Implements IRibbonExtensibility
    Private R As IRibbonUI
    Public Function GetCustomUI(RibbonID As String) As String Implements IRibbonExtensibility.GetCustomUI
        Dim XML As XElement = <customUI xmlns="http://schemas.microsoft.com/office/2009/07/customui" onLoad="OnLoad">
                                  <ribbon startFromScratch="false">
                                      <tabs>
                                          <tab id="Tab1" label=" 文档操作窗格 ">
                                              <group id="Group1" label=" 显示和隐藏 ">
                                                  <toggleButton id="Toggle1"
```

```
label=" 显示 / 隐藏 " imageMso="ChartTypeOtherInsertGallery" onAction="ShowHide" size=
"large"/>
                                                </group>
                                            </tab>
                                        </tabs>
                                    </ribbon>
                                </customUI>
        Return XML.ToString
    End Function
    Public Function OnLoad(ribbon As Office.IRibbonUI)
        R = ribbon
        R.ActivateTab(ControlID:="Tab1")
        Return Nothing
    End Function
    Public Sub ShowHide(control As Office.IRibbonControl, pressed As Boolean)
        Globals.ThisWorkbook.ActionsPane.Visible = pressed
    End Sub
End Class
```

代码分析：使用 XElement 对象可以直接在 VB.NET 代码中书写 XML 代码。本例在功能区中加入一个切换按钮，用于切换显示文档操作窗格，ShowHide 回调函数中的 Pressed 参数返回了切换按钮的状态。

然后在 ThisWorkbook.vb 文件中，增加 Imports Microsoft.Office.Core 指令，并增加如下函数，用于把 Class1 的 customUI 接入 Office 文档中。

```
Protected Overrides Function CreateRibbonExtensibilityObject() As IRibbonExtensibility
    Return New Class1()
End Function
```

启动项目，Excel 启动后打开工作簿，自动激活自定义的选项卡，当单击"显示/隐藏"按钮时，右侧出现文档操作窗格，如图 15-7 所示。

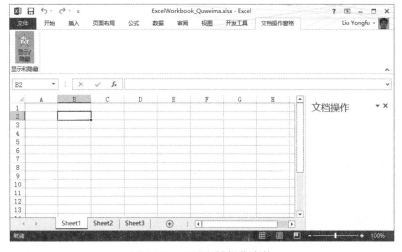

图 15-7　显示文档操作窗格

以上虽然出现了文档操作窗格，但没有包含任何控件。

15.4 使用文档操作窗格

Office 文档中的操作窗格（ActionsPane），是嵌入在 Office 窗口中的一种工具栏（Commandbar）对象。

对于一个 Office 文档，有且只有一个文档操作窗格，该窗格嵌入在一个叫作 Task Pane 的工具栏对象中，因此通过操作 Commandbar 对象的 Position、Visible、Width、Height 属性，就可以控制文档操作窗格的停靠位置、可见性、尺寸等。

文档操作窗格不需要创建，显示出来即可。

文档操作窗格的类型是 Microsoft.Office.Tools.ActionsPane，通过 ThisWorkbook.ActionsPane 来操作和访问操作窗格。

向操作窗格中添加控件、用户控件的方法如下：

❑ ActionsPane.Controls.Add(控件)。

❑ ActionsPane.Controls.AddRange(控件数组)。

用户既可以向窗格中添加一般控件，也可以把用户控件添加进去。

为了对文档操作窗格及其内部控件更好地访问和操作，为项目添加一个模块 Module1.vb 文件。

该模块中声明公有变量 acp 来指代文档操作窗格对象。然后在模块中创建一个用于添加控件的 AddControls 过程。

添加两个 Button 并设置 Click 事件过程。

Module1.vb 的完整代码如下：

```
Module Module1
    Public acp As Microsoft.Office.Tools.ActionsPane
    Public Button1 As Button
    Public Button2 As Button
    Public Sub AddControls()
        Button1 = New Button
        With Button1
            .Height = 30
            .Text = "汉字转区位码"
            AddHandler Button1.Click, AddressOf Button1_Click
        End With
        Button2 = New Button
        With Button2
            .Height = 30
            .Text = "区位码转汉字"
            AddHandler Button2.Click, AddressOf Button2_Click
        End With
```

```
            acp.Controls.Add(Button1)
            acp.Controls.Add(Button2)
        End Sub
        Private Sub Button1_Click(sender As Object, e As EventArgs)
            Dim rg As Excel.Range
            For Each rg In Globals.ThisWorkbook.Application.Selection
                rg.Offset(0, 1).Value = 汉字转区位码(rg.Value)
            Next rg
        End Sub
        Private Sub Button2_Click(sender As Object, e As EventArgs)
            Dim rg As Excel.Range
            For Each rg In Globals.ThisWorkbook.Application.Selection
                rg.Offset(0, 1).Value = 区位码转汉字(rg.Value)
            Next rg
        End Sub
        Private Function 汉字转区位码(ByVal hz As String) As String
            Dim H As String
            Dim L As String
            Dim Temp As String = Hex(Asc(hz))
            Temp = Right(Temp, 4)
            H = Left(Temp, 2)
            L = Right(Temp, 2)
            汉字转区位码 = Format(Val("&H" & H) - 160, "00") & Format(Val("&H" & L) - 160, "00")
        End Function
        Private Function 区位码转汉字(ByVal qwm As String) As String
            Dim H As Long
            Dim L As Long
            H = Val(Left(qwm, 2)) + 160
            L = Val(Right(qwm, 2)) + 160
            区位码转汉字 = Chr(H * 256 + L)
        End Function
    End Module
```

然后，在 ThisWorkbook_Startup 事件中，调用 Module1 中的过程，代码如下：

```
Private Sub ThisWorkbook_Startup() Handles Me.Startup
    Module1.acp = Me.ActionsPane
    Module1.AddControls()
    Me.Application.CommandBars("Task Pane").Position = MsoBarPosition.msoBarLeft
    Module1.acp.StackOrder = Microsoft.Office.Tools.StackStyle.FromTop
    Module1.acp.Visible = True
End Sub
```

代码分析：Me.ActionsPane 指的就是工作簿的文档操作窗格，以后使用变量 acp 来代替，然后设置工具栏停靠在左侧，文档操作窗格的堆叠方向为从上到下。

启动项目，工作簿的左侧出现文档操作窗格，如图 15-8 所示。

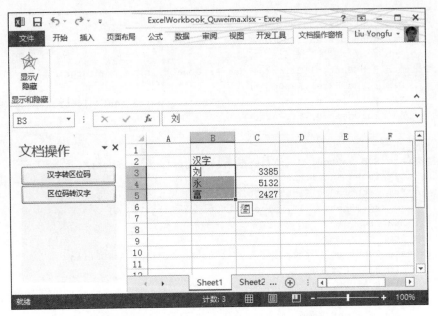

图 15-8　文档操作窗格中控件的上下堆叠

选中单元格中的汉字区域,单击操作窗格中的"汉字转区位码"按钮,所选区域右侧计算出区位码。

需要注意的是,当用户拖曳操作窗格边缘改变窗格宽度时,里面每个按钮的宽度自动都随之变化,这是由于此时窗格的堆叠方向是从上到下。

ActionsPane 的 StackOrder 属性用来规定各个控件的堆叠方向。

如果设置 acp.StackOrder = Microsoft.Office.Tools.StackStyle.FromRight,控件的堆叠方向为从右到左,如图 15-9 所示。

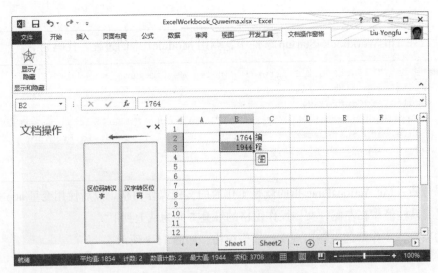

图 15-9　从右到左的堆叠

可以看到先添加的控件在最右侧，其余控件依次往左放置。这种情况下，各个控件的高度会自动适应文档窗格的高度，宽度保持不变。

如果需要各个控件一直保持原始大小不变化，可以事先在用户控件（UserControl）上设计好各个控件，然后把用户控件的实例添加到文档窗格中即可，也就是不要把控件直接放在文档窗格中。

15.5 NamedRange 宿主控件

Office 文档项目可以向工作表中添加 NamedRange、ListObject 等宿主控件。

NamedRange 顾名思义是"命名了的单元格区域"，就是为单元格的区域起了名字，代码中可以使用这个名字。

此外，宿主控件有自身的事件过程。

宿主控件可以在 Office 文档项目的设计期间手工添加、设定，也可以在运行时自动添加、移除宿主控件。

本节以改变一个 NamedRange 的单元格的值为例，自动在另一个 NamedRange 实时看到对应的填充色结果、十六进制颜色字符串。

项目实例 86 ExcelWorkbook_NamedRange NamedRange 宿主控件

创建一个名为 ExcelWorkbook_NamedRange 的 Excel 工作簿项目。

Step 1：添加 NamedRange 控件

在工作簿项目的 Sheet1 上，选择单元格区域 A1:D10，从控件工具箱中把 NamedRange 控件拖放到工作表中，弹出"添加 NamedRange 控件"对话框，单击"确定"按钮，如图 15-10 所示。

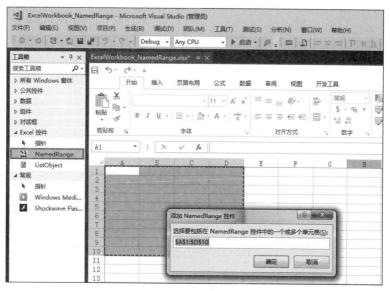

图 15-10 NamedRange 定义

Step 2：修改 NamedRange 的名称

从工具箱中拖放 NamedRange 控件，会在工作表上产生一个 NamedRange1 的命名区域，在属性窗口的下拉组合框中可以看到该区域控件，修改 Name 属性为有意义的名称，例如 Source_Data，会弹出一个询问对话框，单击"是"按钮，如图 15-11 所示。

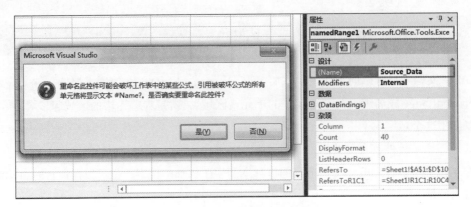

图 15-11　重命名 NamedRange

Step 3：使用 Excel 添加名称的方式添加 NamedRange

为工作表添加命名区域，除了从控件工具箱中拖放，还可以选中单元格区域，地址栏中直接输入名称，并按 Enter 键。或者选中单元格区域后，右击单元格，在右键菜单中选择"定义名称"。

本实例计划在 F 和 G 列显示颜色结果，所以选中单元格区域 F1:G10，在地址栏中输入名称"Effect"，按 Enter 键，如图 15-12 所示。

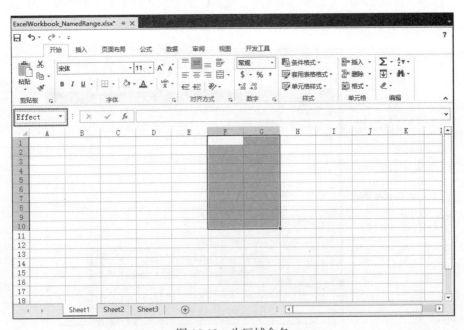

图 15-12　为区域命名

此时，就为工作表 Sheet1 创建了两个名称区域，可以在 Excel 中，切换到选项卡"公式 / 定义的名称"的名称管理器中看到，如图 15-13 所示。

图 15-13　名称管理器

Step 4：编辑必要的数据

在 Data_Source 命名区域，编辑数据，目的是在 Effect 命名区域显示指定 RGB 的颜色，如图 15-14 所示。

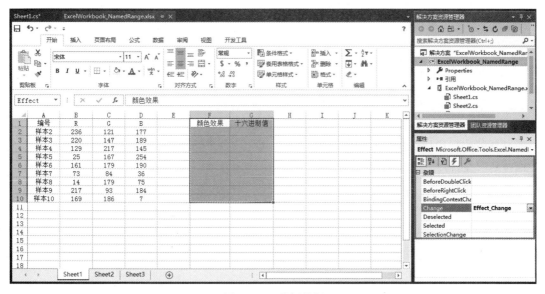

图 15-14　编辑数据

在右侧的属性窗口中，切换到事件，可以看到 NamedRange 控件有 7 个可用的事件。

本实例演示的是通过手工改动 Data_Source，引起 Effect 中颜色的变化，因此需要书写 Data_Source 命名区域的 Change 事件。

Step 5：为宿主控件添加事件

在解决方案资源管理器中选中 Sheet1.vb，右击，在右键菜单中选择"查看代码"，在代码视图的顶部切换到 Data_Source，右侧的下拉组合框中可以看到可用的事件，本例选择 Change，自动产生命名区域的修改事件过程 Data_Source_Change，括号内的参数 Target 就是被修改的单元格，如图 15-15 所示。

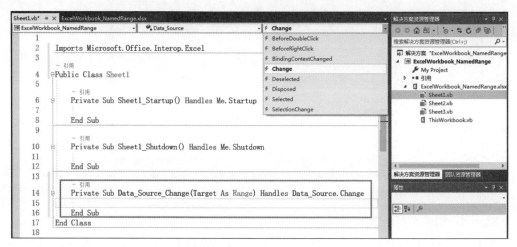

图 15-15　NamedRange 的事件

根据本例需求，修改事件过程如下：

```
Private Sub Data_Source_Change(Target As Range) Handles Data_Source.Change
    Dim r As Integer
    r = Target.Row
    Effect.Cells(r, 1).Interior.Color = RGB(Red:=Data_Source.Cells(r, 2). value,
Green:=Data_Source.Cells(r, 3).value, Blue:=Data_Source.Cells(r, 4).value)
    Effect.Cells(r, 2).Value = Hex(Effect.Cells(r, 1).Interior.Color)
End Sub
```

代码分析：用户修改的单元格，可能是 B、C、D 列中的任意一个，所以用变量 r 获取发生修改的所在行号。

然后把 Data_Source 的第 2 ~ 4 列数值拼接成一个 RGB 颜色值，赋给相应的 Effect 的单元格填充色。

Effect.Cells(r, 2).Value = Hex(Effect.Cells(r, 1).Interior.Color) 这一句的作用是把颜色值转换成十六进制颜色字符串。

Step 6：项目测试

启动项目，在 Excel 工作表中，任意修改数值，可以看到右侧区域的填充色和颜色字符串自动变化，如图 15-16 所示。

	A	B	C	D	E	F	G
1	编号	R	G	B		颜色效果	十六进制值
2	样本2	236	121	177			
3	样本3	255	0	255			FF00FF
4	样本4	129	217	145			
5	样本5	25	167	254			
6	样本6	161	179	190			
7	样本7	0	128	255			FF8000
8	样本8	0	255	255			FFFF00
9	样本9	217	93	184			
10	样本10	169	186	7			
11							

图 15-16　修改单元格数据的值动态更改右侧单元格的颜色

以上介绍的就是 NamedRange 控件的基本用法，可以看出 NamedRange 对象与 Excel VBA 中的 Range 对象相似，但是可以为 NamedRange 设置事件过程。

15.6　ListObject 宿主控件

ListObject 宿主控件对应于 Excel 工作表中的列表，在讲述该控件之前先了解一下列表的使用方法和特点。

在 Excel 中创建列表的方法是，首先在单元格区域输入数据，然后选择功能区的"插入"→"表格"命令，弹出"创建表"对话框，单击"确定"按钮创建列表，如图 15-17 所示。

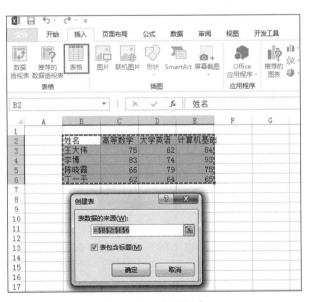

图 15-17　表的创建

列表创建后，列表区域与一般的单元格数据区域有如下几处不同。

❏ 列表区域会自动设置一种表格样式，看起来美观大方。
❏ 列表区域的行标题处于自动筛选模式，可以对数据记录进行筛选和排序操作。
❏ 列表区域的最下面可以显示汇总行，方便对数据进行求和、平均值的计算。
❏ 列表区域有不重复的名称，例如"表1"。
❏ 列表区域右下角的小箭头，用于扩展列表区域的大小，既可以扩展行，也可以扩展列。
❏ 列表区域中的公式，可以使用 @ 字段名称作为公式参数。
❏ 列表区域也可以转换为普通数据区域。

一个典型的列表如图 15-18 所示。

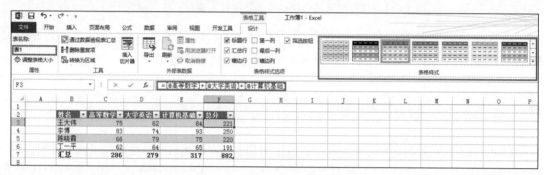

图 15-18 列表

在 VSTO 中开发 Excel 工作簿时，可以插入 ListObject 控件为工作表增加一个列表。

Excel 工作簿项目中的 ListObject 除了具备存储静态数据的功能外，还可以用于绑定数据库，从而显示查询的结果记录。

下面以 ListObject 中显示我国各省份信息为例，分步骤介绍使用 ListObject 控件连接数据库的方法。

项目实例 87　ExcelWorkbook_ListObject ListObject 宿主控件

创建一个名为 ExcelWorkbook_ListObject 的 Excel 工作簿项目。

Step 1：建立数据库连接

单击 Visual Studio 的菜单"视图"→"服务器资源管理器"，会在控件工具箱右侧出现数据连接的窗格。

在"数据连接"节点的右键菜单中，选择"添加连接"，如图 15-19 所示。

在"添加连接"的对话框中浏览磁盘下的一个 Access 数据库 ChinaProvince.accdb，单击"确定"按钮关闭对话框，如图 15-20 所示。

然后就可以在"服务器资源管理器"中看到该数据库有哪些数据表，表中有哪些字段，如图 15-21 所示。

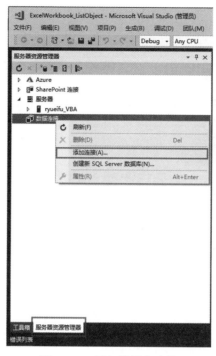

图 15-19　添加数据库连接

图 15-20　连接到 Access 数据库

图 15-21　服务器资源管理器

Step 2：工作表中插入 ListObject 控件

切换到控件工具箱视图，选中工作表中的单元格，然后把控件工具箱中的 ListObject 控件拖放到单元格上，单击"确定"按钮关闭对话框，如图 15-22 所示。

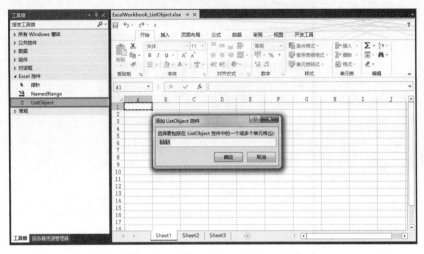

图 15-22　添加一个 ListObject 控件

添加的 ListObject 的名称默认为 List1，根据需要可以在属性窗口中修改该名称。

Step 3：设置 ListObject 控件的 DataSource 属性

在属性窗口中，切换到 List1，设置其 DataSource 属性，单击"添加项目数据源"，如图 15-23 所示。

弹出一系列的对话框，最后勾选 Detail 数据表及其所有字段。单击"完成"按钮关闭对话框，如图 15-24 所示。

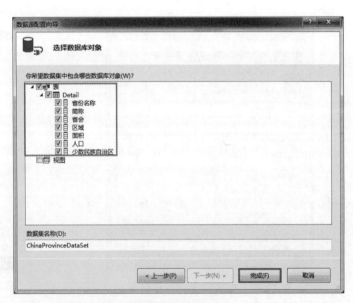

图 15-23　为 ListObject 添加数据源　　　　图 15-24　选择字段

经过以上设定，此时 ListObject 控件已经能够显示数据库中的数据，如图 15-25 所示。

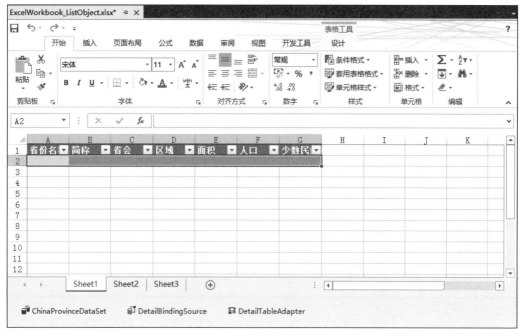

图 15-25　ListObject 与数据库建立绑定

Step 4：添加 NamedRange 控件

为了显示联动结果，添加 NamedRange 控件用于显示单条记录的信息。

以单元格 I2 创建一个 NamedRange 命名区域：Province，用来显示 ListObject 当前选中数据行的省份信息；以单元格 J2 创建一个 NamedRange 命名区域：Capital，用来显示 ListObject 当前选中数据行的省会信息。

Step 5：为 NamedRange 控件绑定数据库信息

属性窗口中，切换到 Province，设置其 DataBindings/Value 属性为 Detail 数据表中的"省份名称"字段，同理，切换到 Capital，设置其 DataBindings/Value 属性为"省会"字段，如图 15-26 所示。

Step 6：项目测试

在 Visual Studio 中选择菜单"调试"→"开始执行（不调试）"，Excel 中的工作表 Sheet1 中显示了整个表，当鼠标单击不同的记录行时，单元格 I2（名称为 Province）和单元格 J2（名称为 Capital）的内容会自动随

图 15-26　NamedRange 控件绑定数据

之变化，如图 15-27 所示。

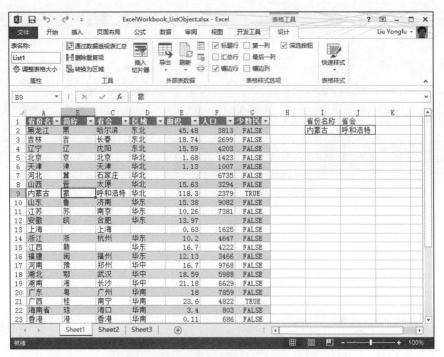

图 15-27　鼠标选择行省份名称和省会自动变化

以上介绍的是在设计期间对宿主控件进行属性、事件的设定，下面讲解如何在运行时动态增删宿主控件。

15.7　运行时动态增删宿主控件

在工作表上添加和删除控件，与 VB.NET 窗体上增删控件非常类似。

❑ Microsoft.Office.Tools.Excel.Worksheet.Controls.AddNamedRange，为工作表增加一个 NamedRange 命名区域控件。

❑ Microsoft.Office.Tools.Excel.Worksheet.Controls.AddListObject，为工作表增加一个 ListObject 列表区域控件。

❑ Microsoft.Office.Tools.Excel.Worksheet.Controls.AddControl，为工作表增加一个 Windows.Forms 控件。

❑ Microsoft.Office.Tools.Excel.Worksheet.Controls.AddChart，为工作表增加一个 Chart 控件。

下面的实例，通过单击工作表上的 Button，在运行期间进行宿主控件的增删。

项目实例 88　ExcelWorkbook_DynamicAddRemoveControls 动态增删宿主控件

创建一个名为 ExcelWorkbook_DynamicAddRemoveControls 的 Excel 工作簿项目，在工

作表上放置 4 个按钮控件，功能分别是：增加 NamedRange 控件、删除 NamedRange 控件、增加 ListObject 控件、删除 ListObject 控件，设置相关属性，如图 15-28 所示。

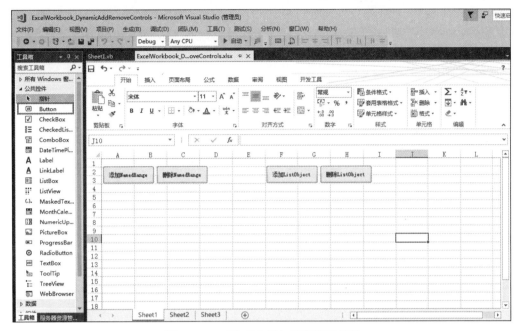

图 15-28　工作表上添加若干按钮控件

双击每个按钮，自动进入 Sheet1.vb 文件的代码视图，书写每个按钮的 Click 事件过程。完整代码如下：

```
Imports Microsoft.Office.Interop.Excel

Public Class Sheet1
    Private WithEvents NR As Microsoft.Office.Tools.Excel.NamedRange
    Private WithEvents LO As Microsoft.Office.Tools.Excel.ListObject
    Private Datas(,) As Object
    Private Sub Sheet1_Startup() Handles Me.Startup
        '二维数组赋初值
        Datas = {{"水果", "成本", "售价", "利润"}, {"苹果", 2, 5, 3}, {"樱桃", 5, 10, 5}, {"香蕉", 2, 4.5, 2.5}}
    End Sub
    Private Sub Sheet1_Shutdown() Handles Me.Shutdown

    End Sub
    Private Sub Button1_Click(sender As Object, e As EventArgs) Handles Button1.Click
        '添加 NamedRange
        Me.Range("A5:D8").Value = Datas
        NR = Me.Controls.AddNamedRange(range:=Me.Range("A5:D8"), name:="NamedRange_Fruit")
    End Sub
```

```vb
            Private Sub Button2_Click(sender As Object, e As EventArgs) Handles Button2.Click
                NR.RefersToRange.Clear()           '清除单元格数据和格式
                Me.Controls.Remove(NR)             '删除NamedRange控件
            End Sub
            Private Sub Button3_Click(sender As Object, e As EventArgs) Handles Button3.Click
                '添加ListObject
                Me.Range("F5:I8").Value = Datas
                LO = Me.Controls.AddListObject(range:=Me.Range("F5:I8"), name:="ListObject_Fruit")
                LO.TableStyle = "TableStyleDark10"     '设置列表表格样式为灰色
            End Sub
            Private Sub Button4_Click(sender As Object, e As EventArgs) Handles Button4.Click
                Me.Controls.Remove(LO)             '删除ListObject控件
                Me.Range("F5:I8").Clear()
            End Sub
            Private Sub NR_BeforeDoubleClick(Target As Range, ByRef Cancel As Boolean) Handles NR.BeforeDoubleClick
                NR.RefersToRange.Select()          '当双击NamedRange中的部分单元格时,自动全选
            End Sub
            Private Sub LO_BeforeDoubleClick(Target As Range, ByRef Cancel As Boolean) Handles LO.BeforeDoubleClick
                LO.Range.Select()                  '当双击ListObject中的部分单元格时,自动全选
            End Sub
    End Class
```

代码分析：文件中包含7个事件过程，分别是Sheet1_Startup事件、4个按钮控件的Click事件、NamedRange和ListObject对象的双击事件过程。

为了使创建的控件带有事件，在文件顶部以WithEvents关键字声明了NamedRange和ListObject对象变量。

在Sheet1_Startup事件中，声明二维数组并赋值，目的是把数组Datas一次性放到单元格区域中。

Button1和Button2用来增加和删除NamedRange控件，Button3和Button4用来增加和删除ListObject控件。

启动项目，自动启动了的Excel的工作表上一开始只有4个按钮，当单击"添加NamedRange"和"添加ListObject"按钮，下方自动出现数据区域。

用鼠标单击Excel的地址栏，可以看到其中包含两个名称：NamedRange_Fruit和ListObject_Fruit，如图15-29所示。

当用鼠标双击A5:C8单元格区域中的任一单元格时，触发NR_BeforeDoubleClick事件，可以看到自动全选整个NamedRange区域。

单击"删除NamedRange"和"删除ListObject"按钮，下方数据完全消失，地址栏中的对象名称也随之消失。

图 15-29　自动添加的 NamedRange 和 ListObject

15.8　VSTO 外接程序向工作表增删控件

Excel VSTO 外接程序项目中 Excel 对象的默认命名空间是 Microsoft.Office.Interop，工作簿的类型是 Microsoft.Office.Interop.Excel.Workbook，工作表的类型是 Microsoft.Office.Interop.Excel.WorkSheet。

当 VSTO 外接程序处于加载状态时，向工作表中增加和移除控件，必须将工作表对象的类型转换为 Microsoft.Office.Tools.Excel.Worksheet。因为只有这个对象类型具有 Control.Add 和 Controls.Remove 方法。

Globals.Factory 的 GetVstoObject 方法用于把 Interop 类型转换为 Tools 类型，HasVstoObject 方法用来判断是否有一个可转换的 Interop 类型。

下面的实例，实现了当外接程序处于加载时，单击功能区按钮自动向活动工作表中插入 Windows.Forms 控件。

项目实例 89　ExcelAddIn_GetVstoObject 动态增删宿主控件

创建一个名为 ExcelAddIn_GetVstoObject 的 Excel VSTO 外接程序项目，为项目添加一个功能区可视化设计器，在自定义选项卡中添加两个功能区按钮控件。

第一个按钮用于向工作表中添加一个 Windows.Forms.Button 和一个 Windows.Forms.CheckBox。具体代码为：

```
Private Sub Button1_Click(sender As Object, e As RibbonControlEventArgs) Handles Button1.Click
    Dim wbk_Interop As Microsoft.Office.Interop.Excel.Workbook
    Dim wbk_Tools As Microsoft.Office.Tools.Excel.Workbook
    Dim wst_Interop As Microsoft.Office.Interop.Excel.Worksheet
    Dim wst_Tools As Microsoft.Office.Tools.Excel.Worksheet
```

```
        wbk_Interop = Globals.ThisAddIn.Application.ActiveWorkbook
        wbk_Tools = Globals.Factory.GetVstoObject(wbk_Interop)
        wst_Interop = wbk_Interop.Worksheets(1)
        wst_Tools = Globals.Factory.GetVstoObject(wst_Interop)
        Dim WindowsButton1 As New System.Windows.Forms.Button
        With WindowsButton1
            .Text = "按钮"
            AddHandler .Click, AddressOf WindowsButton1_Click
        End With
        Dim WindowsCheckBox1 As New System.Windows.Forms.CheckBox
        With WindowsCheckBox1
            .Text = "复选框"
            .Checked = True
        End With
        wst_Tools.Controls.AddControl(control:=WindowsButton1, range:=wst_Tools.
Range("B3"), name:="WindowsButton1")
        wst_Tools.Controls.AddControl(control:=WindowsCheckBox1, range:=wst_Tools.
Range("B5"), name:="WindowsCheckBox1")
    End Sub
```

代码分析：GetVstoObject 既可以把工作簿由 Interop 类型转换为 Tools 类型，也可以转换工作表。代码中的 wst_Tools 是最终的转换对象，只有这个对象具有增加和移除控件的方法。

第二个按钮用于删除工作表上所有的控件：

```
    Private Sub Button2_Click(sender As Object, e As RibbonControlEventArgs) Handles Button2.Click
        Dim wbk_Interop As Microsoft.Office.Interop.Excel.Workbook
        Dim wbk_Tools As Microsoft.Office.Tools.Excel.Workbook
        Dim wst_Interop As Microsoft.Office.Interop.Excel.Worksheet
        Dim wst_Tools As Microsoft.Office.Tools.Excel.Worksheet
        wbk_Interop = Globals.ThisAddIn.Application.ActiveWorkbook
        wbk_Tools = Globals.Factory.GetVstoObject(wbk_Interop)
        wst_Interop = wbk_Interop.Worksheets(1)
        If Globals.Factory.HasVstoObject(wst_Interop) Then
            wst_Tools = Globals.Factory.GetVstoObject(wst_Interop)
        End If
        While wst_Tools.Controls.Count > 0
            wst_Tools.Controls.Remove(wst_Tools.Controls.Item(0))
        End While
    End Sub
```

代码分析：移除所有控件时，使用 For...Each 循环移除所有控件时会造成错误，因此使用 While 循环，每次都移除第一个控件，直至控件总数为 0。

启动程序，单击 Excel 的自定义功能区中的"添加控件"，工作表上产生两个控件。单击"删除控件"按钮，刚添加的控件消失，如图 15-30 所示。

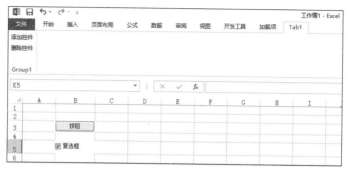

图 15-30　运行期间动态增删控件

15.9　Office 文档的发布

这里以区位码转换的 Office 文档项目为例，说明一下如何把 Office 文档发布到客户计算机使用。

直接把 VSTO 项目的 Debug 文件夹拷贝到客户计算机，然后双击打开 Excel 文件 ExcelWorkbook_Quweima.xlsx，弹出"Microsoft Office 自定义项安装程序"询问对话框，如图 15-31 所示。

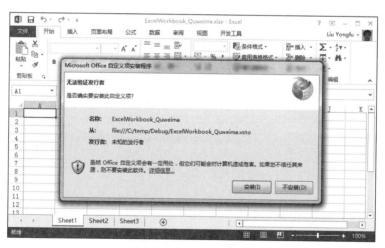

图 15-31　安装文档项目

单击"安装"按钮，即可正常使用该文档的功能。

15.10　创建 Word 文档项目

使用 VSTO 可以创建 Word 文档项目，Word 文档项目中允许加入的自定义元素也包括 customUI、文档操作窗格、宿主控件等。

项目实例 90 WordDocument_Bookmark Word 文档项目

下面开发一个在 Word 文档中浏览数据库记录的项目，来说明 VSTO 开发 Word 文档项目的技术。

Step 1：创建 Word 文档项目

创建一个名为 WordDocument_Bookmark 的 Word 文档，如图 15-32 所示。

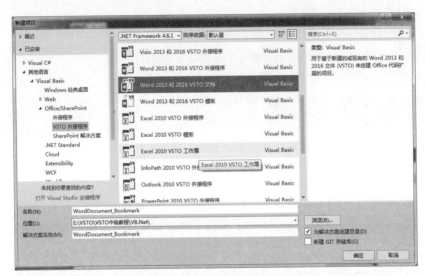

图 15-32　创建 Word 文档项目

创建项目以后，自动进入 Word 文档项目的开发视图，在控件工具箱中可以看到"Word 控件"分组，其中包含 Bookmark 等宿主控件，如图 15-33 所示。

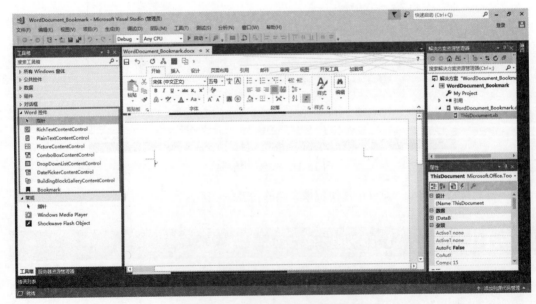

图 15-33　Word 文档项目开发视图

Step 2：显示文档操作窗格

打开 ThisDocument.vb 文件的代码视图，在文档的启动事件 ThisDocument_Startup 中书写显示文档操作窗格，并且向窗格中添加 4 个按钮的代码，完整代码如下：

```vb
Imports Microsoft.Office.Tools
Public Class ThisDocument
    Private MoveButton(0 To 3) As Button
    Private Sub ThisDocument_Startup() Handles Me.Startup
        MoveButton(0) = New Button
        With MoveButton(0)
            .Text = " 第一条 "
            .Tag = "First"
            .Width = 150
            AddHandler MoveButton(0).Click, AddressOf MoveButton_Click
        End With
        MoveButton(1) = New Button
        With MoveButton(1)
            .Text = " 前一条 "
            .Tag = "Previous"
            .Width = 150
            AddHandler MoveButton(1).Click, AddressOf MoveButton_Click
        End With
        MoveButton(2) = New Button
        With MoveButton(2)
            .Text = " 后一条 "
            .Tag = "Next"
            .Width = 150
            AddHandler MoveButton(2).Click, AddressOf MoveButton_Click
        End With
        MoveButton(3) = New Button
        With MoveButton(3)
            .Text = " 第末条 "
            .Tag = "Last"
            .Width = 150
            AddHandler MoveButton(3).Click, AddressOf MoveButton_Click
        End With
        Application.CommandBars("task pane").Position = Microsoft.Office.Core.MsoBarPosition.msoBarBottom
        Me.ActionsPane.StackOrder = StackStyle.FromLeft
        Me.ActionsPane.Controls.AddRange(MoveButton)
        Me.ActionsPane.Visible = True
    End Sub

    Private Sub MoveButton_Click(sender As Object, e As EventArgs)
        Select Case CType(sender, Button).Tag
            Case "First"
                '浏览第一行记录
            Case "Previous"

            Case "Next"
```

```
            Case "Last"

        End Select
    End Sub
End Class
```

代码分析：本实例中设计的 4 个按钮，从左向右依次放在文档操作窗格中，而且默认文档操作窗格显示在 Word 窗口的底部。4 个按钮共同一个单击事件过程，所以使用 Select Case 结构根据按钮的 Tag 来判断用户单击的是哪一个按钮。

Step 3：任务窗格测试

单击 Visual Studio 的菜单"调试"→"开始执行（不调试）"，Word 文档启动后，看到底部出现了文档操作窗格，并且显示 4 个执行按钮，如图 15-34 所示。

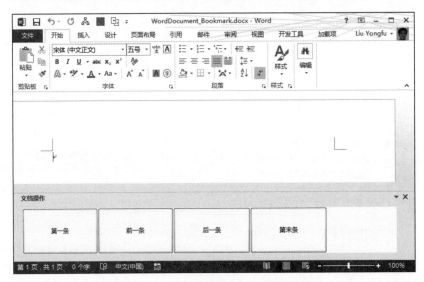

图 15-34　文档操作窗格上的按钮控件

15.11　文档上添加宿主控件

Word 文档中可以插入书签（Bookmark），Office 文档项目的控件工具箱中也提供了 Bookmark 这种宿主控件，宿主控件既可以设置常量文本作为控件的内容，也可以把宿主控件与数据库（表）中的数据绑定在一起。

Step 1：为项目添加数据库连接

在项目中添加"ChinaProvince.accdb"Access 数据库的连接，Visual Studio 左侧的服务器资源管理器中，可以看到数据库中包含的表、字段等信息，如图 15-35 所示。

然后在文档中插入一个 Word 表格，表格第 1 行手工写入每个字段的名称，最后一列"少数"代表数据库中的"少数民族自治区"字段，第 2 行的每个单元格都放入一个 Bookmark 控件。

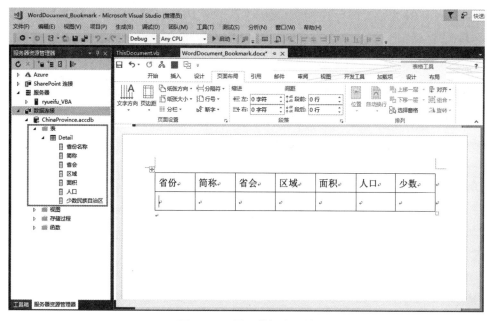

图 15-35　设置数据库连接

Step 2：向文档中添加 Bookmark 控件

切换到控件工具箱，从 Word 控件中拖放 Bookmark 控件到对应的单元格中，弹出一个询问对话框，单击"确定"按钮，如图 15-36 所示。

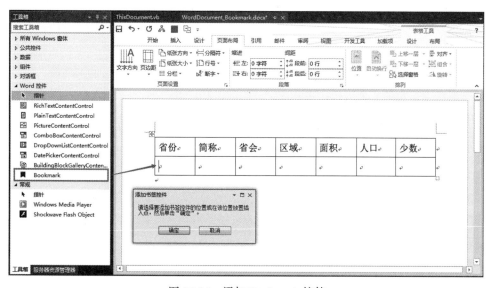

图 15-36　添加 Bookmark 控件

重复上述操作多遍，把每个空白单元格都放入一个 Bookmark 控件，这些控件的名称依次是 Bookmark1，Bookmark2，…。

Step 3：为 Bookmark 映射数据库字段

在属性窗口的下拉组合框中，切换到 Bookmark1，然后设置其 DataBinding/Text 属性为数据库中的"省份名称"字段，如图 15-37 所示。

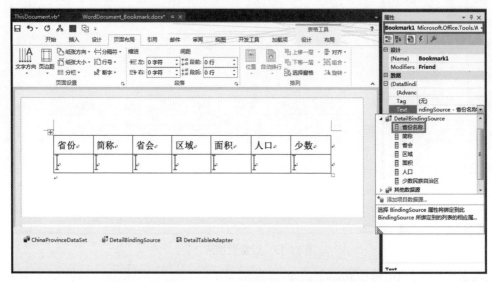

图 15-37　为 Bookmark 控件设置字段

提示：如果看不到这些字段名称，请单击"添加项目数据源"按钮。

重复上述步骤，把每个 Bookmark 控件与相应的字段进行绑定。

Step 4：设置记录游标按钮的代码

上面虽然把各个 Bookmark 控件与数据库绑定了，但是没有切换记录的功能，因此使用文档操作窗格上添加的 4 个按钮，来实现记录的前进和后退。

切换到 ThisDocument.vb 文件，完善 MoveButton_Click 的代码如下：

```
Private Sub MoveButton_Click(sender As Object, e As EventArgs)
    Try
        Select Case CType(sender, Button).Tag
        Case "First"
            Me.DetailBindingSource.MoveFirst()
        Case "Previous"
            Me.DetailBindingSource.MovePrevious()
        Case "Next"
            Me.DetailBindingSource.MoveNext()
        Case "Last"
            Me.DetailBindingSource.MoveLast()
        End Select
    Catch ex As Exception
        MsgBox(ex.Message)
    End Try
End Sub
```

代码分析：DetailBindingSource 是一个绑定数据源的对象，在文档的设计视图的底部可以看到。

Step 5：项目测试

再次单击菜单"调试"→"开始执行（不调试）"，Word 文档启动后，单击文档操作窗格中的 4 个按钮，表格中的数据发生相应变化，如图 15-38 所示。

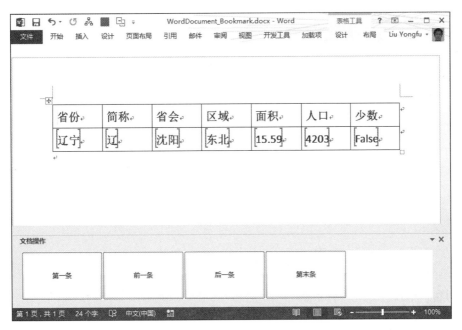

图 15-38　浏览记录

15.12　小结

Office 文档项目只适用于 Excel、Word，可以向文档中添加 .NET 控件，也可以添加宿主控件。

Office 文档项目可以加入的自定义元素与 Office 外接程序相比大致相同，文档项目中使用文档操作窗格，外接程序项目中使用任务窗格，本质上都是 VB.NET 用户控件。

Office 文档项目开发的产品是一个文档，而不是加载项。

第 16 章
Office 2003 的 VSTO 开发

Office 2003 是一个过时的版本,然而考虑到一部分人仍然在使用这个版本,有必要了解一下使用 VSTO 开发面向 Office 2003 的相关知识。

Office 2003 与其他高级版本最大的不同之处是没有 customUI 的定制。

本章简单介绍开发环境配置、外接程序、文档自定义项的开发流程。

本章要点:

❏ Office 2003 完整版的安装。

❏ Visual Studio Team System 2008 的安装。

❏ Office 2003 外接程序的开发。

❏ Office 2003 文档项目的开发。

16.1 开发环境配置

面向 Office 2003 的 VSTO 开发的开发环境的配置比较苛刻。

16.1.1 Office 2003 的安装

在 Office 2003 的安装向导画面中,选择"完整安装",如果是自定义安装,勾选必要的组件,还要勾选"选择应用程序的高级自定义",如图 16-1 所示。

在高级自定义画面中,例如选中 Microsoft Office Excel 节点,依次展开".NET 可编程性支持",选择"从本机运行全部程序",如图 16-2 所示。

图 16-1　Office 2003 安装选项

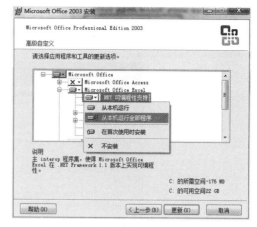
图 16-2　选择安装 .NET 可编程支持

对于 Word、PowerPoint 等组件都做同样的勾选后，单击"更新"按钮继续安装。

16.1.2　Visual Studio 2008 的安装

只能使用 Visual Studio 2005/2008 进行 Office 2003 的 VSTO 开发。建议下载如下 Visual Studio 2008 Team Suite 版：VS2008TeamSuiteENU90DayTrialX1429235.iso。

安装过程中建议完全安装，如果是自定义安装，要勾选 Visual Basic → Visual Studio Tools for Office 以及 Visual C# → Visual Studio Tools for Office，如图 16-3 所示。

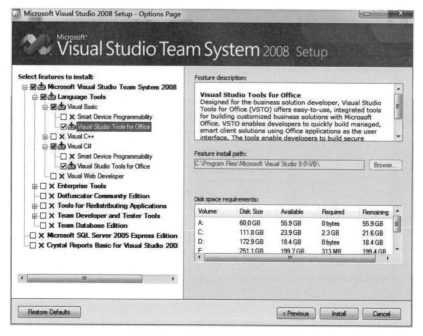
图 16-3　勾选 VSTO 开发选项

安装结束后，启动 Visual Studio 2008，初次启动时，让选择使用哪一种语言作为默认语言，此处选择 Visual Basic Development Settings，如图 16-4 所示。

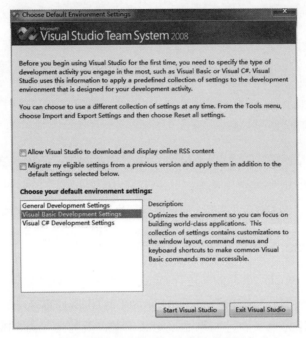

图 16-4　选择 VB.NET 为默认开发语言

尝试创建一个新项目，在左侧面板依次选择 Visual Basic → Office → 2003，右侧可以选择 Addin 项目或 Office 文档项目，如图 16-5 所示。

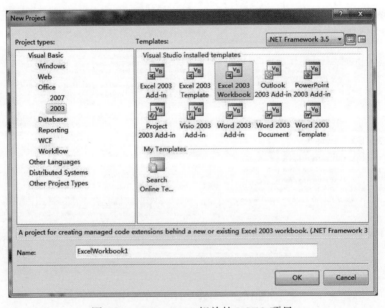

图 16-5　Office 2003 相关的 VSTO 项目

例如，尝试创建一个 Excel 2003 Workbook 项目，创建过程中会弹出错误对话框，如图 16-6 所示。

图 16-6　创建 Excel 工作簿项目失败

意思就是，计算机上找不到与项目兼容的 Office 版本，这里有两个原因，一是计算机同时安装了多个版本的 Office，二是 Office 2003 没有安装 SP1 补丁。

因此，在开发计算机上尽可能只安装 Office 2003 这一个版本。

16.1.3　安装 Office 2003 补丁

通过微软下载中心，下载如图 16-7 所示的两个补丁程序，双击后按照提示进行安装。

Office2003SP1-kb842532-client-enu.exe　　Office2003SP1-kb842532-fullfile-enu.exe

图 16-7　Office 2003 补丁

安装好后，打开 Office 2003 软件，例如 Excel，单击菜单"帮助"→"关于 Excel"，可以看到"SP1"字样，如图 16-8 所示。

这样，才算把开发环境配置完毕了。

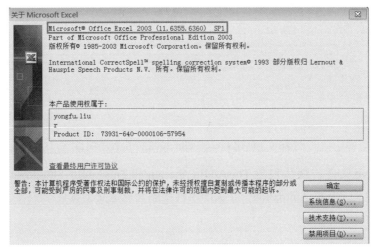

图 16-8　安装了补丁的 Office 2003

16.2 Office 2003 外接程序

使用 Visual Studio 2008 可以开发的 Office 外接程序有：
- Excel 2003 Addin；
- PowerPoint 2003 Addin；
- Outlook 2003 Addin；
- Word 2003 Addin。

生成的解决方案，通过 Office 的 COM 加载项对话框进行装载和卸载。

下面以创建一个 PowerPoint 2003 Addin 为例进行讲解。

项目实例 91　PowerPointAddin_AnimationToolbox Office 2003 外接程序

假设使用 VSTO 开发一个关于 PowerPoint 动画方面的工具，以自定义工具栏为界面。

首先启动 Visual Studio 2008，在新建项目中选择 PowerPoint 2003 Add-in，设定项目名称为 PowerPointAddIn_AnimationToolBox，如图 16-9 所示。

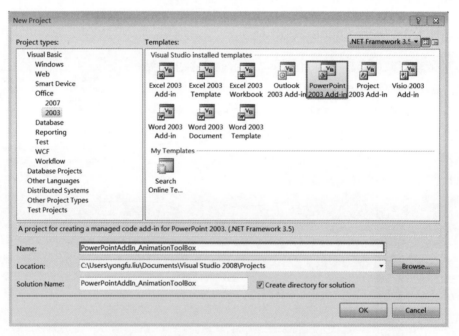

图 16-9　创建 PowerPoint 2003 外接程序项目

ThisAddin.vb 文件，默认包含 ThisAddIn_Startup 和 ThisAddIn_Shutdown 过程，在启动过程中创建自定义工具栏 Animation，在关闭事件中删除自定义工具栏。

完整代码如下：

```vb
    Public Class ThisAddIn
        Public cmb As Office.CommandBar
        Public bt(7) As Office.CommandBarButton
        Private Sub ThisAddIn_Startup(ByVal sender As Object, ByVal e As System.EventArgs) Handles Me.Startup
            Try
                Application.CommandBars("Animation").Delete()
            Catch ex As Exception

            End Try
            Dim Captions As String() = New String() {"动画复制", "动画粘贴", "动画删除", "描摹路径", "路径编辑", "循环动画", "文本动画", "更多动画"}
            cmb = Application.CommandBars.Add(Name:="Animation", Position:=Office.MsoBarPosition.msoBarTop, MenuBar:=False, Temporary:=True)
            Dim i As Integer
            For i = 0 To 7
                bt(i) = cmb.Controls.Add(Type:=Office.MsoControlType.msoControlButton)
                With bt(i)
                    .Caption = Captions(i)
                    .FaceId = i * 10
                    .Style = Microsoft.Office.Core.MsoButtonStyle.msoButtonIconAndCaption
                    .Tag = i
                    AddHandler bt(i).Click, AddressOf bt_Click
                End With
            Next i
            cmb.Visible = True
        End Sub

        Private Sub ThisAddIn_Shutdown(ByVal sender As Object, ByVal e As System.EventArgs) Handles Me.Shutdown
            Try
                Application.CommandBars("Animation").Delete()
            Catch ex As Exception

            End Try
        End Sub
        Private Sub bt_Click(ByVal control As Office.CommandBarButton, ByRef cancel As Boolean)
            MsgBox(control.Tag)
        End Sub
    End Class
```

代码分析：以上代码，向 PowerPoint 增加一个自定义工具栏，并且向工具栏中增加 8 个按钮控件。这些按钮控件共享同一个单击事件过程 bt_Click。

调试程序，PowerPoint 2003 自动启动，可以看到多了一个自定义工具栏。任意单击其中一个按钮，对话框弹出相应的 Tag 属性，如图 16-10 所示。

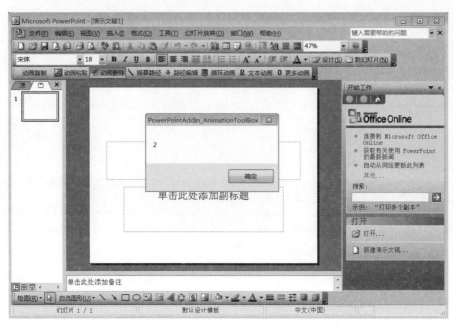

图 16-10　PowerPoint 中的自定义工具栏

16.3　Office 2003 文档自定义项

使用 Visual Studio 2008 可以创建的 Office 文档自定义项有：
- Excel 2003 工作簿；
- Excel 2003 模板；
- Word 2003 文档；
- Word 2003 模板。

VSTO 开发 Office 文档项目，允许添加的自定义界面元素如下。
- 自定义工具栏和控件。
- VB.NET 窗体和控件。
- 宿主控件（可以直接插入到文档中的控件）。
- 文档操作窗格。

文档自定义项开发的最终产品是带有特定功能的 Office 文件。

下面分别讲解 Excel 2003 工作簿和 Word 2003 文档的开发。

16.3.1　Excel 2003 工作簿的开发

下面开发一个带有文档操作窗格的 Excel 2003 工作簿项目，具体功能是在文档操作窗格中实现贷款计算。

项目实例 92　ExcelWorkbook_LoanCalculator Excel 2003 工作簿项目

启动 Visual Studio 2008，在新建项目对话框中选择 Excel 2003 Workbook，项目名称修改为 ExcelWorkbook_LoanCalculator，如图 16-11 所示。

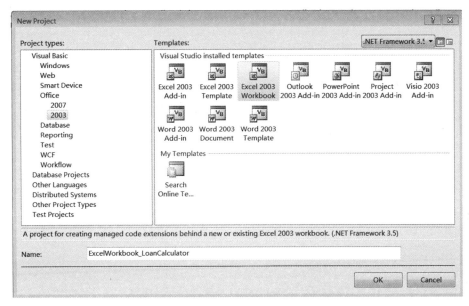

图 16-11　创建 Excel 2003 工作簿项目

单击 OK 按钮之后，弹出一个创建文档的对话框，接受默认设置，如图 16-12 所示。

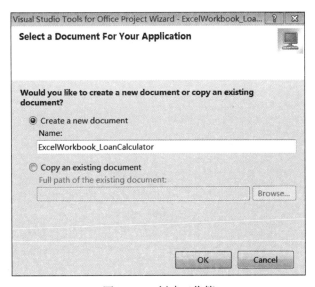

图 16-12　创建工作簿

单击 OK 按钮，创建项目完成，可以看到左侧窗格中有 Excel Controls，这就是可以插入到工作表中的宿主控件。

在解决方案资源管理器中，可以看到 ThisWorkbook.vb 和各个工作表对应的代码文件，如图 16-13 所示。

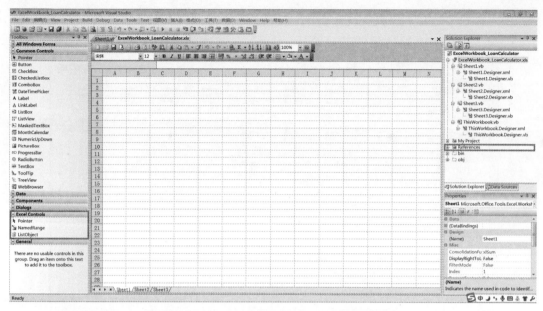

图 16-13　Excel 2003 工作簿项目开发视图

为项目添加新项，在 Add New Item 对话框中，选择 Common Items → Office，在右侧选择 Actions Pane...。使用默认名称 ActionsPaneControl.vb，如图 16-14 所示。

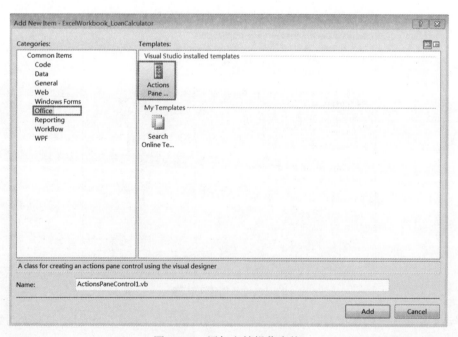

图 16-14　添加文档操作窗格

ActionsPaneControl 与 UserControl 的用法完全一样，在设计视图放置必要的控件，进行合理布局，如图 16-15 所示。

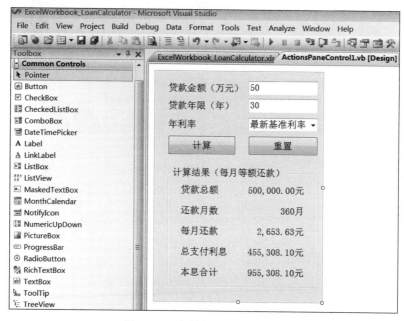

图 16-15　文档操作窗格的设计

为了能够在文档中显示出文档操作窗格，必须把设计好的用户控件使用代码添加到 ThisWorkbook 的 ActionsPane 中。

因此，在项目的 ThisWorkbook.vb 文件中修改代码如下：

```vb
Public Class ThisWorkbook
    Public acp As ActionsPaneControl1
    Private Sub ThisWorkbook_Startup(ByVal sender As Object, ByVal e As System.EventArgs) Handles Me.Startup
        acp = New ActionsPaneControl1
        With Me.ActionsPane
            .Controls.Add(value:=acp)
            .Width = Application.Width / 4
            .Visible = True
        End With
        With Application.CommandBars("task pane")
            .Position = Microsoft.Office.Core.MsoBarPosition.msoBarLeft
            .Visible = True                                    '显示任务窗格
        End With
    End Sub

    Private Sub ThisWorkbook_Shutdown(ByVal sender As Object, ByVal e As System.EventArgs) Handles Me.Shutdown
    End Sub
End Class
```

代码分析：对象变量 acp 是用户控件的实例。在 Office 2003 中，只能有一个文档操作窗格，该窗格放置于一个叫作 task pane 的工具栏内部。

因此，要想在工作簿一打开就看见文档操作窗格，需要把工具栏和操作窗格的 Visible 都设置为 True。

启动项目，该工作簿自动打开，并且在左侧看到文档操作窗格，如图 16-16 所示。

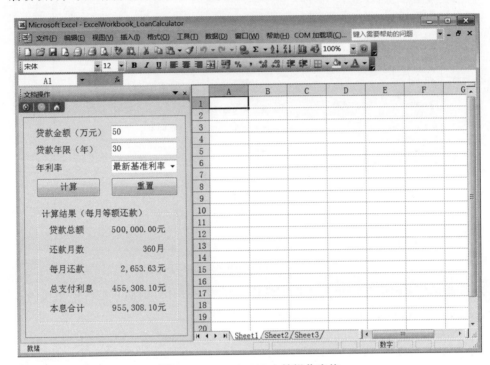

图 16-16　Excel 2003 文档操作窗格

16.3.2　Word 2003 文档的开发

Word 2003 文档的开发，与 Excel 2003 工作簿的开发过程类似。

项目实例 93　WordDocument_Calendar Word 2003 文档项目

下面在 Word 2003 文档中创建一个文档操作窗格，在窗格中显示 VB.NET 中的日历控件，当用鼠标单击日历中的任何一天，自动向文档中输入日期。

启动 Visual Studio 2008，创建 Word 2003 Document 项目，项目名称修改为 WordDocument_Calendar，如图 16-17 所示。

文档操作窗格的创建，也可以使用代码动态创建。

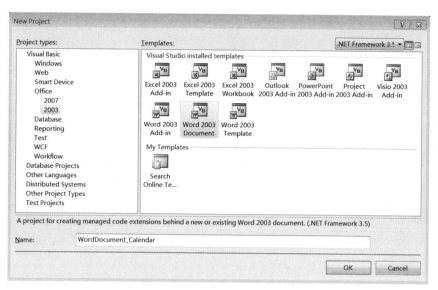

图 16-17　创建 Word 2003 文档项目

在 ThisDocument.vb 文件的 ThisDocument_Startup 过程中，书写动态创建用户控件和内容控件的代码，完整代码如下：

```
Imports System.Windows.Forms
Public Class ThisDocument
    Public Calendar As MonthCalendar
    Private Sub ThisDocument_Startup(ByVal sender As Object, ByVal e As System.EventArgs) Handles Me.Startup
        Calendar = New MonthCalendar
        Calendar.CalendarDimensions = New System.Drawing.Size(6, 2)
        AddHandler Calendar.DateChanged, AddressOf Calendar_DateChanged
        Me.ActionsPane.Controls.Add(Calendar)
        Me.ActionsPane.Visible = True
        With Application.CommandBars("task pane")
            .Visible = True
            .Position = Microsoft.Office.Core.MsoBarPosition.msoBarBottom
        End With
    End Sub
    Private Sub Calendar_DateChanged(ByVal sender As Object, ByVal e As DateRangeEventArgs)
        Application.Selection.InsertAfter(Text:=Calendar.SelectionRange.Start.Date & vbCrLf)
        Application.Selection.Collapse(Direction:=Word.WdCollapseDirection.wdCollapseEnd)
    End Sub
    Private Sub ThisDocument_Shutdown(ByVal sender As Object, ByVal e As System.EventArgs) Handles Me.Shutdown
    End Sub
End Class
```

代码分析：上述代码中的 Calendar_DateChanged 过程，是日历控件中选择日期的事件过程。

启动项目，在 Word 文档的底部出现文档操作窗格，单击任意一天，自动在 Word 文档中输入日期，并且换行，如图 16-18 所示。

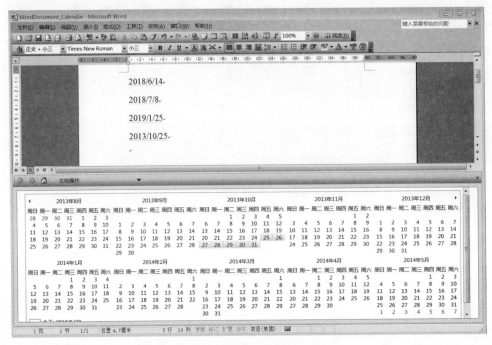

图 16-18　Word 2003 文档操作窗格

16.4　小结

本章介绍了 Office 2003、Visual Studio 2008 的安装，讲解了外接程序、文档项目的创建和开发过程。

Office 2003 的 VSTO 外接程序项目中，不能使用 custom UI，但可以自定义工具栏来实现自定义界面。

文档项目中用于创建文档操作窗格的 ActionsPane 和 UserControl 的功能、用法相同。

第 17 章 Excel-DNA 开发入门

Excel 的加载项（不是指 COM 加载项）文件，一般是扩展名为 .xla、.xlam 的 Excel 文件，由包含 VBA 代码的 Excel 工作簿另存而成。这类普通加载项存在代码安全性低、可扩展性差等缺点。

另一类加载项是扩展名为 .xll 的文件，可以用 C++ 等语言开发制作。虽然封装性好，但是要求的技术门槛高，开发难度大。

本书介绍的 Excel-DNA 开发是指使用比较熟知的 .NET 语言开发 .xll 格式 Excel 加载项的过程，具备 Excel VBA 和 VSTO 开发相关经验的人员可以使用 VB.NET、C# 等语言快速开发出性能优良的 Excel 加载项。

本章要点：
- Excel-DNA 和 xll 文件的概念。
- 使用记事本创建 Excel-DNA 项目。
- Excel-DNA 的打包。

17.1 Excel-DNA 入门概述

DNA 的含义是 DotNet for Applications，是指基于 .NET 框架面向应用程序的开发。主页是 https://excel-dna.NET/。

使用 Excel-DNA 可以开发出高性能的自定义函数，也可以像 VSTO 产品一样，在 Excel 界面中呈现用户自定义界面。

17.1.1 Excel-DNA 开发的意义和优势

Excel-DNA 加载项用在其他计算机时，不需要安装和注册，只要在 Excel 加载宏对话框中浏览到 .xll 文件，就能顺利加载。这样就给终端用户提供了方便。

使用 Excel-DNA 技术可以开发的 Excel 版本跨度大，因为 Excel-DNA 最基本的功能就是封装自定义函数，因此 Excel 2003 及其以上版本均可使用 Excel-DNA 加载项。

对 Visual Studio 版本要求低，只要能进行最简单的 VB.NET 或 C# 编程开发的 Visual Studio 均可用于开发 Excel-DNA 项目。

Excel-DNA 加载项兼容性好，开发出的产品可用于安装有 .NET Framework 2.0 以上版本的 Windows 系统，32 位、64 位 Excel 都能使用。

■ 17.1.2 Excel-DNA 与 VSTO 的比较

VSTO 能用于 Office 各大常用组件的外接程序开发、文档级开发，但是不便于开发自定义函数（UDF）。

Excel-DNA 可以说是开发 Excel 自定义函数的最佳方案，此外还提供了与 VSTO 相同的 customUI 设计和任务窗格。

在实际开发中，根据具体需求来选择开发方式。

■ 17.1.3 认识 Excel-DNA 开发包

Excel-DNA 的最新版本是 ExcelDna-0.34.6，发布于 2017 年 6 月，下载地址为 https://github.com/Excel-DNA/ExcelDna/releases。

从上述网址可以下载到 ExcelDna-0.34.6.zip 压缩包，解压后可以看到一个名为 Distribution 的文件夹，里面包含了 Excel-DNA 开发的核心文件。为了便于讲解，本书把 Distribution 文件夹称为 Excel-DNA 开发包，如图 17-1 所示。

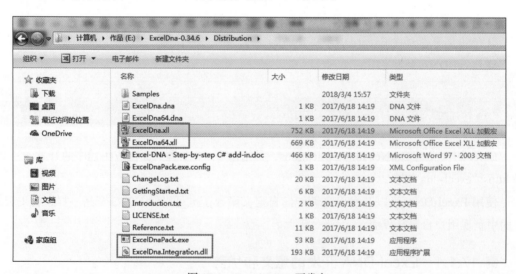

图 17-1 Excel-DNA 开发包

打开 Excel-DNA 开发包，里面包含 ExcelDna.xll、ExcelDna64.xll、ExcelDnaPack.exe、ExcelDna.Integration.dll 这 4 个核心文件，平时不要轻易修改、删除这几个文件。

各个文件的功能如表 17-1 所示。

表 17-1　Excel-DNA 开发包重要文件及其功能

文件名	大小	功能
ExcelDna.xll	752KB	用于 32 位 Excel 的加载宏文件
ExcelDna64.xll	669KB	用于 64 位 Excel 的加载宏文件
ExcelDnaPack.exe	53KB	把 dna 文件和 xll 文件打包为 packed.xll 文件
ExcelDna.Integration.dll	193KB	ExcelDNA 主要接口库

其中，今后开发的 Excel-DNA 项目都需要引用 ExcelDna.Integration.dll 这个文件。

17.1.4　Excel-DNA 的加载方式

在进行 Excel-DNA 开发之前，只有弄清楚加载项的构成和加载方式，才能明确接下来该做哪些事情。

假设计划在 C:\Example 路径下创建一个叫作 Demo 的 Excel-DNA 加载项，需要在该路径下准备如下 3 个文件：Demo.dna、Demo.dll、Demo.xll。

其中，Demo.dna 文件可以用记事本创建，其内容为：

```
<DnaLibrary Name="Demo"  Language="VB" RuntimeVersion="v4.0">
  <ExternalLibrary Path="Demo.dll" ExplicitExports="false" LoadFromBytes="true" Pack="true" />
</DnaLibrary>
```

这个文件规定了加载项的名称为 Demo，并且指向了加载项的外部文件是 Demo.dll。

Excel-DNA 加载项的核心功能都在这个外部文件中，关于如何制作 dll 文件，在后续章节会讲到，这里先不制作 dll 文件。

Demo.xll 从何而来呢？很简单，从 Excel-DNA 开发包中把 ExcelDna.xll 文件（原生文件）拷贝到 C:\Example 路径下，然后重命名为 Demo.xll。

接下来就可以在 Excel 中测试一下了，在 Excel 中选择"开发工具"→"加载项"，弹出加载宏对话框。在加载宏对话框中单击'浏览'按钮，找到刚才准备好的 Demo.xll 并单击"确定"按钮，如图 17-2 所示。

这样，就会在可用的加载宏列表中看见 Demo。

既然加载上了 Demo 这个加载项，一般情况下会在函数列表中看到自定义函数，或者在 Excel 中会出现自定义的界面，此时之所以没有任何变化，是因为 Demo.dll 尚未制作。

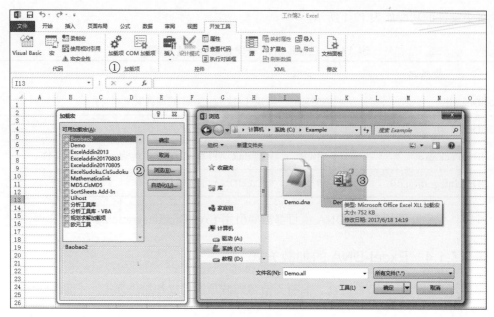

图 17-2　xll 加载宏测试

dll 文件的制作，需要了解 .NET 程序的编译，以及 Visual Studio 生成解决方案的相关知识。

通过以上讲解，可以知道作为一个完整的 Excel-DNA 加载项，至少需要上述 3 个名称相同、扩展名不同的文件，其中 dll 文件存储加载项的实际功能，xll 文件作为 Excel 加载宏对话框的接口。

如果要把 Excel-DNA 加载项发布到客户计算机，还需要把上述 3 个文件打包成一个单独的 Demo-packed.xll。

17.2　.NET 程序的编译

VB.NET 和 C# 都属于 .NET 语言，VB.NET 程序的代码文件扩展名通常为 .vb 的文本文件，C# 文件扩展名为 .cs。这些代码文件不能直接执行，编译为可执行文件才能运行。

Windows 系统通常安装了多个版本的 .NET Framework，在资源管理器中打开如下路径：

```
C:\Windows\Microsoft.NET\Framework\v4.0.30319
```

可以找到 vbc.exe 和 csc.exe 两个文件，它们是 .NET 语言的编译工具，这两个编译工具的功能是把 VB.NET 代码文件、C# 代码文件编译为可执行文件，如图 17-3 所示。

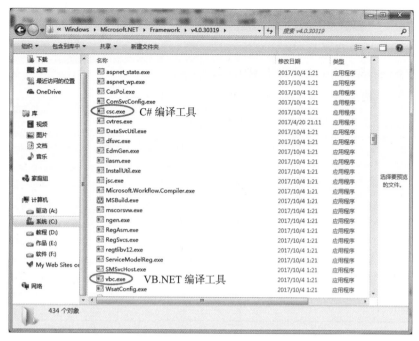

图 17-3　编译工具

为了便于使用编译工具，通常把上述路径添加到系统的环境变量中。

编译工具支持很多参数，在命令提示符窗口中可以看到这些参数的名称和含义。

以管理员身份打开命令提示符，输入"csc /?"按 Enter 键，显示 C# 的编译器选项，如图 17-4 所示。

图 17-4　查看编译选项

同理，输入"vbc /?"会显示 VB.NET 的编译器选项。

下面分别介绍用编译工具生成 .exe 的可执行文件和动态链接库 .dll 文件的方法。

17.2.1 编译生成 .exe 可执行文件

生成 .exe 可执行文件的命令格式为：

vbc /target:exe /out: 输出文件路径 源代码文件路径

下面的实例，根据用户输入的出生日期计算出今年的年龄。

在记事本中书写如下代码，另存为 VBTest1.vb。

```
Module Module1
    Sub Main()
        Console.WriteLine("请输入你的出生日期：")
        Dim BirthDay As String = Console.ReadLine()
        Console.WriteLine("年龄是：" & Year(Today)-Year(CDate(BirthDay)))
        Console.ReadKey()
    End Sub
End Module
```

然后在命令提示符窗口中，首先把当前路径切换到代码文件所在路径，然后执行：

```
vbc /target:exe /out:VBTest1.exe VBTest1.vb
```

含义是，把扩展名为 .vb 的源代码文件编译为同名的 .exe 可执行文件，如图 17-5 所示。

图 17-5　编译为可执行文件

执行该命令后，在同一路径看到多了一个可执行文件 VBTest.exe，双击这个文件，输入出生日期，立即算出年龄，如图 17-6 所示。

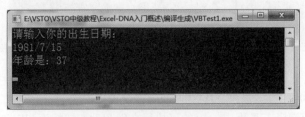

图 17-6　直接运行可执行文件

下面是 C# 代码文件编译为 .exe 可执行文件的实例。

在记事本中输入如下代码，然后另存为 CSTest1.cs：

```csharp
using System;
class Program
{
    static void Main(string[] args)
    {
        Console.WriteLine("请输入出生日期：");
        String BirthDay = Console.ReadLine();
        int Age = DateTime.Today.Year - Convert.ToDateTime(BirthDay).Year;
        Console.WriteLine("年龄是：" + Age.ToString());
        Console.ReadKey();

    }
}
```

执行如下编译命令：

```
csc /target:exe /out:CSTest1.exe CSTest1.cs
```

即可生成一个可执行文件。

17.2.2　编译生成 .dll 动态链接库

使用 .NET 编译工具还可以把类文件编译为 .dll 动态链接库，具体语法格式如下：

```
vbc /target:library /out:something.dll something.vb
```

对应的 C# 代码编译为 .dll 动态链接库的编译命令格式为：

```
csc /target:library /out:somthing.dll something.cs
```

17.3　使用记事本创建 Excel-DNA 项目

Excel-DNA 的设计初衷是利用 .NET 语言开发 Excel 工作表中可以使用的自定义函数。

一个完整的 Excel-DNA 项目由如下 3 部分构成（假定项目名称为 Cylinder_VB）。

❑ Cylinder_VB.dna 文件：可以用记事本创建，内容必须为 XML 代码。
❑ Cylinder_VB.dll 文件：由 .NET 语言的代码编译而成的动态链接库。
❑ Cylinder_VB.xll 文件：由原生的 ExcelDna.xll 文件复制、重命名而得。

以上 3 个文件必须放在同一路径下。

下面通过制作一个计算圆柱表面积的自定义函数为例，分别讲述每个文件的功能作用和创建方法。

■ 17.3.1　dna 文件的部署

使用记事本把下面的 XML 代码另存为 Cylinder_VB.dna（如果 XML 代码中包含中文汉字，要保存为 UTF-8 格式）。

```
<DnaLibrary Name="Cylinder_VB Calculator" Language="VB" RuntimeVersion="v4.0">
    <ExternalLibrary Path="Cylinder_VB.dll" ExplicitExports="false" LoadFromBytes="true" Pack="true" />
</DnaLibrary>
```

以上各个属性的含义如下。

- Name：规定了加载项的名称，也就是显示在 Excel 加载项对话框中的名称。
- Language：指示 dll 文件的开发语言，VB 表示使用 VB.NET 开发的，CS 或 C# 表示使用 C# 开发的。
- RuntimeVersion：指示 .NET Framework 的版本，如果系统的 .NET Framework 版本是 4.0 及其以上，则设置为 v4.0，否则设置为 v2.0。
- ExternalLibrary Path="Cylinder_VB.dll"：指明了外部动态链接库，自定义函数就存储在其中。

由于 dna 文件引用的外部库是 Cylinder_VB.dll 文件，因此接下来制作该动态链接库。

■ 17.3.2　dll 文件的生成

dll 文件是由程序代码而得，使用记事本书写一个用于计算圆柱表面积的 Function。

```
Imports System
Imports ExcelDna.Integration
Public Module Cylinder
    Public Function Surface(Radius As Double,Height As Double) As Double
        Dim pi As Double = Math.PI
        Return pi*Radius*Radius*2+2*pi*Radius*Height
    End Function
End Module
```

代码分析：表面积由两个底面积和侧面积之和而得，函数名称为 Surface，参数为半径和高度。

Imports ExcelDna.Integration 这个指令是 Excel-DNA 项目所必需的。

将以上文件另存为 Cylinder_VB.vb。

然后在命令提示符窗口中执行如下命令：

```
vbc /target:library /out:"E:\VSTO\VSTO 中级教程\UDF\Cylinder_VB.dll" /reference:E:\ExcelDna-0.34.6\Distribution\ExcelDna.Integration.dll Cylinder_VB.vb
```

使用编译工具把代码文件编译成 .dll 动态链接库，如图 17-7 所示。

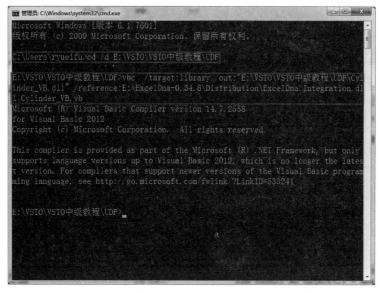

图 17-7　编译为 dll 文件

命令分析：由于代码文件中导入了 ExcelDna.Integration 这个外部对象库，所以在编译命令中使用参数 /reference 来指明外部对象库的路径。

执行以上指令，就根据 Cylinder_VB.vb 生成了 Cylinder_VB.dll。

■ 17.3.3　xll 文件的拷贝

dna 文件和 dll 文件制作好后，再把 Excel-DNA 开发包中的原生文件 ExcelDna.xll（大小为 752KB）拷贝一份到 dll 文件的同一路径，然后重命名为 Cylinder_VB.xll。

也就是说，Cylinder_VB.xll 与原生文件完全是同一个文件，换了个名字而已。

注意： 如果 Excel 是 64 位的，需要拷贝 ExcelDna64.xll（大小 669KB）这个原生文件。

以上操作完成后，文件夹中应该能看到如下 4 个文件，其中 .dll 文件是由 .vb 编译而成的，如图 17-8 所示。

Cylinder_VB.dll	2018/3/3 22:49	应用程序扩展	6 KB
Cylinder_VB.dna	2018/3/3 22:51	DNA 文件	1 KB
Cylinder_VB.vb	2018/3/3 22:49	Visual Basic Sou...	1 KB
Cylinder_VB.xll	2017/6/18 14:19	Microsoft Excel ...	752 KB

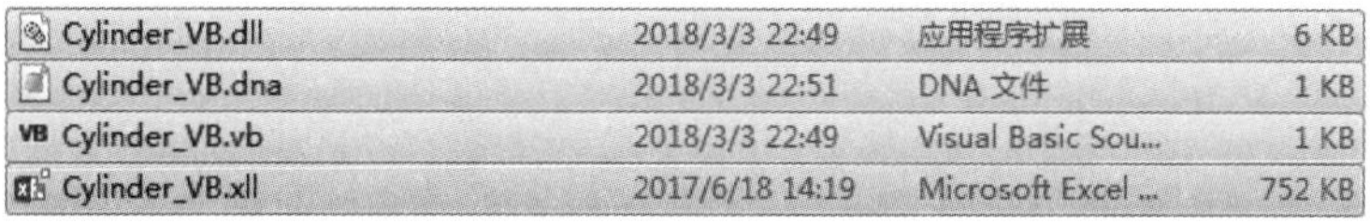

图 17-8　dna+dll+xll 三个必备文件

■ 17.3.4　功能测试

以上 3 个文件都制作、准备就绪，就可以用于 Excel 中了。

在 Excel 中依次选择"开发工具"→"加载项"→"加载项",弹出加载项对话框,单击"浏览"按钮,在文件选择对话框中找到 Cylinder_VB.xll,会看到加载项列表中多了一个 Cylinder_VB Calculator。

勾选该加载项,单击"确定"按钮,如图 17-9 所示。

图 17-9　Excel 中添加 xll 加载项

加载了以后,有什么变化呢?

在单元格中,单击公式编辑栏的 fx,弹出函数向导对话框,从中可以找到该加载项中的 Surface 函数,如图 17-10 所示。

图 17-10　xll 加载项中的自定义函数

如果开发语言是 C#，Cylinder.dna 文件内容如下：

```
<DnaLibrary Name="Cylinder Calculator"  Language="CS" RuntimeVersion="v4.0">
  <ExternalLibrary Path="Cylinder.dll" ExplicitExports="false" LoadFromBytes="true" Pack="true" />
</DnaLibrary>
```

程序代码文件 Cylinder.cs 内容如下：

```
using System;
using ExcelDna.Integration;
public class Cylinder
{
public static double Surface(double Radius,double Height)
{
    double pi= Math.PI;
    return pi*Radius*Radius*2+2*pi*Radius*Height;
}
}
```

注意：函数前面一定要加上 static 关键字，否则在 Excel 的函数列表中找不到。

代码文件编译为动态链接库的命令为：

```
csc /t:library /out:"E:\VSTO\VSTO 中级教程 \UDF\Cylinder.dll" /reference:E:\ExcelDna-0.34.6\Distribution\ExcelDna.Integration.dll Cylinder.cs
```

执行上述命令，编译生成 Cylinder.dll。后续步骤与 VB.NET 相同。

17.4　Excel-DNA 项目的打包

前面讨论的三个文件放在同一路径的用法，是在 Excel-DNA 项目的开发计算机上用的，如果要把一个加载项产品发送到客户计算机，需要打包成一个 xll 文件。

Excel-DNA 开发包中提供了一个用于打包的 ExcelDnaPack.exe（大小为 53KB）文件。

以管理员身份打开命令提示符窗口，输入如下命令把当前路径切换至被打包文件的所在路径，如图 17-11 所示。

```
cd /d E:\VSTO\VSTO 中级教程 \UDF
```

切换当前路径的目的是，以后在命令提示符中输入文件路径时，凡是当前路径下的文件名不需要输入完全路径，从而缩短命令语句的长度。

然后继续输入如下打包命令，把三个文件打包成一个 xll 文件。

```
E:\ExcelDna-0.34.6\Distribution\ExcelDnaPack.exe Cylinder_VB.dna Using base add-in Cylinder_VB.xll
```

命令分析：命令中的 Cylinder_VB.dna 文件内部已经指明了 dll 文件的位置，所以在打包命令中不需要写明 dll 文件的名称。但实际上也用到了 dll 文件。

打包命令中最后面的 Cylinder_VB.xll 是原生文件 ExcelDna.xll 拷贝而来的。

图 17-11　切换当前路径到 Excel-DNA 项目所在路径

执行上述打包命令，在当前路径下生成了一个 Cylinder_VB-packed.xll 文件，如图 17-12 和图 17-13 所示。

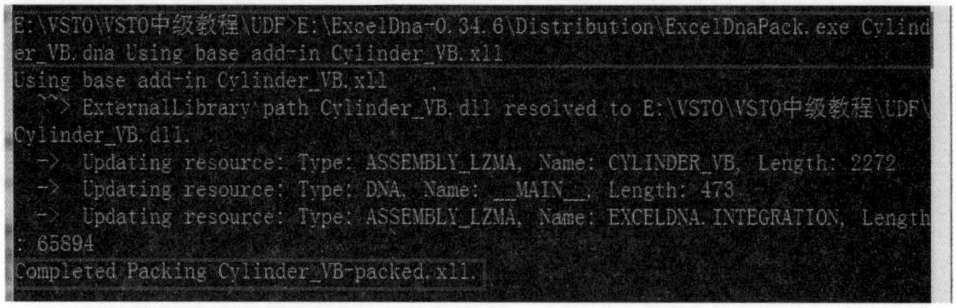

图 17-12　打包为单独 xll 加载项文件

图 17-13　打包了的 xll 格式加载项

这个以 packed 结尾的打包了的 xll 加载项文件，根据需要可以重命名发送到客户计算机，无须安装和注册，就可以直接在客户计算机的 Excel 中加载使用。

如果是 C# 开发的 Excel-DNA 项目，打包方法与上述完全一样。

以上就是 Excel-DNA 项目的完整开发过程。

17.5　小结

本章介绍了 Excel-DNA 和 xll 加载宏的概念，以及项目必备的文件。

一个完整的 Excel-DNA 加载项，包括 dna 文件、dll 文件、xll 文件。dna 文件是一个 XML 配置文件，用来指明开发语言、dll 文件的名称和位置、.NET Framework 的版本等。Excel-DNA 加载项的实际功能是在 dll 文件中。而同名的 xll 文件则是一个原生文件。以上三个文件可以打包为一个独立的 xll 加载宏文件。

第 18 章 Excel-DNA 函数设计

Excel-DNA 最引人注目的功能就是封装自定义函数，因此，开发人员需要掌握一定的函数设计技巧，才能把 Excel-DNA 的优势发挥出来。

一个自定义函数（User Defined Function），通常由函数名称、参数列表、返回值这 3 部分构成。

例如下面所示的自定义函数，函数名称是 MyUDF，参数是 param，返回值是 Value。

```
Public Function MyUDF(param As Type) As Type
    Return Value
End Function
```

在函数开发过程中，需要关注参数的类型和返回值的类型，Excel-DNA 项目开发出的函数主要用于工作表中的公式计算中，因此更要关注这些细节。

本章首先介绍 Excel-DNA 函数设计中如何设置函数名称的有关属性，以及各个参数的属性，从而使得函数更直观易懂，更人性化。

然后介绍 Excel-DNA 自定义函数中允许的参数类型和返回值类型。

本章要点：
- Excel-DNA 函数、参数的属性修饰方法。
- 自定义函数可以接收的参数类型、返回值类型。

18.1 自定义函数的属性修饰

Excel-DNA 项目中，根据需要可以设计多个自定义函数。还可以为每个函数、函数中的每个参数设置辅助的帮助信息、说明文字等。

18.1.1 更改函数的属性

使用 ExcelFunction 指令可以设置函数的有关属性。

- Name：必选参数，必须指定为函数名称。
- Description：函数的描述信息。
- Category：函数所在类别。
- HelpTopic：超链接到函数的帮助。

ExcelFunction 通常置于函数主体上方，例如：

```
<ExcelFunction(Name := "Volume", Description := "计算圆柱的体积", Category := "Geometry", HelpTopic :="https://www.baidu.com/s?wd=Excel-DNA")>
    Public Function Volume(Radius As Double, Height As Double) As Double
        Dim pi As Double = Math.PI
        Return pi*Radius*Radius*Height
    End Function
```

以上 ExcelFunction 就是对 Volume 函数的修饰，指定了该函数的描述、所在类别和帮助信息。

18.1.2 更改函数参数属性

使用 ExcelArgument 指令可以设置每个参数的描述文字。

该指令要恰好置于函数括号内的每个参数之前。例如：

```
    Public Function Volume(<ExcelArgument(Name := "Radius", Description := "输入圆柱的半径")>Radius As Double,<ExcelArgument(Name := "Height", Description := "输入圆柱的高度")>Height As Double) As Double
        Dim pi As Double = Math.PI
        Return pi*Radius*Radius*Height
    End Function
```

上述代码中，第 1 个 ExcelArgument 指定了 Radius 这个参数的描述，第 2 个指定了 Height 这个参数的描述。

程序代码文件 Cylinder_VB.vb 的完整代码如下：

```
Imports System
Imports ExcelDna.Integration
Public Module Cylinder
    <ExcelFunction(Name := "Surface", Description := "Calculate the Surface of a cylinder", Category := "Geometry", HelpTopic :="https://www.baidu.com/s?wd=Excel-DNA")>
    Public Function Surface(Radius As Double,Height As Double) As Double
        Dim pi As Double = Math.PI
        Return pi*Radius*Radius*2+2*pi*Radius*Height
    End Function
    <ExcelFunction(Name := "Volume", Description := "计算圆柱的体积", Category := "Geometry", HelpTopic :="https://www.baidu.com/s?wd=Excel-DNA")>
    Public Function Volume(<ExcelArgument(Name := "Radius", Description := "输入圆柱的半径")>Radius As Double,<ExcelArgument(Name := "Height", Description := "输入圆柱的高度")>Height As Double) As Double
        Dim pi As Double = Math.PI
        Return pi*Radius*Radius*Height
```

```
        End Function
End Module
```

代码分析：上述代码包含两个自定义函数：Surface 函数用于计算圆柱的表面积，Volume 函数用于计算圆柱的体积。

由上述程序代码制作出的 Excel-DNA 加载项，加载到 Excel 中后，可以在函数类别 Geometry 下面找到这两个函数，如图 18-1 所示。

例如选择 Volume 函数，可以看到该函数的描述，以及每个参数的描述。

当单击左下角的"有关该函数的帮助"，会在默认浏览器中打开百度搜索（打开的页面与 HelpTopic 设定有关），如图 18-2 所示。

图 18-1　指定函数类别

图 18-2　为函数参数设置描述文字

函数的修饰技术对应的 C# 版本如下：

```csharp
using System;
using ExcelDna.Integration;
public class Cylinder
{
[ExcelFunction(Name = "Surface", Description = "Calculate the Surface of a cylinder", Category = "Geometry")]
public static double Surface(double Radius,double Height)
{
    double pi= Math.PI;
    return pi*Radius*Radius*2+2*pi*Radius*Height;
}
[ExcelFunction(Name = "Volume", Description = "计算圆柱的体积", Category = "Geometry")]
public static double Volume([ExcelArgument(Name = "Radius", Description = "输入圆柱的半径")]double Radius,[ExcelArgument(Name = "Height", Description = "输入圆柱的高度")]double Height)
{
```

```
        double pi= Math.PI;
        return pi*Radius*Radius*Height;
}

}
```

18.2 函数的参数类型

Excel 的基本数据类型有整数、浮点数、日期时间、文本、布尔值等，Excel-DNA 加载项中也可以使用以上 5 种基本数据类型作为单个参数。当然，函数也可以返回以上 5 种数据类型的结果。

项目实例 94　ExcelDna_UDF_Design 函数的参数和返回值类型

以下 5 个自定义函数，用于测试基本数据类型作为参数，并且返回基本数据类型。

```
Public Function Test_Integer(i As Integer) As Integer
    Return i
End Function
Public Function Test_String(s As String) As String
    Return s
End Function
Public Function Test_Boolean(b As Boolean) As Boolean
    Return b
End Function
Public Function Test_Double(d As Double) As Double
    Return d
End Function
Public Function Test_Date(dt As Date) As Date
    Return dt
End Function
```

在 Excel 工作表中使用上述函数时，参数是什么，单元格中就返回什么。

对应的 C# 版本如下：

```
public static int Test_int(int i)
{
    return i;
}
public static string Test_string(string s)
{
    return s;
}
public static bool Test_bool(bool b)
{
    return b;
}
public static double Test_double(double d)
```

```
{
    return d;
}
public static DateTime Test_DateTime(DateTime dt)
{
    return dt;
}
```

18.2.1 工作表的一行或者一列作为参数

在 Excel 公式计算中，经常把一部分连续的区域作为一个参数整体传递，例如内置求和函数 Sum。

在 Excel-DNA 中，使用一维数组接收一行或一列的单元格区域。

例如下面的自定义函数，可以把一行或一列的单元格内容用 + 连接起来。

```
Public Function Test_Array1(arr As Object()) As String
    '字符串一维数组不能作为参数
    'Excel.Range 不能作为参数
    '该函数的参数可以是一行、一列
    Return String.Join("+", arr)
End Function
```

代码分析：函数括号内的参数不能写成 arr As String()。

在 Excel 中加载并使用上述函数，在单元格中输入公式"=Test_Array1(B2:B5)"，返回的结果是各个单元格内容用 + 连接的结果，如图 18-3 所示。

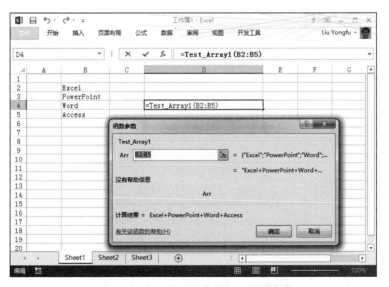

图 18-3　多个单元格作为一个函数参数

如果数据区域是一行，结果也一样。

以上函数的 C# 版本为：

```csharp
public static string Test_Array1(object[] arr)
{
    return string.Join("+", arr);
}
```

■ 18.2.2　工作表的矩形区域作为参数

如果要把工作表中多行、多列区域传递给函数，需要用二维数组接收。

下面以计算二阶行列式的值为例。线性代数中的二阶行列式的值，是用主对角线元素的乘积减去副对角线元素乘积，返回的结果是一个数字。

$$\begin{bmatrix} a & b \\ c & d \end{bmatrix} = a*d - b*c$$

因此，可以设计如下的自定义函数，参数类型是 Object(,) 或 Double(,)。

```vbnet
Public Function Test_Array2(arr As Object(,)) As Double
    '该函数的参数是 2 行 2 列单元格区域
    Return arr(0, 0) * arr(1, 1) - arr(0, 1) * arr(1, 0)
End Function
```

由于 VB.NET 和 C# 数组都是 0 基的，所以左上角的元素是 arr(0,0)。在 Excel 中使用上述函数，在单元格中输入公式"=Test_Array2(B2:C3)"，计算结果为 –2，如图 18-4 所示。

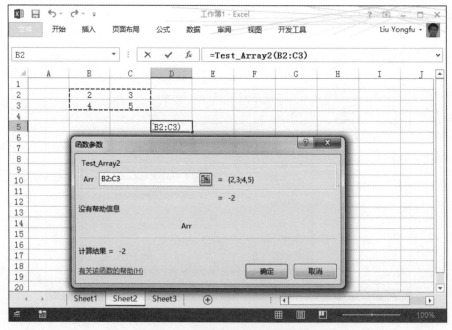

图 18-4　矩形单元格区域作为参数

以上函数的 C# 版本为：

```
public static double Test_Array2(double[,] arr)
{
    return arr[0,0]*arr[1,1]-arr[0,1]*arr[1,0];
}
```

18.3 函数的返回值类型

Excel 中的函数可以分为标量函数和数组函数。标量函数就是返回一个确定类型的结果，例如 SUM 总是返回一个数字，而 Transpose、MMult 则返回一个矩阵，也就是返回的是多个结果的集合。

输入数组公式，要按下 Ctrl+Shift+Enter 组合键。

Excel-DNA 也支持数组函数的设计，只要函数的返回类型设置为 Object() 或 Object(,) 就可以。

18.3.1 返回一维数组

下面的函数，其功能是把各个参数倒序，形成一个数组。

```
Public Function Test_Return_Array1(a As Integer, b As Integer, c As Integer) As Object()
    Return {c, b, a}
End Function
```

在 Excel 中使用上述函数，选中单元格区域 B5:D5，输入公式"=Test_Return_Array1(B2,C2,D2)"，按下快捷键 Ctrl+Shift+Enter，计算出的结果恰好是原先数据的倒序排列，如图 18-5 所示。

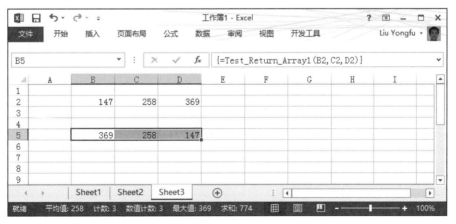

图 18-5　返回一维数组的自定义函数

以上函数的 C# 版本如下：

```
public static object[] Test_Return_Array1(int a,int b,int c)
{
    object[] temp ={c,b,a};
    return temp;
}
```

18.3.2 返回二维数组

以下函数把参数中的 4 个整数重排成二维数组。

```
Public Function Test_Return_Array2(a As Integer, b As Integer, c As Integer, d As Integer) As Object(,)
    Return {{b, d}, {a, c}}
End Function
```

在 Excel 中输入公式 =Test_Return_Array2(3,4,5,6) 并按下快捷键 Ctrl+Shift+Enter，计算结果是一个二维数组，如图 18-6 所示。

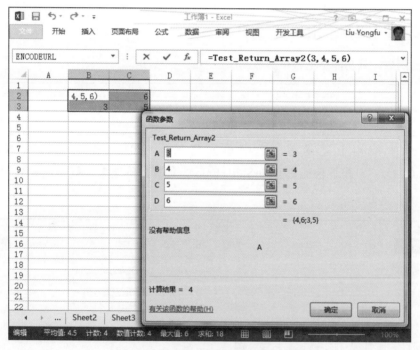

图 18-6　返回二维数组的自定义函数

以上函数的 C# 版本如下：

```
public static object[,] Test_Return_Array2(int a, int b,int c,int d)
{
    object[,] temp = {{b,d},{a,c}};
    return temp;
}
```

读者可以在 Excel-DNA 开发包中找到一个叫作 Reference.txt 的文本文件，其中介绍了 Excel-DNA 允许使用的数据类型。

18.4 小结

本章介绍了 Excel-DNA 中自定义函数的设计方法。

可以为自定义函数指定函数类别、帮助主题，也可以为各个参数指定描述文字。

自定义函数的参数的数据类型、自定义函数返回值的数据类型不是任意的，具体要参考 Excel-DNA 开发包中的 Reference.txt 文件说明。

第 19 章 使用 Visual Studio 进行 Excel-DNA 开发

前面讲述了使用记事本编写 Excel-DNA 项目的各个文件,并使用命令提示符窗口进行 dll 文件的封装、xll 文件的打包,阐述了 Excel-DNA 的创建和在 Excel 中的加载方式。

但是,在记事本中书写代码没有任何成员提示,远远不如在 Visual Studio 中方便。

使用 Visual Studio 开发 Excel-DNA 的原因如下:

❏ 由项目代码生成 dll 文件非常方便,不需要使用命令提示符。
❏ 方便程序的调试。
❏ 可以在 Excel-DNA 中使用 VB.NET 语言的所有功能。
❏ 可以在 Excel-DNA 中使用 customUI、任务窗格等 Office 元素。

那么,在 Excel-DNA 开发和产品制作过程中,Visual Studio 起到了哪些作用呢?其实,Visual Studio 只起了一个作用:把 VB.NET 项目生成一个 dll 文件。生成的 dll 文件与 Excel-DNA 所需的 dna 文件、原生 xll 文件放在一起配合使用,就是一个完整的 Excel-DNA 加载项。

本章要点:

❏ Visual Studio 中创建 Excel-DNA 项目。
❏ Excel-DNA 项目的启动和卸载事件。
❏ Excel-DNA 项目中加入 customUI。
❏ Excel-DNA 项目中加入任务窗格。
❏ 使用 NuGet 程序包管理器。

19.1 创建 Excel-DNA 类库项目

Excel-DNA 项目与 VSTO 外接程序项目非常类似，可以用相同的学习思路。

本节使用 Visual Studio 开发一个 Excel-DNA 项目，项目中包含计算球体的表面积、体积的自定义函数。

项目实例 95　Sphere_VB 创建 Excel-DNA 类库项目

启动 Visual Studio，在"新建项目"对话框中，选择 Visual Basic 语言的类库项目，项目名称更改为"Sphere_VB"，如图 19-1 所示。

图 19-1　创建类库项目

单击"确定"按钮后，可以看到项目中包含一个默认的类文件 Class1.vb。这个文件就是用来书写自定义函数的。

19.1.1 添加 ExcelDna.Integration 引用

Excel-DNA 项目区别于一般的 VB.NET 类库项目的地方在于：项目中添加 ExcelDna.Integration 这个对象库。该对象库位于 Excel-DNA 开发包的 Distribution 文件夹中。

在项目引用节点的右键菜单中选择"添加引用"，如图 19-2 所示。

在添加引用对话框中，单击右下角的"浏览"按钮，弹出文件选择对话框，找到开发包中的 ExcelDna.Integration.dll 文件，单击"添加"按钮，如图 19-3 所示。

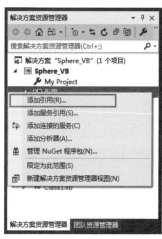

图 19-2　为项目添加引用

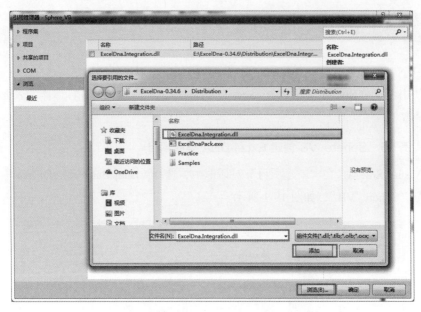

图 19-3　添加 ExcelDna-Integration.dll 引用

关闭添加引用对话框后，在引用列表中可以看到刚刚添加的引用。选中这个引用，把"复制本地"属性修改为 False，如图 19-4 所示。

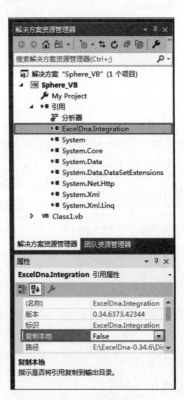

图 19-4　不复制到本地

■ 19.1.2 修改函数代码

为项目添加引用后，打开 Class1.vb，文件顶部导入 ExcelDna.Integration 指令，在模块中书写计算球体表面积和球体的函数，如图 19-5 所示。

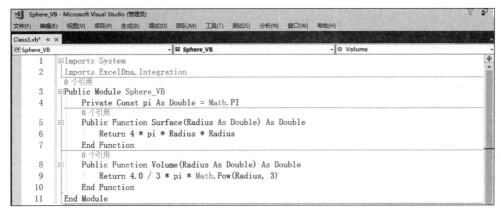

图 19-5　书写自定义函数

■ 19.1.3 添加 dna 文件

Excel-DNA 加载项要想正常工作，必须在生成的 dll 文件路径下有一个同名的 dna 文件。在项目节点选择"添加"→"新建项"命令，如图 19-6 所示。

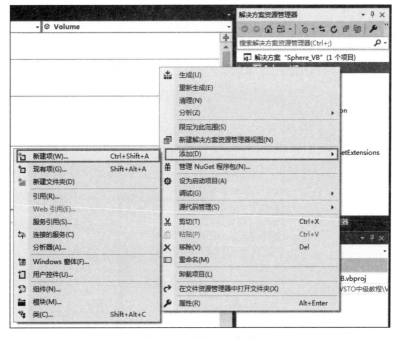

图 19-6　添加新建项

在"添加新项"对话框中,选择"XML 文件",将名称修改为"Sphere_VB.dna",如图 19-7 所示。

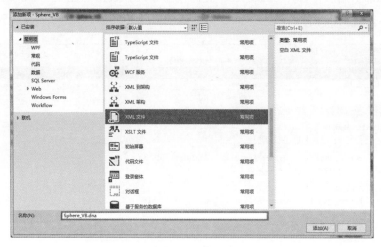

图 19-7 为项目添加 XML 文件

单击"添加"按钮。然后在资源管理器中选中该文件,修改"复制到输出目录"属性为"如果较新则复制"。目的是保证在生成解决方案的时候把项目中的 dna 文件自动复制到输出文件夹 Debug 中,如图 19-8 所示。

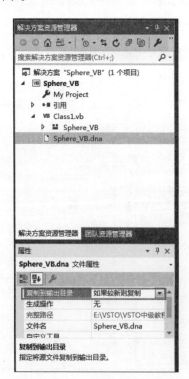

图 19-8 更改 XML 文件属性

然后在 Visual Studio 中打开 Sphere_VB.dna 文件，修改 XML 代码如下：

```
<DnaLibrary Name=" 球体计算_VB"  Language="VB" RuntimeVersion="v4.0">
  <ExternalLibrary Path="Sphere_VB.dll" Pack="true" />
</DnaLibrary>
```

注意：ExternalLibrary Path="Sphere_VB.dll" 这一句必须写正确，Sphere_VB.dll 这个文件就是类库项目的生成文件。

19.1.4　生成 dll 文件

在 Visual Studio 中单击菜单"生成"→"生成解决方案"，会在项目的 Debug 文件夹下看到 Sphere_VB.dna 和 Sphere_VB.dll 这两个文件，如图 19-9 所示。

图 19-9　生成 dll 文件

然后再把 Excel-DNA 开发包中的 ExcelDna.xll 原生文件拷贝到 Debug 文件夹下，并重命名为 Sphere_VB.xll，如图 19-10 所示。

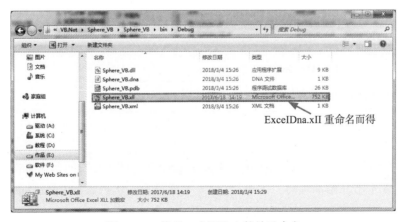

图 19-10　拷贝一个原生文件并重命名

以上3个文件准备就绪后，就可以在Excel加载项对话框中，浏览Sphere_VB.xll，并在加载项列表中勾选，如图19-11所示。

在工作表的"插入函数"对话框中，可以看到"球体计算_VB"这个函数类别，以及该类别中的两个自定义函数，如图19-12所示。

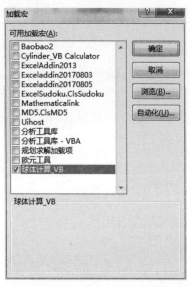
图19-11　Excel中添加xll加载项

图19-12　xll加载项中的自定义函数

提示：类库项目中dna文件其实没有起任何作用，换句话说，即使项目中不添加dna文件同样可以生成dll。只要保证Debug文件夹中有这个dna文件即可，在Debug文件夹中用记事本创建dna文件也可以。dna文件的真正作用是配合dll文件、原生xll文件来加载到Excel中。

以上就是使用Visual Studio开发Excel-DNA自定义函数的完整过程，如果要打包成一个单独的xll文件，请使用第18章讲过的ExcelDnaPack.exe命令。

命令提示符中输入：

```
cd /d E:\VSTO\VSTO 中级教程\VB.NET\Sphere_VB\Sphere_VB\bin\Debug
```

当前路径切换到Debug文件夹。然后接着输入：

```
E:\ExcelDna-0.34.6\Distribution\ExcelDnaPack.exe Sphere_VB.dna Using base add-in Sphere_VB.xll
```

然后在Debug文件夹中生成Sphere_VB-packed.xll这个便于分发的单独加载项文件。

用C#开发本节介绍的项目，需要创建C#类库项目，然后添加ExcelDna.Integration引用，类文件Class1.cs中用于计算球体表面积和体积函数的完整代码为：

```csharp
using System;
using ExcelDna.Integration;
using System.Collections.Generic;
using System.Linq;
using System.Text;
using System.Threading.Tasks;

namespace Sphere
{
    public class Class1
    {
        private const double pi = Math.PI;
        public static double Surface(double Radius)
        {
            return 4*pi*Math.Pow(Radius,2);
        }
        public static double Volume(double Radius)
        {
            return 4.0 / 3 * pi * Math.Pow(Radius, 3);
        }
    }
}
```

注意：每个函数前面必须加 static 关键字。

Sphere.dna 文件的代码如下：

```
<DnaLibrary Name=" 球体计算 "  Language="C#" RuntimeVersion="v4.0">
  <ExternalLibrary Path="Sphere.dll" Pack="true" />
</DnaLibrary>
```

注意：开发语言是 C#。

其余环节与 VB.NET 一律相同。

19.2　Excel VBA 中调用 Excel-DNA 加载项中的函数和过程

Excel-DNA 项目中的过程和函数，还可以让 Excel VBA 来调用。上一节讲述的球体表面积计算的函数为：

```
Public Function Surface(Radius As Double) As Double
```

在 Excel VBA 中使用 Application.Run("Surface", 5) 就可以计算半径为 5 的球体表面积，如图 19-13 所示。

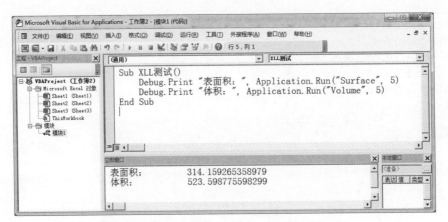

图 19-13　VBA 中调用 xll 加载项中的自定义函数

Excel-DNA 项目中除了可以书写 Function 外，也可以书写没有返回值的 Sub 过程。同样可以让 Excel VBA 调用，读者自行测试。

19.3　Excel-DNA 项目的启动和卸载事件

Excel-DNA 项目不仅能够封装自定义函数，还可以起到与 VSTO 外接程序一样的作用。例如读写 Excel 对象、使用 Excel 对象事件、customUI 和任务窗格设计等。

ExcelDna.Integration.dll 提供了一个 IExcelAddIn 接口，使得当 Excel-DNA 加载项加载时触发 AutoOpen 过程、卸载时触发 AutoClose 过程。

同时，ExcelDna.Integration.dll 还提供了一个 ExcelDnaUtil.Application，便于程序访问 Excel 的应用程序。

下面的项目，当 Excel 加载该加载项时，Excel 窗口自动最大化，并且活动单元格显示当前时间，自动设置列宽。

当卸载该加载项时，Excel 窗口变成 Normal（正常大小）。

项目实例 96　ExcelDna_AutoOpen AutoOpen 启动事件

创建一个名为 ExcelDna_AutoOpen 的 VB.NET 类库项目，项目中默认添加一个类文件 Class1.vb。

Step 1：添加引用

为项目添加如下两个引用。

❑ ExcelDna.Integration；

❑ Microsoft Excel 15.0 Object Library。

Step 2：增加 AutoOpen 和 AutoClose 过程

在类文件 Class1.vb 中，文件顶部导入有关指令，在 Class 内部，书写 Implements

IExcelAddIn 按 Enter 键，自动生成后续两个过程。

完整代码如下。

```
Imports ExcelDna.Integration
Imports Excel = Microsoft.Office.Interop.Excel
Imports System.Runtime.InteropServices
<ComVisible(True)>
Public Class Class1
    Implements IExcelAddIn
    Private ExcelApp As Excel.Application
    Public Sub AutoOpen() Implements IExcelAddIn.AutoOpen
        Try
            ExcelApp = ExcelDnaUtil.Application '获得加载项所在的 Excel 应用程序
            ExcelApp.WindowState = Excel.XlWindowState.xlMaximized
            With ExcelApp.ActiveCell
                .Value = Now
                .ColumnWidth = 20
            End With
        Catch
            '出错的处理
        End Try
    End Sub
    Public Sub AutoClose() Implements IExcelAddIn.AutoClose
        ExcelApp.WindowState = Excel.XlWindowState.xlNormal
    End Sub
End Class
```

代码分析：AutoOpen 是加载项的启动过程，也就是在 Excel 中加载这个加载项，就会运行 AutoOpen。

Step 3：加载项测试

生成解决方案，在 Debug 文件夹中可以看到生成的 ExcelDNA_AutoOpen.dll 文件，然后用记事本创建 ExcelDNA_AutoOpen.dna 文件，拷贝一份 ExcelDna.xll 原生文件并重命名为 ExcelDNA_AutoOpen.xll。

以上 3 个文件凑齐后，在 Excel 中加载 ExcelDNA_AutoOpen.xll，会看到 Excel 窗口最大化，并且活动单元格写入了当前时间，列宽自动设置为 20，如图 19-14 所示。

图 19-14　Excel-DNA 项目的启动事件

在 Excel 的加载项对话框中，取消对该加载项的勾选，会触发 AutoClose 过程，Excel 窗口自动恢复为正常。

用 C# 开发以上 Excel-DNA 项目，各个步骤完全相同，唯一不同的是，类文件 Class1.cs 中的代码如下：

```csharp
using System;
using ExcelDna.Integration;
using Excel = Microsoft.Office.Interop.Excel;
namespace ExcelDna_AutoOpen
{
    public class Class1 : IExcelAddIn
    {
        private Excel.Application ExcelApp;
        public void AutoClose()
        {
            ExcelApp.WindowState=Excel.XlWindowState.xlNormal;
        }
        public void AutoOpen()
        {
            ExcelApp=(Excel.Application)ExcelDnaUtil.Application;
            ExcelApp.WindowState = Excel.XlWindowState.xlMaximized;
            ExcelApp.ActiveCell.Value = DateTime.Now;
            ExcelApp.ActiveCell.ColumnWidth = 20;
        }
    }
}
```

AutoOpen 过程是一个加载项被加载时自动运行的过程，通常可用于变量初始化、自动显示任务窗格等方面。

19.4 自定义函数和参数的智能感知设计

智能感知（IntelliSense）是指当用户在单元格中输入函数名或者函数参数时，屏幕上出现的提示语，Excel 内置函数都具有智能感知功能。例如在单元格中输入"=SUM"，将鼠标移动到每个函数上面，旁边会自动弹出相关的信息，如图 19-15 所示。

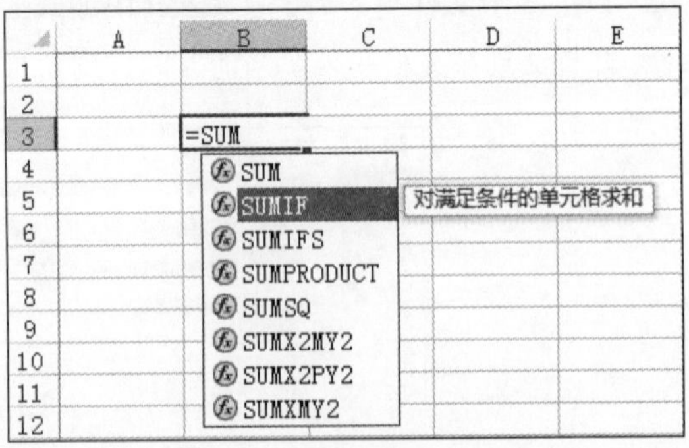

一般情况下，Excel-DNA 设计的自定义函数，在单元格中输入函数或参数，没有智能感知。

图 19-15　内置函数的智能感知

为 Excel-DNA 函数设置智能感知功能有两个方法，下面分别进行讲解。

19.4.1　独立加载 ExcelDna.IntelliSense.xll

从软件项目托管平台 GitHub 下载打包好的 ExcelDna.IntelliSense.xll 加载项，下载地址为：https://github.com/Excel-DNA/IntelliSense/releases。

浏览器中打开该页面后，可以下载到针对 32 位和 64 位 Excel 的加载项，目前的最新版本是 v1.1.0，如图 19-16 所示。

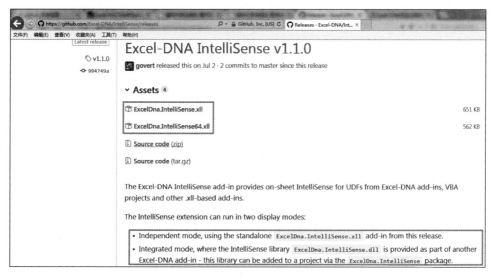

图 19-16　ExcelDna.IntelliSense 加载项下载页面

下载以上 xll 文件后，在 Excel 的加载项对话框中加载，加载宏列表中出现一个名为 Excel-DNA IntelliSense Host 的加载项，单击对话框中的"确定"按钮关闭对话框，如图 19-17 所示。

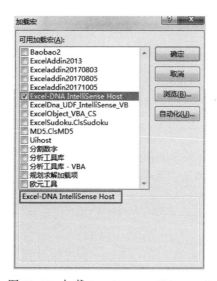

图 19-17　加载 ExcelDna.IntelliSense.xll

此时 Excel 中所有的自定义函数都有智能感知功能（前提是这些自定义函数都设置了函数属性和参数属性，函数属性和参数属性的设定方法请参考 18.1 节）。

使用这种方式，开发人员不需要做任何事情，只需要把正常开发的 Excel-DNA 加载项以及上述智能感知加载项发到客户计算机，即可看到函数的智能感知功能。缺点是用户需要在 Excel 中添加两个加载项。

如图 19-16 下方的文字说明所示，除了独立模式以外，还可以使用整合模式，也就是向 Excel-DNA 项目中添加一个名为 ExcelDna.IntelliSense.dll 的外部引用，这个动态链接库可以通过程序包管理器 NuGet 获取，PM 命令为 Install-Package ExcelDna.IntelliSense。

■ 19.4.2 引用并打包 ExcelDna.IntelliSense.dll

向 Excel-DNA 项目中添加 ExcelDna.IntelliSense.dll 引用，就可以实现把自定义函数的智能感知功能封装到函数加载项中，用户不需要额外添加其他加载项。

智能感知功能封装到 Excel-DNA 项目，需要在正常创建好的 Excel-DNA 项目中做如下 3 方面的改动：

- 项目添加 ExcelDna.IntelliSense.dll 引用。
- dna 文件中需要写明要打包的 dll 文件名称。
- Excel-DNA 项目的启动事件中需要安装 IntelliSenseServer。

具体的实施步骤，通过身体重量指数 BMI（Body Mass Index）的计算来讲解。

BMI 的定义：是用体重（单位：千克）除以身高（单位：米）的平方得出的数字，是目前国际上常用的衡量人体胖瘦程度以及是否健康的一个标准。当 BMI 计算结果介于 18.5 和 23.9 之间为正常，太小或太大则为太瘦和太胖。

例如某人的体重是 80kg，身高是 1.75m，那么 BMI=26.12，太胖。

项目实例 97　ExcelDna_UDF_IntelliSense 自定义函数的智能感知

创建一个名为 ExcelDna_UDF_IntelliSense 的 VB.NET 类库项目。并且把 ExcelDna.IntelliSense.dll 下载到某个路径下。

Step 1：添加引用

为项目添加 ExcelDna.Integration 和 ExcelDna.IntelliSense 的引用，并且设置 ExcelDna.IntelliSense 这个引用的"复制本地"为 True，如图 19-18 所示。

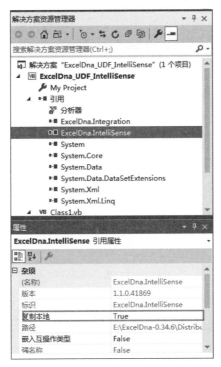

图 19-18　添加引用

Step 2：添加并修改 dna 文件

为项目添加一个 XML 文件，重命名为 ExcelDna_UDF_IntelliSense.dna，修改其 XML 代码为：

```
<DnaLibrary Name="ExcelDna_UDF_IntelliSense_VB" Language="VB" RuntimeVersion="v4.0">
    <ExternalLibrary Path="ExcelDna_UDF_IntelliSense.dll" LoadFromBytes="true" Pack="true" />
    <Reference Path="ExcelDna.IntelliSense.dll" Pack="true" />
</DnaLibrary>
```

可以看到多了一个 Reference 节点，该节点的意思是把 ExcelDna.IntelliSense.dll 这个外部引用打包。

Step 3：类文件中书写自定义函数

在类库项目默认的类文件 Class1.vb 中，在原有类 Class1 的下面添加一个名为 UDF 的模块，在该模块中书写用于 BMI 计算的自定义函数，并且适当规定函数和参数的属性：

```
Public Module UDF
    <ExcelFunction(Name:="BMI", Description:="BMI 指数计算，18.5-23.9 为正常。", Category:=" 身体指数计算 ", HelpTopic:="https://www.baidu.com/s?wd=BMI 指数 ")>
    Public Function BMI(<ExcelArgument(Name:="Weight", Description:=" 体重，单位：kg")> Weight As Double, <ExcelArgument(Name:="Height", Description:=" 身高，单位：
```

```
m")> Height As Double) As Double
            Return Weight / Height ^ 2
        End Function
    End Module
```

Step 4：启动智能感知服务器

启用智能感知功能，必须在加载项的启动过程 AutoOpen 中自动运行 IntelliSenseServer.Install 这句代码，因此类文件 Class1.vb 的顶部导入 ExcelDna.Integration 和 ExcelDna.IntelliSense 两个指令，具体代码如下：

```
Imports ExcelDna.Integration
Imports ExcelDna.IntelliSense
Public Class Class1
    Implements IExcelAddIn
    Public Sub AutoOpen() Implements IExcelAddIn.AutoOpen
        IntelliSenseServer.Install()
    End Sub
    Public Sub AutoClose() Implements IExcelAddIn.AutoClose
        IntelliSenseServer.Uninstall()
    End Sub
End Class
```

Step 5：生成解决方案

生成解决方案，把 Excel-DNA 开发包中的 ExcelDna.xll 原生文件拷贝到 Debug 文件夹中，重命名为 ExcelDna_UDF_IntelliSense.xll。因此 Debug 文件夹中看到的文件如图 19-19 所示。

名称	修改日期	类型	大小
ExcelDna.IntelliSense.dll	2018/7/1 23:24	应用程序扩展	108 KB
ExcelDna_UDF_IntelliSense.dll	2018/8/16 19:16	应用程序扩展	10 KB
ExcelDna_UDF_IntelliSense.dna	2018/8/16 14:26	DNA 文件	1 KB
ExcelDna_UDF_IntelliSense.pdb	2018/8/16 19:16	程序调试数据库	26 KB
ExcelDna_UDF_IntelliSense.xll	2017/6/18 14:19	Microsoft Excel ...	752 KB
ExcelDna_UDF_IntelliSense.xml	2018/8/16 19:16	XML 文档	1 KB

图 19-19　Debug 路径的文件列表

以上 6 个文件中，扩展名为 .pdb 和 .xml 的两个文件不需要关注，其余 4 个文件说明如下。

- ExcelDna.IntelliSense.dll：是智能感知动态链接库文件。
- ExcelDna_UDF_IntelliSense.dll：是 Excel-DNA 项目生成解决方案编译成的 dll 文件，该文件封装了 BMI 计算自定义函数以及自动启用智能感知。
- ExcelDna_UDF_IntelliSense.dna：用于部署加载项。
- ExcelDna_UDF_IntelliSense.xll：是 Excel-DNA 开发包中原生文件的一个副本。

此时，其实就可以在 Excel 加载项对话框中加载 ExcelDna_UDF_IntelliSense.xll，并且能看到智能感知的结果了。

但为了方便用户使用，上述文件可以经由 Excel-DNA 开发包中的 ExcelDnaPack.exe 打包为一个独立的 xll 加载项文件。

Step 6：执行打包

以管理员身份打开命令提示符窗口，运行如下命令切换当前路径到 Debug 文件夹下：

```
cd /d E:\VSTO\VSTO 中级教程\VB.NET\ExcelDna_UDF_IntelliSense\ExcelDna_UDF_IntelliSense\bin\Debug
```

然后继续执行如下打包命令：

```
E:\ExcelDna-0.34.6\Distribution\ExcelDnaPack.exe ExcelDna_UDF_IntelliSense.dna Using base add-in ExcelDna_UDF_IntelliSense.xll
```

按 Enter 键，可以看到打包成功的提示信息，如图 19-20 所示。

图 19-20　Excel-DNA 加载项的打包

关于 Excel-DNA 打包方面的知识，请参考 17.4 节。

Step 7：加载项性能测试

在 Excel 加载项对话框中，浏览到 ExcelDna_UDF_IntelliSense-packed.xll 并加装。然后在单元格中输入公式"=BMI"，输入的过程中，会看到函数名称和各个参数的提示信息，如图 19-21 所示。

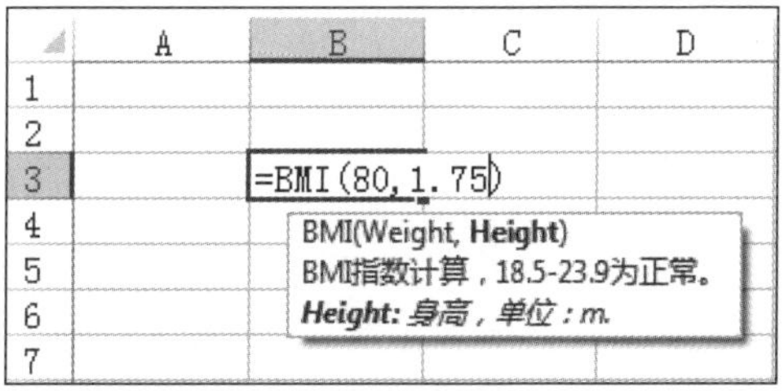

对于用 C# 实现上述功能，创建 Excel-DNA

图 19-21　自定义函数和参数的智能感知

项目的步骤基本相同，不同之处有以下两点：

（1）dna 文件中的语言需要改为 Language="CS"。

（2）项目默认的类文件 Class1.cs 中的代码修改如下：

```csharp
using System;
using ExcelDna.Integration;
using ExcelDna.IntelliSense;
namespace ExcelDna_UDF_IntelliSense
{
    public class Class1:IExcelAddIn
    {
        public void AutoClose()
        {
            IntelliSenseServer.Uninstall();
        }

        public void AutoOpen()
        {
            IntelliSenseServer.Install();
        }
    }
    public class UDF
    {
        [ExcelFunction(Name="BMI", Description="BMI 计算", Category=" 身体指数计算 ", HelpTopic="https://www.baidu.com/s?wd=BMI 指数 ")]
        public static double BMI([ExcelArgument(Name="Weight", Description=" 体重，单位：kg")]double Weight,[ExcelArgument(Name="Height", Description=" 身高，单位：m")]double Height)
        {
            return Weight/Math.Pow(Height,2);
        }
    }
}
```

19.5 Excel-DNA 项目的调试

Excel-DNA 项目与普通的类库项目性质相似，调试技巧也大致相同，如果 Excel-DNA 项目中的自定义函数逻辑比较简单，则无须调试，直接生成即可。

在开发大型项目、运算逻辑复杂的情况下，程序的调试运行就显得非常重要，本节讲述如何在 Visual Studio 中调试 Excel-DNA 项目。

项目实例 98　ExcelDna_Debugging Excel-DNA 项目的调试

创建一个名为 ExcelDna_Debugging 的 VB.NET 类库项目，添加必要的引用，并且在其 Debug 文件夹下手工制作 ExcelDna_Debugging.dna 文件和 ExcelDna_Debugging.xll 文件，使该项目成为一个可用的 Excel-DNA 加载项。

Step 1：更改调试属性

在解决方案资源管理器中的项目的右键菜单中选择"属性"，在弹出的属性页中切换到"调试"选项卡。

在启动操作中选择"启动外部程序"，单击右侧的"浏览"按钮，选择 Excel 的启动路径（该路径与计算机上 Office 的安装位置有关）。例如：

```
C:\Program Files (x86)\Microsoft Office\JP2010\Office15\EXCEL.EXE
```

然后在"命令行参数"文本框中输入项目 Debug 文件夹下 ExcelDna_Debugging.xll 文件的完整路径（用半角双引号括起来），如图 19-22 所示。

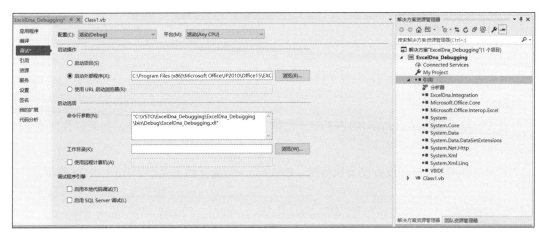

图 19-22　设置调试参数

Step 2：编写代码并设置断点

本项目包括项目的启动和关闭事件过程，以及一个自定义函数。

其中 AutoOpen 事件过程，用于计算一个随机整数的角谷猜想序列，借助 Excel 工作表函数产生一个 2 ~ 2000 的随机整数 Number。

所谓"角谷猜想"，是日本一位著名学者角谷静夫提出的两条极简单的规则，对任何一个自然数进行如下变换，最终总能变为 1。

如果这个自然数是偶数，则除以 2；如果是奇数，则乘以 3 再加上 1，如此反复直到为 1。

例如 27，其变换序列长达 112 项，前 10 项为：82、41、124、62、31、94、47、142、71、214。

自定义函数"天干地支"用于计算任一年份的天干地支。例如公元 1924 年是甲子年，每 10 年天干轮回一次，每 12 年地支轮回一次，每 60 年天干地支的配对轮回一次。

项目中默认的类文件 Class1.vb 完整代码如图 19-23 所示（为了看清楚每一步计算的中间结果，在合适的代码行前面设置断点［快捷键 F9 切换断点］）。

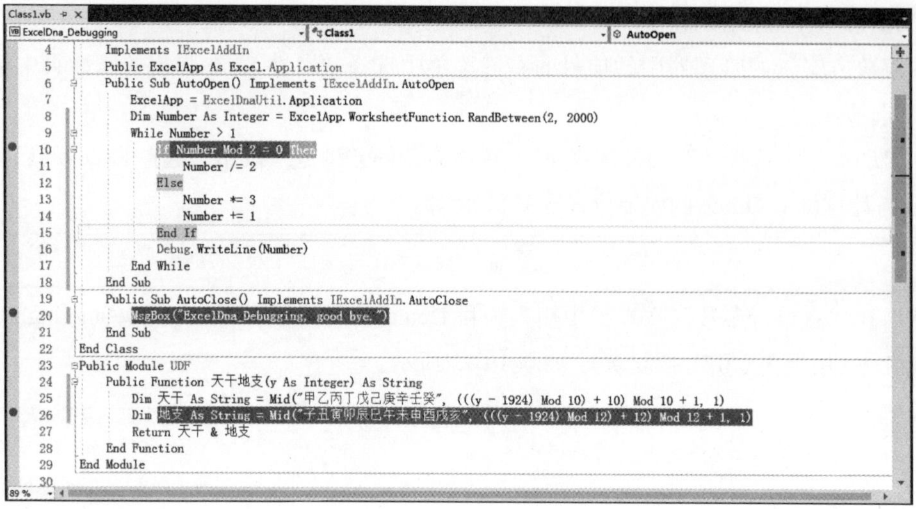

图 19-23　设置断点

Step 3：调试程序

在 Visual Studio 中，按下快捷键 F5，代码直接运行到第一个断点处，如果按快捷键 F11 则逐行执行程序。

如果 AutoOpen 过程没有完全执行完，Excel 会一直处于阻塞状态，如图 19-24 所示。

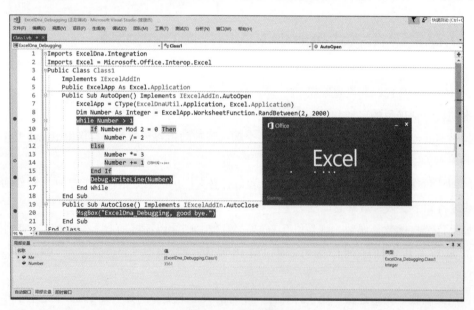

图 19-24　调试模式

Step 4：调试自定义函数

当 AutoOpen 过程执行完，Excel 正常打开，在单元格中输入一个包含"天干地支"的公式，当公式输入完毕按下 Enter 键计算时，自动跳到断点处，继续按下 F5 键或 F11 键才会继续执行，如图 19-25 所示。

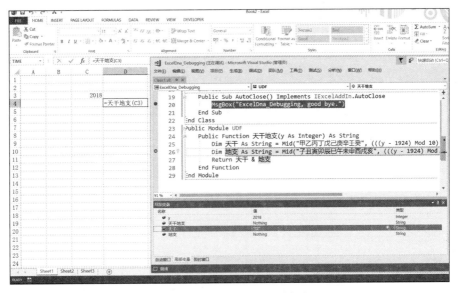

图 19-25　自定义函数中的断点

在调试过程中，还可以打开即时窗口、局部窗口等来查看变量的值。

使用 C# 创建的 Excel-DNA 项目，调试方法同上。

19.6　Excel-DNA 中使用 customUI

在 Excel-DNA 项目中为 Excel 加载项设计 customUI，最为关键的 4 个环节是：

（1）为类库项目添加 ExcelDna.Integration 的引用。

（2）类文件顶部导入命名空间：

Imports System.Runtime.InteropServices

Imports ExcelDna.Integration.CustomUI

（3）Class 的 ComVisible 设为 True。

（4）Class 内部继承 ExcelRibbon。

只要输入 Inherits ExcelRibbon 并按下 Enter 键，自动生成 GetCustomUI 函数主体，如图 19-26 所示。

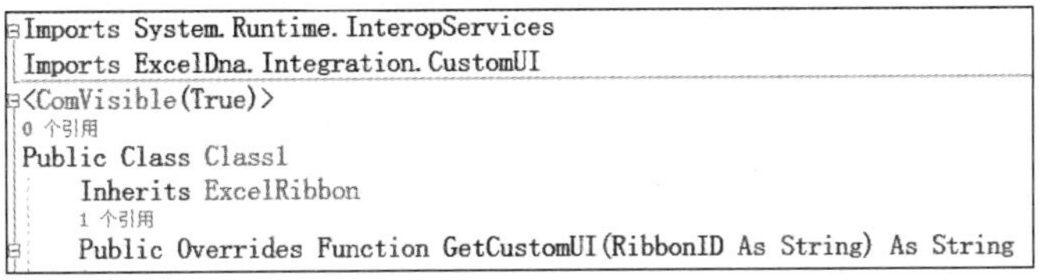

```
Imports System.Runtime.InteropServices
Imports ExcelDna.Integration.CustomUI
<ComVisible(True)>
0 个引用
Public Class Class1
    Inherits ExcelRibbon
    1 个引用
    Public Overrides Function GetCustomUI(RibbonID As String) As String
```

图 19-26　customUI 接口

GetCustomUI 这个 Function 用来得到 customUI 所需的 XML 代码。customUI 相应的回调函数也写在同一个 Class 内部即可。

本节制作一个计算字符串 MD5 值的工具，用户输入和结果输出以功能区中的自定义文本框控件为数据容器，介绍 Excel-DNA 项目中实现 customUI 的技术要点。

项目实例 99　ExcelDNA_customUI_MD5　Excel-DNA 项目中的 customUI

创建一个名为 ExcelDNA_customUI_MD5 的 VB.NET 类库项目，添加 ExcelDna.Integration 的引用。

项目中默认包含一个 Class1.vb 文件。

Step 1：Class1 中进行 customUI 设计

在 Class1.vb 的公有类 Class1 中书写如下代码：

```vb
Imports System.Runtime.InteropServices       '<ComVisible(True)> 所需指令
Imports ExcelDna.Integration
Imports ExcelDna.Integration.CustomUI        'CustomUI 所需指令
' 用于 MD5 计算的指令
Imports System.Security.Cryptography
<ComVisible(True)>
Public Class Class1
    Inherits ExcelRibbon
    Public R As IRibbonUI
    Private Source As String, Result As String
    Public Overrides Function GetCustomUI(RibbonID As String) As String
        Return "
<customUI xmlns='http://schemas.microsoft.com/office/2009/07/customui' onLoad='OnLoad'>
    <ribbon startFromScratch='false'>
        <tabs>
            <tab id='Tab1' label='自定义选项卡'>
                <group id='Group1' label='MD5 计算'>
                    <editBox id='Source' label='原字符串' onChange='ChangeText' sizeString='0123456789012345678901234567891 2'/>
                    <button id='Button1' label='MD5 计算' imageMso='M' onAction='MD5_Calculation' size='large'/>
                    <editBox id='Result' label='MD5 值' getText='GetText' sizeString='0123456789012345678901234567891 2'/>
                </group>
            </tab>
        </tabs>
    </ribbon>
</customUI>
"
    End Function
    ' 以下为 CustomUI 的回调函数，由 RibbonXMLEditor 生成
    Public Function OnLoad(ribbon As IRibbonUI)
        R = ribbon       ' 用公有变量获取 customUI
        R.ActivateTab(ControlID:="Tab1")
```

```
            Return Nothing
        End Function
        Public Sub ChangeText(control As IRibbonControl, text As String)
            Source = text                              '用户输入的内容赋给 Source
        End Sub
        Public Sub MD5_Calculation(control As IRibbonControl)
            '计算 Source 对应的 MD5 值
            Result = Module1.GetMd5Hash(Source)
            'R.Invalidate();                           '更新整个功能区
            R.InvalidateControl(ControlID:="Result")
                                                       '调用 GetText 方法刷新 Result 文本框
        End Sub
        Public Function GetText(control As IRibbonControl) As String
            Return Result
        End Function
End Class
```

代码分析：customUI 中的 XML 代码，在自定义选项卡中包括两个 editBox 控件和一个 button 控件。

当输入文本框的内容发生更改时，触发 ChangeText 回调函数，把文本框内容赋给变量 Source，当用户单击 button 时，触发 MD5_Calculation 回调函数，更新输出文本框，也就是触发输出文本框的 GetText 回调函数，把变量 Result 的值赋给输出文本框。

变量 Result 是由公有函数 GetMd5Hash 计算而得，因此在文件下边追加一个 Module1，书写 MD5 计算的函数（追加 Module1 的目的是能够在工作表中也能使用这个自定义函数）。

Step 2：MD5 计算函数

Module1 的完整代码为：

```
'可以用于工作表公式中的自定义函数
Public Module Module1
    Function GetMd5Hash(ByVal s As String) As String
        Dim MD As MD5 = New MD5CryptoServiceProvider()
        Dim b() As Byte = MD.ComputeHash(System.Text.Encoding.UTF8.GetBytes(s))
        Dim Result As String = BitConverter.ToString(b)
        Result = Result.Replace("-", "")
        Return Result
    End Function
End Module
```

Step 3：项目测试

生成解决方案，在 Debug 文件夹中制作必要的 dna 文件，拷贝 ExcelDna.xll 原生文件并重命名。

在 Excel 中加载后，呈现自定义选项卡。

在原字符串文本框输入任意文本，单击"MD5 计算按钮"，右侧文本框显示计算结果。

在单元格中输入"=GetMd5Hash(" 刘永富 ")"，也能返回对应的 MD5 值，如图 19-27 所示。

图 19-27　Excel-DNA 加载项的 customUI

提示：Excel-DNA 中的 customUI 代码书写、回调函数的书写方法与 VSTO 外接程序一模一样，此处不再重复叙述步骤。

上述项目对应的 C# 版本如下：

```
using System;
using System.Text;
// 增加的指令
using System.Runtime.InteropServices;        //[ComVisible(true)]需要这个指令
using ExcelDna.Integration.CustomUI;         //CustomUI 定制所需
//MD5 计算所需指令
using System.Security.Cryptography;

namespace ExcelDna_customUI_MD5
{
    [ComVisible(true)]
    public class Class1 : ExcelRibbon            // 功能区定制接口
    {
        public IRibbonUI R;
        private string Source;
        private string Result;
        // 动态的 XML 代码
        public override string GetCustomUI(string RibbonID)
        {
            return @"
<customUI xmlns='http://schemas.microsoft.com/office/2009/07/customui' onLoad='OnLoad'>
    <ribbon startFromScratch='false'>
        <tabs>
```

```
                    <tab id='Tab1' label='自定义选项卡'>
                        <group id='Group1' label='MD5 计算'>
                            <editBox id='Source' label='原字符串' onChange= 'ChangeText'
sizeString='12345678901234567890123456789012'/>
                            <button id='Button1' label='MD5 计算' imageMso='M' onAction=
'MD5_Calculation' size='large'/>
                            <editBox id='Result' label='MD5 值' getText= 'GetText' size
String='12345678901234567890123456789012'/>
                        </group>
                    </tab>
                </tabs>
            </ribbon>
        </customUI>
";
        }
        // 下面书写各个回调函数。以下回调函数由 RibbonXMLEditor 产生
        public void OnLoad(IRibbonUI ribbon)
        {
            R = ribbon;                          // 用公有变量获取 customUI
        }
        public void ChangeText(IRibbonControl control, string text)
        {
            Source = text;                       // 用户输入的内容赋给 Source
        }
        public void MD5_Calculation(IRibbonControl control)
        {
            // 计算 Source 对应的 MD5 值
            Result = GetMd5Hash(Source);
            //R.Invalidate();                    // 更新整个功能区
            R.InvalidateControl(ControlID: "Result");
                                                 // 调用 GetText 方法刷新 Result 文本框
        }
        public string GetText(IRibbonControl control)
        {
            return Result;
        }
        // 下面是计算 MD5 的 UDF
        public static string GetMd5Hash(String input)
        {
            if (input == null)
            {
                return null;
            }
            MD5 md5Hash = MD5.Create();
            // 将输入字符串转换为字节数组并计算哈希数据
            byte[] data = md5Hash.ComputeHash(Encoding.UTF8.GetBytes(input));
            // 创建一个 Stringbuilder 来收集字节并创建字符串
            StringBuilder sBuilder = new StringBuilder();
            // 循环遍历哈希数据的每一个字节并格式化为十六进制字符串
            for (int i = 0; i < data.Length; i++)
            {
                sBuilder.Append(data[i].ToString("x2"));
            }
            // 返回十六进制字符串
```

```
            return sBuilder.ToString();
        }
    }
}
```

19.6.1 考虑 Excel 版本

customUI 技术可以用于 Excel 2007 及其以上版本，面向 Excel 2007 的 XML 的命名空间为 http://schemas.microsoft.com/office/2009/07/customui。面向 Excel 2010 及其以上版本的命名空间为 http://schemas.microsoft.com/office/2009/07/customui。

命名空间与 Excel 版本不匹配的话，可能造成自定义功能区不显示。

Excel-DNA 项目中，可以通过 ExcelDnaUtil.ExcelVersion 获取 Excel 的版本号，如果这个值等于 12，说明是 Excel 2007，此时应把 2009/07 替换为 2006/01。

下面的范例演示了在资源文件中存储两个不同版本的 customUI 代码，根据加载项所在的 Excel 版本选择使用资源文件中的字符串。

项目实例 100　ExcelDna_VersionCompatible 兼容 Office 版本的 customUI

创建一个名为 ExcelDna_VersionCompatible 的 VB.NET 类库项目，添加必需的引用，然后为项目添加一个资源文件，使用默认名称 Resource1。

在 Resource1.resx 的设计视图中，编写两个字符串，其中字符串 XML2007 的值是面向 Excel 2007 的 XML 代码，自定义组中的控件是一个 button。

另一个字符串 XML2010 是面向 Excel 2010 以上版本的，自定义组中的控件是 checkBox。然后关闭并保存资源文件，如图 19-28 所示。

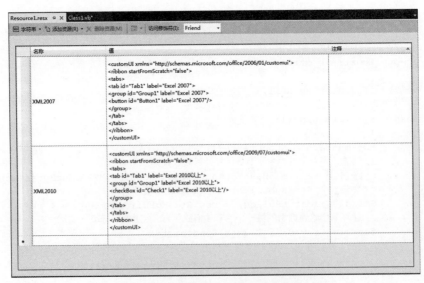

图 19-28　XML 代码保存为资源文件的字符串

编写类库文件 Class1.vb 的代码：

```
Imports System.Runtime.InteropServices
Imports ExcelDna.Integration
Imports ExcelDna.Integration.CustomUI
<ComVisible(True)>
Public Class Class1
    Inherits ExcelRibbon
    Public Overrides Function GetCustomUI(RibbonID As String) As String
        Dim XML As String
        If ExcelDnaUtil.ExcelVersion = 12 Then
            XML = My.Resources.Resource1.XML2007
        Else
            XML = My.Resources.Resource1.XML2010
        End If
        Return XML
    End Function
End Class
```

代码分析：使用 My.Resources.Resource1.XML2007 就可以获取资源文件中对应的字符串值。

生成解决方案，制作成 Excel-DNA 加载项，当上述加载项用于 Excel 2013 时，自定义组中是一个复选框控件，如图 19-29 所示。

图 19-29　Excel 2010 以上版本的 customUI

在 Excel 2007 中加载时，自定义组中是一个按钮，如图 19-30 所示。

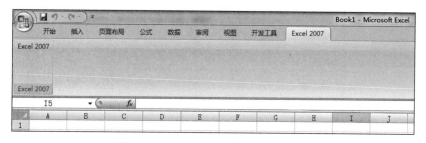

图 19-30　Excel 2007 显示的 customUI

以上就实现了同一个 Excel-DNA 加载项在不同版本的 Excel 中呈现不同的界面的结果。

19.6.2 使用自定义图标

自定义功能区中控件的图标由 XML 代码中 image 相关属性来决定，一般情况下，规定控件的 imageMso 可以使用 Office 内置图标。

如果要把自己设计的图片文件作为控件图标，需要用到 customUI 的 loadImage 回调，或者控件的 getImage 回调。

下面借助资源文件装载本地图片，然后在 getImage 回调函数中调用资源文件，从而实现在功能区显示自定义图标的方法。

项目实例 101　ExcelADna_customUI_GetImage 自定义图标

创建一个名为 ExcelDna_customUI_GetImage 的 VB.NET 类库项目，为项目添加如下两个引用：

❑ ExcelDna.Integration。

❑ System.Drawing（getImage 回调函数中要用到）。

然后在类文件 Class1.vb 顶部导入如下命名空间：

```
Imports System.Runtime.InteropServices
Imports ExcelDna.Integration
Imports ExcelDna.Integration.CustomUI
Imports System.Drawing
```

Step 1：资源文件中装载本地图片

为项目添加新项，选择"资源文件"，然后在资源文件 Resource1.resx 的设计视图中，单击"添加现有文件"，把磁盘中事先准备好的 3 个 png 格式的图标加到资源文件中，如图 19-31 所示。

图 19-31　资源文件中加入图标

关闭并保存资源文件，在解决方案资源管理器中选择 Resource1.resx，在属性窗口中可以看到自定义工具命名空间为 My.Resources，如图 19-32 所示。

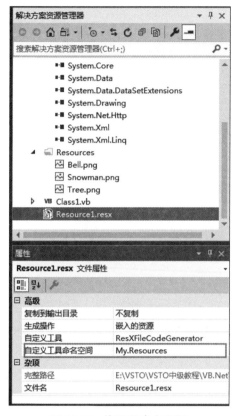

图 19-32　资源的命名空间

这样在代码中使用 My.Resources.Resource1.Bell 就可以访问资源文件中的图标。

Step 2：书写 customUI 代码及其回调函数

本例为了演示自定义图标，只放置 3 个 button 控件，规定它们的 getImage 回调函数为 GetImage。

代码如下：

```
Public Overrides Function GetCustomUI(RibbonID As String) As String
    Dim XML As XElement = <customUI xmlns="http://schemas.microsoft.com/office/2009/07/customui">
                    <ribbon startFromScratch="false">
                        <tabs>
                            <tab id="Tab1" label=" 自定义图标 ">
                                <group id="Group1" label=" 自定义图标 ">
                                    <button id="Button1" label= " 铃铛 &#xA;" size="large" getImage="GetImage"/>
                                    <button id="Button2" label= " 雪人 &#xA;" size="large"
```

```
getImage="GetImage"/>
                            <button id="Button3" label=  "圣诞树 &#xA;"
size="large" getImage="GetImage"/>
                        </group>
                    </tab>
                </tabs>
            </ribbon>
        </customUI>
    Return XML.ToString
End Function
```

与之对应的用于获取图标的回调函数如下：

```
Public Function GetImage(control As IRibbonControl) As Bitmap
    Dim img As System.Drawing.Image
    If control.Id = "Button1" Then
        img = My.Resources.Resource1.Bell
    ElseIf control.Id = "Button2" Then
        img = My.Resources.Resource1.Snowman
    ElseIf control.Id = "Button3" Then
        img = My.Resources.Resource1.Tree
    End If
    Return img
End Function
```

代码分析：由于多个控件共享同一个回调函数，所以用 control.Id 来分配每个图标到每个按钮。

Step 3：项目测试

生成解决方案，在 Excel 中确认，可以看到按钮上显示了自定义图标，如图 19-33 所示。

图 19-33　显示自定义图标

使用 C# 开发的 Excel-DNA 项目中，customUI 自定义图标的方法和步骤与上述完全相同，为项目添加资源文件，设置图片的生成操作，在类文件顶部导入必要的命名空间即可。

C# 版本的 ExcelDna_customUI_GetImage 项目，具体代码文件 Class1.cs 的完整代码如下：

```csharp
using System.Drawing;
using System.Runtime.InteropServices;
using ExcelDna.Integration.CustomUI;
namespace ExcelDna_customUI_GetImage
{
    [ComVisible(true)]
    public class Class1:ExcelRibbon
    {
        public override string GetCustomUI(string RibbonID)
        {
            return @"
<customUI xmlns='http://schemas.microsoft.com/office/2009/07/customui'>
    <ribbon startFromScratch='false'>
        <tabs>
            <tab id='Tab1' label=' 自定义图标 '>
                <group id='Group1' label=' 自定义图标 '>
                    <button id='Button1' label='铃铛&#xA;' size= 'large' getImage='GetImage'/>
                    <button id='Button2' label='雪人&#xA;' size= 'large' getImage='GetImage'/>
                    <button id='Button3' label='圣诞树&#xA;' size= 'large' getImage='GetImage'/>
                </group>
            </tab>
        </tabs>
    </ribbon>
</customUI>
";
        }
        public Bitmap GetImage(IRibbonControl control)
        {
            Bitmap image=null;
            if(control.Id=="Button1")
                image= new Bitmap(Resource1.Bell);
            else if (control.Id == "Button2")
                image= new Bitmap(Resource1.Snowman);
            else if (control.Id == "Button3")
                image= new Bitmap(Resource1.Tree);
            return image;
        }
    }
}
```

代码分析：C#的资源文件使用起来更方便，使用 Resource1.Bell 就可以把铃铛那个图标获取。

19.7 Excel-DNA 中使用任务窗格

Excel-DNA 项目中，任务窗格对象处于 ExcelDna.Integration.CustomUI 这个命名空间之中。

创建任务窗格必须基于用户控件。用户控件相当于 VB.NET 窗体，上面可以放置各种 VB.NET 控件。

任务窗格的创建，既可以在加载项的启动过程中创建，也可以在加载过程中根据需要创建。

要在 Excel-DNA 项目中使用任务窗格，必须用到的对象变量是 CustomTaskpane 对象和 UserControl 对象。Excel-DNA 项目中创建任务窗格，最好的方法是完全使用代码在运行时动态创建控件，因为 Excel-DNA 项目中不能直接把运行前设计好的用户控件放入任务窗格。

为了让任务窗格能在更多的地方调用访问到，最好把任务窗格相关代码放在一个单独的 Module 之中。

下面具体讲述 Excel-DNA 项目中创建和使用任务窗格的方法。

项目实例 102　ExcelDna_CTP Excel-DNA 项目中的任务窗格

创建一个名为 ExcelDna_CTP 的 VB.NET 类库项目，添加 ExcelDna.Integration 引用，并且添加 System.Windows.Forms 和 System.Drawing 这两个引用。

然后在默认的 Class1.vb 文件中创建加载项的启动和卸载事件过程。

```vb
Imports ExcelDna.Integration
Public Class Class1
    Implements IExcelAddIn
    Public Sub AutoOpen() Implements IExcelAddIn.AutoOpen
        Module1.CreateCTP()
    End Sub

    Public Sub AutoClose() Implements IExcelAddIn.AutoClose
        Module1.RemoveCTP()
    End Sub
End Class
```

代码分析：CreateCTP 用于创建任务窗格，RemoveCTP 用于移除窗格，这两个过程写在另一个单独的模块文件 Module1.vb 中，完整代码如下：

```vb
Imports ExcelDna.Integration.CustomUI
Imports System.Windows.Forms
Module Module1
    Public ctp As CustomTaskPane
    Public uc As UserControl
    Public Sub CreateCTP()
        uc = New UserControl()
        ctp = CustomTaskPaneFactory.CreateCustomTaskPane(uc, "CTP")
        With ctp
            .DockPosition = MsoCTPDockPosition.msoCTPDockPositionRight
            .Visible = True
        End With
    End Sub
    Public Sub RemoveCTP()
```

```
            ctp.Delete()
            ctp = Nothing
    End Sub
End Module
```

代码分析：ctp 是任务窗格对象，uc 是 ctp 要用到的一个用户控件实例。

将以上项目生成解决方案，制作成 Excel-DNA 加载项，在 Excel 中加载时自动在 Excel 窗口右侧呈现任务窗格；卸载加载项时，自动删除窗格，如图 19-34 所示。

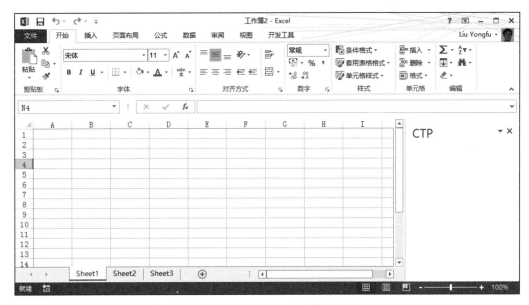

图 19-34　Excel-DNA 中的任务窗格

在开发实际项目时，任务窗格往往和 customUI 一起使用，使用功能区按钮来创建、删除、隐藏、显示任务窗格。

上述项目对应的 C# 版本中，默认的类文件 Class1.cs 中的代码如下：

```
using System.Runtime.InteropServices;
using ExcelDna.Integration;
namespace ExcelDna_CTP
{
    [ComVisible(true)]
    public class Class1:IExcelAddIn
    {
        public void AutoClose()
        {
            Class2.RemoveCTP();
        }

        public void AutoOpen()
        {
            Class2.CreateCTP();
```

```
            }
        }
}
```

由于 C# 中不能添加模块文件,也没有 Module 这种用法,所以为项目添加一个类文件 Class2.cs 用来书写任务窗格的创建和移除过程,用 static 关键字将其修改成静态类。Class2.cs 完整代码如下:

```
using System.Drawing;
using ExcelDna.Integration.CustomUI;
using System.Windows.Forms;
namespace ExcelDna_CTP
{
    public static class Class2
    {
        public static CustomTaskPane ctp;
        public static UserControl uc;
        public static void CreateCTP()
        {
            uc = new UserControl();
            ctp = CustomTaskPaneFactory.CreateCustomTaskPane(uc, "C#");
            ctp.DockPosition = MsoCTPDockPosition.msoCTPDockPositionRight;
            ctp.Visible = true;
        }
        public static void RemoveCTP()
        {
            ctp.Delete();
            ctp = null;
        }
    }
}
```

19.8 Excel-DNA 中使用 Excel 事件

Excel-DNA 项目中,同样可以使用 Excel 事件,使得程序与用户行为进行交互。

本节所介绍的程序,利用了 Excel 应用程序对象的 SheetChange 和 SheetActivate 事件,程序的功能是当用户在单元格中编辑数据时,自动刷新任务窗格中的树状结构。当用户切换工作表焦点时,自动收缩和展开树状控件的节点。

项目实例 103 ExcelDna_ExcelEvent 使用 Excel 事件

依据上一节介绍的任务窗格的制作过程,创建一个名为 ExcelDna_ExcelEvent 的 VB.NET 类库项目。

本节项目的技术难点在于向树状控件添加节点,设计思路如下:

(1)根节点(0 级)为工作簿的名称。

(2)一级节点为各个工作表的名称。

（3）二级节点为每个工作表中数据区域的每个单元格内容。

从 Excel-DNA 项目的角度考虑，使用 AutoOpen 过程调用 CreateCTP 过程，创建任务窗格时，在用户控件上使用代码放置一个空白的 Treeview 控件，并设置其有关属性。

然后利用 Excel 的事件过程，来刷新数据结构的内容和状态。

为项目添加一个模块文件 Module1.vb，书写用于创建和删除任务窗格的代码，以及书写 ExcelApp 的两个事件过程。完整代码如下：

```vb
Imports ExcelDna.Integration
Imports ExcelDna.Integration.CustomUI
Imports System.Windows.Forms
Imports System.Drawing
Imports Excel = Microsoft.Office.Interop.Excel
Module Module1
    Public ExcelApp As Excel.Application
    Public ctp As CustomTaskPane
    Public uc As UserControl
    Public tree As TreeView
    Public node(2) As TreeNode
    Public Sub CreateCTP()
        tree = New TreeView                                  '新的树状结构
        tree.Font = New Font("宋体", 12)
        tree.ForeColor = Drawing.Color.Blue
        tree.ShowLines = True
        tree.ShowPlusMinus = True
        tree.ShowRootLines = True
        tree.Dock = DockStyle.Fill                           '自动缩放控件尺寸
        uc = New UserControl()                               '新的用户控件
        uc.Controls.Add(tree)                                '树状控件添加到用户控件中
        ctp = CustomTaskPaneFactory.CreateCustomTaskPane(uc, "CTP")  '创建任务窗格
        With ctp
            .DockPosition = MsoCTPDockPosition.msoCTPDockPositionRight
            .Visible = True
        End With
        ExcelApp = ExcelDnaUtil.Application
        AddHandler ExcelApp.SheetActivate, AddressOf ExcelApp_SheetActivate
        AddHandler ExcelApp.SheetChange, AddressOf ExcelApp_SheetChange
    End Sub
    Private Sub ExcelApp_SheetChange(Sh As Object, Target As Excel.Range)
        tree.Nodes.Clear()
        node(0) = tree.Nodes.Add(ExcelApp.ActiveWorkbook.Name)
        For Each wst As Excel.Worksheet In ExcelApp.ActiveWorkbook.Worksheets
            node(1) = node(0).Nodes.Add(wst.Name)
            For Each rg As Excel.Range In wst.UsedRange
                If rg.Text <> "" Then
                    node(2) = node(1).Nodes.Add(rg.Text)
                End If
            Next rg
        Next wst
        tree.ExpandAll()
    End Sub
```

```
        Private Sub ExcelApp_SheetActivate(Sh As Object)
            tree.ExpandAll()
            For Each nd As TreeNode In node(0).Nodes
                If nd.Text = Sh.name Then  '如果节点名称与工作表名称相同,则展开,否则收缩
                    nd.Expand()
                Else
                    nd.Collapse()
                End If
            Next nd
        End Sub
        Public Sub RemoveCTP()
            ctp.Delete()
            ctp = Nothing
        End Sub
End Module
```

代码分析:VB.NET 中的 Treeview 控件,在父节点上增加子节点时,只需要指明子节点的文本字符串即可。

把上述项目制作成 Excel-DNA 加载项,在 Excel 中测试。

当在任意一个工作表中编辑数据时,任务窗格中的条目会自动更新。当用户激活其他工作表时,被激活工作表相应的树状节点会展开(图中吉林省),而其余的节点是合并状态,如图 19-35 所示。

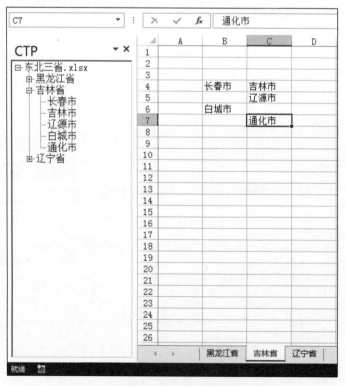

图 19-35　激活工作表会自动展开相应的节点

实现以上功能，在于巧妙地利用了 Excel 的两个事件。

本项目对应的 C# 版本中，静态类 Class2.cs 中的完整代码如下：

```csharp
using System.Drawing;
using ExcelDna.Integration;
using ExcelDna.Integration.CustomUI;
using System.Windows.Forms;
using Excel = Microsoft.Office.Interop.Excel;
namespace ExcelDna_CTP
{
    public static class Class2
    {
        public static Excel.Application ExcelApp;
        public static CustomTaskPane ctp;
        public static UserControl uc;
        public static TreeView tree;
        public static TreeNode[] node=new TreeNode[3];
        public static void CreateCTP()
        {
            tree = new TreeView();
            tree.Font = new Font("宋体", 12);
            tree.ForeColor = Color.Blue;
            tree.ShowLines = true;
            tree.ShowPlusMinus = true;
            tree.ShowRootLines = true;
            tree.Dock = DockStyle.Fill;
            uc = new UserControl();
            uc.Controls.Add(tree);
            ctp = CustomTaskPaneFactory.CreateCustomTaskPane(uc, "CTP");
            ctp.DockPosition = MsoCTPDockPosition.msoCTPDockPositionRight;
            ctp.Visible = true;
            ExcelApp = (Excel.Application)ExcelDnaUtil.Application;
            ExcelApp.SheetChange += ExcelApp_SheetChange;
            ExcelApp.SheetActivate += ExcelApp_SheetActivate;
        }

        private static void ExcelApp_SheetActivate(object Sh)
        {
            tree.ExpandAll();
            foreach(TreeNode nd in node[0].Nodes)
            {
                if (nd.Text == ((Excel.Worksheet)Sh).Name)
                    nd.Expand();
                else
                    nd.Collapse();
            }
        }
        private static void ExcelApp_SheetChange(object Sh, Excel.Range Target)
```

```
            {
                tree.Nodes.Clear();
                node[0] = tree.Nodes.Add(ExcelApp.ActiveWorkbook.Name);
                foreach (Excel.Worksheet wst in ExcelApp.ActiveWorkbook.Worksheets)
                {
                    node[1] = node[0].Nodes.Add(wst.Name);
                    foreach (Excel.Range rg in wst.UsedRange)
                    {
                        if (rg.Text != "")
                            node[2] = node[1].Nodes.Add(rg.Text);
                    }
                }
                tree.ExpandAll();
            }
            public static void RemoveCTP()
            {
                ctp.Delete();
                ctp = null;
            }
        }
    }
```

19.9　Excel-DNA 中使用 Office 工具栏

Office 的自定义界面开发，2007 版本以上皆可使用 customUI 或任务窗格作为用户操作界面，如果开发面向 Excel 2003 的加载项，只能采用自定义工具栏的方式。

Excel-DNA 项目中使用自定义工具栏与其他类型项目使用自定义工具栏是完全一样的，只要为项目添加 Excel、Office 的对象引用，就可以实现自定义工具栏和控件。

本节要讲解的程序实例，是向 Excel 2003 中创建一个自定义工具栏，然后在该工具栏中放置 3 个按钮，使用 AddHandler 为按钮控件创建回调，当用户单击按钮时，响应 Excel-DNA 项目中的事件过程。

项目实例 104　ExcelDna_Commandbar 使用 Office 工具栏

创建一个名为 ExcelDna_Commandbar 的 VB.NET 类库项目。

添加如下 3 个外部引用。

❑ ExcelDna.Integration（Excel-DNA 项目必需）。

❑ Microsoft Excel 15.0 Object Library（读写 Excel 对象）。

❑ Microsoft Office 15.0 Object Library（工具栏对象所属对象库）。

勾选以上引用，并单击"确定"按钮，关闭引用管理器窗口，如图 19-36 所示。

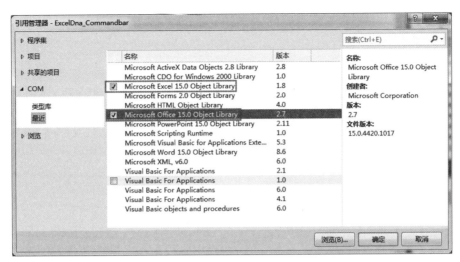

图 19-36　添加引用

在 Excel-DNA 项目的 AutoOpen 过程中，首先尝试删除工具栏 "Excel-DNA"，然后创建新工具栏，并添加 3 个命令按钮。

类文件 Class1.vb 完整代码如下：

```
Imports System.Runtime.InteropServices
Imports ExcelDna.Integration
Imports Microsoft.Office.Core
Imports Excel = Microsoft.Office.Interop.Excel
Imports Office = Microsoft.Office.Core
<ComVisible(True)>
Public Class Class1
    Implements IExcelAddIn
    Public ExcelApp As Excel.Application
    Public cmb As Office.CommandBar
    Public bt(2) As Office.CommandBarButton
    Public Sub AutoOpen() Implements IExcelAddIn.AutoOpen
        ExcelApp = ExcelDnaUtil.Application
        Try
            ExcelApp.CommandBars("Excel-DNA").Delete()
        Catch ex As Exception
        End Try
        cmb = ExcelApp.CommandBars.Add(Name:="Excel-DNA", Position:=Office.MsoBarPosition.msoBarLeft, MenuBar:=False)
        bt(0) = cmb.Controls.Add(Type:=Office.MsoControlType.msoControlButton)
        With bt(0)
            .Caption = "Access"
            .FaceId = 264
            .Style = Office.MsoButtonStyle.msoButtonIconAndCaption
            .Tag = .Caption
            AddHandler .Click, AddressOf bt_Click
        End With
```

```
            bt(1) = cmb.Controls.Add(Type:=Office.MsoControlType.msoControlButton)
            With bt(1)
                .Caption = "PowerPoint"
                .FaceId = 267
                .Style = Office.MsoButtonStyle.msoButtonIconAndCaption
                .Tag = .Caption
                AddHandler .Click, AddressOf bt_Click
            End With
            bt(2) = cmb.Controls.Add(Type:=Office.MsoControlType.msoControlButton)
            With bt(2)
                .Caption = "Word"
                .FaceId = 42
                .Style = Office.MsoButtonStyle.msoButtonIconAndCaption
                .Tag = .Caption
                AddHandler .Click, AddressOf bt_Click
            End With
            cmb.Visible = True
        End Sub
        Private Sub bt_Click(Ctrl As CommandBarButton, ByRef CancelDefault As Boolean)
            Select Case Ctrl.Tag
                Case "Access"
                    ExcelApp.ActivateMicrosoftApp(Excel.XlMSApplication.xlMicrosoftAccess)
                Case "PowerPoint"
                    ExcelApp.ActivateMicrosoftApp(Excel.XlMSApplication.xlMicrosoftPowerPoint)
                Case "Word"
                    ExcelApp.ActivateMicrosoftApp(Excel.XlMSApplication.xlMicrosoftWord)
            End Select
        End Sub

        Public Sub AutoClose() Implements IExcelAddIn.AutoClose
            Try
                ExcelApp.CommandBars("Excel-DNA").Delete()
            Catch ex As Exception
            End Try
        End Sub
    End Class
```

代码分析：由于多个按钮共享同一个 Click 事件，所以使用控件的 Tag 属性来区分，单击不同的按钮有不同的回调。

当加载项卸载时，自动处理 AutoClose 过程中的代码，删除创建的自定义工具栏。自定义工具栏与 customUI 不同，加载项卸载时，不会自动消失，必须用代码删除，否则会残留在 Excel 应用程序中。

ExcelApp.ActivateMicrosoftApp(Excel.XlMSApplication.xlMicrosoftWord) 表示激活或者启动 Microsoft Word。

生成解决方案，制作成 Excel-DNA 加载项，在 Excel 2003 中加载后的结果如图 19-37 所示。

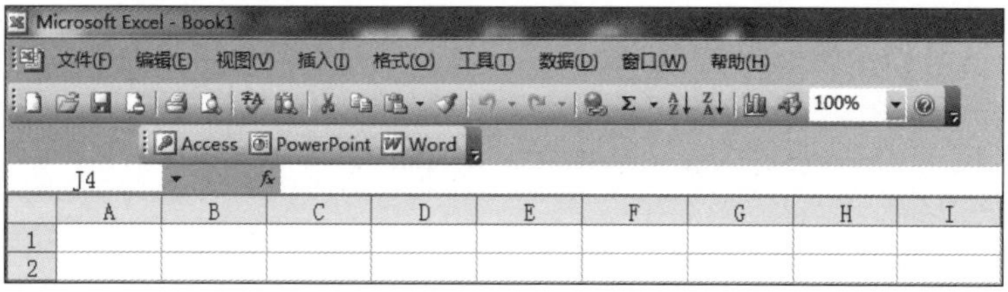

图 19-37　Excel-DNA 项目中的自定义工具栏

在 Excel 2013 中加载，自定义工具栏出现在"加载项"选项卡中，如图 19-38 所示。

图 19-38　Excel 2013 中显示自定义工具栏

上述程序对应的 C# 版本代码如下：

```csharp
using System;
using System.Runtime.InteropServices;
using ExcelDna.Integration;
using Excel = Microsoft.Office.Interop.Excel;
using Office = Microsoft.Office.Core;
namespace ExcelDna_Excel2003_CommandBar
{
    [ComVisible(true)]
    public class Class1 : IExcelAddIn
    {
        public Excel.Application ExcelApp;
        public Office.CommandBar cmb;
        public Office.CommandBarButton[] bt = new Office.CommandBarButton[3];
        public void AutoClose()
        {
            try
            {
                ExcelApp.VBE.CommandBars["Excel-DNA"].Delete();
            }
            catch
            {
                ;
            }
        }

        public void AutoOpen()
        {
```

```csharp
            ExcelApp = (Excel.Application)ExcelDnaUtil.Application;
            try
            {
                ExcelApp.VBE.CommandBars["Excel-DNA"].Delete();
            }
            catch
            {
                ;
            }
            cmb = ExcelApp.VBE.CommandBars.Add(Name: "Excel-DNA", Position: Office.MsoBarPosition.msoBarFloating, MenuBar: false);
            bt[0] = (Office.CommandBarButton)cmb.Controls.Add(Type: Office.MsoControlType.msoControlButton);
            bt[0].Caption = "Access";
            bt[0].FaceId = 264;
            bt[0].Style = Office.MsoButtonStyle.msoButtonIconAndCaption;
            bt[0].Tag = bt[0].Caption;
            bt[0].Click += bt_Click;
            bt[1] = (Office.CommandBarButton)cmb.Controls.Add(Type: Office.MsoControlType.msoControlButton);
            bt[1].Caption = "PowerPoint";
            bt[1].FaceId = 267;
            bt[1].Style = Office.MsoButtonStyle.msoButtonIconAndCaption;
            bt[1].Tag = bt[1].Caption;
            bt[1].Click += bt_Click;
            bt[2] = (Office.CommandBarButton)cmb.Controls.Add(Type: Office.MsoControlType.msoControlButton);
            bt[2].Caption = "Word";
            bt[2].FaceId = 42;
            bt[2].Style = Office.MsoButtonStyle.msoButtonIconAndCaption;
            bt[2].Tag = bt[2].Caption;
            bt[2].Click += bt_Click;
            cmb.Visible = true;
        }

        private void bt_Click(Office.CommandBarButton Ctrl, ref bool CancelDefault)
        {
            switch (Ctrl.Tag)
            {
                case "Access":
                    ExcelApp.ActivateMicrosoftApp(Excel.XlMSApplication.xlMicrosoftAccess);
                    break;
                case "PowerPoint":
                    ExcelApp.ActivateMicrosoftApp(Excel.XlMSApplication.xlMicrosoftPowerPoint);
                    break;
                case "Word":
                    ExcelApp.ActivateMicrosoftApp(Excel.XlMSApplication.xlMicrosoftWord);
                    break;
            }
        }
    }
}
```

代码分析：为了加以对比，C# 版的代码操作的是 Excel VBA 编程环境的工具栏，而不是 Excel 的工具栏。

根据以上程序，制作成 Excel-DNA 加载项，加载后，打开 Excel VBA 编辑器，可以看到多了一个自定义工具栏，如图 19-39 所示。

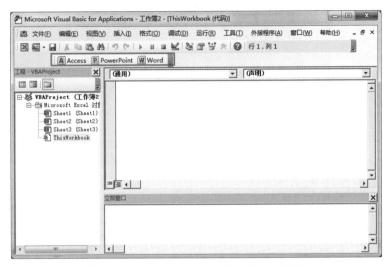

图 19-39 显示在 VBE 中的自定义工具栏

19.10 使用 NuGet 程序包管理器快速创建 Excel-DNA 项目

NuGet 是一个 .NET 平台下的开源项目，它是 Visual Studio 的扩展。在使用 Visual Studio 开发基于 .NET Framework 的应用时，NuGet 能把在项目中添加、移除和更新引用的工作变得更加快捷方便。

当需要分享开发的工具或是库，需要建立一个 NuGet package，然后把这个 package 放到 Nuget 的站点，如果想要使用别人已经开发好的工具或是库，只需要从站点获得这个 package，并且安装到自己的 Visual Studio 项目或是解决方案里。

在 Visual Studio 中，使用 NuGet 程序包管理器可以方便地把普通类库项目迅速转化成 Excel-DNA 项目。

项目实例 105 SortSheets 工作表标签排序工具

本节通过制作一个"工作表标签排序"工具，介绍使用 NuGet 创建 Excel-DNA 项目的步骤。

Step 1：创建类库项目

创建一个名为 SortSheets 的 VB.NET 类库项目，项目中默认包含一个类文件 Class1.vb，如图 19-40 所示。

图 19-40 创建类库项目

Step 2：为项目导入 Excel-DNA

在 Visual Studio 中依次选择菜单"工具"→"NuGet 包管理器"→"程序管理器控制台"，打开 NuGet 命令行窗口，如图 19-41 所示。

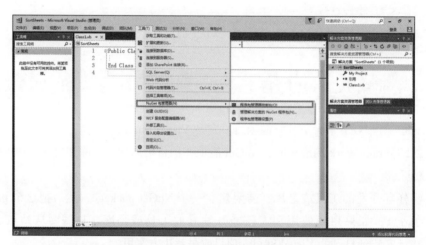

图 19-41 打开程序包管理控制台

在 PM> 之后输入 Install-Package Excel-DNA 或 Install-Package Excel-DNA-Version 0.34.6，按 Enter 键，如图 19-42 所示。

图 19-42 为类库项目自动安装 Excel-DNA

稍等片刻，命令行中提示已将 Excel-DNA 0.34.6 成功安装到 SortSheets 项目，如图 19-43 所示。

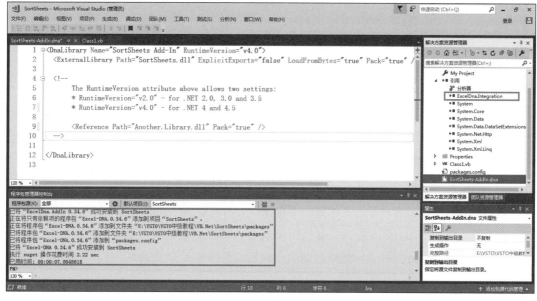

图 19-43　安装配置完毕

这里要注意安装前后的变化，安装后项目中自动多了一个 SortSheets-AddIn.dna 文件，项目中自动加入了 ExcelDna.Integration 引用。

此外，当生成解决方案时，在 Debug 文件夹中会产生 Excel-DNA 加载项所需的一切文件。

- 类库项目生成的动态链接库文件。
- dna 文件。
- ExcelDna.xll 原生文件。
- 以上 3 个文件打包好的单独 xll 文件（32 位、64 位各一个）。

换句话说，在类库中项目使用 NuGet 安装 Excel-DNA，就不再需要前面所述的 Excel-DNA 开发包。

总之，使用 NuGet 快速构建 Excel-DNA 项目，可以让开发者集中精力去开发项目中的实际功能，而无须关心项目中各个文件是如何形成、如何协同工作的。

■ 19.10.1　工作表标签右键菜单设计

本节项目计划在 Excel 工作表标签的右键菜单"选定全部工作表"的下面增加一个按钮，如图 19-44 所示。

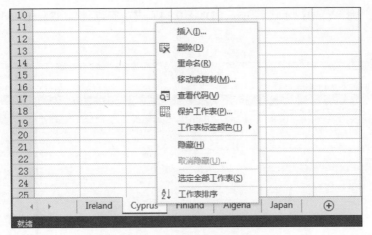

图 19-44　定制 Excel 右键菜单

用户单击该按钮，会自动把工作簿中所有工作表的前后顺序根据表名进行位置调整。

在右键菜单中增加自定义控件，显然属于 customUI 设计，这里引出两个疑问：

右键菜单的 idMso 是什么？按钮前面的图标怎么选择？

Step 1：查询 idMso

打开 OfficeidMsoViewer 软件，选中 Excel_2013_ContextMenus_cn，在右侧树状结构中可以看到 idMso 为 ContextMenuWorkbookPly 下面的控件与实际情况相符，如图 19-45 所示。

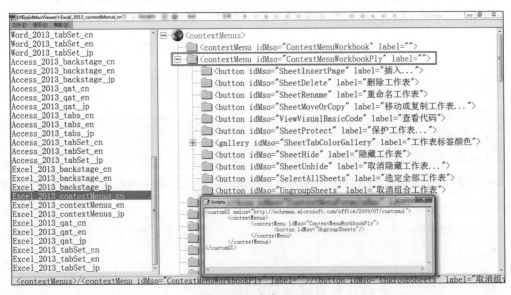

图 19-45　查询 idMso

Step 2：查询 imageMso

自定义按钮需要一个能够体现实际功能的图标，查询 Office 内置图标的工具有很多种，此处使用笔者制作的 imageMso7345 工作簿，找到一个 PivotDiagramSort，这个图标显示的就是排序，如图 19-46 所示。

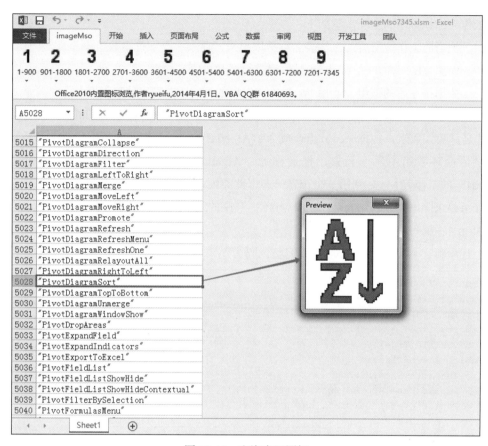

图 19-46　查询内置图标

Step 3：书写 customUI 用的 XML 代码

用于自定义右键菜单的 customUI 代码如下：

```
<customUI xmlns="http://schemas.microsoft.com/office/2009/07/customui" onLoad="OnLoad">
    <contextMenus>
        <contextMenu idMso="ContextMenuWorkbookPly">
            <button id="SortSheets" label="工作表排序" imageMso="PivotDiagramSort" onAction="SortSheets"/>
        </contextMenu>
    </contextMenus>
</customUI>
```

代码分析：上述 XML 代码对应的回调函数有两个，customUI 的 OnLoad 函数和 button 的 SortSheets 函数。

OnLoad 是功能区加载时的过程，用于获取加载项所在的 Excel 应用程序，SortSheet 回调函数用于执行工作表标签排序。

19.10.2 排序功能设计

工作表标签排序的实现步骤如下。

（1）把当前工作簿所有的工作表名称提取出来，存入一个字符串数组中。

（2）使用 VB.NET 的 Array.Sort 对数组进行自动排序。

（3）依据排序后的数组，使用 Worksheet 对象的 Move 方法移动工作表。

举例说明一下，例如原先的工作表名称依次是"Ireland""Cyprus""Finland""Algeria"，把这些名称放入数组，并排序，数组会成为 {"Algeria""Cyprus""Finland""Ireland"}。

之后循环数组中每个元素，把名称为"Algeria"的工作表 Move 到第 1 个位置、把"Cyprus"的工作表 Move 到第 2 个位置……以此类推。

如果要求降序排列，结合 Array.Reverse 把升序的结果倒序一下即可。

Step 1：编写核心代码

上述项目，类文件 Class1.vb 中的完整代码为：

```vb
Imports ExcelDna.Integration
Imports ExcelDna.Integration.CustomUI
Imports System.Runtime.InteropServices
Imports Excel = Microsoft.Office.Interop.Excel
<ComVisible(True)>
Public Class Class1
    Inherits ExcelRibbon
    Public ExcelApp As Excel.Application
    Public Overrides Function GetCustomUI(RibbonID As String) As String
        Return "
<customUI xmlns='http://schemas.microsoft.com/office/2009/07/customui' onLoad='OnLoad'>
    <contextMenus>
        <contextMenu idMso='ContextMenuWorkbookPly'>
            <button id='SortSheets' label='工作表排序' imageMso='PivotDiagramSort' onAction='SortSheets'/>
        </contextMenu>
    </contextMenus>
</customUI>
"
    End Function
    Public Function OnLoad(ribbon As IRibbonUI)
        ExcelApp = ExcelDna.Integration.ExcelDnaUtil.Application
                                    '获取加载项所在的 Excel 应用程序
        Return Nothing
    End Function
    Public Sub SortSheets(control As IRibbonControl)
        Dim wbk As Excel.Workbook, wst As Excel.Worksheet, i As Integer
        Try
            wbk = ExcelApp.ActiveWorkbook
            Dim WorksheetsNames(wbk.Worksheets.Count - 1) As String
```

```
            Dim Response As MsgBoxResult
            i = 0
            For Each wst In wbk.Worksheets
                WorksheetsNames(i) = wst.Name
                i = i + 1
            Next wst
            Array.Sort(WorksheetsNames)                        '先按升序排序
            Response = MsgBox(Prompt:=" "Yes" 升序 " & vbNewLine & " "No" 降序 "
& vbNewLine & " "Cancel" 取消操作 ", Title:=" 工作表标签排序工具 ", Buttons:=MsgBoxStyle.
YesNoCancel + MsgBoxStyle.Question)
            If Response = MsgBoxResult.No Then
                Array.Reverse(WorksheetsNames)                 '倒序操作后,实现降序排列
            End If
            If Response = MsgBoxResult.Yes Or Response = MsgBoxResult.No Then
                For i = 0 To UBound(WorksheetsNames)
                    wbk.Worksheets(WorksheetsNames(i)).Move(Before:=wbk.Worksheets
(i + 1))
                Next i
            End If
        Catch ex As Exception
            MsgBox(ex.Source & vbNewLine & ex.Message, MsgBoxStyle.Critical)
        End Try
    End Sub
End Class
```

代码分析：以上包含 3 个函数，GetCustomUI 用于返回功能区所需的 XML 代码，OnLoad 用于获取加载项中的 Excel 应用程序对象，SortSheets 是自定义按钮的回调过程，执行排序。

Step 2：自动生成加载项

确认代码无误后，单击菜单"生成"→"生成解决方案"，在 Debug 文件夹中不仅可以看到生成的 dll 文件，还自动生成了打包后的单独文件（后面带 packed 这个单词的），如图 19-47 所示。

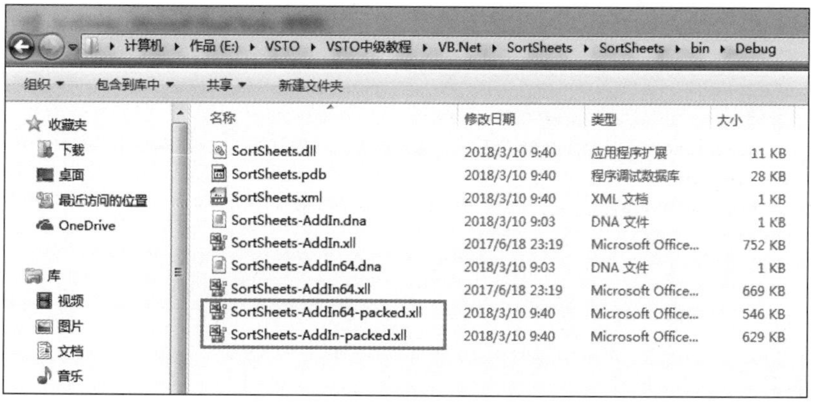

图 19-47 自动生成打包了的加载项文件

Step 3：功能测试

在 Excel 中加载上述打包好的加载项，在工作表标签右键菜单中单击"工作表标签排序"按钮，弹出询问对话框，如图 19-48 所示。

单击"是"按钮，工作表标签按升序排列，假设单击了"否"按钮，工作表标签按降序排列，如图 19-49 所示。

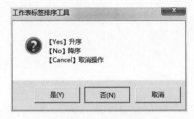

图 19-48　询问对话框

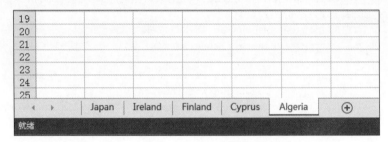

图 19-49　工作表标签降序排列

上述项目对应的 C# 版本，文件 Class1.cs 完整代码如下：

```
using System.Runtime.InteropServices;
using ExcelDna.Integration;
using ExcelDna.Integration.CustomUI;
using Excel = Microsoft.Office.Interop.Excel;
using System.Windows.Forms;
using System;
namespace SortSheets
{
    [ComVisible(true)]
    public class Class1:ExcelRibbon
    {
        public Excel.Application ExcelApp;
        public override string GetCustomUI(string RibbonID)
        {
            return @"
<customUI xmlns='http://schemas.microsoft.com/office/2009/07/customui' onLoad='OnLoad'>
    <contextMenus>
        <contextMenu idMso='ContextMenuWorkbookPly'>
            <button id='SortSheets' label='工作表排序' imageMso='PivotDiagramSort' onAction='SortSheets'/>
        </contextMenu>
    </contextMenus>
</customUI>
";
        }
        public void OnLoad(IRibbonUI ribbon)
        {
            ExcelApp =(Excel.Application)ExcelDnaUtil.Application;
```

```csharp
        }
        public void SortSheets(IRibbonControl control)
        {
            Excel.Workbook wbk;
            int i;
            try
            {
                wbk = ExcelApp.ActiveWorkbook;
                string[] WorksheetsNames=new string[wbk.Worksheets.Count];
                DialogResult v;
                i = 0;
                foreach(Excel.Worksheet wst in wbk.Worksheets)
                {
                    WorksheetsNames[i] = wst.Name;
                    i++;
                }
                Array.Sort(WorksheetsNames);
                v = MessageBox.Show("是: 升序 \n 否: 降序 \n", " 询问 ", MessageBoxButtons.YesNoCancel,MessageBoxIcon.Question);
                if(v==DialogResult.No)
                {
                    Array.Reverse(WorksheetsNames);
                }
                if(v==DialogResult.Yes || v==DialogResult.No)
                {
                    for(i=0;i<WorksheetsNames.Length;i++)
                    {
                        Excel.Worksheet wst = wbk.Worksheets[WorksheetsNames[i]];
                        wst.Move(Before:wbk.Worksheets[i+1]);
                    }
                }
            }
            catch
            {
                MessageBox.Show(" 出错了 ", "Error", MessageBoxButtons.OK, MessageBoxIcon.Error);
            }
        }
    }
}
```

19.11　小结

本章介绍了在 Visual Studio 中如何进行 Excel-DNA 项目开发。

Excel-DNA 项目除了可以开发自定义函数以外，还可以像 VSTO 外接程序项目一样使用 custom UI、任务窗格、Office 事件等技术来丰富程序的功能。

第 20 章

语言差异和转换技巧

无论是 VBA 还是 VSTO,操作的对象都是 Office 组件,访问的都是 Office 组件的对象模型,这是二者的共同之处。

然而,VB.NET 和 C# 都是 .NET 语言,从程序组织结构和语言特性比较,与 VBA 的差别还是非常大的。对于从事 VBA 编程人员如何转向 VSTO 开发,了解不同语言的语法差异和相互转换技巧是非常必要的。

本章从不同的学习群体出发,对比讲解了如下内容:

❑ VB.NET 和 VBA 的差异。
❑ VB.NET 和 C# 的差异。
❑ VBA 代码如何转换为 C#。

20.1　VB.NET 与 VBA 的语言差异

由于大多数计划从事 VSTO 开发的人员都具备 VBA 编程基础,因此 VBA 代码如何改写成 VB.NET 也是 VSTO 开发过程中必须考虑的问题。

■ 20.1.1　My 对象

VBA 中的 Me 关键字,用来表示代码所在的模块对象,VB.NET 中继续沿用 Me 关键字。但是 VB.NET 新增一个 My 对象,可以轻松访问应用程序、系统和用户的信息。

例如 My.Application 可以访问应用程序的信息,My.Application.Info.AssemblyName 返回应用程序的名称。My.Computer 可以访问文件和系统方面的内容。

项目实例 106 WindowsApp_My My 对象

下面的程序，可以把应用程序中加载的程序集遍历，然后添加到列表框中：

```
Imports System.Reflection
Imports System.IO
Public Class Form1
    Private Sub Button1_Click(sender As Object, e As EventArgs) Handles Button1.Click
        Dim A As Assembly
        Me.ListBox1.Items.Clear()
        For Each A In My.Application.Info.LoadedAssemblies
            Me.ListBox1.Items.Add(A.FullName)
        Next a
    End Sub

    Private Sub Button2_Click(sender As Object, e As EventArgs) Handles Button2.Click
        Dim Drv As DriveInfo
        Me.ListBox1.Items.Clear()
        For Each Drv In My.Computer.FileSystem.Drives
            Me.ListBox1.Items.Add(Drv.Name)
        Next drv
    End Sub

    Private Sub Button3_Click(sender As Object, e As EventArgs) Handles Button3.Click
        Dim port As String
        Me.ListBox1.Items.Clear()
        For Each port In My.Computer.Ports.SerialPortNames
            Me.ListBox1.Items.Add(port)
        Next port
    End Sub
End Class
```

代码分析：Button1 的单击事件中，采用了 For...Each 循环把每个程序集的名称添加到列表框中。也可以直接设置列表框的 DataSource 属性，一次性添加。代码如下：

```
Me.ListBox1.DataSource = My.Application.Info.LoadedAssemblies
```

运行结果如图 20-1 所示。

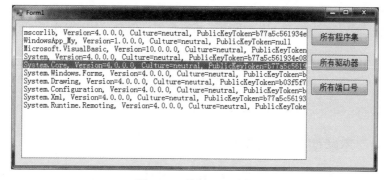

图 20-1 使用 My 对象

20.1.2 Continue 和自身赋值语句

VB.NET 的 Do、For、While 循环中允许加入 Continue 语句，作用是跳出本次迭代、继续执行下一次迭代的代码。

在赋值语句方面，VB.NET 可以使用 i+=j、i&=j 这样的自身赋值运算符。

下面的程序，从 1 循环到 10，遇到偶数就跳过，遇到奇数自加到变量 Total 中：

```
Private Sub Button1_Click(sender As Object, e As EventArgs) Handles Button1.Click
    Dim Total As Integer = 0
    For i As Integer = 1 To 10
        If i Mod 2 = 0 Then
            Continue For
        Else
            Total += i
        End If
    Next i
    MessageBox.Show(Total)
End Sub
```

上述程序的最终结果是 25。

20.1.3 字符串是对象

在 VBA 中，字符串是一个常量，不包含任何的属性、方法和成员。

VB.NET 中，字符串按对象处理，有大量可用的属性、方法。

例如把一个字符串中的所有空格替换为空，可以使用 VB.NET 的 Strings 模块包中的 Replace 方法。

```
    Private Sub Button1_Click(sender As Object, e As EventArgs) Handles Button1.Click
        Dim Source As String = "我们 都有 一个 家 名字 叫 中国"
        Dim result As String
        result = Strings.Replace(Expression:=Source, Find:=" ", Replacement:="")
        MessageBox.Show(result)
    End Sub
End Class
```

以上代码，与 VBA 中的 Replace 的用法基本类似。但是，VB.NET 还可以把被处理的字符串作为主体对象提到前面。

```
result = Source.Replace(oldValue:=" ", newValue:="")
```

这里的 Replace 是源字符串 Source 的一个方法。

20.1.4 不能使用默认属性

在 VBA 中，对象的默认属性可以忽略不写，例如用户窗体上有一个复选框控件，使用 Me.CheckBox1 = True 就可以自动勾选该复选框。虽然这句代码的完整形式是 Me.CheckBox1.

Value = True,由于 Value 是该控件的默认属性,可以忽略不写。

在 VB.NET 中必须写全属性,例如 Me.CheckBox1.Checked = True,这里的 Checked 属性不可不写。

20.1.5 调用过程、函数、对象的方法必须使用圆括号

在 VBA 中,如果过程、函数、方法中不含参数,可以省略圆括号,例如:

```
Me.CheckBox1.SetFocus
Call Proc1
```

这样的写法都是可以的。

在 VB.NET 中,必须带上圆括号。例如:

```
Private Sub Button1_Click(sender As Object, e As EventArgs) Handles Button1.Click
    Call Proc1()
    Me.Dispose()
End Sub
Sub Proc1()

End Sub
```

上述代码中,虽然 Proc1 是一个无参数的过程,被调用时也需要圆括号,窗体的 Dispose 方法没有参数,也需要圆括号。

20.1.6 窗体和控件的变化

VBA 的窗体和控件中,不让用户编辑的文字是 Caption 属性,允许用户编辑的文字是 Text 属性,例如 TextBox 控件有 Text 属性、无 Caption 属性,CommandButton 控件有 Caption 属性无 Text 属性。

在 VB.NET 的窗体和控件中,以上两个属性一律合并为 Text 属性。

20.1.7 颜色的设置和获取

在 VBA 中,颜色常量可以使用内置枚举常量 vbBlue、vbYellow 之类的,也可以使用 RGB(255,255,0) 来表达一个颜色。

以纯黄色为例,内置枚举常量为 vbYellow,与 RGB(255,255,0) 等价,都等于十进制数 65535。从对象浏览器窗口可以看到 vbYellow 的定义如图 20-2 所示。

因此,下面三行代码的作用是一样的:

```
UserForm1.BackColor = vbYellow
UserForm1.BackColor = RGB(255, 255, 0)
UserForm1.BackColor = 65535
```

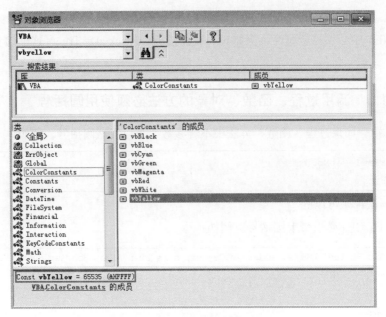

图 20-2 VBA 的对象浏览器窗口

在 VB.NET 中，涉及颜色处理的程序，要添加 System.Drawing 引用并且导入指令。System.Drawing.Color 既是一种类型，也是一种对象。

Color 可以来源于内置枚举常量、RGB 分量、RGB 分量对应的等价整数。Color 对象的 R、G、B 属性分别返回 red、green、blue 部分。

项目实例 107 WindowsApp_Colors 颜色的设置和获取

下面的程序中，窗体上有两个按钮控件，单击 Button1 设置窗体背景颜色为黄色，单击 Button2 返回窗体背景颜色的 3 个分量：

```
Imports System.Drawing
Public Class Form1
    Private Sub Button1_Click(sender As Object, e As EventArgs) Handles Button1.Click
        Dim cr As Color
        cr = Color.Yellow                                          '枚举常量
        cr = Color.FromArgb(red:=255, green:=255, blue:=0)         '来源于 RGB 分量
        cr = ColorTranslator.FromOle(oleColor:=65535)              '来源于整数
        Me.BackColor = cr
    End Sub

    Private Sub Button2_Click(sender As Object, e As EventArgs) Handles Button2.Click
        Dim cr As Color
        Dim arr() As Object
        cr = Me.BackColor
        arr = {cr.R, cr.G, cr.B}
        MessageBox.Show(Strings.Join(arr, " "))
    End Sub
End Class
```

启动窗体，单击第一个按钮，窗体变为黄色。单击第二个按钮，对话框中弹出 RGB 值，如图 20-3 所示。

图 20-3　颜色的设置和获取

20.2　VB.NET 与 C# 的语言差异

VB.NET 和 C# 同属于 .NET 语言，但 VB.NET 语法格式类似于 VBA/VB6，C# 语法类似于 C 语言。

由于这两种语言都可以用来开发 Office，本节介绍两种语言最明显的差异之处，方便读者对比学习。

20.2.1　程序结构

VB.NET 中的 NameSpace、Class、Sub、Function 等，都以 End 关键词作为闭合标签，例如：

```
Sub MyProc()
...
End Sub
```

C# 语言则以大括号作为程序块的开始和结束标记，例如：

```
void MyProc()
{
...
}
```

20.2.2 命名空间的导入方式

VB.NET 使用 Imports 导入命名空间、C# 使用 using。

例如：VB.NET 中的 Imports System 相当于 C# 中的 using System;

C# 中，无论是变量名，还是内置关键字，严格区分大小写，而且语句结尾必须加半角分号。

20.2.3 数据类型关键字

VB.NET 中的基本数据类型有 Boolean、String、Integer、Double、Object 等。

C# 中的基本数据类型有 bool、string、int、double、object 等。

此外，VB.NET 语言的关键字，一般都是首字母大写的英文单词，例如 For、With、Public 等。

C# 语言使用的关键字，几乎都是小写字母，很少用到大写字母，例如 void、static、class、using 等。

20.2.4 变量、常量的声明方式

VB.NET 声明变量、常量的格式为：作用范围和生存期 变量名 As 类型名，例如：

```
Private Const pi As Double = 3.14
```

C# 中声明变量、常量的格式为：作用范围和生存期 类型名 变量名，例如：

```
private const double pi = 3.14
```

20.2.5 过程、函数的声明和调用方式

VB.NET 中的过程，用 Sub 关键字表示。

C# 使用 void 关键字来表示不返回值的函数，相当于 VB.NET 中的过程。

例如：

```
Sub Proc()
    ...
End Sub
```

相当于：

```
void Proc()
{
    ...
}
```

VB.NET 中的函数，用 Function 关键字表示。

C# 使用具体的数据类型名称表示函数应返回的值。

例如：

```
Function SumSquare(x As Integer, y As Integer) As Integer
    Return x*x+y*y
End Function
```

相当于：

```
int sumsquare(int x, int y)
{
    return x*x+y*y;
}
```

在调用过程、函数时，VB.NET 使用 := 把实际参数传递给形式参数，C# 则使用 : 传递。例如在 VB.NET 中调用 SumSquare 函数：

```
Result = SumSquare(x:=3, y:=4)
```

C# 中调用 sumsquare 函数：

```
result=sumsquare(x:3, y:4)
```

■ 20.2.6 类型转换方式

C# 中，目标类型的名称必须用圆括号括起来。例如字符串转换为数字时，C# 使用：

```
num=(int)("32")
```

VB.NET 使用：

```
num=CInt("32")
```

■ 20.2.7 比较运算符

等于和不等于，在 VB.NET 中的写法为：a=b、a<>b。在 C# 中的写法为：a==b、a!=b。判断一个对象是否为空，VB.NET 使用 Obj Is Nothing。C# 使用 Obj == null。

■ 20.2.8 逻辑运算符

VB.NET 中的常用逻辑运算符有 And、Or、Not。C# 中为 &&、||、!。

■ 20.2.9 字符串连接

VB.NET 一般使用 & 作为字符串连接运算符。C# 使用 + 作为字符串连接运算符。

20.2.10 条件选择结构

VB.NET 中的 If 结构如下：

```
If Condition Then

Else

End If
```

C# 中，必须用圆括号把条件表达式括起来，例如：

```
if (condition)
{
}
else
{
}
```

对于多分支条件选择结构，VB.NET 使用 Select...Case 结构，例如：

```
Select Case Expression
Case Expr1
...
Case Expr2
...
Case Else
...
End Select
```

C# 使用 switch...case 结构，例如：

```
switch (expression)
{
case expr1:
...
break;
case expr2:
...
break;
default:
...
break;
}
```

20.2.11 循环结构

VB.NET 中 For 循环结构如下：

```
For i=1 To 10 Step 2
    ...
    Exit For | Continue For
Next i
```

C# 中 for 循环为：

```
for(i=1;i<=10;i=i+2)
{
    ...
    break; | continue;
}
```

VB.NET 中的 For...Each 循环结构如下：

```
For Each i As Integer In {100,200,400}
    ...
Next i
```

C# 中的 foreach 循环结构如下：

```
foreach (int i in {100,200,400})
{
    ...
}
```

■ 20.2.12 数组的声明和元素的访问

VB.NET 中声明一个字符串数组：Dim name(3) As String，可以使用的有 4 个元素，分别为 name(0)、name(1)、name(2)、name(3)。

C# 中声明一个字符串数组：string[] name=new string[3]；可以使用的有 3 个元素，分别为 name[0]、name[1]、name[2]。

■ 20.2.13 特殊字符串常量的表达

回车符：
VB.NET 中的回车符可以表示为 vbCr 或 Chr(13)，C# 表示为转义字符 "\r"。
换行符：
VB.NET 中的换行符可以表示为 vbLf 或 Chr(10)，C# 表示为转义字符 "\n"。
回车换行符：
VB.NET 中可以表示为 vbCrLf 或 vbNewLine，C# 表示为转义字符 "\r\n"。
制表位：
VB.NET 中可以表示为 vbTab 或 Chr(9)，C# 表示为转义字符 "\t"。

■ 20.2.14 异常处理

VB.NET 使用 Try...End Try 结构来处理异常。例如：

```
Try

Catch ex as Exception

Finally

End Try
```

C# 也使用 try...catch...finally 处理异常，但使用大括号。例如：

```
try
{
}
catch(Exception ex)
{
}
finally
{
}
```

■ 20.2.15　事件的动态增加和移除

VB.NET 使用 AddHandler 和 RemoveHandler 增加和移除事件。

C# 使用 += 以及 -= 增加和移除事件。

20.3　VBA 代码如何转换为 C#

　　VSTO 开发是一门以 .NET 语言为编程语言、以 Office 为操作对象的技术。开发者对 Office VBA 的理解和运用直接影响一个 VSTO 作品能否顺利开发进行。

　　从事 VSTO 开发的大部分人员对 VBA 相当熟悉，VB.NET 语言和 VBA 的语法非常相似，相互转换也很容易。但对于以 C# 作为 VSTO 开发语言的人员如何把 VBA 代码转换成 C# 代码往往会成为他们的拦路虎。

　　本节首先讲述由 VBA 转 C# 的关键要点，然后举两个具体实例来说明。

■ 20.3.1　补全 VBA 代码

　　我们平时看到的 VBA 代码，大多写成了简略形式，具体体现在如下几个方面：

❑ 变量类型名称前面没加对象库的名称。

❑ 方法或函数的参数，没写形式参数名称。

　　假设要通过 Excel VBA 实现如下目的：为活动工作簿插入一个新的工作表、选中新工作表的单元格 C3，为单元格写入数值并且设置字体、填充色，最后在对话框中弹出活动单元格的地址。

很多人会写出如下形式的简略形式代码：

```
Sub Simple()
    Dim MySheet As Worksheet
    Dim MyRange As Range
    Set MySheet = Worksheets.Add
    Set MyRange = MySheet.Range("C3")
    With MyRange
        .Select
        .Value = "单元格读写"
        .Font.Name = "华文行楷"
        .Interior.Color = vbYellow
    End With
    MsgBox ActiveCell.Address(False, False)
End Sub
```

尽管以上代码可以正常执行，而且能实现目的，但从严格意义上讲，上述代码是"残缺"的。因此，我们要具备把残缺的 VBA 代码补全的能力。

上述过程修改为如下更完整、更可靠的形式：

```
Sub Reliable()
    Dim MySheet As Excel.Worksheet
    Dim MyRange As Excel.Range
    Set MySheet = Application.ActiveWorkbook.Worksheets.Add(Type:=Excel.XlSheetType.xlWorksheet)
    Set MyRange = MySheet.Range("C3")
    With MyRange
        .Select
        .Value = "单元格读写"
        .Font.Name = "华文行楷"
        .Interior.Color = vbYellow
    End With
    MsgBox Application.ActiveCell.Address(RowAbsolute:=False, ColumnAbsolute:=False)
End Sub
```

从完整形式的 VBA 改写为 C# 代码，则变得容易。

20.3.2　VBA 改写 C# 的注意点

VBA 代码改写为 C# 要注意以下 10 点。

❏ 项目中添加 Excel 引用。

为 C# 项目添加 Excel 的引用，就可以使用 Excel 的对象类型、枚举常量等。

❏ 使用 using 导入命名空间。

导入命名空间的好处是，可以缩短变量类型名、枚举常量的书写。例如为工作簿添加工作表的 C# 代码是：

```
Worksheets.Add(Type: Microsoft.Office.Interop.Excel.XlSheetType.xlWorksheet)
```

可以看到 Type 参数中用到的枚举常量 xlWorksheet 写得太长了。

如果在文件顶部导入 using Excel = Microsoft.Office.Interop.Excel；添加工作表的代码就可以简化为：

```
Worksheets.Add(Type: Excel.XlSheetType.xlWorksheet)
```

❏ 声明变量时，类型名在前、变量名在后。

在 Excel VBA 中声明一个整型变量的写法为：

```
Dim i As Integer
```

在 C# 中，先写类型名称，再写变量名称：

```
int i;
```

❏ 创建新实例、调用方法和函数加圆括号。

在 VBA 中如果方法和函数中没有任何参数，调用时可以省略括号，例如：

```
Set ExcelApp = New Excel.Application
```

在 C# 中，即使括号内没任何参数，也必须加圆括号。

```
ExcelApp = new Excel.Application();
```

❏ 语句结尾加分号。

VBA 代码的结尾不能加分号，C# 语句结尾必须加分号。

❏ 为对象变量赋值不使用 Set 关键字。

C# 为对象变量赋值，不用 Set 关键字。

❏ 为方法和函数传递实际参数使用冒号。

例如 Excel VBA 添加新工作表的语句是：

```
Worksheets.Add(Type:=Excel.XlSheetType.xlWorksheet)
```

C# 语法是：

```
Worksheets.Add(Type:Excel.XlSheetType.xlWorksheet)
```

❏ 不能使用 With 结构简化。

C# 中不支持 With 关键字，对于多次访问同一对象，只能每次都写这个对象。例如：

```
MyRange.Select();
MyRange.Value = "单元格读写";
MyRange.Font.Name = "华文行楷";
```

❏ 引用 Excel 对象的子项用方括号。

例如，Excel VBA 中选中一个单元格的语法是：

```
Application.Workbooks("原始数据.xlsx").Worksheets("四月").Range("A2:D5").Select
```

写成 C# 要把圆括号替换为方括号，Select 方法加圆括号，并且加分号：

```
Application.Workbooks["原始数据.xlsx"].Worksheets["四月"].Range["A2:D5"].Select();
```

❑ 强制类型转换。

Excel VBA 中有一部分对象是泛型对象，最常见的是 ActiveSheet、Selection。通常我们一看到这两个单词，就会联想到 Worksheet 对象和 Range 对象。其实很多情况下，ActiveSheet 未必就是普通工作表、Selection 未必是一个单元格区域。

例如下面的两行 C# 代码的功能分别是激活活动工作表单元格 E3、设置所选单元格区域的填充色。

```
ExcelApp.ActiveSheet.Cells[3,5].Activate();
ExcelApp.Selection.Interior.Color = System.Drawing.Color.Red;
```

但是更推荐先转换类型，再进行后续操作：

```
Excel.Application ExcelApp = (Excel.Application)Marshal.GetActiveObject(progID: "Excel.Application");
Excel.Worksheet wst = (Excel.Worksheet)ExcelApp.ActiveSheet;
wst.Cells[3,5].Activate();
Excel.Range rg = (Excel.Range)ExcelApp.Selection;
rg.Interior.Color = System.Drawing.Color.Red;
```

■ 20.3.3　Excel VBA 转 C#

基于上述注意点，可以把前面所述的 Sub Reliable 过程，改写为功能等价的 C# 语言版本。

项目实例 108　WindowsFormsApp_ExcelVBA2CS　VBA 转 C#

文件顶部导入命名空间：

```
using System;
using System.Windows.Forms;
using Excel = Microsoft.Office.Interop.Excel;
using System.Runtime.InteropServices;
```

按钮的单击事件代码为：

```
private void button1_Click(object sender, EventArgs e)
        {
                Excel.Application ExcelApp = (Excel.Application)Marshal.GetActiveObject(progID: "Excel.Application");
                //Excel.Application ExcelApp = new Excel.Application();
                Excel.Worksheet MySheet;
                Excel.Range MyRange;
```

```
            MySheet = ExcelApp.ActiveWorkbook.Worksheets.Add(Type: Excel.XlSheet
Type.xlWorksheet);
            MyRange = MySheet.Range["C3"];
            MyRange.Select();
            MyRange.Value = " 单元格读写 ";
            MyRange.Font.Name = " 华文行楷 ";
            MyRange.Interior.Color = System.Drawing.Color.Yellow;
            MessageBox.Show(ExcelApp.ActiveCell.Address[RowAbsolute:false,Column
Absolute:false]);
        }
```

20.3.4　Outlook VBA 转 C#

使用 Outlook VBA 可以自动创建一封邮件，下面是完整、可靠的 VBA 代码。

```
Sub OutlookVBA()
    Dim OutlookApp As Outlook.Application
    Dim Mail As Outlook.MailItem
    Set OutlookApp = New Outlook.Application
    Set Mail = OutlookApp.CreateItem(ItemType:=olMailItem)
    With Mail
        .SentOnBehalfOfName = "lyflyf715@sina.com"
        .To = "32669315@qq.com"
        .Subject = " 邮件测试 "
        .HTMLBody = "<a href='https://home.cnblogs.com/u/ryueifu-VBA/'>欢迎光临
刘永富的博客园！ </a>"
        .Attachments.Add Source:="C:\Source.txt"
        .Display
    End With
End Sub
```

在 C# 项目中，添加对 Outlook 的外部引用，然后导入命名空间：

```
using Outlook = Microsoft.Office.Interop.Outlook;
```

根据前面所述的语言转换注意点，改写成如下的 C# 语言版本：

```
private void button2_Click(object sender, EventArgs e)
{
    Outlook.Application OutlookApp;
    Outlook.MailItem Mail;
    OutlookApp = new Outlook.Application();
    Mail = OutlookApp.CreateItem(ItemType:Outlook.OlItemType.olMailItem);
    Mail.SentOnBehalfOfName = "lyflyf715@sina.com";
    Mail.To = "32669315@qq.com";
    Mail.Subject = "邮件测试";
    Mail.HTMLBody = "<a href='https://home.cnblogs.com/u/ryueifu-VBA/'> 欢迎光临刘
永富的博客园！ </a>";
    Mail.Attachments.Add(Source:@"C:\Source.txt");
    Mail.Display();
}
```

运行上述程序，屏幕上自动弹出一封电子邮件，如图 20-4 所示。

图 20-4　自动生成邮件

对于微软 Office 其他组件的 VBA 向 C# 的转换，与前面所述方法大同小异，读者可自行尝试。

20.4　小结

本章介绍了 VB.NET、VBA、C# 三种语言的差异，以及互相转换的技巧。

VB.NET 是基于微软 .NET Framework 的面向对象编程语言，这样必然和 C# 具有更多类似的地方。但是 VB.NET 采用的是 VBA、VB6 的编码风格，大量的语法关键字与 VBA 的相同。需要引起注意的是，在实现一个具体的功能时，VB.NET 既可以用 VBA 中支持的内容，也可以使用 .NET 语言中的内容，例如弹出一个对话框，既可以使用 MsgBox，也可以使用 MessageBox，后者是 .NET 语言中的一个方法。

编程过程中，经常需要把现有的 C# 代码转换为等价的 VB.NET 代码，下面推荐一个转换效果非常不错的网站：Telerik Code Converter，网址是：http://converter.telerik.com/

VB.NET 是一门非常强大的编程语言，在 Visual Studio 这个功能丰富的编程环境中开发 Office 产品，是一个不错的选择。

最后祝愿每位读者通过本书能够学以致用，开发出稳定可靠的 Office 插件和工具，高效解决身边遇到的相关问题。